GNS3によるネットワーク演習ガイド

CCENT/CCNA/CCNP
に役立つラボの構築と実践

関部 然
Sekibe Zen

技術評論社

〈ご注意：ご購入・ご利用の前に必ずお読み下さい〉

　本書はCisco IOSをGNS3上でエミュレートして解説しますので、Cisco IOSイメージの入手が必要になります。詳細は、第3章の「3-1-1：IOSイメージの入手方法」(P.69)を確認してください。本書では次の2つの方法を紹介しています。

・Ciscoのパートナーアカウントで Ciscoの公式サイトにログインして目的のIOSイメージをダウンロードする
・個人で入手した本物のCiscoルータからIOSイメージをコピーする

　本書に記載された内容は、情報の提供のみを目的としています。したがって、本書を用いた開発、運用は、必ずお客様自身の責任と判断によって行ってください。これらの情報による開発、運用の結果について、技術評論社および著者はいかなる責任も負いません。

　本書記載の情報は、2018年12月現在のものを掲載していますので、ご利用時には、変更されている場合もあります。また、ソフトウェアに関する記述は、特に断わりのないかぎり、2018年12月時点での最新バージョンをもとにしています。ソフトウェアはバージョンアップされる場合があり、本書での説明とは機能内容などが異なってしまうこともあり得ます。本書ご購入の前に、必ずバージョン番号をご確認ください。

　以上の注意事項をご承諾いただいたうえで、本書をご利用願います。これらの注意事項をお読みいただかずに、お問い合わせいただいても、技術評論社および著者は対処しかねます。あらかじめ、ご承知おきください。

　本文中に記載されている会社名、製品名などは、各社の登録商標または商標、商品名です。会社名、製品名については、本文中では、TM、©、®マークなどは表示しておりません。

はじめに

　本書は、Ciscoルータなどのネットワーク機器をエミュレートするGNS3の使い方と、GNS3を使った仮想ネットワークの構築方法についてまとめたものです。

　約10年前までIPネットワークの勉強は、ネットワークのテキストを使って机上で行うものでした。ルータやスイッチなどのネットワーク機器での演習は、今では考えられないほどハードルが高いものでした。業務用のネットワーク機器（CiscoやJuniperのルータなど）を自習のために調達するのは非現実的なものでした。また、会社にある機器のリソースにも限りがあるので、一人あたりのラック占有時間も短く、実技を練習するのも難しかったです。
　もちろん、以前からCiscoルータのコマンド操作をシミュレーションできるソフトはありましたが、完成度は低く、とても実務に活かせるようなものではありませんでした。

　このような状況の中、2007年末にリリースされたDynamipsは、ネットワークエンジニアのみならず多くの人に大きな衝撃を与えました。DynamipsとはGNS3の前身で、Ciscoルータをエミュレートできる唯一無二のオープンソースソフトウェアです。その後、Dynamipsの開発はGNS3プロジェクトに引き継がれ、操作性や機能性が大幅に改良されました。

　著者が初めてDynamipsを使い始めたのは2009年頃で、ちょうど趣味でCCIE SP（Cisco Certified Internetwork Expert Service Provider）のラボ試験に挑むときでした。当時の試験範囲にATM（Asynchronous Transfer Mode）の設定問題が含まれていたため、実機でATMの設定練習をするには、10kgのみかん箱ぐらいのCisco L1010というATMスイッチを用意する必要がありました。しかもCisco L1010自体がレアで、入手するのがとても難しかったです。そんなときにDynamipsで簡単にATMスイッチを構築できることを知り、藁にもすがる思いでDynamipsをインストールしたのがそもそもの始まりでした。

　その後、試験対策だけでなく日常の業務にもしばしばDynamipsを活用しました。例えば、新しく構築する商用ネットワークの障害時のルーティングを考えるとき、GNS3（Dynamips）での机上検討は実に生産性の高いものでした。

　本書が試験勉強や実務にGNS3を活用したい皆様の一助となるよう願っています。

謝辞
　執筆期間を振り返ってみると、今回も妻の協力は何よりも勝るものでした。共働きにもかかわらず、家事や育児を一手に担ってくれたおかげで、執筆に集中することができました。また、毎日の幼稚園のお迎えや子供の一時預かりに協力していただいている母にも大変感謝しています。
　執筆活動は子供との貴重な時間をたくさん犠牲しました。これからしばらくは4歳の長女と来春に生まれる第2子のためにできるけ多くの時間を割き、家族の絆を深めていきたいです。
　みなさま、本当にありがとうございました。

2018年12月　著者記す

本書について

本書はCisco IOSをGNS3上でエミュレートして解説しますので、Cisco IOSイメージの入手が必要になります。詳細は、第3章の「3-1-1：IOSイメージの入手方法」（P.69）を確認してください。本書では次の2つの方法を紹介しています。

・Ciscoのパートナーアカウントで Ciscoの公式サイトにログインして目的のIOSイメージをダウンロードする
・個人で入手した本物のCiscoルータからIOSイメージをコピーする

前提知識

本書をお読みになる前提知識として、TCP/IPの基本的な概念が理解できていたほうがよいです。また、Cisco IOSの基礎的な操作方法の説明も省略しているので、事前にシスコ技術者認定のエントリーレベル「ICND1（Interconnecting Cisco Networking Devices Part 1）」の試験内容を勉強されることをお勧めします。

本書で対象とする読者は次のような方々です。

・駆け出しネットワークエンジニア
　ネットワークの基礎知識は、本書で習得できます。ネットワークの知識とともにGNS3の操作方法も覚えれば、職場できっと重宝される人材となることでしょう。

・ネットワーク検証にGNS3を活用したい人
　当然、実機によるネットワーク検証は必要ですが、机上で検討事項の妥当性を手軽に確認できるのがGNS3の最大のメリットです。GNS3の操作を覚えればより生産性の高い仕事ができるようになります。

・CCENT/CCNA/CCNP受験者
　CCENTやCCNA、CCNPをテキストだけで学習しても楽しくありません。やはりテキストで学んだことをすぐにGNS3で実践することをお勧めします。個々のコマンドを確認しながら勉強するのは時間がかかりますが、知識の定着度が格段に良くなるはずです。

・CCIEをいつか取りたい人
　CCIEを目指すならやはり実機が一番ですが、現実問題としてまだまだ難しいです。なお、GNS3にも機能的な制約があり、100%ではありませんが、CCIE試験範囲の大部分をカバーできます。

・サーバエンジニアとインフラエンジニア
　ネットワークの全レイヤをまんべんなく理解している人材はどこに行っても重宝されます。ぜひサーバエンジニアとインフラエンジニアにもL2とL3の知識を増やしてほしいです。GNS3はきっと最強のお助けツールとなることでしょう。

本書の構成

本書は、次のように16章で構成しています。

- Part 1：GNS3とネットワークの基礎知識
  - 第1章：GNSの概要と使い方
  - 第2章：Wiresharkと標準搭載ノード
  - 第3章：ゼロからつくるGNSネットワーク
  - 第4章：IPネットワークの概要
- Part 2：基本演習ラボ
  - 第5章：スイッチング
  - 第6章：フレームリレー
  - 第7章：ATM
- 第8章：PPP/PPPoE
- 第9章：RIP
- 第10章：EIGRP
- 第11章：OSPF
- 第12章：IS-IS
- 第13章：BGP
- 第14章：MPLS
- 第15章：IPマルチキャスト
- 第16章：VPN

　Part 1ではGNS3の使い方とIPネットワークの基本知識について説明します。Part 2では各技術をGNS3上で実現するための設定方法と確認方法を紹介します。

基本演習ラボの基本的な構成

　Part 2の各章の構成は次のようになっており、設定方法だけでなく、正しく設定されていることを確認します。

- 関連する技術の解説
  ↓
- 目的とネットワーク構成の提示
  ↓
- 全端末の設定
  ↓
- 設定の確認／検証（showコマンドやWiresharkでのパケットキャプチャなど）

　それぞれのコマンドの説明は、各演習ラボ内での初出時に次のような形で付けています。また、リスト番号は、項番号の末尾にアルファベットを付加しています（例：3-9-1項のリストは「リスト3.9.1a」「リスト3.9.1b」「リスト3.9.1c」……になります）。

○リスト3.9.1a：リストの表記（コマンド説明）の例

```
XXXX#configure terminal        ※特権モードから設定モードに移行
XXXX(config)#vlan 100          ※VLAN100の作成
XXXX(config-vlan)#name sample  ※VLAN名の設定
XXXX(config-vlan)#exit         ※直前の設定モードに戻る
XXXX(config)#interface range FastEthernet 1/0 - 2  ※複数のインターフェイスの同時設定
XXXX(config-if-range)#switchport mode access       ※アクセスポートの設定
XXXX(config-if-range)#switchport access vlan 100   ※アクセスポートにVLAN番号の割り当て
XXXX(config-if-range)#no shutdown                  ※インターフェイスの有効化
```

GNS設定ファイルのダウンロード

　本書の演習ラボで使用したGNS設定ファイルは本書サポートページからダウンロードできます。

URL https://gihyo.jp/book/2019/978-4-297-10442-9

　演習ごとにフォルダ別に分けられています。GNS3のスナップショットには「default」と「8.3.1d」のように命名されています。「default」は、VPCSのみにIPアドレスやデフォルトゲートが設定されているスナップショットです。「8.3.1d」のように命名されたスナップショットは、リスト8.3.1aからリスト8.3.1dまでの設定が反映されたスナップショットです。

目次

はじめに 3
本書について 4

Part 1　GNS3とネットワークの基礎知識　17

第1章　GNS3の使い方　18

1-1　GNS3とは　18
- 1-1-1　GNS3でできること　18
  - GNS3がエミュレーションできるもの
- 1-1-2　GNS3の歴史　20
- 1-1-3　GNS3の中身　21

1-2　GNS3のインストール　22
- 1-2-1　GNS3の動作環境　22
- 1-2-2　Windowsへのインストール　23
  - WinPcap／Wireshark／サーバタイプの選択／アプライアンスのテンプレートと新規プロジェクトの作成
- 1-2-3　macOSとLinuxへのインストール　38
  - macOS／Linux

1-3　GUI画面と機能　38
- 1-3-1　全体のスクリーンレイアウト　39
- 1-3-2　GNSツールバー　39
  - 新規プロジェクトの作成(New blank project)／既存プロジェクトの起動(Open project)／スナップショットの管理(Manage snapshot)／インターフェイスラベルの表示(Show/Hide interface labels)／全ノードへのコンソール接続(Console connect to all nodes)／全ノードの起動と再開(Start/Resume all nodes)／全ノードの一時停止(Suspend all nodes)／全ノードの停止(Stop all nodes)／全ノードのリロード(Reload all nodes)／メモの記入(Add a note)／画像の挿入(Insert a picture)／長方形の図形挿入(Draw a rectangle)／楕円形の図形挿入(Draw an ellipse)／線の挿入(Drawn line)／ズームイン(Zoom in)／ズームアウト(Zoom out)／スクリーンショット(Take a screenshot)
- 1-3-3　デバイスツールバー　42
  - ルータ(Browse Routers)／スイッチ(Browse Switches)／端末(Browse End Devices)／セキュリティデバイス(Browse Security Devices)／すべてのデバイス(Browse all devices)／リンク(Add a link)
- 1-3-4　ノードドック　43
- 1-3-5　ワークスペース　43
  - 一度に複数のノードを作る／表示領域の素早い移動／トポロジ全体の平行移動／ノードの整列／レイヤの操作／回線の一時停止(回線断)
- 1-3-6　トポロジサマリー　45
- 1-3-7　GNS3コンソール　46

1-4 パフォーマンスの最適化 46
1-4-1 Idle PC値の調整 46
1-4-2 パフォーマンス向上のヒント 46
ルータのIOSはすべて同じものを使う／検証用ホストはVPCSを使う／できるだけGNS3の標準搭載スイッチを使う

1-5 章のまとめ 47

第2章　Wiresharkと標準搭載ノード　48

2-1 Wiresharkの基本操作 48
2-1-1 GNS3上でのWiresharkの使い方 48
「2-1-1_Wireshark」プロジェクト／Wiresharkの使い方
2-1-2 Wiresharkの画面 51
2-1-3 Wiresharkの基本的な使い方 52
パケットフィルタ／パケットの検索／パケットのマーキング／TCPストリーム／パケット分析(エキスパート情報)／パケット分析(対話)／パケット分析(終端)／パケット分析(プロトコル階層)／パケット分析(入出力グラフ)

2-2 VPCSの使い方 58
2-2-1 IPアドレスの設定 58
「2-2-1_VPCS」プロジェクト
2-2-2 pingコマンド 61
送出するパケット数の指定／送出するパケットサイズの指定／フラグメント禁止パケットの送出／ping時間間隔の調整／TCPヘッダのコントロールフラグ値の設定／ポート番号の指定
2-2-3 その他のコマンド 65

2-3 標準搭載スイッチ 66
2-3-1 ATMスイッチ 66
2-3-2 イーサハブ 67
2-3-3 イーサスイッチ 67
2-3-4 フレームリレースイッチ 68

2-4 章のまとめ 68

第3章　ゼロから作るGNS3ネットワーク　69

3-1 IOSイメージ 69
3-1-1 IOSイメージの入手方法 69
3-1-2 使用できるIOSの種類 70
3-1-3 IOSイメージのコピー 71
FTPによるコピー／TFTPによるコピー

3-2 プロジェクトの作成と管理 72
3-2-1 Dynamipsの環境設定 72
3-2-2 プロジェクトの作成 74

IOSの選択／IOSに割り当てるRAMメモリ容量の設定／ネットワークモジュールの選択／WICの選択／Idle PC値の設定／ルータテンプレートの作成完了／ルータとVPCSを追加してLANでつなぐ

  3-2-3 プロジェクトの管理 ･･････････････････････････････････････ 82
    自動保存の対象ではないもの／プロジェクトのスナップショット／プロジェクトのコピー

 3-3 簡単なネットワークの構築 ･･･ 84
  3-3-1 イーサスイッチルータ ･･････････････････････････････････････ 84
  3-3-2 既存プロジェクトの再利用 ･･････････････････････････････････ 88
    ネットワーク構成の設定／新規追加したデバイスの設定
  3-3-3 設定確認と疎通試験 ･･･････････････････････････････････････ 90
  3-3-4 トラブルシューティング ････････････････････････････････････ 92

 3-4 章のまとめ ･･ 95

第4章　IPネットワークの概要　96

 4-1 通信プロトコルと標準化 ･･ 96
  4-1-1 通信プロトコル ･･･ 96
  4-1-2 通信プロトコルの標準化 ････････････････････････････････････ 97

 4-2 ネットワークアーキテクチャ ･･･････････････････････････････････････ 97
  4-2-1 OSI参照モデル ･･･ 98
  4-2-2 TCP/IPアーキテクチャ ･････････････････････････････････････ 99
  4-2-3 階層化と通信 ･･･ 100

 4-3 IPアドレスとポート番号 ･･･ 101
  4-3-1 IPアドレス ･･ 101
  4-3-2 IPアドレスクラス ･･･ 103
    クラスA／クラスB／クラスC／クラスD／クラスE
  4-3-3 サブネット ･･･ 104
  4-3-4 ポート番号 ･･･ 107
  4-3-5 ポート番号の種類 ･･･ 108
    ウェルノウンポート番号(Well Known Port Number)／登録済みポート番号(Registered Port Number)／動的ポート番号(Dynamic Port Number)

 4-4 IPとネットワーク層のプロトコル ･･････････････････････････････････ 109
  4-4-1 IPヘッダ ･･ 109
  4-4-2 MTUとフラグメント ･･････････････････････････････････････ 112
  4-4-3 ARP ･･ 114
  4-4-4 ICMP ･･･ 116

 4-5 TCPとUDP ･･ 119
  4-5-1 コネクションとコネクションレス ････････････････････････････ 119
  4-5-2 TCPヘッダ ･･ 119
  4-5-3 順序制御による高信頼転送 ･････････････････････････････････ 121
  4-5-4 ウィンドウ制御による通信効率の向上 ････････････････････････ 123

4-5-5	フロー制御による通信効率の向上	124
4-5-6	輻輳制御による混雑の回避	125
4-5-7	UDP	126

4-6 アプリケーション層のプロトコル … 127
- 4-6-1 HTTP … 127
- 4-6-2 SMTP … 128
- 4-6-3 POP … 129
- 4-6-4 SNMP … 131
- 4-6-5 FTP … 131
- 4-6-6 TelnetとSSH … 132
- 4-6-7 DHCP … 132
- 4-6-8 DNS … 132

4-7 ルーティングの概要 … 133
- 4-7-1 ルータの役割 … 133
- 4-7-2 ルーティングテーブル … 134
- 4-7-3 ロンゲストマッチのルール … 135
- 4-7-4 ルーティングテーブルの生成方法 … 135
- 4-7-5 ルート集約 … 137
  - ルート集約後
- 4-7-6 ルート再配布 … 138

4-8 ルーティングプロトコル … 139
- 4-8-1 ルーティングプロトコルとは … 139
  - 運用が簡単／ネットワーク障害時のルートの自動切り替え
- 4-8-2 ルーティングプロトコルの種類 … 140
- 4-8-3 IGPとEGP … 141
- 4-8-4 ルーティングアルゴリズム … 142
  - ディスタンスベクタ型ルーティングアルゴリズム／リンクステート型ルーティングアルゴリズム／ハイブリッド型ルーティングアルゴリズム
- 4-8-5 クラスフルルーティングプロトコルとクラスレスルーティングプロトコル … 145
  - クラスフルルーティングプロトコル／クラスレスルーティングプロトコル
- 4-8-6 AD値とメトリック … 148

4-9 章のまとめ … 151

Part 2 基本演習ラボ

第5章 スイッチング

5-1 GNS3のスイッチング機能 … 154
- 5-1-1 NM-16ESWモジュール … 154
- 5-1-2 NM-16ESWモジュールが提供する機能 … 155

5-2 ポートVLAN … 157
- 5-2-1 VLANの概要 … 157

VLANの利点／VLANの種類

- 5-2-2 **演習Lab** アクセスポートの設定 ………………………………………………… 161
  初期状態の確認／VLANの作成／アクセスポートの設定

5-3 タグVLAN ………………………………………………………………………………… 165
- 5-3-1 タグVLANのメリット ………………………………………………………… 165
- 5-3-2 トランキングプロトコル ……………………………………………………… 166
- 5-3-3 **演習Lab** トランクリンクの設定 ……………………………………………… 168
  初期状態の確認／トランクリンクの設定／トランクリンク上で通過できるVLANを個別に制限／ネイティブVLANの割り当て／Wiresharkで確認

5-4 VTP …………………………………………………………………………………………… 172
- 5-4-1 VTPの概要 ……………………………………………………………………… 173
- 5-4-2 **演習Lab** VTPによるVLAN情報の自動設定 ………………………………… 174

5-5 STP …………………………………………………………………………………………… 178
- 5-5-1 STPの概要 ……………………………………………………………………… 178
- 5-5-2 PVST+ …………………………………………………………………………… 183
- 5-5-3 収束時間の短縮 ………………………………………………………………… 183
- 5-5-4 **演習Lab** PVST+の動作確認と収束時間の短縮 ……………………………… 184
  スイッチの設定／状態確認／ルートスイッチの変更／パスコストの変更／PortFastの確認

5-6 EtherChannel ……………………………………………………………………………… 191
- 5-6-1 EtherChannelの概要 …………………………………………………………… 191
- 5-6-2 **演習Lab** EtherChannelの設定 ………………………………………………… 193
  スイッチの設定／状態確認

5-7 章のまとめ ………………………………………………………………………………… 195

第6章 フレームリレー   197

6-1 フレームリレーの概要 ………………………………………………………………… 197
- 6-1-1 フレームリレーとは …………………………………………………………… 197
- 6-1-2 フレームリレーの関連用語と動作概要 ……………………………………… 197
- 6-1-3 フレームリレーのトポロジ …………………………………………………… 199
  フルメッシュトポロジ／ハブ＆スポークトポロジ／パーシャルメッシュトポロジ
- 6-1-4 Inverse ARP …………………………………………………………………… 201
- 6-1-5 フレームリレースイッチ ……………………………………………………… 202
  Ciscoルータをフレームリレースイッチとして使う場合／GNS3標準搭載のフレームリレースイッチを使う場合

6-2 演習ラボ …………………………………………………………………………………… 205
- 6-2-1 **演習Lab** ハブ＆スポーク ……………………………………………………… 206
  Inverse ARPを使った場合／手動の場合
- 6-2-2 **演習Lab** P2Pサブインターフェイス ………………………………………… 210
- 6-2-3 **演習Lab** マルチポイントサブインターフェイス …………………………… 213

6-3　章のまとめ ……………………………………………………………… 215

第7章　ATM　217

7-1　ATMの概要 ……………………………………………………………… 217
7-1-1　ATMとは ………………………………………………………… 217
7-1-2　ATMスイッチング ……………………………………………… 218
7-1-3　ATMセルのヘッダフォーマット ………………………………… 219
7-1-4　ATMアーキテクチャ …………………………………………… 220
7-2　演習ラボ …………………………………………………………………… 221
7-2-1　標準搭載ATMスイッチの設定 ………………………………… 222
7-2-2　PA-A1 ATMポートアダプタ …………………………………… 223
7-2-3　演習Lab　ATMネットワークの基本設定 ……………………… 224
　　　　　手動の場合／Inverse ARPにした場合
7-3　章のまとめ ……………………………………………………………… 228

第8章　PPPとPPPoE　229

8-1　PPP ………………………………………………………………………… 229
8-1-1　PPPとは …………………………………………………………… 229
8-1-2　LCPとNCP ……………………………………………………… 229
8-1-3　PPPフレームフォーマット ……………………………………… 230
8-1-4　PAPとCHAP …………………………………………………… 231
8-2　PPPoE …………………………………………………………………… 232
8-2-1　PPPoEとは ……………………………………………………… 232
8-2-2　PPPoEのフレームフォーマット ………………………………… 233
8-2-3　PPPoEシーケンス ……………………………………………… 234
8-3　演習ラボ …………………………………………………………………… 235
8-3-1　演習Lab　PPP ………………………………………………… 235
　　　　　PAP認証の確認／CHAP認証の確認
8-3-2　演習Lab　PPPoE ……………………………………………… 242
　　　　　PPPoEクライアントの設定／PPPoEサーバの設定／PPPoEクライアントの設定確認／PPPoEサーバ上のPPPoEセッションの状態を確認
8-4　章のまとめ ……………………………………………………………… 246

第9章　RIP　247

9-1　RIPの概要 ………………………………………………………………… 247
9-1-1　RIPの歴史 ……………………………………………………… 247
9-1-2　RIPの特徴 ……………………………………………………… 247
9-1-3　RIPのバージョン ……………………………………………… 248

　　　　　　　　RIPv1の欠点①：クラスレスに対応していない／RIPv1の欠点②：ブロードキャストによるアップデート／RIPv1の欠点③：認証機能がない
　　9-1-4　RIPの動作 ……………………………………………………………… 251
　　9-1-5　ルーティングループの防止 …………………………………………… 254
　　　　　　　　スプリットホライズン／ポイズンリバース／ルートポイズニング／トリガードアップデート／ホップ数の上限

9-2　演習ラボ ……………………………………………………………………………… 255
　　9-2-1　**演習Lab** RIPの有効化 ……………………………………………… 255
　　　　　　　　設定／確認／Wiresharkで検証
　　9-2-2　**演習Lab** RIPv2の設定 …………………………………………… 258
　　　　　　　　設定／RIPv2と自動集約の無効化を設定／Wiresharkで検証
　　9-2-3　**演習Lab** ホップ数によるルート選択 …………………………… 261
　　　　　　　　設定／メトリック値の調整／Wiresharkで検証
　　9-2-4　**演習Lab** RIPアップデートの最適化 …………………………… 266
　　　　　　　　設定／デフォルトルートの配布／ルートフィルタ／パッシブインターフェイス
　　9-2-5　**演習Lab** セキュリティ設定 ……………………………………… 271
　　　　　　　　設定／ネイバー指定／パスワード設定

9-3　章のまとめ …………………………………………………………………………… 277

第10章　EIGRP　　　　　　　　　　　　　　　　　　　　　　　　　　　　278

10-1　EIGRPの概要 ……………………………………………………………………… 278
　　10-1-1　EIGRPとは ………………………………………………………… 278
　　10-1-2　EIGRPの特徴 ……………………………………………………… 279
　　　　　　　　ハイブリッド型ルーティングプロトコル／高速コンバージェンス／差分アップデート／複合メトリック／不等コストロードバランシング／VLSMのサポート／LANとWANの両用ルーティングプロトコル／自動と手動によるルート集約
　　10-1-3　EIGRPの動作 ……………………………………………………… 280
　　10-1-4　メトリック計算 ……………………………………………………… 283

10-2　演習ラボ ……………………………………………………………………………… 284
　　10-2-1　**演習Lab** EIGRPの基本設定 ……………………………………… 284
　　　　　　　　設定／EIGRPネイバーの確立を確認／EIGRPルートのみのルーティングテーブルを確認／トポロジテーブルを確認
　　10-2-2　**演習Lab** メトリックによるルート選択 ………………………… 288
　　　　　　　　設定／ネイバーの確立を確認／Router1のルーティングテーブルを確認／Router1でEIGRPのトポロジテーブルを確認／Router3経由のルートをサクセサに変更／フィージブルサクセサへの切り替えの確認
　　10-2-3　**演習Lab** 不等コストロードバランシング ……………………… 295
　　　　　　　　設定／確認／Router1に不等コストロードバランシングを設定／確認
　　10-2-4　**演習Lab** ルート制御 ……………………………………………… 300
　　　　　　　　設定／確認／Router3でEIGRPとRIPv2のルート再配布／メトリックを明示的に指定してルート再配布／パッシブインターフェイスを設定／ディストリビュートリストを設定

10-3 章のまとめ 307

第11章　OSPF　308

11-1 OSPFの概要 308
11-1-1 OSPFの特徴 308
クラスレス型ルーティングプロトコル／リンクステート型ルーティングプロトコル／ルータホップ数の上限がない／エリアによる効率的なルーティング／収束時間が短い／コストによる最適ルートの選択／マルチキャストによるルート情報の交換／ルータの認証機能

11-1-2 OSPFのパケット 310
OSPFのヘッダフォーマット／HelloパケットのフォーマットDBDパケットのフォーマット／LSRパケットのフォーマット／LSUパケットのフォーマット／LSAckパケットのフォーマット

11-1-3 OSPFの動作仕様 315
ネイバーの確立(Down、Init、2Way)／DRとBDRの選出／マスタールータとスレーブルータの選出／DBDの交換(Exchange)／不足LSAの交換(Loading)／アジャセンシーの確立(Full)／最適ルートの計算／キープアライブ

11-1-4 LSA 322
LSAヘッダのフォーマット／LSAタイプ1(ルータLSA)のフォーマット／LSAタイプ2(ネットワークLSA)のフォーマット／LSAタイプ3(ネットワークサマリーLSA)とLSAタイプ4(ASBRサマリーLSA)のフォーマット／LSAタイプ5(AS外部LSA)とLSAタイプ7のフォーマット

11-1-5 エリアの種類 328
バックボーンエリア／標準エリア／スタブエリア／完全スタブエリア／NSSA／完全NSSA

11-1-6 ルート集約 333
11-1-7 仮想リンク 334

11-2 演習ラボ 334
11-2-1 演習Lab OSPFの基本設定 334
設定／確認

11-2-2 演習Lab DRとBDRの選出 336
設定／ルータを一斉再起動して確認／Router1のプライオリティIDを変更／ルータを一斉再起動して確認／Router1だけを停止／Router1を復帰

11-2-3 演習Lab マルチエリア 340
設定／確認／エリア20をスタブエリアに設定／エリア20を完全スタブエリアに変更／Router1～Router3のLSDBを確認

11-2-4 演習Lab マルチエリア(NSSAと完全NSSA) 347
設定／確認／エリア30をNSSAに変更／完全NSSAの設定

11-2-5 演習Lab 優先ルートの選択 355
設定／確認／Router1のF0/0インターフェイスのコストを増やす

11-2-6 演習Lab ルートの集約と制御 358
設定／確認／OSPFのルート集約設定／Router1でディストリビュートリストを設定／Router3でディストリビュートリストを設定

11-3　章のまとめ ……………………………………………………………………………… 363

第12章　IS-IS

364

12-1　IS-ISの概要 …………………………………………………………………………… 364
12-1-1　IS-ISと拡張IS-IS ………………………………………………………… 364
12-1-2　IS-ISのエリア …………………………………………………………… 365
12-1-3　IS-ISのルーティング …………………………………………………… 365
12-1-4　DIS ………………………………………………………………………… 366
12-1-5　NSAPとNET …………………………………………………………… 368
12-1-6　IS-ISのメトリック ……………………………………………………… 369

12-2　演習ラボ ……………………………………………………………………………… 369
12-2-1　演習Lab IS-ISの基本設定 ……………………………………………… 370
設定／確認
12-2-2　演習Lab マルチエリア …………………………………………………… 373
設定／確認
12-2-3　演習Lab ルートの集約と選択 …………………………………………… 376
設定／確認／Router4でルート集約／Router2経由を優先ルートに設定

12-3　章のまとめ …………………………………………………………………………… 380

第13章　BGP

381

13-1　BGPの概要 …………………………………………………………………………… 381
13-1-1　BGPの特徴 ………………………………………………………………… 381
パスベクタ型ルーティングプロトコル／クラスレス型ルーティングプロトコル／多様なパスアトリビュート／ポリシーベースルーティング／TCPによる信頼性のある通信／差分情報のアップデート／ルータの認証
13-1-2　AS（自律システム） ……………………………………………………… 383
13-1-3　BGPメッセージ …………………………………………………………… 383
BGPメッセージヘッダのフォーマット／OPENメッセージのフォーマット／UPDATEメッセージのフォーマット／NOTIFICATIONメッセージのフォーマット／KEEPALIVEメッセージのフォーマット
13-1-4　BGPの動作仕様 …………………………………………………………… 389
BGPピアの確立／UPDATEメッセージによるルート情報の交換／KEEPALIVEメッセージによるピアの維持／NOTIFICATIONメッセージによるピアの終了
13-1-5　パスアトリビュート ……………………………………………………… 391
Origin／AS Path／NEXT HOP／MED／Local Preference
13-1-6　最適ルート選択アルゴリズム …………………………………………… 396
13-1-7　BGPスプリットホライズン ……………………………………………… 396
13-1-8　ルートリフレクタ ………………………………………………………… 398
13-1-9　コンフェデレーション …………………………………………………… 399

13-2　演習ラボ ……………………………………………………………………………… 399

- 13-2-1 **演習Lab** BGPの基本設定 ……………………………………………… 400
  設定／確認／Wiresharkで検証
- 13-2-2 **演習Lab** AS Pathによるベストパスの選択 ………………………… 403
  設定／確認／Router3でAS Pathプリペンドの設定を追加
- 13-2-3 **演習Lab** MEDによるベストパスの選択 ……………………………… 406
  設定／確認／Router1で告知するルートのMED値を変更／Wiresharkで検証
- 13-2-4 **演習Lab** Local Preferenceによるベストパスの選択 ………………… 410
  現状の確認／設定／確認／Wiresharkで検証
- 13-2-5 **演習Lab** 再配布とルート集約 ………………………………………… 412
  設定／確認／Router2でルート集約
- 13-2-6 **演習Lab** ルートリフレクタ …………………………………………… 416
  設定／確認／Router1をルートリフレクタとして設定
- 13-2-7 **演習Lab** コンフェデレーション ……………………………………… 418
  設定／確認／Router1からRouter2に対して告知するルートにMED値100を付与

13-3 章のまとめ ……………………………………………………………… 423

第14章　MPLS　　　　424

14-1 MPLSの概要 …………………………………………………………… 424
- 14-1-1 MPLSとは …………………………………………………………… 424
  トラフィックエンジニアリングによる任意のルートの選択／障害時の瞬時バックアップルートへの切り替え／VPNの構築
- 14-1-2 MPLSのラベルフォーマット ……………………………………… 426
- 14-1-3 MPLSのラベル操作 ………………………………………………… 427
- 14-1-4 LDP …………………………………………………………………… 428
- 14-1-5 MPLSの動作モード ………………………………………………… 429
  ラベル配布モード／ラベル保持モード／LSPコントロールモード
- 14-1-6 MPLSのテーブル …………………………………………………… 430
- 14-1-7 VRF …………………………………………………………………… 432
- 14-1-8 MPLS VPN …………………………………………………………… 434

14-2 演習ラボ ………………………………………………………………… 436
- 14-2-1 **演習Lab** MPLSの基本設定 ……………………………………… 436
  設定／確認／MPLSの有効化／確認／MPLSのラベル操作の様子
- 14-2-2 **演習Lab** VRF-Lite ………………………………………………… 442
  設定／確認
- 14-2-3 **演習Lab** MPLS VPN ……………………………………………… 446
  設定①：下準備／設定①の確認／設定②：MPLSの有効化／設定②の確認／設定③：MP-BGPの設定／設定③の確認／ラベル操作の流れ

14-3 章のまとめ ……………………………………………………………… 454

第15章　IPマルチキャスト　　456

15-1　IPマルチキャストの概要 ……………………………………………… 456
- 15-1-1　IPマルチキャストとは …………………………………………… 456
- 15-1-2　IPマルチキャストのIPアドレスとMACアドレス ……………… 457
- 15-1-3　ディストリビューションツリー ………………………………… 458
- 15-1-4　RPFチェック …………………………………………………… 459
- 15-1-5　IGMP ……………………………………………………………… 459
  IGMPv1／IGMPv2／IGMPv3
- 15-1-6　PIM-DM ……………………………………………………………… 460
- 15-1-7　PIM-SM ……………………………………………………………… 461

15-2　演習ラボ ………………………………………………………………… 461
- 15-2-1　演習Lab PIM-DM ………………………………………………… 461
  設定／確認／IGMPとツリー形成の様子
- 15-2-2　演習Lab PIM-SM ………………………………………………… 468
  設定／確認／スイッチオーバー機能を無効化

15-3　章のまとめ ……………………………………………………………… 474

第16章　VPN　　475

16-1　代表的なVPN技術 ……………………………………………………… 475
- 16-1-1　IPsec ………………………………………………………………… 475
  AH／ESP／IKE
- 16-1-2　IKEフェーズ以降のIPsecの通信 ………………………………… 476
  フェーズ1／フェーズ2／トンネルモード／トランスポートモード／注意点
- 16-1-3　L2TPv3 ……………………………………………………………… 480
- 16-1-4　GRE ………………………………………………………………… 480

16-2　演習ラボ ………………………………………………………………… 480
- 16-2-1　演習Lab IPsec ……………………………………………………… 480
  設定／確認／Wiresharkで検証
- 16-2-2　演習Lab L2TPv3 …………………………………………………… 485
  設定／確認
- 16-2-3　演習Lab GRE ……………………………………………………… 487
  設定／確認

16-3　章のまとめ ……………………………………………………………… 488

参考文献　490
索引　491

Part 1
GNS3と
ネットワークの基礎知識

　GNS3でネットワークを構築するにあたって、GNS3の操作方法とネットワークの基本的な知識が必要になります。本PartではGNS3の概要からはじまり、インストール方法と操作画面を説明して、さらにL2テクノロジーおよびTCP/IPなどのトピックについて触れます。GNS3を既に使った経験があったり、ネットワークの基本的な知識を持っている方は本Partを読み飛ばしても大丈夫です。

第1章：GNS3の使い方
第2章：Wiresharkと標準搭載ノード
第3章：ゼロから作るGNS3ネットワーク
第4章：IPネットワークの概要

第1章
GNS3の使い方

　本章では、GNS3の概要や前身のDynamipsから進化した機能などについて述べます。GNS3のインストールは、Windowsでのインストール方法をステップバイステップで詳しく説明し、GNS3の各ボタンやパーツを紹介します。GNS3は大変すばらしいソフトですが、当然、機能的な制約もあります。GNS3を使う前に何ができるか、できないかをしっかりと確認しておきましょう。

1-1 GNS3とは

　おそらく利用者の多くは、CiscoルータをエミュレートするためにGNS3を使います。ご存じかもしれませんが、GNS3はCiscoルータだけでなく、その他多くのベンダのハードウェアをエミュレートできます。本書ではCisco IOSのみを使用しますが、知識としてGNS3の機能を把握していれば、将来きっと役に立つ場面があるでしょう。

1-1-1 GNS3でできること

　GNS3やその前身のDynamipsが世に出る前まで、ネットワークの勉強や検証はどうしても実機に頼る必要がありました。過去にいくつかのCisco IOSコマンドをシミュレーションするソフトウェアがあって、有名なのがCCNAバーチャルラボ「Network Visualizer」です。おそらく多くの人がこのソフトを使ってCisco IOSコマンドの練習をしたことでしょう。しかし、このソフトのみならず、どのシミュレーションソフトも完成度が低く、あくまでコマンドを体験するレベルのものでした。

　では、GNS3（Dynamips）は今までのソフトウェアと何が違うのでしょうか？ GNS3はコマンドをシミュレーションするのではなく、ハードウェアをエミュレーションするソフトウェアです。ここで意図的に明確に「シミュレーション」と「エミュレーション」を使い分けているのは、GNS3は単にコマンドを模擬しているではなく、ハードウェアそのものをPC上に仮想的に搭載しているからです。したがって、GNS3は本物のIOSイメージを使うので、"なんちゃって"コマンドではなく本物のコマンドを操作できます。

GNS3がエミュレーションできるもの

　GNS3がエミュレーションできるハードウェアなどのアプライアンスは100種類以上あります。今後のGNS3のバージョンアップでさらに増える見込みです。対応ハードウェアの一

覧はGNS3公式サイトのAPPLIANCESページ[注1]で確認できます（図1.1.1）。また、表1.1.1は、2018年8月現在のGNS3が対応しているアプライアンスのすべてです。

GNS3のメイン機能はハードウェアのエミュレーションですが、さらにVirtualBox内の仮想サーバや実機ルータとも連携できます。この連携機能を使えば、GNS3の一部の機能制約を回避できます。本書では、

○図1.1.1：APPLIANCESページ

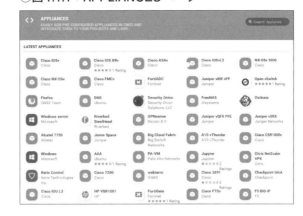

この機能に関する具体的な解説はありませんが、巻末の参考文献を参考してください。

○表1.1.1：GNS3の対応する全アプライアンス

●ルータ				
A10 vThunder	Alcatel 7750	Big Cloud Fabric	BIRD	vRouter
vTM DE	BSDRP	Cisco 1700	Cisco 2600	Cisco 2691
Cisco 3620	Cisco 3640	Cisco 3660	Cisco 3725	Cisco 3745
Cisco 7200	Cisco CSR1000v	Cisco IOSv	Cisco IOS XRv	Cisco IOS XRv 9000
Cisco IOU L3	NetScaler VPX	CoudRouter	Dell FTOS	F5 BIG-IP LTM VE
FortiADC	FRR	HPE VSR1001	Internet	Juniper vMX vCP
Juniper vMX vFP	KEMP Free VLM	LEDE	Loadbalancer.org Enterprise VA	MikroTik CHR
OpenWrt	OpenWrt Realview	VyOS	ZeroShell	
●スイッチ				
cEOS	Arista vEOS	Cisco IOSvL2	Cisco IOU L2	Cisco NX-OSv
Cisco NX-OSv 9000	Cumulus VX	EXOS	Juniper vQFX PFE	Juniper vQFX RE
Onos	Open vSwitch	Open vSwitch management		
●ファイアウォール				
Brocade Virtual ADX	Checkpoint GAiA	Cisco ASAv	Cisco FMCv	Cisco FTDv
Cisco ISE	Cisco NGIPSv	Web Security Virtual Appliance	ClearOS CE	FortiGate
FortiSandbox	FortiWeb	IPFire	vSRX	Kerio Control
OPNsense	PA-VM	pfSense	Proxmox MG	Smoothwall Express

注1 URL https://gns3.com/marketplace/appliances

Sophos UTM Home Edition	Sophos XG Firewall	IMS VA	IWS VA	Untangle NG
●ゲスト				
AAA	Alpine Linux	AsteriskNOW	Centos	Chromium
Cisco DCNM	Cisco vWLC	CoreOS	DEFT Linux	DNS
F5 BIG-IQ CM	Firefox	FortiAnalyzer	FortiAuthenticator	FortiCache
FortiMail	FortiManager	FortiSIEM	FreeBSD	FreeNAS
ipterm	Junos Space	Jupyter	Jupyter 2.7	Kali Linux
Kali Linux CLI	Kerio Connect	Kerio Operator	Micro Core Linux	Toolbox
NETem	Network Automation	ntopng	OP5 Monitor	OpenBSD
openSUSE	Ostinato	PacketFence ZEN	Python, Go, Perl, PHP	SteelHead CX 555V
Security Onion	Sophos iView	Tiny Core Linux	WordPress	Ubuntu Cloud Guest
Ubuntu Docker Guest	Ubuntu Desktop Guest	vRIN	webterm	Windows
Windows Server	Zentyal Server			

1-1-2 GNS3の歴史

　GNS3の前身はDynamipsと呼ばれるCisco IOSをエミュレーションするソフトウェアです。Dynamipsが開発されたのは2005年頃で、当初はWindows、Mac OS、LinuxおよびFreeBSD上でCiscoのいくつかのハードウェアをエミュレーションするだけのものでした。Dynamipsの設定は設定ファイルを編集する必要がありましたが、GNS3はビジュアル的にできるようになり操作性が格段に良くなりました。また、Dynamipsはネットワーク図の作成機能が一切なかったため、PowerPointなどで作成する必要がありました。当然、ネットワーク図を更新しないとコンフィグ設定と一致しなくなり、とても不便でした。

　GNS3はこのようなストレスから解消され、利用者は不必要なところに神経を使わずに済みます。ちなみに、GNS3は「Graphical Network Simulator-3」の略語で、その名のとおりグラフィカルなネットワークシミュレータなのです。

　Dynamipsの開発がGNS3に引き継がれてからCisco以外のベンダにも対応できるようになりました。マルチベンダに対応できるほか、パケットキャプチャソフト「Wireshark」やVPCS（Virtual PC Simulator）と呼ばれるバーチャルPCなどの便利機能も使えるようになり、従来のDynamipsとは比べ物にならないほど機能的に進化しました。GNS3の開発は今後も続くので、より便利なソフトになることでしょう。GNS3の最新機能やバグ情報は公式サイトのコミュニティ[注2]で盛んに意見交換されています。

　図1.1.2は筆者が10年前にDynamipsでネットワークの勉強をしていた頃のスクリーンショットです。GUIの機能がまったくなく味気のないものでした。

○図1.1.2：Dynamipsの画面例

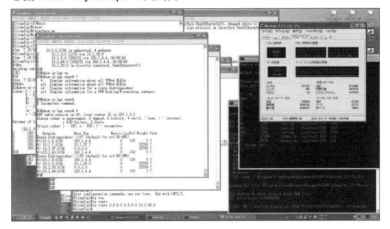

1-1-3　GNS3の中身

GNS3は単体のソフトウェアと勘違いされることがありますが、実は次に挙げるようなエミュレータの寄せ集め的なソフトウェアです。

- Dynamips
  GNS3の主力エミュレータでCiscoのハードウェアをエミュレーションする
- Qemu
  Cisco ASA、Juniper、VyattaおよびLinuxをエミュレーションする
- Pemu
  Cisco PIX FWをエミュレーションする
- VirtualBox
  Juniper、Vyatta、LinuxおよびWindowsをエミュレーションする

GNS3にはエミュレータのほかに次のような便利なアプリケーションもバンドルされています。

- Wireshark
  とても有名なパケットキャプチャで、パケット解析の必需品
- VPCS
  検証用に使うバーチャルPC、pingやtelnetコマンドに多彩なオプションがある
- WinPcap
  NICからパケットを送受信するためのデバイスドライバ、Wireshark使用時の必須道具
- SolarWinds Response Time Viewer
  アプリケーションとネットワークのレスポンスを測定する

- cpulimit
  特定のプロセスのCPU利用率を制限できる
- SuperPuTTY
  タブ化のできるターミナルソフト
- TightVNC Viewer
  リモートデスクトップツール

各アプリケーションは任意にインストールできるので、不要なものはGNS3のインストール時に対象から外しておきます。

1-2 GNS3のインストール

それでは、GNS3をインストールしていきましょう。まず、PCスペックがGNS3の推奨値になっているかを確認してください。GNS3の対応OSはWindows、macOS、Linuxですが、本書ではWindowsマシンのインストール手順を紹介します。

1-2-1 GNS3の動作環境

WindowsマシンにGNS3をインストールする場合、まず自分のPCが32bit版か64bit版を調べる必要があります。最新のGNS3は64bit版しか対応していないため、もし自分のPCが32bit版なら32bit版をGitHubのページ[注3]からダウンロードしてください。最新版のGNS3は次の5種類のWindows OSをサポートしています。

- Windows 7 SP1（64bit）
- Windows 8（64bit）
- Windows 10（64bit）
- Windows Server 2012（64bit）
- Windows Server 2016（64bit）

GNS3をストレスなく動作させるためのマシンスペックは、インストール先のOSの種類、GNS3プロジェクトの規模（エミュレートするルータの台数）や同時に使用するQEMUやVirtualBoxなどのアプリケーションによって変わります。GNS3では**表1.2.1**のような3種類のスペックを公開していて、最低限スペックはごく少数のルータを動かすためのものとされています。筆者の経験上、CCIEラボ試験程度の規模でも最低限スペックは対応できます。商用ネットワークなど大規模なネットワークをエミュレーションするとなると推奨スペック以上のマシンを用意する必要があります。

注3　URL https://github.com/GNS3/gns3-gui/releases/tag/v1.3.13

○表1.2.1：GNS3の必要スペック

	最低限スペック	推奨スペック	最適スペック
OS	Windows 7（64 bit）以降	Windows 7（64 bit）以降	Windows 7（64 bit）以降
プロセッサ	2個以上の論理コア	4個以上の論理コア	8個以上の論理コア
メモリ	4GB RAM	16GB RAM	32GB RAM
HDD容量	1GB	35GB	80GB

1-2-2 Windowsへのインストール

　GNS3は無償のオープンソースで、公式サイトのトップページにある［Free Download］から直接最新版のパッケージをダウンロードすることができます（図1.2.1）。

　次のページ（図1.2.2）でユーザ登録を行います。ユーザ登録に必要な情報を入力して［Create Account & Continue］をクリックします。

　ユーザ登録が成功するとダウンロードページ（図1.2.3）に遷移します。今回はWindowsのインストールをするので、Windowsマークの下の［DOWNLOAD］から最新のGNS3をダウンロードします。

　ダウンロードしたファイルをダブルクリックするとセットアップ画面（図1.2.4）が表示されます。インストールを始める前に意図しないPCリブートを避けるため、できるだけ起動している他のプログラムを閉じるようにしましょう。セットアップを続けるので［Next >］ボタンでライセンスの使用契約ページ（図1.2.5）に進み、確認したら［I Agree］で次へ進みます。

○図1.2.1：GNS3の公式サイトのトップページ

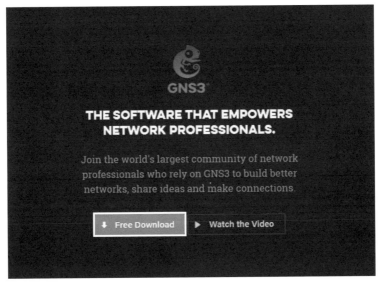

○図1.2.2：ユーザ登録

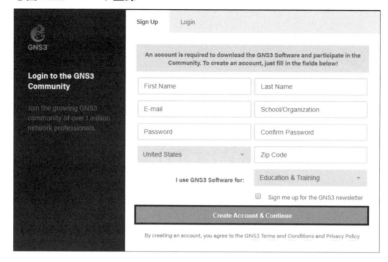

○図1.2.3：GNS3のWindows版をダウンロード

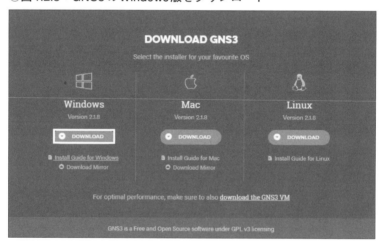

　図1.2.6ではスタートメニューのフォルダ名を指定します。特に何もなければデフォルトの「GNS3」のままで結構です。［Next>］をクリックして次へ進みます。
　GNS3のバージョン2.1.8では、インストールするコンポーネントの選択画面（図1.2.7）で11個のコンポーネント（GNS3、WinPCAP、Wireshark、Dynamips、QEMU、VPCS、Cpulimit、TightVNC Viewer、VirtViewer、SolarWinds Response、Npcap）があります。デフォルトでは最後のNpcapのみチェックが外れています。本書のラボでは、GNS3、WinPCAP、Wireshark、Dynamips、VPCS、SolarWinds Responseの6つのコンポーネントを使用しますが、デフォルト設定のままインストールしても問題はありません。インストール対象のコンポーネントを確認したら［Next>］をクリックして次へ進みます。
　GNS3のインストール先のフォルダを指定します（図1.2.8）。デフォルトのフォルダ名は

○図1.2.4：セットアップ画面

○図1.2.5：ライセンスの使用契約

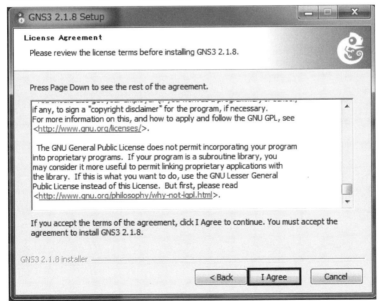

「GNS3」でC:¥Program Filesの直下に作られます。フォルダ名の確認が終わったら［Install］をクリックしてGNS3のインストールを開始します。インストール開始直後、場合によりMicrosoft Visual C++の自動インストールがあります。

○図1.2.6：スタートメニューフォルダの指定

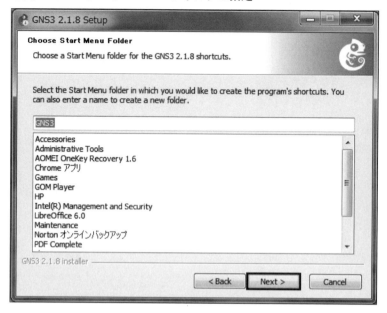

○図1.2.7：インストールするコンポーネントの選択

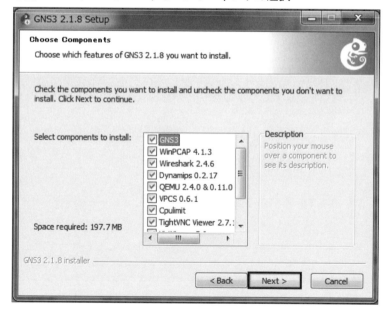

○図1.2.8：インストール先フォルダの指定

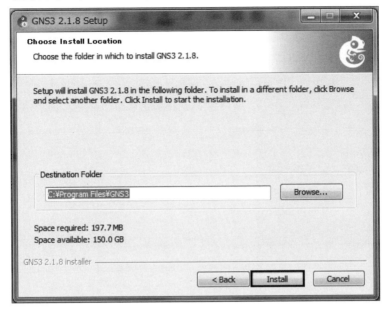

WinPcap

　WinPcap（**図1.2.9**）はWiresharkでのパケットキャプチャに必要不可欠なプログラムであるため［Next>］をクリックしてWinPcapのセットアップを開始します。WinPcapのライセンスの使用契約（**図1.2.10**）を確認したら［I Agree］ボタンを押してWinPcapのインストール画面へ遷移します。

　PCを起動したときに自動的にWinPcapのドライバを起動するようにします（**図1.2.11**）。WinPcapが起動していないとWiresharkを起動したときにエラーとなります。毎回手動でWinPcapドライバを起動するのは非常に手間がかかりますので、チェックを付けたままにしましょう。

　WinPcapのインストールが終了したら、［Finish］ボタンをクリックしてインストールウィザード画面を閉じます（**図1.2.12**）。

Wireshark

　次にWiresharkを続いてインストールします。もしインストールできないエラーに遭遇したらWiresharkのインストールを一時キャンセルして、GNS3のインストール完了後に個別にWiresharkをインストールします。セットアップ画面（**図1.2.13**）が表示したら［Next>］をクリックして次へ進みます。ライセンス（**図1.2.14**）を確認して［I Agree］ボタンで次へ進みます。

○図1.2.9：WinPcapのインストール

○図1.2.10：WinPcapのライセンス確認

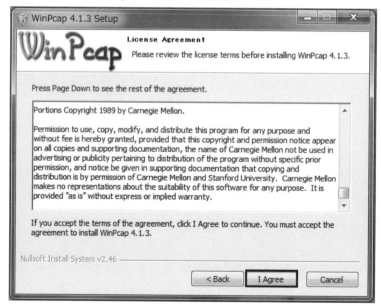

○図1.2.11：WinPcapの自動起動

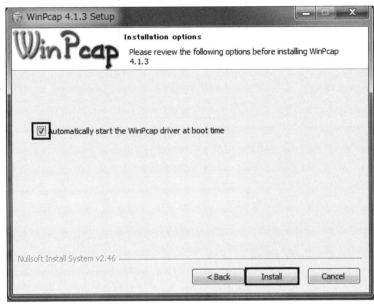

○図1.2.12：WinPcapのインストールの終了

○図1.2.13：Wiresharkのセットアップ

○図1.2.14：ライセンスの使用契約

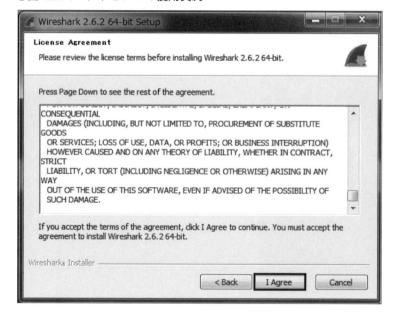

　コンポーネントの選択（図1.2.15）は、いくつかのチェックが自動的に付けられています。デフォルト設定のままで問題がないので［Next>］ボタンをクリックして次へ進みます。
　ショートカットと拡張子の選択（図1.2.16）もデフォルトのままでも差し支えがないので［Next>］をクリックして次へ進みます。

○図1.2.15：コンポーネントの選択

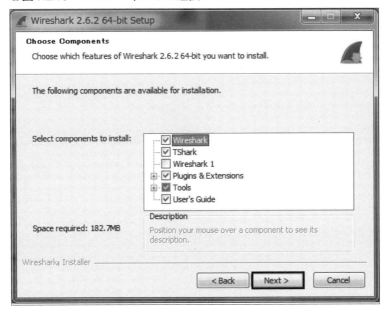

○図1.2.16：ショートカットと拡張子の選択

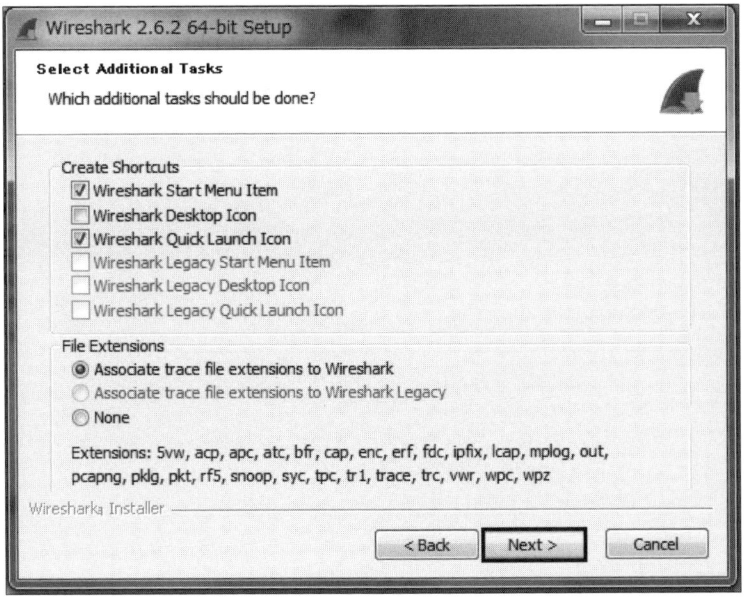

　次にWiresharkをインストールする先のフォルダ名を指定します（図1.2.17）。デフォルトのフォルダ名は「Wireshark」となっていてC:¥Program Filesの直下に作られます。フォルダ名を指定したら［Next>］をクリックして次へ進みます。
　WinPcapをすでにインストールしたので、図1.2.18のWinPcapのインストール画面では

インストールのチェックを外して［Next>］をクリックして次へ進みます。

　USB Captureは、USBの通信内容をキャプチャするための機能です。デフォルトでオフになっていて、本書では使用しません。図1.2.19では何もせずに［Install］ボタンをクリックしてWiresharkのインストールを開始します。

○図1.2.17：Wiresharkのインストール先の指定

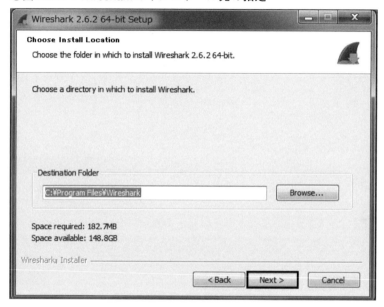

○図1.2.18：WinPcapのインストール確認

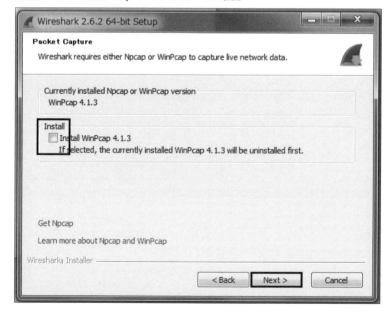

インストール完了画面（図1.2.20）が表示されたら［Next>］ボタンをクリックして次へ進みます。ここではWiresharkをインストールするだけなので、図1.2.21ではチェックボックスに何もチェックせずに［Finish］ボタンをクリックしてWiresharkのインストール作業を終了します。

○図1.2.19：USB Captureのインストール確認

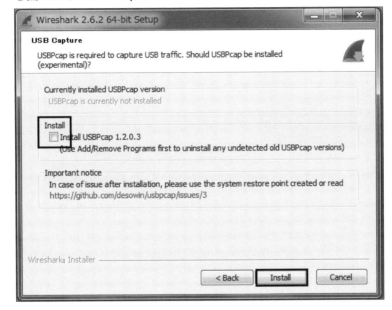

○図1.2.20：インストールの完了

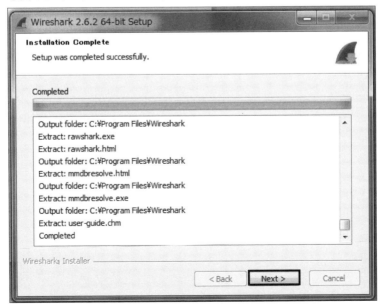

○図1.2.21：インストールの終了

WinPcapとWiresharkのほかにも数種類のアプリケーションを続けてインストールする必要があります。基本的に同じような手順ですべてのアプリケーションをインストールします。すべてのインストールが完了したら図1.2.22の画面が表示されたら［Next>］ボタンをクリックして次へ進みます。GNS3のインストールを完了したら、図1.2.23のように「Start GNS3」にチェックして［Finish］ボタンをクリックしてGNS3のセットアップを終了します。

○図1.2.22：GNS3のインストールの完了

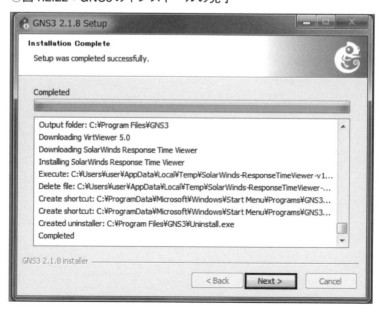

○図1.2.23：GNS3のセットアップの終了

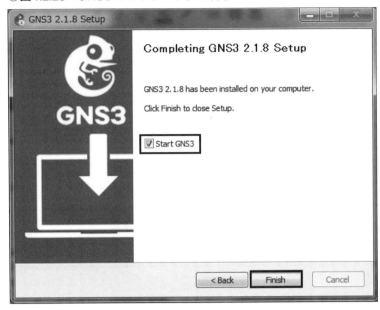

サーバタイプの選択

GNS3には3種類のサーバタイプが用意されています（図1.2.24）。1番目はIOSv、IOU、ASAまたはCisco以外のアプライアンスを使用するためのサーバタイプです。2番目はローカルで動かすやや古めのIOSのためのサーバタイプで、本書では2番目のサーバタイプに該当します。3番目はリモート環境にあるサーバでGNS3を動かすためのサーバタイプです。サーバタイプを頻繁に変更することはないので、「Don't show this again」にチェックをして［Next>］ボタンをクリックして次へ進みます。

図1.2.25のサーバパス、ホストバイディングおよびポート番号もデフォルトのままにして［Next>］をクリックして次へ進みます。

○図1.2.24：サーバタイプの選択

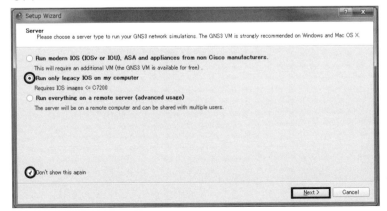

第 1 章　GNS3 の使い方

　ローカルサーバへの接続が成功すると図1.2.26が表示されるので、[Next>] をクリックして次へ進みます。サーバタイプの設定結果サマリー（図1.2.27）を確認したら [Finish] ボタンをクリックしてセットアップウィザードを終了します。

○図1.2.25：ローカルサーバの設定

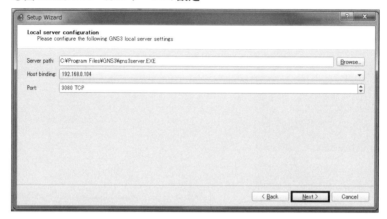

○図1.2.26：ローカルサーバへの接続

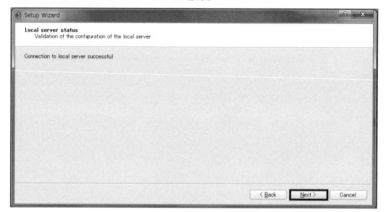

○図1.2.27：サーバタイプの設定結果サマリー

アプライアンスのテンプレートと新規プロジェクトの作成

　ここでは、アプライアンスのテンプレート作成（図1.2.28）と新規プロジェクトの作成（図1.2.29）は行わないので、それぞれ［Cancel］ボタンをクリックして次へ進みます。

　すべてのインストールと設定が終わったら、最終的に図1.2.30が表示されます。画面内の各パーツは後ほど紹介します。

○図1.2.28：アプライアンスのテンプレート作成

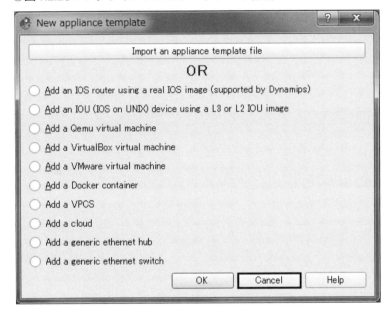

○図1.2.29：新規プロジェクトの作成

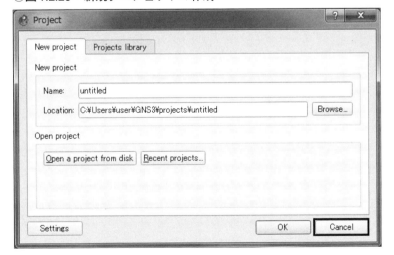

○図1.2.30：GNS3のGUI画面

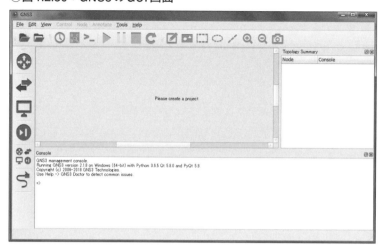

1-2-3 macOSとLinuxへのインストール

macOS

GNS3がサポートしているmacOSのバージョンは10.9（Mavericks）以降です。GNS3はアップルストアから配信しているソフトウェアではないため、インストール時に確認画面が表示されます。詳細なインストールの流れは公式サイトの「GNS3 Installation on MacOS X[注4]」を参照してください。

Linux

Linuxにインストールするには、パッケージ、またはソースコードからインストールします。パッケージによるインストールは一番簡単ですが、インストールされるGNS3は最新版ではない可能性があります。一方、ソースコードからのインストールはインストール作業のステップ数は多いですが最新のGNS3をインストールできます。Linuxに関する詳細なインストール方法は公式サイトの「GNS3 Installation on Linux[注5]」にあります。

1-3 GUI画面と機能

GNS3とDynamipsの大きな違いの1つにGUIの有無があります。GUIのおかげでネットワークの構築や設定が直感的に操作できるようになりました。ここでは、GNS3のGUI画面の各パーツとその機能、および知っておくと便利な使い方を紹介します。

注4 URL https://docs.gns3.com/1MlG-VjkfQVEDVwGMxE3sJ15eU2KTDsktnZZH8HSR-IQ/
注5 URL https://docs.gns3.com/1QXVlihk7dsOL7Xr7Bmz4zRzTsJ02wklflmGuHwTlaA4/

1-3-1　全体のスクリーンレイアウト

　GNS3を起動すると図1.3.1が表示されます。なお、図1.3.1は説明用のためルータと端末を追加しています。GNS3のGUI画面は大きく6つのエリア（❶GNS3ツールバー、❷デバイスツールバー、❸ノードドック、❹ワークスペース、❺トポロジサマリー、❻GNSコンソール）に分かれています。

○図1.3.1：GNS3の画面

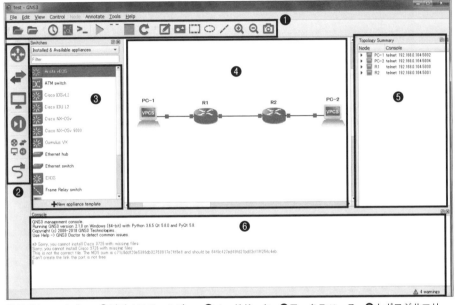

❶GNS3ツールバー、❷デバイスツールバー、❸ノードドック、❹ワークスペース、❺トポロジサマリー、❻GNSコンソール

1-3-2　GNS3ツールバー

　GNS3ツールバーにあるアイコンの機能は、主にプロジェクト管理とネットワークトポロジの表示設定に関するものです。一番左から順にアイコン意味と機能を説明します。

📁 新規プロジェクトの作成（New blank project）

　新しくプロジェクトを始めるときに使用する機能です。クリックすると図1.3.2が表示され、[New project]タブでプロジェクトの名称と保存先を設定できます。また同じタブの[Open project]で既存のプロジェクトも起動できます。[Projects library]には既存プロジェクトの一覧があり、プロジェクトを削除／複製することが可能です。

📁 既存プロジェクトの起動（Open project）

　保存したプロジェクトを起動できます。起動できるファイルの種類は「GNS3 Project File」のものです（図1.3.3）。

○図1.3.2：新規プロジェクトの作成

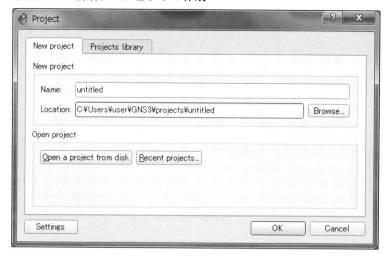

○図1.3.3：既存プロジェクトの起動

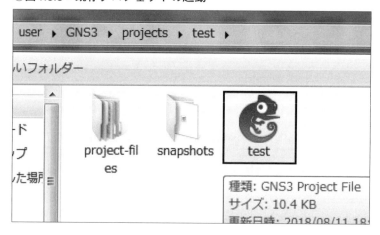

🕒スナップショットの管理（Manage snapshot）
　任意のタイミングでトポロジとコンフィグを保存でき、さらに保存した時点に戻るリストア機能もあります。この機能のおかげで、手動によるコンフィグの保存と管理をしなくて済みます。

🖼インターフェイスラベルの表示（Show/Hide interface labels）
　全ノードのインターフェイス名を表示／非表示できます。

>_全ノードへのコンソール接続（Console connect to all nodes）
　起動している全ノードのコンソール画面を表示できます。

▶全ノードの起動と再開（Start/Resume all nodes）

プロジェクトの全ノードを起動します。また、一時停止中の全ノードを再開できます。

⏸全ノードの一時停止（Suspend all nodes）

一時停止とは、パケットを送信できない状態のことを意味します。アイコンをクリックすると一時停止可能なノードのインターフェイスの色が「緑色」から「黄色」に変わり、黄色になったインターフェイスを通るパケットは全部破棄されます。図1.3.4では、全ノードの一時停止を実施した例で、ルータのすべてのインターフェイスは黄色になっていますが、端末のインターフェイスは緑色のままとなっています。なぜなら、端末は一時停止可能なノードではないからです。一時停止の機能を使う主なシーンはノード障害を模擬するときです。

○図1.3.4：全ノードの一時停止

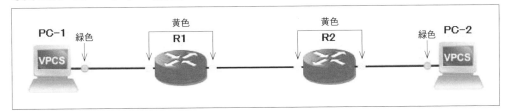

■全ノードの停止（Stop all nodes）

全ノードの停止とは、全ノードが電源OFFの状態のことを意味します。このとき、全ノードのインターフェイスの色は赤になります（図1.3.5）。

○図1.3.5：全ノードの停止

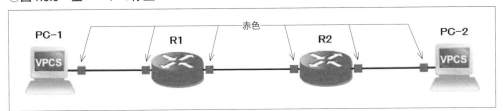

↻全ノードのリロード（Reload all nodes）

とても注意を要する機能で、クリックするとすべてのノードがリロードされます。リロードを実施する前に、必要に応じてすべてのノードのコンフィグとプロジェクトを保存しておきましょう。

📝メモの記入（Add a note）

ワークスペースにメモを追加できる機能です。追加した文字列を右クリックで［Text edit］を開き、文字の大きさ、色、フォントおよび傾き（角度）を設定できます。

画像の挿入（Insert a picture）

任意の画像をワークスペースに挿入します。

長方形の図形挿入（Draw a rectangle）

長方形をワークスペースに挿入します。また、右クリックで［Style］を開き、長方形の塗りつぶしの色、境界線の色、境界線の太さ、境界線のスタイルおよび図形の傾き（角度）を設定できます。

楕円形の図形挿入（Draw an ellipse）

楕円をワークスペースに挿入します。長方形と同様に［Style］で塗りつぶしの色、境界線の色、境界線の太さ、境界線のスタイルおよび図形の傾き（角度）を設定できます。

線の挿入（Drawn line）

線をワークスペースに挿入します。右クリックで表示される「Style」機能で線の色、線の太さ、線のスタイルおよび線の傾き度の設定をすることができます。

ズームイン（Zoom in）

ワークスペースの表示を拡大します。

ズームアウト（Zoom out）

ワークスペースの表示を縮小します。

スクリーンショット（Take a screenshot）

ワークスペースのスクリーンショットを撮ることができます。保存できる画像フォーマットは「PNG」「JPG」「BMP」「XPM」「PPM」「TIFF」の6種類です。

1-3-3 デバイスツールバー

プロジェクトに追加できるノードをデバイスツールバーに表示されているノード一覧から選びます。デバイスツールバーの一番下にある「リンクの追加」以外のアイコンをクリックすると、デバイスツールバーの右隣りのノードドックに該当ノードの一覧が表示されます。

すでにIOSなどのイメージファイルがインストールされているノードであれば、ノード名が「黒色」になっています。イメージファイルがインストールされていないノード名は「灰色」になっています。ワークスペースに追加できるのは、ノード名が黒色になっているノードのみです。デバイスツールバーにある6種類のアイコンは次のとおりです。

ルータ（Browse Routers）

ノードドックにルータの一覧が表示されます。ワークスペースに追加可能なルータはIOS

などのイメージが正しくインストールされているルータのみです。なお、ワークスペースにノードを追加する場合は該当アイコンをドラッグ&ドロップします。

スイッチ（Browse Switches）

ノードドックにスイッチの一覧が表示されます。デフォルトの状態では、いくつかのGNS3標準搭載のスイッチ（ATMスイッチ、イーサハブ、イーサスイッチ、フレームリレースイッチ）が使えるようになっています。標準搭載のスイッチはPCリソースをあまり消費しないので、できる限り標準搭載のスイッチを使うことをお勧めします。

端末（Browse End Devices）

ノードドックに端末の一覧が表示されます。この中で一番よく使用するのは「VPCS」と呼ばれるバーチャル端末です。VPCSの詳しい使い方は次章「2-2：VPCSの使い方」（P.58）で説明しています。

セキュリティデバイス（Browse Security Devices）

ノードドックにFWやIDS/IPSなどのセキュリティデバイスの一覧が表示されます。本書ではこれらのデバイスは使用しません。

すべてのデバイス（Browse all devices）

ノードドックにすべてのデバイスの一覧が表示されます。

リンク（Add a link）

ノード間のリンクを構築します。クリックするとリンクのアイコンにバツ印が表示され、ノード同士をリンクで接続できることを意味します。この状態で一方のノードをクリックするとインターフェイス候補が表示され、接続したいインターフェイスを選択します。次に、もう一方のノードで同じことを繰り返すとリンクの接続を完成できます。

1-3-4　ノードドック

ノードドックは、デバイスツールバーの［Add a link］アイコン以外をクリックしたときに表示されるエリアです。

1-3-5　ワークスペース

プロジェクトのネットワークトポロジを作成する場所です。ワークスペースでより効率的に作業するための小技を紹介します。

一度に複数のノードを作る

1個のノードを追加するには、ノードドックから該当ノードをドラッグ&ドロップでワー

クスペースに追加します。これに対して同じ
ノードを複数個追加したいとき、Shiftを押しな
がらドラッグ＆ドロップすると任意の数を設定
できます（図1.3.6）。

○図1.3.6：複数のノードを一度に作る

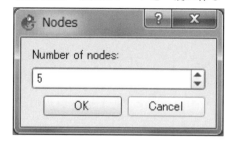

表示領域の素早い移動

　ワークスペースには縦と横のスクロールバー
があり、表示領域を移動するときにスクロール
バーを動かしますが、縦か横しか操作できません。ワークスペース内の任意の場所に素早く
移動するには、Shiftを押しながらワークスペースの空白箇所をドラッグ＆ドロップします。

トポロジ全体の平行移動

　ワークスペース上でノードを移動するには該当ノードをドラッグ＆ドロップします。しか
し、規模の大きいプロジェクトになるとすべてのノードに対して同じ作業をする必要があり
ます。そのうえ、手作業によるノードの移動はトポロジの形が崩れてしまいます。このよう
な場合、移動したいノードを選択して、Altを押しながら選択したノードの中の任意のノー
ドをドラッグ＆ドロップすれば、トポロジの形を崩さずに平行移動できます（図1.3.7）。

○図1.3.7：トポロジ全体の平行移動

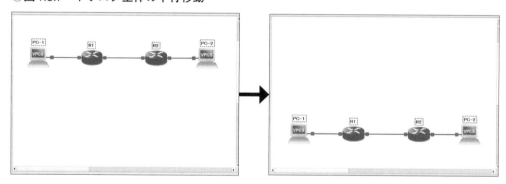

ノードの整列

　ワークスペース上のノードをきれいに横一列あるいは縦一列に整列するには、整列したい
ノードを選択して、この中から任意のノードを右クリックします。このとき、図1.3.8のよ
うに表示される［Align horizontally］か［Align vertically］を選ぶとノードの横（または縦）
に整列できます。

レイヤの操作

　新しく追加されたノードや図形は、既存のものよりも手前に表示されます。既存のものを
手前に移動するには、追加したもののレイヤを低くする必要があります。レイヤの操作は、

○図1.3.8：ノードの整列

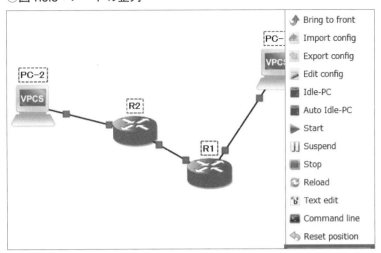

○図1.3.9：レイヤの操作

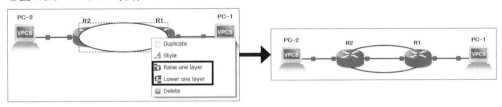

○図1.3.10：回線断の実施

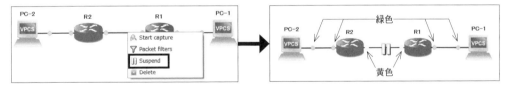

操作した対象を右クリックして表示される［Raise one layer］か［Lower one layer］を選択します。図1.3.9は、楕円のレイヤを下げてルータを手前に表示した例です。

回線の一時停止（回線断）

ワークスペース上では、任意のリンクに対して回線断の状態を作ることができます。対象のリンクを右クリックで表示される［Suspend］を使います（図1.3.10）。回線断した両端のインターフェイスの色は緑色から黄色になります。

1-3-6　トポロジサマリー

トポロジサマリーでは、ノードのステータスを確認できます。ノードランプの色が緑色のときは起動中で、赤色は停止中、黄色は一時停止を表します。各ノードが備えているインターフェイスの一覧を表示するには、ノードランプの左隣りの三角形をクリックします。

1-3-7　GNS3コンソール

　GNS3をコマンドで操作したり、GNS3に関するシステムメッセージを確認できます。GNS3はGUIによる操作がほとんどなので、コマンドを使うような場面は少ないです。なお、GNS3コンソールはノードのコンソールではないので、ノードのコンフィグ設定する場所ではありません。

1-4　パフォーマンスの最適化

　限られたPCリソースでより大きなGNS3プロジェクトを動かすには、パフォーマンスに関していくつか設定する必要があります。ここではIdle PC値の調整とその他のリソース節約の方法について紹介します。

1-4-1　Idle PC値の調整

　Ciscoルータを使用したGNS3プロジェクトを開始する前に、必ずIdle PC値を調整しましょう。調整しないと、たとえ1つのルータだけを動かした状態でもPCのCPUが常に100%の使用率になってしまいます。なぜなら、Ciscoルータのエミュレーションソフトであるものを搭載しているため、仮想ルータがどのタイミングでパケット処理などの仕事をしているかわからないので、たとえ仮想ルータが仕事していないアイドルの状態でも常に全力で動作するような仕様になっているからです。このような問題を回避するため最適なIdle PC値を探してルータに設定する必要があります。また、Idle PC値は各IOSイメージの種類でバラバラであるため、異なるIOSを使用する場合は改めてIdle PC値を設定しなければなりません。

1-4-2　パフォーマンス向上のヒント

　最適なIdle PC値によって過剰なCPU使用の問題は解決できます。しかし、GNS3プロジェクトの規模が大きくなると、徐々にPCのパフォーマンスが低下していきます。そこで、パフォーマンス向上のための方法を3つ紹介します。

ルータのIOSはすべて同じものを使う

　GNS3にはIOSの「ゴースト機能」があります。この機能を有効にした場合、同じIOSを搭載しているルータ間で同じIOSを使用できるようになります。その結果、個々のルータで別々のIOSを動かしたときよりもメモリの使用量を減らすことが可能です。この機能の恩恵を最大限にするには、すべてのルータで同じIOSを使用することです。

　また、メモリ使用量を節約する方法として、IOSのゴースト機能のほかに「mmap機能」と「スパースメモリ機能」があります。この2つの機能は、GNS3のインストールで紹介しました。通常、この3つの機能を有効にすることをお勧めします。

検証用ホストはVPCSを使う

　ネットワークの疎通検証では、VPCSを使うことをお勧めします。なぜなら、VPCSは小さなプログラムなのでPCのリソースをあまり消費しません。ルータやVirtualBoxの仮想端末で疎通検証することも可能ですが、通常のpingやtelnetなどの疎通検証ならVPCSで十分なはずです。VPCSには標準で多彩なコマンドオプションが用意されています。VPCSの詳しい使い方は次章「2-2：VPCSの使い方」（P.58）で説明しています。

できるだけGNS3の標準搭載スイッチを使う

　GNS3には標準搭載のスイッチがあり、機能はVLANとトランク機能ぐらいしかありません。しかし、VLANとトランクぐらいしかスイッチに求めないのなら、わざわざCisco 3725やCisco 3745を使う必要はありません。標準搭載スイッチの機能はかなり限定されますが、PCリソースは節約できます。

1-5　章のまとめ

　本章では、GNS3を始めて触れる方に、GNS3の概要やインストール方法について紹介しました。とりあえずインストールして準備はできたけれど、次に何をしたらよいのかまだわからないかもしれませんが大丈夫です。徐々にGNS3を使った具体的なネットワークの構築方法を紹介するので、手元にあるGNS3を触りながら覚えていきましょう。

第2章
Wiresharkと標準搭載ノード

本章では、GNS3のインストールパッケージに組み込まれているパケットアナライザ「Wireshark」と、VPCSや標準搭載スイッチといった標準搭載ノードの使い方について紹介します。Wiresharkはもっとも使われているパケットアナライザで、ノード間でやり取りされているパケットを細かく観察することは、ネットワークプロトコルの勉強だけでなくネットワークのトラブルシューティングにも大変役立ちます。また、前章でも述べたようにGNS3ネットワークを構築する際にPCリソースを節約するため、できるだけ標準搭載ノードを使うことをお勧めします。

2-1　Wiresharkの基本操作

　Wiresharkでできることは実に多く、そのすべてをここでお伝えすることはできません。その代わり、ネットワークの検証で最低限知っておきたい知識やテクニックだけにフォーカスして紹介します。ここでは、まずGNS3でのWiresharkに関する操作を確認してから、Wiresharkの機能や使い方について紹介します。

2-1-1　GNS3上でのWiresharkの使い方

　GNS3でどのようWiresharkを起動したり、操作したりするのかについて、例としてGNS3プロジェクト「2-1-1_Wireshark」を使用して説明します。GNS3のプロジェクトの作り方やネットワークプロトコルについては次の章で詳しく紹介します。ここでは、既成のプロジェクト上でどのようにWiresharkを使うかをわかってもらえば十分です。

「2-1-1_Wireshark」プロジェクト

　プロジェクトの関連ファイルは「/Projects/2-2-1_Wireshark」にあります。また、プロジェ

○図2.1.1：2-1-1_Wiresharkプロジェクトのトポロジ構成

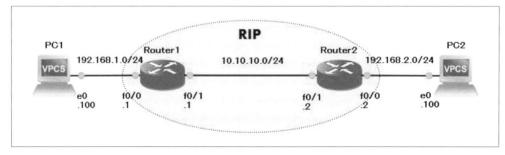

クトのトポロジ構成は図2.1.1のようになっています。

また、トポロジ構成図にあるRouter1とRouter2のコンフィグ設定は、それぞれ**リスト2.1.1a**と**リスト2.1.1b**のようになっています。

○リスト2.1.1a：Router1の設定

```
Router1#configure terminal                    ※特権モードから設定モードに移行
Router1(config)#interface FastEthernet 0/0    ※F0/0インターフェイスの設定モードに移行
Router1(config-if)#ip address 192.168.1.1 255.255.255.0
                                              ※IPアドレス「192.168.1.1/24」を設定
Router1(config-if)#no shutdown     ※インターフェイスを有効化
Router1(config-if)#exit            ※直前の設定モードに戻る
Router1(config)#interface FastEthernet 0/1
Router1(config-if)#ip address 10.10.10.1 255.255.255.0
Router1(config-if)#no shutdown
Router1(config-if)#exit
Router1(config)#router rip         ※RIPを設定
Router1(config-router)#version 2   ※RIPv2を使用
Router1(config-router)#no auto-summary   ※自動経路集約を無効化
Router1(config-router)#network 192.168.1.0   ※「192.168.1.0」のネットワークを公布
Router1(config-router)#network 10.0.0.0
```

○リスト2.1.1b：Router2の設定

```
Router2#configure terminal
Router2(config)#interface FastEthernet 0/0
Router2(config-if)#ip address 192.168.2.2 255.255.255.0
Router2(config-if)#no shutdown
Router2(config-if)#exit
Router2(config)#interface FastEthernet 0/1
Router2(config-if)#ip address 10.10.10.2 255.255.255.0
Router2(config-if)#no shutdown
Router2(config-if)#exit
Router2(config)#router rip
Router2(config-router)#version 2
Router2(config-router)#no auto-summary
Router2(config-router)#network 192.168.2.0
Router2(config-router)#network 10.0.0.0
```

Wiresharkの使い方

2-1-1_Wiresharkプロジェクトを準備できたら、試しにRouter2とPC2のリンクでパケットキャプチャを始めてみましょう。キャプチャを開始するには、該当リンクを右クリック⇒［Start capture］を選択します（図2.1.2）。

選択したリンクのパケットキャプチャを開始するにあたって、［リンクタイプ］と［キャプチャファイル名］を設定します。また、キャプチャ開始すると同時にWiresharkを起動する場合、「Start the capture visualization program」ボックスにチェックを入れます（図2.1.3）。

パケットキャプチャを開始すると、図2.1.4のようにWiresharkが起動し、選択したリンク上に虫眼鏡が表示されます。

第 2 章　Wireshark と標準搭載ノード

◯図2.1.2：パケットキャプチャ対象リンクの選択

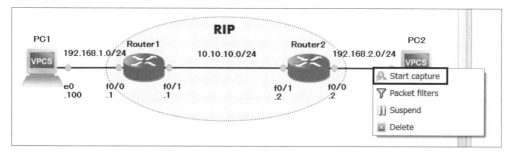

◯図2.1.3：パケットキャプチャの開始

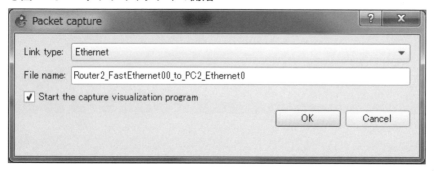

◯図2.1.4：パケットキャプチャ中の画面

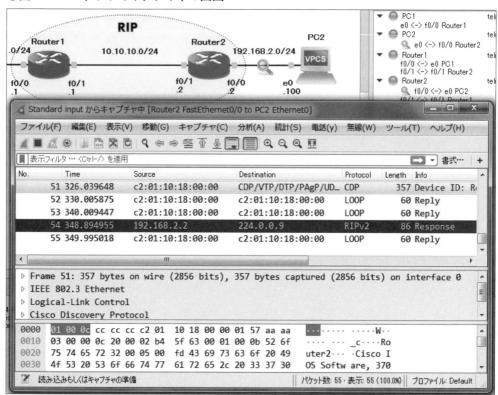

パケットキャプチャを停止するには、該当リンクを右クリック ⇒［Stop capture］を選択します（図2.1.5）。また複数のリンクで同時にパケットキャプチャしている場合、トポロジサマリー内の虫眼鏡を右クリック ⇒［Stop all captures］ですべてのパケットキャプチャを同時に停止できます。

パケットのキャプチャファイルは、プロジェクトフォルダ直下の「project-files/captures」に保存されます（図2.1.6）。

○図2.1.5：パケットキャプチャの停止

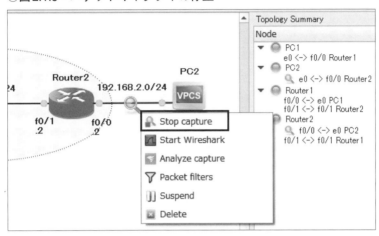

○図2.1.6：キャプチャファイルの保存場所

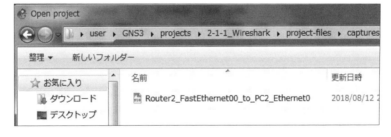

2-1-2 Wiresharkの画面

Wiresharkの画面は大きく5つのパーツから成り立っています（図2.1.7）。

❶メニューからさまざまなWiresharkの操作ができます。よく使う機能はツールバーに表示されます。❷ディスプレイフィルタバーには、直下のパケットリストに表示させたいパケットをフィルタします。フィルタの使い方はいくつかの設定例を後述します。❸パケットリストには、リンク上に流れたパケットの一覧が表示されます。❹パケットの詳細情報は、パケットリストで選択した個別のパケットに関する情報を表示します。ヘッダが階層的になっていて、一番下の部分はデータ部です。❺パケットバイト情報は、パケットデータ部の16進数表示とテキスト表示を確認できます。パケットの詳細情報で選択した箇所に該当するデータはハイライトされます。

第 2 章　Wireshark と標準搭載ノード

○図2.1.7：Wiresharkの画面構成

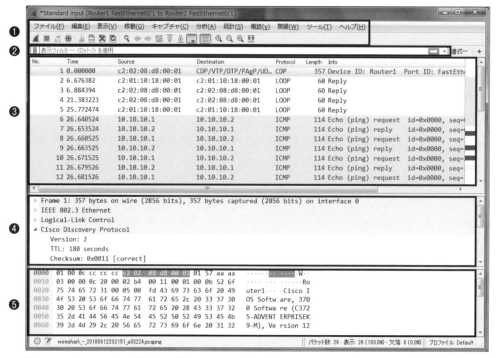

❶メニューとツールバー、❷ディスプレイフィルタバー、❸パケットリスト、❹パケットの詳細情報、❺パケットバイト情報

2-1-3　Wiresharkの基本的な使い方

　Wiresharkにはたくさんの機能があり、すべてを紹介するのは難しいですが、次に挙げる代表的な機能の概要を説明します。

- パケットフィルタ
- パケットの検索
- パケットのマーキング
- TCPストリーム
- パケット分析（エキスパート情報／対話／終端／プロトコル階層／入出力グラフ）

パケットフィルタ

　Wiresharkには2種類のパケットフィルタ（キャプチャフィルタとディスプレイフィルタ）があります。キャプチャフィルタは、特定のパケットのみをキャプチャするためのフィルタです。一方、ディスプレイフィルタはすべてのパケットをキャプチャして、必要なパケットのみを表示するためのフィルタです。利用シーンに応じて選択すればよいのですが、トラブルシューティングの場合は通常、後者のディスプレイフィルタを使うのが一般的です。なぜ

なら、トラブルの原因がはっきりしていない段階で、むやみに観測対象のパケットを絞り込むのは得策ではないからです。

キャプチャフィルタの設定は、Wiresharkを起動した直後の画面で行えます。緑リボンのマークをクリックするとデフォルトのフィルタを表示できます（図2.1.8）。さらに、［キャプチャフィルタを管理］で新規のキャプチャフィルタを登録できます。

ディスプレイフィルタの設定は、ディスプレイフィルタバーに直接条件式を入力します。バーの左にある青リボンのマークからデフォルトのフィルタを選択できます（図2.1.9）。ユーザ定義のフィルタは［表示フィルタを管理］から追加します。

○図2.1.8：キャプチャフィルタ

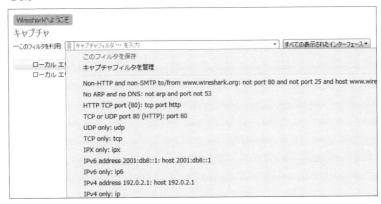

○図2.1.9：ディスプレイフィルタ

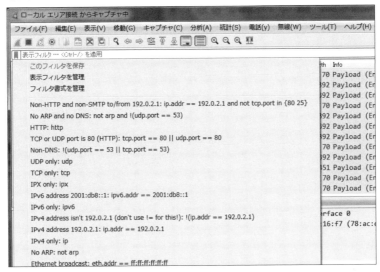

また、バーの右側にある［書式…］⇒［表示フィルタ式］ウィザードでフィルタ式を容易に作成できます。図2.1.10はフィルタ式を作成する一例で、［フィールド名］よりキャプチャ対象のプロトコルとバリューの組み合わせを選び、さらにバリューの条件式と具体的な値を

設定します。すべてのパラメータと入力が完了すると、目的の表示フィルタ式がウィザード下部にある緑色のテキストフォームに表示されます。

パケットリストに表示しているパケットを使ってフィルタを作ることもできます。対象パケットを右クリック ⇒ ［フィルタとして適用］、または［フィルタを準備］、［対話フィルタ］を選択します（図2.1.11）。たとえば、特定のパケットと同じ宛先IPを持つパケットだけを表示したり、宛先と送信元のIPの組み合わせが同じパケットだけを表示したいときに使います。

フィルタ式で使用する演算子は表2.1.2のとおりです。

○図2.1.10：ディスプレイフィルタの表示フィルタ式の作成ウィザード

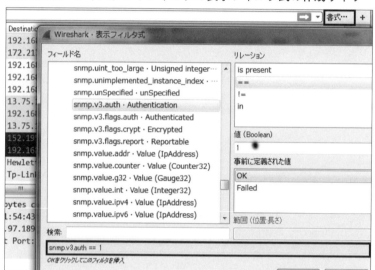

○図2.1.11：個別パケットによるフィルタの作成

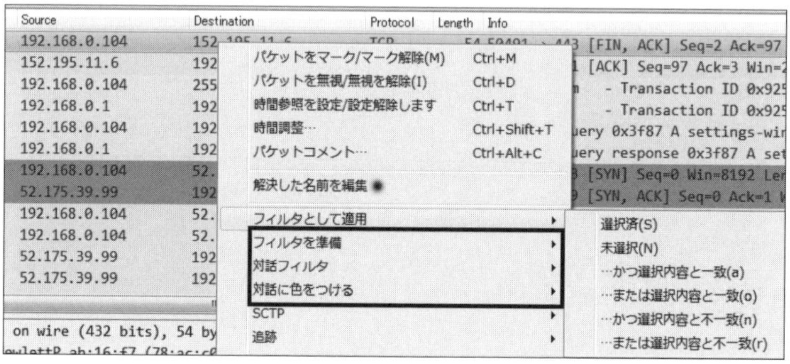

○表2.1.2：フィルタの演算子

演算子の種類	記号表記	英語表記	意味
比較演算子	==	eq	等しい
	!=	ne	等しくない
	>	gt	大きい
	<	lt	小さい
	>=	ge	以上
	<=	le	以下
論理演算子	&&	and	論理和
	||	or	論理積
	^^	xor	排他的論理和
	!	not	否定

パケットの検索

パケットの検索機能は、メニュー⇒［編集］にあり、特定の文字列を含むパケットを検索したいときに使います。また、Ctrl + F でパケットの検索フォームを表示できます。図2.1.12は文字列「google」を含むパケットを検索した例です。

○図2.1.12：パケットの検索機能

パケットのマーキング

パケットリストで特に注目したいパケットをマーキングしておくことができます。マーキングされたパケットは黒背景の白文字の表示になります。パケットをマーキングするには、該当パケットを右クリック、または Ctrl + M で行います。マーキングされたパケットのみを表示するには、フィルタ式「frame.marked == 1」を使います。

TCPストリーム

Wiresharkには、特定のTCPセッションに属するパケットのみを取り出すTCPストリームという機能があり、自動的に該当するTCPセッションの最初のパケットから終わりのパケットまでを抽出してくれます。また、TCPセッションで送受信したデータも対話的に表示できます。TCPストリームは、任意のTCPパケットを選択した状態で右クリック⇒［追

跡]、またはメニュー ⇒ [分析] ⇒ [追跡] から実行します。図2.1.13はTCPストリームの例で、一連のパケットの最初でTCPのセッション確立の様子を確認できます。

○図2.1.13：TCPストリーム

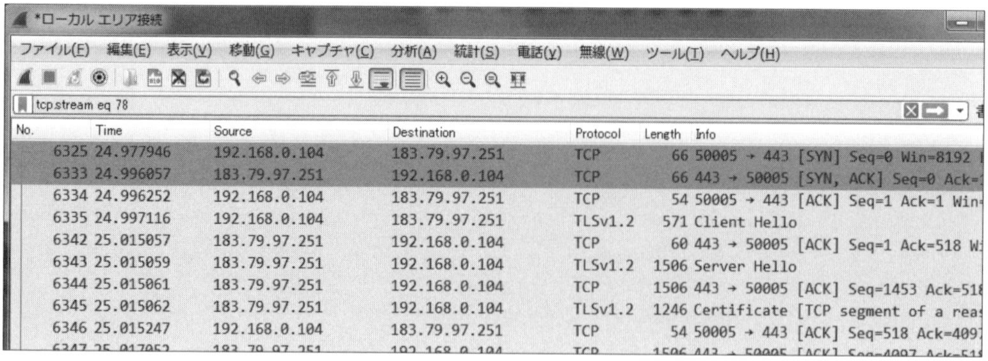

パケット分析（エキスパート情報）

エキスパート情報は、ネットワークでエラーになったパケット一覧を表示してくれます。エラーの重要度は高い順から「Error」「Warning」「Note」「Chat」となっています。ネットワークの不調を感じたとき、まずエキスパート情報を使ってエラーパケットが出ていないかを確認します。また、普段から定期的にエキスパート情報を確認すれば、ネットワークに潜んでいる問題点を洗い出すことができます。エキスパート情報を表示するには、メニュー ⇒ [分析] ⇒ [エキスパート情報] を選択します。

パケット分析（対話）

対話と呼ばれる分析機能は、2つのノード間でやり取りした通信の統計情報をまとめてくれるものです。たとえば、あるサーバに対してどのIPからの通信が一番多いのかが簡単にわかります。ノード間の通信概要を把握するための便利な機能です。対話情報を表示するには、メニュー ⇒ [統計] ⇒ [対話] を選択します。図2.1.14は対話画面の一例で、値のラベルをクリックすることで順ソートと逆ソートができます。

パケット分析（終端）

ノードごとの通信統計の結果を表示してくれる機能です。対話機能と同様に、各値の順ソートと逆ソートができます。終端情報を表示するには、メニュー ⇒ [統計] ⇒ [終端] を選択します。

パケット分析（プロトコル階層）

ネットワーク全体のプロトコル種別とその割合の統計情報を提供してくれます。プロトコル階層情報を表示するには、メニュー ⇒ [統計] ⇒ [プロトコル階層] を選択します（図2.1.15）。

○図2.1.14：ノード間の対話情報

Address A	Address B	Packets	Bytes	Packets A → B	Bytes A → B	Packets B → A	Byte
103.254.146.90	192.168.0.104	1,485	1552 k	1,117	1477 k	368	
13.32.48.216	192.168.0.104	1,177	1316 k	924	1298 k	253	
103.254.146.85	192.168.0.104	908	961 k	703	927 k	205	
157.112.85.174	192.168.0.104	361	364 k	271	346 k	90	
13.32.52.244	192.168.0.104	257	204 k	190	196 k	67	
183.79.97.251	192.168.0.104	202	92 k	115	61 k	87	
103.254.144.95	192.168.0.104	119	47 k	59	24 k	60	
172.217.24.130	192.168.0.104	76	38 k	43	24 k	33	
192.168.0.104	216.58.197.206	162	104 k	63	20 k	99	
182.22.24.252	192.168.0.104	88	26 k	46	16 k	42	
31.13.82.7	192.168.0.104	32	17 k	19	15 k	13	
104.244.43.81	192.168.0.104	26	16 k	15	14 k	11	
106.10.231.44	192.168.0.104	36	15 k	20	12 k	16	

○図2.1.15：プロトコル階層

プロトコル	パケット数割合	パケット数	バイト数割合	バイト	ビット/秒	終端パケット数	終端バイト数	終端ビット毎秒
Frame	100.0	6389	100.0	5389720	1670 k	0	0	0
Ethernet	100.0	6389	1.7	89446	27 k	0	0	0
Internet Protocol Version 4	100.0	6387	2.4	127740	39 k	0	0	0
User Datagram Protocol	9.8	629	0.1	5032	1559	0	0	0
GQUIC (Google Quick UDP Internet Connections)	7.8	500	3.9	211696	65 k	500	211696	65 k
Domain Name System	1.9	119	0.1	7856	2434	119	7856	2434
Data	0.2	10	0.0	263	81	10	263	81
Transmission Control Protocol	90.1	5758	91.8	4946043	1532 k	4283	3822701	1184 k
Secure Sockets Layer	24.1	1538	90.3	4864755	1507 k	1475	4558225	1412 k
Address Resolution Protocol	0.0	2	0.0	56	17	2	56	17

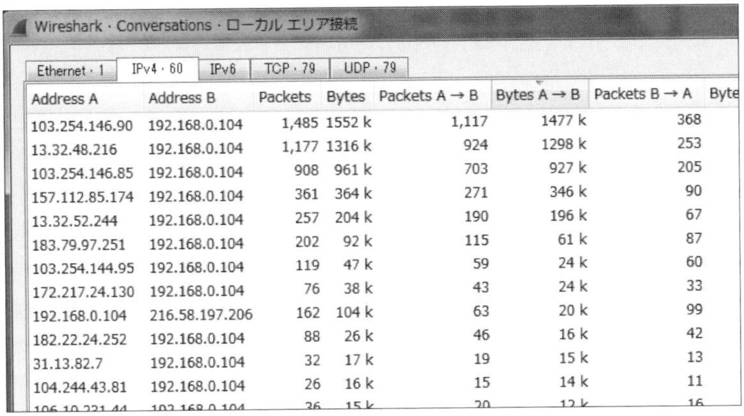

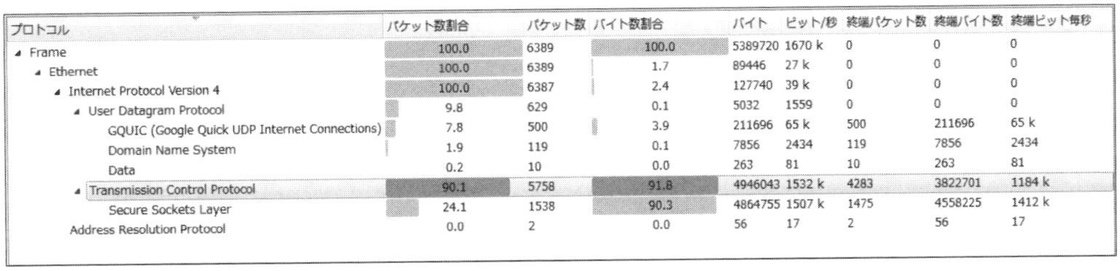

○図2.1.16：入出力グラフ

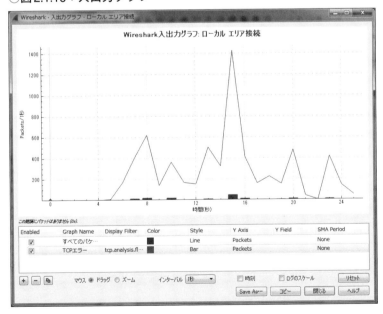

パケット分析（入出力グラフ）

入出力グラフは、ネットワーク全体のトラフィックの推移を把握できます(**図2.1.16**)。[＋]

ボタンで任意のトラフィックを追加することも可能です。入出力グラフを表示するには、メニュー⇒［統計］⇒［入出力グラフ］を選択します。

2-2　VPCSの使い方

　VPCS（Virtual PC Simulator）は、GNS3ネットワーク上に仮想端末の機能を提供します。pingやtelnetといった基本的な機能だけでなく、任意の種類のTCPパケットやUDPパケットを生成するパケットジェネレータでもあります。VPCS自体が軽いプログラムのため、PCのリソースをあまり消費しません。また、1つのコマンドラインインターフェイスで最大9個のVPCSを操作できます。

　VPCSのコマンドにはたくさんのオプションを用意されています。ここでは、使用頻度の高いコマンドとオプションを紹介します。

2-2-1　IPアドレスの設定

　VPCSをワークスペースに追加したら、まずIPアドレスを設定しましょう。手動によるIPアドレスの設定のほか、VPCS端末をDHCPクライアントに設定してIPアドレスを自動的に割り当ててもらうこともできます。

　まずは、説明用の「2-2-1_VPCS」プロジェクトを起動しましょう。

「2-2-1_VPCS」プロジェクト

　プロジェクトの関連ファイルは「/Projects/2-2-1_VPCS」にあります。トポロジ構成は図2.2.1です。このプロジェクトでは、Router1はDHCPサーバになっていて、VPCSがDHCPクライアントならIPアドレスなどのネットワーク情報を自動的に取得できます。

○図2.2.1：「2-2-1_VPCS」プロジェクトのトポロジ構成

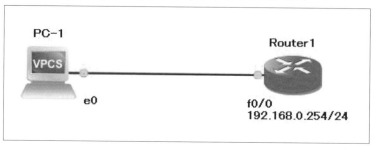

　Router1に設定するDHCPの情報は次のとおりです。

- 割り当てIPアドレス　　　：192.168.0.1 〜 192.168.0.253
- デフォルトゲートウェイ：192.168.0.254
- DNSサーバ　　　　　　　：10.0.0.1、10.0.0.2

また、トポロジ構成図にあるRouter1のコンフィグ設定は、**リスト2.2.1**のとおりです。

○リスト2.2.1：Router1の設定

```
Router1#configure terminal       ※特権モードから設定モードに移行
Router1(config)#interface FastEthernet 0/0   ※F0/0インターフェイスの設定モードに移行
Router1(config-if)#ip address 192.168.0.254 255.255.255.0
                                 ※IPアドレス「192.168.0.254/24」を設定
Router1(config-if)#no shutdown   ※インターフェイスを有効化
Router1(config-if)#exit          ※直前の設定モードに戻る
Router1(config)#ip dhcp pool VPCS   ※DHCPプール「VPCS」を設定
Router1(dhcp-config)#network 192.168.0.0 255.255.255.0
                                 ※割り当てネットワークアドレスの範囲を設定
Router1(dhcp-config)#default-router 192.168.0.254   ※デフォルトゲートウェイを設定
Router1(dhcp-config)#dns-server 10.0.0.1 10.0.0.2   ※DNSサーバのアドレスを設定
```

「2-2-1_VPCS」プロジェクトを用意できたら、VPCS端末「PC-1」のターミナルを起動して次のコマンドを入力し、DHCPクライアントに設定します。

```
PC-1> ip dhcp
```

割り当てられたIPアドレスなどの情報を確認するには、showコマンドを実行します。IPアドレス、デフォルトゲートウェイおよびDNSサーバのアドレスがRouter1で設定した内容と合っていることを確認できます。

```
PC-1> show ip
NAME        : PC-1[1]
IP/MASK     : 192.168.0.1/24
GATEWAY     : 192.168.0.254
DNS         : 10.0.0.1  10.0.0.2
DHCP SERVER : 192.168.0.254
DHCP LEASE  : 86389, 86400/43200/75600
MAC         : 00:50:79:66:68:00
LPORT       : 10004
RHOST:PORT  : 127.0.0.1:10005
MTU:        : 1500
```

さらにPC-1とRouter1のping疎通も確認してみましょう。

```
PC-1> ping 192.168.0.254
84 bytes from 192.168.0.254 icmp_seq=1 ttl=255 time=7.000 ms
84 bytes from 192.168.0.254 icmp_seq=2 ttl=255 time=9.000 ms
84 bytes from 192.168.0.254 icmp_seq=3 ttl=255 time=9.000 ms
84 bytes from 192.168.0.254 icmp_seq=2 ttl=255 time=8.000 ms
84 bytes from 192.168.0.254 icmp_seq=3 ttl=255 time=9.000 ms
```

次に、手動でIPアドレスを設定します。手動でIPアドレスを設定する前にVPCSのIPア

ドレス設定を一度クリアします。クリアしないとDHCPで取得した情報が残ってしまいます。

```
PC-1> clear ip
```

IPアドレスなどの情報がクリアされているかを確認します。

```
PC-1> show ip
NAME        : PC-1[1]
IP/MASK     : 0.0.0.0/0
GATEWAY     : 0.0.0.0
DNS         :
MAC         : 00:50:79:66:68:00
LPORT       : 10004
RHOST:PORT  : 127.0.0.1:10005
MTU:        : 1500
```

手動でIPアドレスとデフォルトゲートウェイを設定します。

```
PC-1> ip 192.168.0.2/24 192.168.0.254
```

最後に手動で設定したIPアドレスとデフォルトゲートウェイ情報を確認します。

```
PC-1> show ip
NAME        : PC-1[1]
IP/MASK     : 192.168.0.2/24
GATEWAY     : 192.168.0.254
DNS         :
MAC         : 00:50:79:66:68:00
LPORT       : 10004
RHOST:PORT  : 127.0.0.1:10005
MTU:        : 1500
```

pingによる疎通テストも問題がないはずです。

```
PC-1> ping 192.168.0.254
84 bytes from 192.168.0.254 icmp_seq=1 ttl=255 time=9.001 ms
84 bytes from 192.168.0.254 icmp_seq=2 ttl=255 time=9.001 ms
84 bytes from 192.168.0.254 icmp_seq=3 ttl=255 time=10.000 ms
84 bytes from 192.168.0.254 icmp_seq=2 ttl=255 time=7.000 ms
84 bytes from 192.168.0.254 icmp_seq=3 ttl=255 time=9.000 ms
```

VPCSの設定もルータと同様にリロードすると消えるので、saveコマンドで保存します。

```
PC-1> save
```

2-2-2　pingコマンド

　VPCSのpingコマンドにはたくさんのオプションが用意されています。ICMPはもちろんTCPとUDPのパケットも生成できます。さらにTCPヘッダのコントロールフラグやパケットサイズの設定も可能です。なお、オプションの位置は宛先の後ろに書きます。詳しくはいくつかの例を見て覚えましょう。

　以降で示すVPCSのコマンドとその結果は、「2-2-1_VPCS」プロジェクトの環境を使用したときのものです。

送出するパケット数の指定

　「-c」オプションでVPCSから送出するパケットの数を指定することができます。-cオプションのない状態（デフォルト）での送出パケット数は「5」です。次の例では、-cオプションを使って4個のパケットだけを送出しています。

```
PC-1> ping 192.168.0.254 -c 4
84 bytes from 192.168.0.254 icmp_seq=1 ttl=255 time=6.001 ms
84 bytes from 192.168.0.254 icmp_seq=2 ttl=255 time=10.000 ms
84 bytes from 192.168.0.254 icmp_seq=3 ttl=255 time=10.000 ms
84 bytes from 192.168.0.254 icmp_seq=4 ttl=255 time=3.001 ms

PC-1>
```

送出するパケットサイズの指定

　「-l」オプションでVPCSから送出するパケットのバイトサイズを指定できます。指定するサイズはデータ部のみで、パケットヘッダのサイズは考慮しません。次の例では、データ部が2,000バイトのICMPパケットを1つだけ送っています。2,028バイトと表示しているのは、8バイトのICMPヘッダと20バイトのIPヘッダを合算したからです。

```
PC-1> ping 192.168.0.254 -l 2000 -c 1
2028 bytes from 192.168.0.254 icmp_seq=1 ttl=255 time=19.001 ms
```

　このときに送出したパケットがどうなったかをWiresharkで見てみましょう（図2.2.2）。
　1つのICMPパケットが2つのパケットに分割されたのがわかります。イーサネットのMTU（Maximum Transmission Unit）が1500であるため、1500を超えるサイズのパケッ

◯図2.2.2：フラグメントされたICMPパケット

Source	Destination	Protocol	Length	Info
192.168.0.1	192.168.0.254	IPv4	1514	Fragmented IP protocol (pr
192.168.0.1	192.168.0.254	ICMP	562	Echo (ping) request id=0x
192.168.0.254	192.168.0.1	IPv4	1514	Fragmented IP protocol (pr
192.168.0.254	192.168.0.1	ICMP	562	Echo (ping) reply id=0x

トは複数個に分割されるようになっています。なぜWireshark上で1514バイトと562バイトの2つのパケットになっているかというと、もともとのICMPパケットのデータ部が2000バイトで、これにICMPヘッダとIPヘッダを加えると2028バイトになります。イーサネットのMTUが1500であるため、2028のIPパケットは1500バイトと528バイトの2つに分割されます。前者の1500バイトのIPパケットに14バイトのイーサヘッダを付加すると1番目の1514バイトのイーサフレームができます。次に、分割して残された528バイトの部分はIPヘッダがないので、IPヘッダとイーサヘッダを付加すると2番目の562バイトのイーサフレームができます。

フラグメント禁止パケットの送出

先ほどMTUを超えるサイズのパケットを送ったらフラグメントされた様子を確認しました。VPCSでは、「-D」オプションで自動フラグメントを禁止する機能を備えています。先ほどのコマンドに-Dオプションを加えたらどうなるかを確認してみましょう。

```
PC-1> ping 192.168.0.254 -l 2000 -c 1 -D
192.168.0.254 icmp_seq=1 timeout
```

フラグメント禁止のフラグを付けたパケットがMTUのサイズを超えると、フラグメントされずに破棄されています。当然、送信先から応答はありません。このときの様子をWiresharkで確認すると図2.2.3のようになります。

◯図2.2.3：フラグメント禁止パケットの送出

Time	Source	Destination	Protocol	Length	Info
351 4373.207133	192.168.0.1	192.168.0.254	ICMP	2042	Echo (pin
352 4381.630615	c2:01:13:78:00:00	c2:01:13:78:00:00	LOOP	60	Reply

```
Wireshark・パケット 351・Standard input

    Total Length: 2028
    Identification: 0x754f (30031)
  ▲ Flags: 0x0000
        0... .... .... .... = Reserved bit: Not set
        .0.. .... .... .... = Don't fragment: Not set
        ..0. .... .... .... = More fragments: Not set
        ...0 0000 0000 0000 = Fragment offset: 0
    Time to live: 64
    Protocol: ICMP (1)
    Header checksum: 0x7b72 [validation disabled]
```

Lengthのところで2042となっていて、2000バイトのICMPデータ部にICMPヘッダ、IPヘッダおよびイーサヘッダを加えた結果です。このパケットの詳細を見たところ「Don't fragment」のビットが「1」のはずですが「0」になっています。おそらくGNS3、Wireshark、VPCSのいずれかの仕様のバグかもしれません。

ping時間間隔の調整

デフォルトのとき、pingコマンドは約1秒間隔でICMPエコーパケットを送出します。「-i」オプションを使えば間隔を調整できます。次の例では、100ミリ秒でpingを実行しています。

```
PC-1> ping 192.168.0.254 -c 3
84 bytes from 192.168.0.254 icmp_seq=1 ttl=255 time=5.001 ms
84 bytes from 192.168.0.254 icmp_seq=2 ttl=255 time=9.001 ms
84 bytes from 192.168.0.254 icmp_seq=3 ttl=255 time=9.000 ms

PC-1> ping 192.168.0.254 -c 3 -i 100
84 bytes from 192.168.0.254 icmp_seq=1 ttl=255 time=9.001 ms
84 bytes from 192.168.0.254 icmp_seq=2 ttl=255 time=9.001 ms
84 bytes from 192.168.0.254 icmp_seq=3 ttl=255 time=9.000 ms
```

きちんと100ミリ秒で送出されたかどうかは、Wiresharkを使って確認します。確認するには、まずディスプレイフィルタを「icmp.type == 8」に設定してICMPエコーのパケットのみを表示します。次に、メニュー ⇒ [表示] ⇒ [時間表示形式] ⇒ [前に表示されたパケットからの秒数]を選択します。このときのWiresharkの結果画面は図2.2.4のようになります。最初の3つのICMPエコーパケットは-iオプションなしでパケットの時間間隔は約1秒であったのに対して、最後3つは-iオプションありのICMPエコーパケットの時間間隔が約100ミリ秒であったことがわかります。

○図2.2.4：ping時間間隔の調整

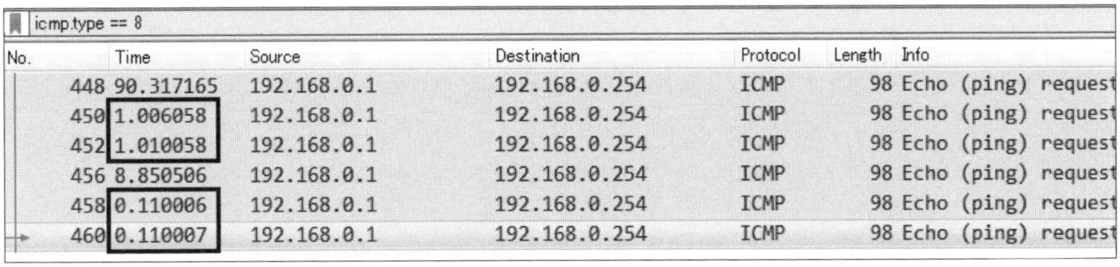

No.	Time	Source	Destination	Protocol	Length Info
448	90.317165	192.168.0.1	192.168.0.254	ICMP	98 Echo (ping) request
450	1.006058	192.168.0.1	192.168.0.254	ICMP	98 Echo (ping) request
452	1.010058	192.168.0.1	192.168.0.254	ICMP	98 Echo (ping) request
456	8.850506	192.168.0.1	192.168.0.254	ICMP	98 Echo (ping) request
458	0.110006	192.168.0.1	192.168.0.254	ICMP	98 Echo (ping) request
460	0.110007	192.168.0.1	192.168.0.254	ICMP	98 Echo (ping) request

TCPヘッダのコントロールフラグ値の設定

「-f」オプションでTCPヘッダのコントロールフラグ値を任意に設定できます。また、このときTCPパケットを使用するので、「-P」オプションでTCPのプロトコル番号の「6」を指定します。なお、VPCSで設定できるコントロールフラグは表2.2.1の8種類です。

第2章　Wiresharkと標準搭載ノード

○表2.2.1：コントロールフラグオプション

オプション	フラグ名	フラグの概要
C	CWR[※1]フラグ	輻輳ウィンドウの現象を通知する
E	ECE[※2]フラグ	輻輳の発生を通知する
U	URGフラグ	緊急に処理を要するパケットである
A	ACKフラグ	確認応答を待っている
P	PSHフラグ	受信したすぐに上位層へ渡す
R	RSTフラグ	コネクションを強制的に切断する
S	SYNフラグ	コネクションの確立を要求する
F	FINフラグ	コネクションを正常に切断する

※1　Congestion Window Reduced
※2　Explicit Congestion Notification

次のコマンド例は、まず-Pオプションで送出するパケットをTCPパケットに設定して、次に-fオプションですべてのコントロールフラグを使用します。

```
PC-1> ping 192.168.0.254 -P 6 -f CEUAPRSF
```

この結果をWiresharkで見てみると、図2.2.5のようにすべてのコントロールフラグ値が「1」になっているのがわかります。

○図2.2.5：コントロールフラグ値の設定

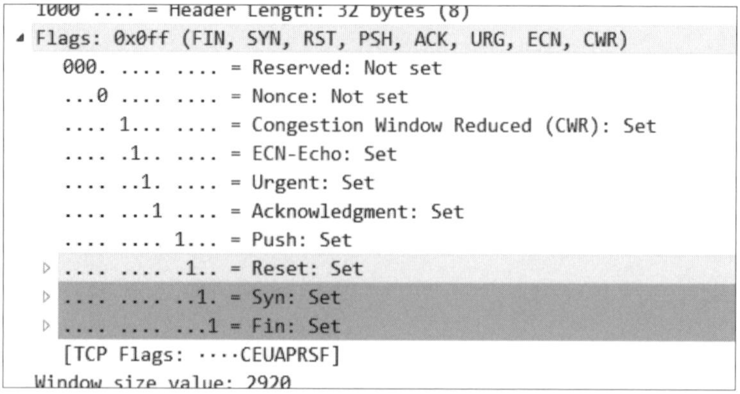

```
    1000 .... = Header Length: 32 bytes (8)
  ▲ Flags: 0x0ff (FIN, SYN, RST, PSH, ACK, URG, ECN, CWR)
        000. .... .... = Reserved: Not set
        ...0 .... .... = Nonce: Not set
        .... 1... .... = Congestion Window Reduced (CWR): Set
        .... .1.. .... = ECN-Echo: Set
        .... ..1. .... = Urgent: Set
        .... ...1 .... = Acknowledgment: Set
        .... .... 1... = Push: Set
      ▷ .... .... .1.. = Reset: Set
      ▷ .... .... ..1. = Syn: Set
      ▷ .... .... ...1 = Fin: Set
        [TCP Flags: ····CEUAPRSF]
    Window size value: 2920
```

ポート番号の指定

送出するパケットがTCPかUDPの場合、送信元と宛先のポート番号を指定できます。送信元ポートと宛先ポートの番号を指定するには、それぞれ「-s」と「-p」のオプションを使います。

次のコマンド例は、送出するUDPパケットの送信元ポートと宛先ポートを指定しています。

```
PC-1> ping 192.168.0.254 -P 17 -s 11111 -p 22222
```

図2.2.6は送出されたパケットをWiresharkで確認した結果です。

○図2.2.6：ポート番号の指定

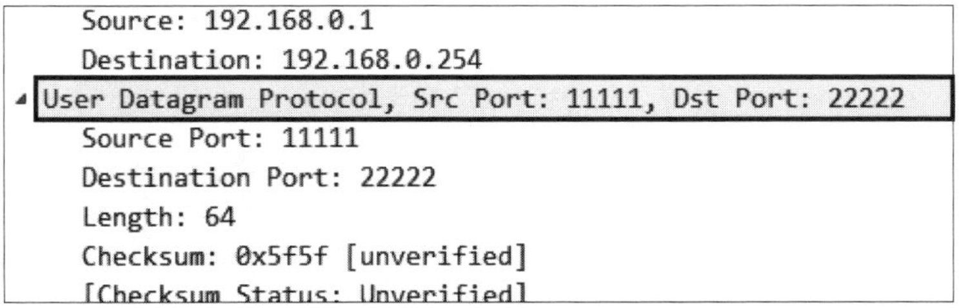

```
    Source: 192.168.0.1
    Destination: 192.168.0.254
▲ User Datagram Protocol, Src Port: 11111, Dst Port: 22222
    Source Port: 11111
    Destination Port: 22222
    Length: 64
    Checksum: 0x5f5f [unverified]
    [Checksum Status: Unverified]
```

2-2-3 その他のコマンド

VPCSの操作で知っておきたいコマンドをいくつか紹介します。

- コマンド一覧の表示

```
PC-1> ?
または、
PC-1> help
```

- ARPテーブルの確認

```
PC-1> show arp
```

- コマンド履歴の確認

```
PC-1> show history
```

- Telnet

```
PC-1> rlogin 10.10.0.1 23
```

- Trace

```
PC-1> trace 10.10.0.1
```

2-3　標準搭載スイッチ

GNS3には4種類の標準搭載スイッチ（「ATMスイッチ」「イーサハブ」「イーサスイッチ」「フレームリレースイッチ」）が用意されています。これらの標準搭載スイッチの機能に限定されていますが、動作が軽いので可能な限り標準搭載スイッチを多用しましょう。また、標準搭載スイッチの設定はコマンドラインではなくウィザード画面で行います。スイッチアイコンをダブルクリックしてウィザード画面を開きます。

2-3-1　ATMスイッチ

図2.3.1はATMスイッチのアイコンと設定ウィザードです。設定ウィザードでは、送信元と宛先のインターフェイスポート番号、VPIおよびVCIを設定できます。ATMの技術概要と設定方法は第7章（P.217）で説明します。

〇図2.3.1：ATMスイッチのアイコンと設定ウィザード

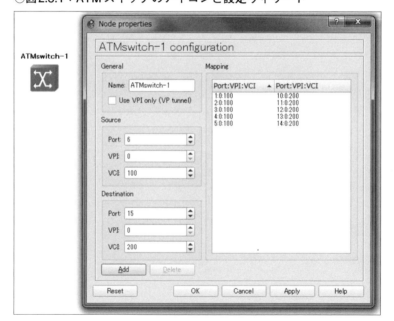

2-3-2 イーサハブ

図2.3.2はイーサハブのアイコンと設定ウィザードです。ハブなので、Vlanの設定がなくシンプルです。

○図2.3.2：イーサハブのアイコンと設定ウィザード

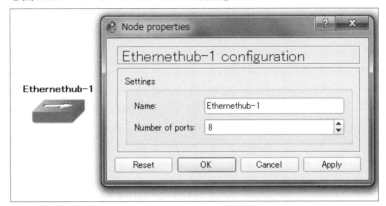

2-3-3 イーサスイッチ

図2.3.3はイーサスイッチのアイコンと設定ウィザードです。ポートタイプは、「access」「dot1q」「qinq」の3種類から選択できます。トランク（「dot1q」または「qinq」）で設定できるVlanの数は1つのみです。複数のVlanをトランクで束ねたい場合、標準搭載のイーサスイッチではなく次章で紹介する「NM-16ESWモジュール」（P.84）を用いた方法を参考にしてください。

○図2.3.3：イーサスイッチのアイコンと設定ウィザード

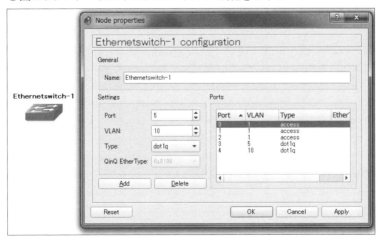

2-3-4　フレームリレースイッチ

　図2.3.4はフレームリレースイッチのアイコンと設定ウィザードです。設定ウィザードでは、送信元と宛先のインターフェイスポート番号やDLCIを設定できます。フレームリレーの技術概要と設定方法は第6章（P.197）で説明します。

○図2.3.4：フレームリレースイッチのアイコンと設定ウィザード

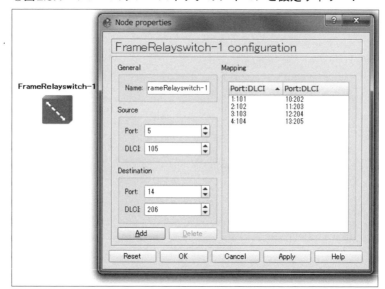

2-4　章のまとめ

　本章では、WiresharkとVPCS、標準搭載スイッチについて紹介しました。Wiresharkは非常に強力なパケットアナライザで、ネットワークの検証やトラブルシューティングになくてはならないツールです。本書は、多くのページをWiresharkの説明に割くことはできないため、基本的で使用頻度の高い使い方をコンパクトにまとめました。Wiresharkをもっと詳しく知りたい場合、巻末の参考文献に挙げたWiresharkの関連書籍を参考にしてください。

　VPCSはGNS3のネットワーク上で使用できる仮想な端末です。VPCSは単にpingを実行するだけでなく、パケットジェネレータとしても使えます。ネットワークの疎通テストに必須なアイテムです。

　GNS3の標準スイッチは基本的な機能を提供します。ウィザードによる設定のため、とても簡単にセットアップできます。本章で習得した知識を次章以降のネットワーク構築に活かしていきましょう。

第3章
ゼロから作るGNS3ネットワーク

　こから本格的にGNS3でネットワークを作り始めます。GNS3をダウンロードしただけではネットワークは構築できません。まずCiscoルータのIOSイメージを入手する必要があります。IOSを取得したら、どのようにGNS3のプロジェクトをスタートするかについてGNS3初心者でもわかるようにステップバイステップで説明します。手を動かしながら簡単なネットワークをゼロから作っていくことで、GNS3の操作に慣れましょう。

3-1　IOSイメージ

　まず、IOSイメージをどのように入手するかについて紹介します。また、GNS3ではすべてのIOSに対応しているわけではないので、対応しているIOSは何かを知る必要があります。GNS3に対応しているIOSの中から、ネットワークラボを構築するに適しているIOSにも言及します。

3-1-1　IOSイメージの入手方法

　GNS3自体は無料でダウンロードができ、自由に使うことができます。しかし、IOSイメージは合法的に無料ダウンロードすることはできません。そこで、IOSイメージを合法的に入手する2つの方法を紹介します。

　まず1番目の方法は、CiscoのパートナーアカウントでCiscoの公式サイトにログインして目的のIOSイメージをダウンロードします。この方法を使うには、利用者が所属している会社がCiscoのパートナーになっていることが大前提です。また、IOSの利用目的が会社の規定に反していないか、あるいは契約条件から逸脱していないかなどの確認は絶対に必要です。したがって、この方法を用いた私用目的でのIOS取得のハードルは高いです。

　次に紹介するのは、もっとも一般的なIOSの入手方法です。この方法は、本物のCiscoルータからIOSイメージを、GNS3を動かすPCにコピーするやり方です。もちろん、ここでいう本物のCiscoルータは会社のものではなく個人所有のものです。本物のルータを買うには、インターネットオークションまたは秋葉原にあるネットワーク機器の専門店を利用するのが一般的です。残念ながら目的の機種が常に出品されているわけではないので、インターネットオークションを利用する場合、長くて数ヶ月の間毎日出品状況を確認することもありえます。

3-1-2　使用できるIOSの種類

　GNS3はあらゆるIOSイメージに対応しているわけではありません。また、GNS3がエミュレーションできるCiscoルータの種類にも限りがあります。GNS3が対応しているCiscoルータの一覧は次のとおりです。

- Cisco 1700シリーズ
- Cisco 2600シリーズ
- Cisco 3620シリーズ
- Cisco 3640（推奨）
- Cisco 3660（推奨）
- Cisco 2691
- Cisco 3725（推奨）
- Cisco 3745（推奨）
- Cisco 7200シリーズ（推奨）

　GNS3が推奨するCiscoルータは、「Cisco 3640」「Cisco 3660」「Cisco 3725」「Cisco 3745」「Cisco 7200シリーズ」です。推奨理由は、これらのルータはGNS3上で安定的に動かすことができるためです。

　同じCiscoルータでも多くの種類のIOSを搭載できます。ルータと同様、GNS3には推奨IOSもあります（表3.1.1）。

　ここでIOSイメージの命名規則について簡単に説明します。まずIOSのバージョン番号が大きいほど新しく開発されたIOSで、さらに同じバージョンでも多くメンテナンスされたIOSほどメンテナンスリリース番号が大きいです。たとえば、IOS名に「124-24」が含まれる場合、IOSのバージョンは「12.4」で、メンテナンスリリース番号は「24」になります。

　また、IOSの開発はメイントレインと呼ばれるIOSを元にさまざまな目的に合わせて派生トレインのIOSが開発されます。もっとも一般的な派生トレインは「Tトレイン」で、メイントレインのIOSにいろいろな新しい機能を追加したIOSのトレインです。一般的な認識として、メイントレインのIOSは安定的で必要RAM容量は少ないというのが特徴で、これに対してTトレインのIOSは新しい機能が豊富ですが、メイントレインと比べると安定性に欠けます。また、TトレインはメイントレインよりもRAM容量を必要とします。「124-24.T5」の文字列を例にすると、TがTトレインの意味で、その後ろの5はリビルド番号となっています。Tの文字がなければそのIOSはメイントレインのIOSです。

　IOSにはフィーチャセットという考えがあります。フィーチャセットは、そのIOSが使用できる機能のパッケージで、いくつかの種類があって、基本的に上位のフィーチャセットは下位のフィーチャセットの機能を包括します。IOSを選ぶ際には、最上位のフィーチャセットである「Advanced Enterprise Services」を、できるだけ選択しましょう。

○表3.1.1：推奨IOS

Ciscoルータ	推奨IOS	必要RAM
Cisco 1700 シリーズ	c1700-adventerprisek9-mz.124-25d.bin	128MB
	c1700-adventerprisek9-mz.124-15.T14.bin	160MB
Cisco 2600 シリーズ	c2600-adventerprisek9-mz.124-25d.bin	128MB
	c2600-adventerprisek9-mz.124-15.T14.bin	256MB
Cisco 2620 シリーズ	c3620-a3jk8s-mz.122-26c.bin	64MB
Cisco 3640	c3640-a3js-mz.124-25d.bin	128MB
Cisco 3660	c3660-a3jk9s-mz.124-25d.bin	192MB
	c3660-a3jk9s-mz.124-15.T14.bin	256MB
Cisco 2691	c2691-adventerprisek9-mz.124-25d.bin	192MB
	c2691-adventerprisek9-mz.124-15.T14.bin	256MB
Cisco 3725	c3725-adventerprisek9-mz.124-25d.bin	128MB
	c3725-adventerprisek9-mz.124-15.T14.bin	256MB
Cisco 3745	c3745-adventerprisek9-mz.124-25d.bin	256MB
	c3745-adventerprisek9-mz.124-15.T14.bin	256MB
Cisco 7200 シリーズ	c7200-adventerprisek9-mz.152-4.M7.bin	512MB
	c7200-a3jk9s-mz.124-25g.bin	256MB
	c7200-adventerprisek9-mz.124-24.T5.bin	256MB

3-1-3 IOSイメージのコピー

　手持ちのルータからIOSイメージをPCにコピーするには、一般的にFTPとTFTPの2つの転送方法があります。どちらの方法の場合もPCをサーバ（FTPサーバまたはTFTPサーバ）に仕立てる必要があります。インターネット上に無料のFTP/TFTPサーバソフトがたくさんあるので、使いやすいものを1つ用意しておきましょう。

　ここから示す例は、Cisco 3725からPCにIOSイメージをコピーするものです。環境は図3.1.1のようになります。

○図3.1.1：IOSイメージのコピー

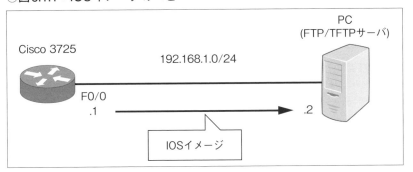

Cisco 3725の設定はリスト3.1.1.のようにF0/0のインターフェイス設定のみです。

◯リスト3.1.1：Cisco 3725の設定

```
Router#configure terminal   ※特権モードから設定モードに移行
Router(config)#interface FastEthernet 0/0   ※F0/0インターフェイスの設定モードに移行
Router(config-if)#ip address 192.168.1.1 255.255.255.0
                                           ※IPアドレス「192.168.1.1/24」を設定
Router(config-if)#no shutdown   ※インターフェイスを有効化
```

FTPによるコピー

リスト3.1.1のネットワーク環境ができたら、いよいよIOSイメージをコピーしましょう。まず、FTPによるIOSイメージのコピーは次のようなcopyコマンドを実行します。FTP接続にユーザ名とパスワードが必要となり、この場合ユーザ名が「usr」でパスワードが「pass」です。IOSイメージのパス、IOSイメージファイルの名称、FTP接続のユーザ名とパスワード、FTPサーバのIPアドレスが正しければIOSイメージをPCに無事コピーできるはずです。

```
Router#copy flash:c3725-adventerprisek9-mz.124-15.T14.bin ftp://usr:pass@192.168.1.2
```

TFTPによるコピー

次に、TFTP転送によるIOSイメージのコピーについて紹介します。TFTPはFTPの簡易版のファイル転送プロトコルで、ユーザとパスワードを使用しません。また、データ転送にTCPではなくUDPを使う点がFTPとは異なります。

```
Router1#copy flash:c3725-adventerprisek9-mz.124-15.T14.bin tftp
Address or name of remote host []? 192.168.1.2
Destination filename [c3725-adventerprisek9-mz.124-15.T14.bin]?
```

3-2　プロジェクトの作成と管理

IOSイメージを無事にPCにコピーできたら、いよいよGNS3のプロジェクトを始められます。ここでは、Dynamipsの環境設定、IOSイメージをGNS3に適用する方法、さらにプロジェクトの管理などについて詳しく見ていきましょう。

3-2-1　Dynamipsの環境設定

本書のとおりにGNS3のインストールが完了していれば、Dynamipsの環境設定は必要がありません。Dynamipsの環境設定を確認するには、メニュー⇒［Edit］⇒［Preferences］を選択し、起動した設定ウィザードの［Dynamips］⇒［Dynamips preferences（Dynamipsの環境設定）］を開きます。

図3.2.1はDynamipsの環境設定ウィザードの［Local settings］タブで、Dynamipsへのパスを設定します。正しくGNS3のインストールが完了しているなら、デフォルトのパスを変えることはありません。

○図3.2.1：［Dynamips preferences］－［Local settings］タブ

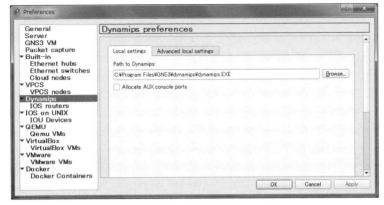

［Advanced local settings］タブ（図3.2.2）は、PCのメモリ利用の最適化に関する設定です。GNS3は省メモリ機能が3つ（［ghost IOS support（IOSのゴースト機能）］、［mmap support（mmap機能）］、［sparse memory support（スパースメモリ機能)］）用意されています。デフォルトで全部の機能が有効化されていて、通常ならデフォルトの設定から変更はしません。

○図3.2.2：［Dynamips preferences］－［Advanced local settings］タブ

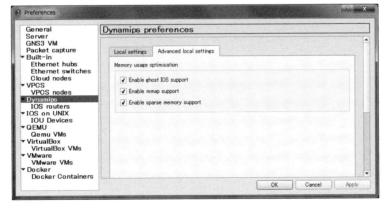

それぞれの機能は次のとおりです。

- ghost IOS support（IOSのゴースト機能）
  同じIOSのルータが同一のIOSイメージを使用する機能で、ルータの台数に応じて消費メモリが増えることを回避する機能
- mmap support（mmap機能）
  メモリの一部をハードドライブで使用する機能
- sparse memory support（スパースメモリ機能）
  仮想メモリの使用量を減らす機能

3-2-2 プロジェクトの作成

プロジェクトの作成を始める前に、まずコピーしたIOSをGNS3のIOSイメージフォルダ（C:¥Users¥user¥GNS3¥images¥IOS）に置きましょう。こうすることで管理がしやすくなります。

それでは、ここからは空っぽのGNS3の仮想ルータに魂を吹き込みましょう。ここでは、Cisco 3725に先ほど本物のルータから抽出したIOSイメージを適用します。

まず、新しいプロジェクト（プロジェクト名：new）を作ります（図3.2.3）。

○図3.2.3：新しいプロジェクトの作成

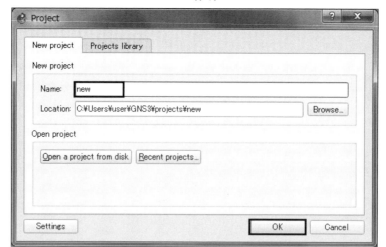

IOSの選択

新しいプロジェクトができたら、メニュー ⇒ [Edit] ⇒ [Preferences] でウィザードを開き、[IOS routers] を選択し、[New] ボタンをクリックして新しいIOSルータテンプレートを作成します（図3.2.4）。ここで言うテンプレートは、空のルータにIOSを適用したものと考えてください。

○図3.2.4：Preferencesウィザード

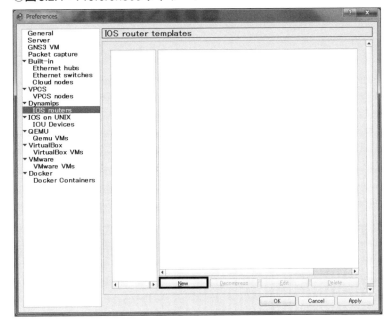

○図3.2.5：IOSの選択

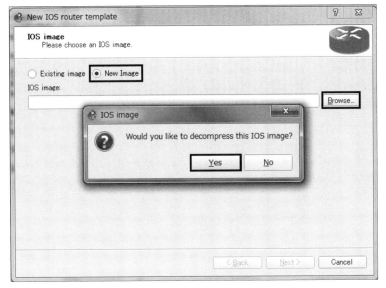

　表示したウィザード（図3.2.5）でIOSイメージを選択します。このときIOSイメージを展開（decompress）します。ここでIOSイメージの展開を選択しない場合、ルータを起動するたびにIOSイメージを展開するので、PCの負荷が大きくなり起動時間も遅くなります。展開が完了したら、IOSイメージの拡張子が「bin」から「image」に変わります（図3.2.6）。

○図3.2.6：IOSイメージの展開

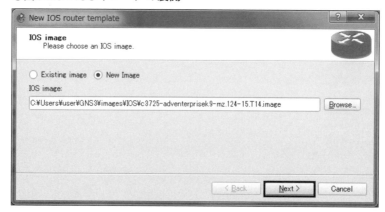

○図3.2.7：テンプレートの名称とプラットフォーム

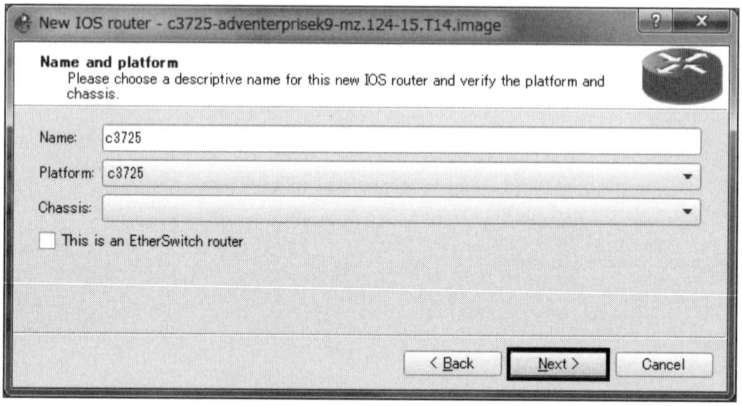

　GNS3はIOSイメージのファイル名からルータの種類（プラットフォーム）を自動的に特定してくれます。今回の例では、図3.2.7のように、テンプレートの名前がデフォルトの「c3725」で、プラットフォームがCisco 3725を示す「c3725」となっています。自動設定した内容を確認して［Next］ボタンをクリックして次へ進みます。

IOSに割り当てるRAMメモリ容量の設定

　続いて、IOSに割り当てるRAMメモリ容量を設定します（図3.2.8）。容量が少ないとルータの起動や動作が遅くなります。また、容量が極端に不足する場合、ルータそのものが起動できないこともあります。したがって、適切なメモリ容量を設定する必要があります。

　自動的にデフォルトのRAMメモリ容量がプリセットされていますが、確認のため、下にある［Check for minimum and maximum RAM requirement］のリンクから「Cisco Feature Navigator」のWebサイト[注1]を開き、該当IOSの必要RAM容量を調べます。

注1　URL http://cfn.cloudapps.cisco.com/ITDIT/CFN/jsp/SearchBySoftware.jsp

○図3.2.8：RAMメモリ容量の設定

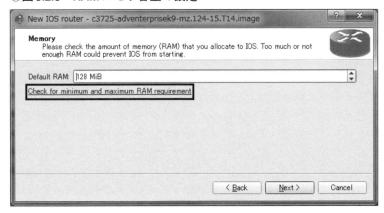

ここで使用しているルータテンプレートのIOSイメージのファイル名が「c3725-adventerprisek9-mz.124-15.T14.bin」なので、Cisco Feature Navigatorでは次のようにパラメータを設定します（図3.2.9）。

- Software Type ：IOS
- Search By ：Platform
- Platform ：3725
- Major Release ：12.4T

○図3.2.9：Cisco Feature Navigator

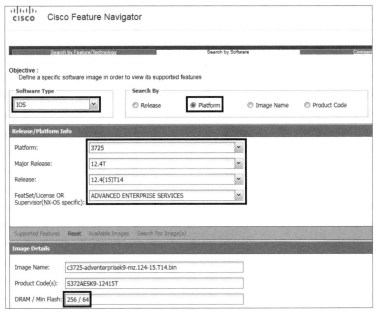

- Release　　　　　：12.4(15)T14
- FeatSet/License　：ADVANCED ENTERPRISE SERVICES

　すべてのパラメータを設定したら、［Image Details］にこのIOSイメージの必要RAMメモリ容量を表示されます。図3.2.9では、必要RAMメモリ容量は「256MB」です。
　正しいRAMメモリ容量がわかったので、先ほどのウィザードに戻り、プリセットの128MBから256MBに変更します（図3.2.10）。

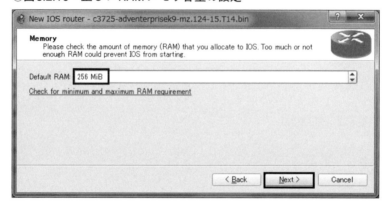

○図3.2.10：正しいRAMメモリ容量の設定

ネットワークモジュールの選択

　次はネットワークモジュールの選択です（図3.2.11）。Cisco 3725は初めから2つのFastEthernetインターフェイスが備えられています。さらにインターフェイスを増やしたい場合、次の3種類のネットワークモジュールを追加できます。

- NM-1FE-TX（FastEthernet 1 ポート）
- NM-4T（Serial 4 ポート）
- NM-16ESW（Ethernet 16 ポート）

　ここで注意したいのは、ルータの機種別に追加できるネットワークモジュールの数が違います。より多くのネットワークモジュールを要する場合、上位機種を選択する必要があります。このウィザードで必要なモジュールを選択して次の設定に移ります。

○図3.2.11：ネットワークモジュールの選択

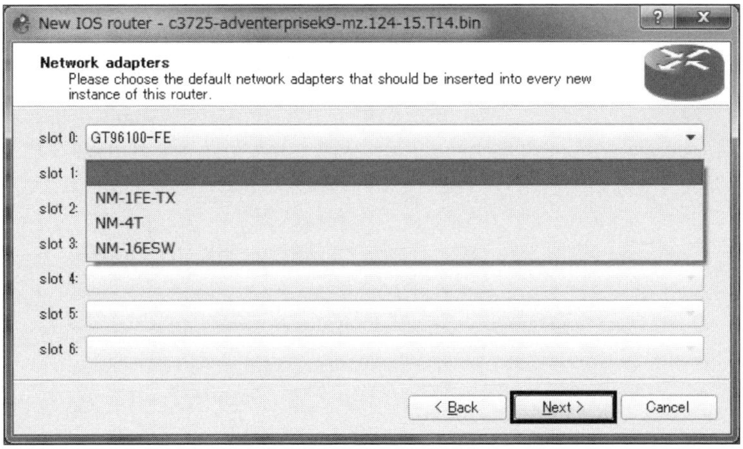

WICの選択

続いて、WIC（Wan Interface Card）の選択です。ネットワークモジュールはユーザ側のインターフェイスの拡張に使われ、これに対してWICはWAN側のインターフェイスを拡張するのに使用されます。Cisco 3725のWICは次の2種類です（図3.2.12）。

- WIC-1T（Serial 1ポート）
- WIC-2T（Serial 2ポート）

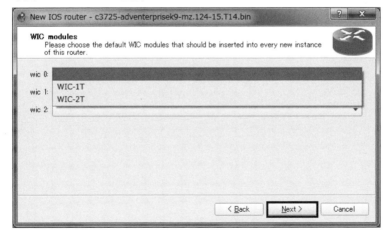

○図3.2.12：WICの選択

Idle PC値の設定

PCのCPU使用率が常に100%になる事象を回避するために、IOSごとのIdle PC値を設定する必要があります。Idle PC値の探索は図3.2.13のように［Idle-PC finder］ボタンで自動的に行えます。これで、すべてのルータテンプレートの作成が完了します。

○図3.2.13：Idle PC値の探索

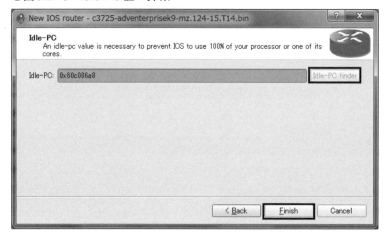

ルータテンプレートの作成完了

Preferencesウィザードに戻ると、新規に作ったルータのテンプレートを確認できます（図3.2.14）。作成したルータテンプレートは作業中のプロジェクトだけでなく、他のプロジェクトでも使用できます。つまり、プロジェクトごとに同じルータのテンプレートを再度作る必要はありません。

○図3.2.14：Cisco 3725のテンプレート

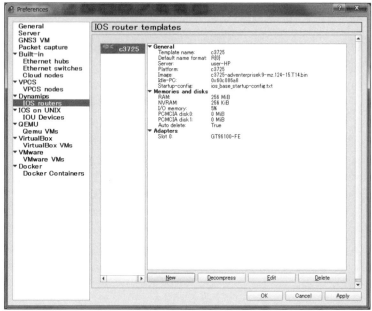

ルータとVPCSを追加してLANでつなぐ

ルータのテンプレートはできましたが、作成した「new」プロジェクトにはまだルータやノードはありません。newプロジェクトにCisco 3725のルータとVPCSをワークスペースに追加して、LANケーブルでつないでみましょう。

ルータとVPCSをワークスペースに追加するには、デバイスツールバーにあるルータと端末の一覧より該当デバイスをワークスペースにドラッグ＆ドロップします。図3.2.15は、「c3725」ルータ（作成したCisco 3725のルータテンプレート）をワークスペースに追加した直後です。

○図3.2.15：デバイスの追加

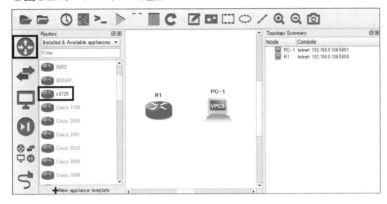

ルータとVPCSをワークスペースに追加したら、LANケーブルで2つのデバイスを接続します。デバイス同士の接続は、デバイスツールバーのリンクアイコンを選択した状態でデバイスをクリックします。このとき、デバイスのインターフェイス一覧が表示されるので、接続先のインターフェイスを双方のデバイスで選択します。図3.2.16は、VPCSとルータのそれぞれの「Ethernet0インターフェイス」と「FastEthernet0/0インターフェイス」をLANケーブルで接続した例です。

○図3.2.16：デバイスの接続

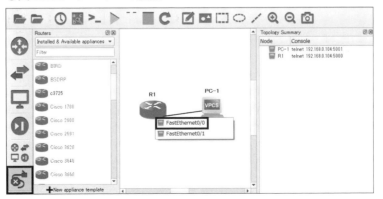

これでプロジェクトの作成の一連作業を終わります。次に紹介するプロジェクトの管理に入る前にいったんGNS3を閉じましょう。

3-2-3　プロジェクトの管理

GNS3のバージョン2以降に、「Save as you go」というプロジェクトを自動保存する機能が追加されました。先ほどnewプロジェクトは保存といった作業をせずにGNS3を終了してもらいました。本当に保存されているかを確認してみましょう。GNS3をもう一度起動して確認します。

GNS3を起動すると図3.2.17のように表示され、最近使用したプロジェクト（Recent projects）からnewプロジェクトを選択します。するとGNS3を閉じる直前のネットワーク構成がそのまま残っていることがわかります。

○図3.2.17：最近使用したプロジェクト

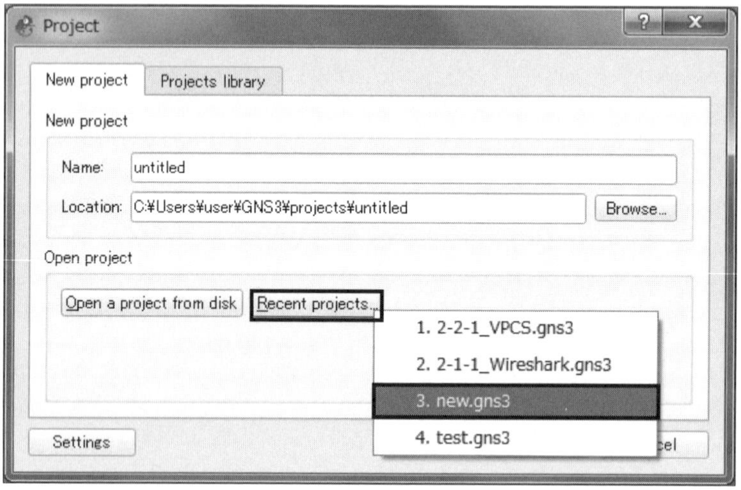

自動保存の対象ではないもの

ここで覚えておきたいのは、ルータやVPCSなどのノードの設定情報だけはGNS3の自動保存の対象外となっていることです。つまり、うっかりルータのconfigをセーブせずにGNS3を閉じたり、ルータを再起動したりするとせっかく設定したconfigは消えてしまいます。

Cisco IOSルータのconfig保存はwrite memoryコマンドで行います。

```
Router#write memory
```

VPCSの設定保存はsaveコマンドです。設定の保存のタイミングは、プロジェクトの終了前だけでなく、作業の途中もこまめに行うことをお勧めします。

```
PC-1> save
```

プロジェクトのスナップショット

プロジェクトのスナップショットもできるだけ活用しましょう（図3.2.18）。ネットワークの構成は初期の状態からルータやスイッチなどのデバイスを追加／削除したり、設定をいろいろと変更するうちに、もとのネットワークからだんだん異なるネットワークになっていきます。要所ごとにスナップショット機能でセーブポイントを設けて、いつでも過去の状態に戻れるようにしておきましょう。特に初期の状態をスナップショットで保存することをお勧めします。スナップショット機能はGNS3ツールバーにあります。

○図3.2.18：スナップショット保存

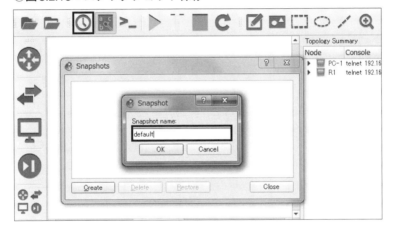

プロジェクトのコピー

また、新規にプロジェクトを始める場合、何もない状態から作るのではなく、過去に作成した類似のプロジェクトをコピーして修正するほうが、効率が良いです。プロジェクトのコピーは、GNS3ツールバーの一番左のアイコン ⇒ [Project] ウィザード ⇒ [Projects library] ⇒ [Duplicate] ボタンを実行します（図3.2.19）。

○図3.2.19：プロジェクトのコピー

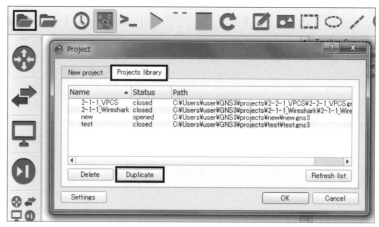

3-3 簡単なネットワークの構築

プロジェクトの作成と管理を理解したところで簡単なネットワークを構築してみましょう。ここで構築するネットワークは「2-1-1_Wireshark」プロジェクト（P.48）を少し修正したもので、ルータをもう1台追加して合計3台のルータを同じVLANに存在させます。使用するスイッチはGNS3の標準搭載スイッチではなく「Cisco 3725」を使います。ネットワークの構築後に一般的な疎通試験とWiresharkによるパケット解析を行い、設定誤りの有無を確認します。

3-3-1 イーサスイッチルータ

第2章でGNS3の標準搭載スイッチについて紹介しました。標準搭載スイッチの機能はごく限られたもので、VLANとトランクの設定しかできません。また、トランクは複数のVLANを束ねることはできません。したがって、標準搭載スイッチを用いたスイッチングネットワークの構築では、機能制約が多すぎると言えます。

より多くのスイッチング技術を使うには、NM-16ESWモジュールを搭載したCisco 3725/3745をイーサスイッチとして使用するワークアラウンドがあります（このときのルータはイーサスイッチルータと呼ばれます）。しかし、残念なことにイーサスイッチルータもすべてのスイッチング技術を使えるわけではありません。CCNPレベルのネットワークであればなんとか対応できますが、CCIEレベルのネットワークを構築するとなるとかなり厳しいはずです。

では、イーサスイッチルータの作成方法について確認しましょう。基本的にこれまで見てきたルータテンプレートの作成と同じ流れです。まず、［Preferences］ウィザードを開いて新しいルータテンプレートを作成します（使用するIOSイメージは先ほどと同じものを使います）。つまり、Cisco 3725をイーサスイッチルータとして用います（**図3.3.1**）。

○図3.3.1：既存IOSイメージの使用

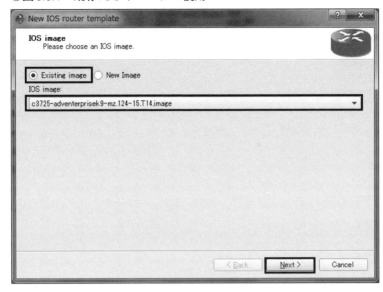

　テンプレート名（EtherSwitch router）とプラットフォーム（c3725）を設定します。また、[This is an EtherSwitch router]のチェックボックスにチェックすることで、このルータテンプレートをイーサスイッチルータに適したテンプレートに自動修正してくれます（図3.3.2）。

　RAMメモリ容量は、ルータテンプレートを作成したときに調べた結果と同じ値の256MBを設定します（図3.3.3）。

○図3.3.2：イーサスイッチルータのテンプレート作成

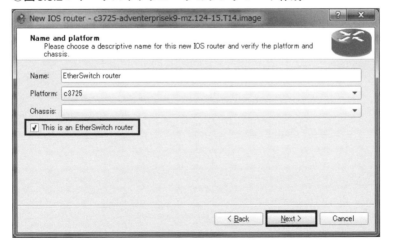

第3章　ゼロから作るGNS3ネットワーク

○図3.3.3：RAMメモリ容量の設定

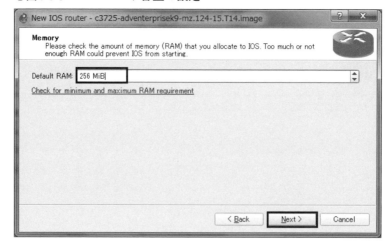

イーサスイッチルータのテンプレートの場合、あらかじめNM-16ESWモジュールが搭載されています。**図3.3.4**では、追加のモジュールがなければ、そのまま次の設定に進みます。

WICカードの追加も必要に応じて設定します（**図3.3.5**）。

Idle PC値は前回と同じIOSイメージを使用しているため、計算済みのIdle PC値がプリセットされます（**図3.3.6**）。

イーサスイッチルータのテンプレートの作成が終わったら［Preferences］ウィザードに戻ります（**図3.3.7**）。すると既存のルータテンプレートのほかに、作成したイーサスイッチルータのテンプレートが追加されたことがわかります。

○図3.3.4：ネットワークモジュールの設定

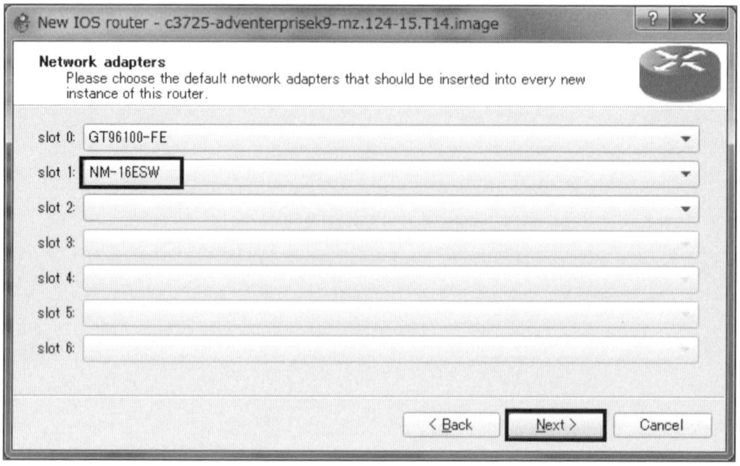

○図3.3.5：WICカードの設定

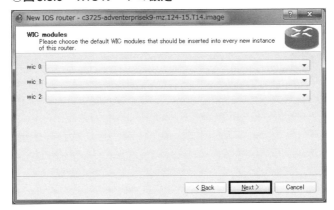

○図3.3.6：Idle PC値の設定

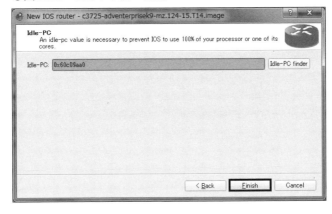

○図3.3.7：イーサスイッチルータのテンプレート

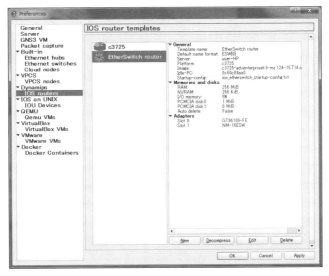

3-3-2　既存プロジェクトの再利用

「2-1-1_Wireshark」プロジェクト（P.48）を再利用して、新しいプロジェクト「3-3-2_Sample」を作ってみましょう。［Project］ウィザード ⇒ ［Projects library］タブを開き、「2-1-1_Wireshark」プロジェクトを選択した状態で［Duplicate］ボタンでプロジェクトをコピーします。複製したプロジェクトの名前を「3-3-2_Sample」とします（**図3.3.8**）。

○図3.3.8：既存プロジェクトの複製

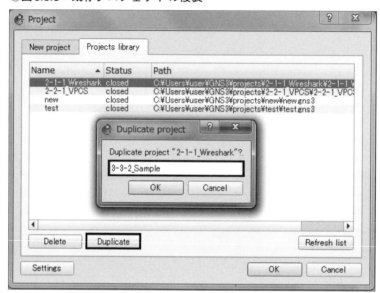

ネットワーク構成の設定

次に、図3.3.9のようにワークスペースにイーサスイッチルータ「ESW1」を追加します。

さらに、3台目のルータ「Router3」とVPCS端末「PC3」をワークスペースに追加します。Router3とPC3の間のネットワークアドレスは「192.168.3.0/24（VLAN100）」で、それぞれのインターフェイスのIPアドレスは図3.3.10のように設計します。

○図3.3.9：イーサスイッチルータの追加

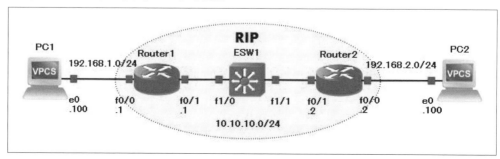

○図3.3.10：ルータとVPCS端末の追加

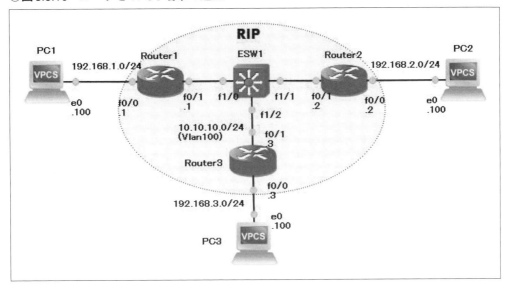

新規追加したデバイスの設定

　ネットワーク構成が完成したので、続いて新規追加した「ESW1」と「Router3」を設定します。そのほかのルータの設定は「2-1-1_Wireshark」プロジェクトのときのままです。ESW1とRouter3のそれぞれの設定は、リスト3.3.1aとリスト3.3.1bのようになります。

○リスト3.3.1a：ESW1の設定

```
ESW1#configure terminal    ※特権モードから設定モードに移行
ESW1(config)#vlan 100    ※VLAN100の作成
ESW1(config-vlan)#name sample    ※VLAN名の設定
ESW1(config-vlan)#exit    ※直前の設定モードに戻る
ESW1(config)#interface range FastEthernet 1/0 - 2    ※複数のインターフェイスの同時設定
ESW1(config-if-range)#switchport mode access    ※アクセスポートの設定
ESW1(config-if-range)#switchport access vlan 100    ※アクセスポートにVLAN番号の割り当て
ESW1(config-if-range)#no shutdown    ※インターフェイスの有効化
```

○リスト3.3.1b：Router3の設定

```
Router3#configure terminal
Router3(config)#interface FastEthernet 0/0    ※F0/0インターフェイスの設定
Router3(config-if)#ip address 192.168.3.3 255.255.255.0
                                             ※IPアドレス「192.168.3.3/24」を設定
Router3(config-if)#no shutdown
Router3(config-if)#exit
Router3(config)#interface FastEthernet 0/1
Router3(config-if)#ip address 10.10.10.3 255.255.255.0
Router3(config-if)#no shutdown
Router3(config-if)#exit
Router3(config)#router rip    ※RIPの設定
Router3(config-router)#version 2    ※RIPv2の使用
Router3(config-router)#no auto-summary    ※自動経路集約の無効化
```

```
Router3(config-router)#network 192.168.3.0    ※「192.168.3.0」のネットワークの公布
Router3(config-router)#network 10.0.0.0
```

3-3-3 設定確認と疎通試験

完成したネットワークが正しく設計どおりに設定されているかを確認する必要があります。確認するポイントと使用すべきshowコマンドを表3.3.1にまとめます。

○表3.3.1：確認するポイント

対象	確認ポイント
ESW1	VLAN100が作られている F1/0、F1/1およびF1/2がVLAN100のアクセスポートになっている すべてのルータとLANケーブルで接続されている
Router1 Router2 Router3	他のルータへのping疎通ができる RIPで他のルータの端末側のネットワークを受け取っている
PC1 PC2 PC3	対向ルータへのping疎通ができる 他のVPCS端末へのping疎通ができる

では、それぞれの確認コマンドの結果について眺めてみましょう。まずESW1のアクセスポートが正しく設計どおりのインターフェイスに設定されていることと、VLANの番号も間違いのないことを確認します（リスト3.3.2a）。

○リスト3.3.2a：ESW1のVLAN割り当ての確認

```
ESW1#show vlan-switch
VLAN Name                             Status    Ports
---- -------------------------------- --------- -------------------------------
1    default                          active    Fa1/3, Fa1/4, Fa1/5, Fa1/6
                                                Fa1/7, Fa1/8, Fa1/9, Fa1/10
                                                Fa1/11, Fa1/12, Fa1/13, Fa1/14
                                                Fa1/15
100  sample                           active    Fa1/0, Fa1/1, Fa1/2
1002 fddi-default                     act/unsup
1003 token-ring-default               act/unsup
1004 fddinet-default                  act/unsup
1005 trnet-default                    act/unsup

VLAN Type  SAID       MTU   Parent RingNo BridgeNo Stp  BrdgMode Trans1 Trans2
---- ----- ---------- ----- ------ ------ -------- ---- -------- ------ ------
1    enet  100001     1500  -      -      -        -    -        1002   1003
100  enet  100100     1500  -      -      -        -    -        0      0
1002 fddi  101002     1500  -      -      -        -    -        1      1003
1003 tr    101003     1500  1005   0      -        -    srb      1      1002
1004 fdnet 101004     1500  -      -      1        ibm  -        0      0
1005 trnet 101005     1500  -      -      1        ibm  -        0      0
```

ESW1でCDP[注2]ネイバーを確認します。データリンク層で問題がなければ、対向の3台のルータ情報が見えるはずです。もしCDPネイバーが見えないならインターフェイスの設定が間違っていないか確認しましょう。リスト3.3.2bにある「Local intrfce」はESW1のインターフェイス名で、「Platform Port ID」は対向ルータのインターフェイス名のことです。

○リスト3.3.2b：ESW1のCDPネイバーの確認

```
ESW1#show cdp neighbors
Capability Codes: R - Router, T - Trans Bridge, B - Source Route Bridge
                  S - Switch, H - Host, I - IGMP, r - Repeater

Device ID        Local Intrfce    Holdtme    Capability   Platform    Port ID
Router3          Fas 1/2          107         R S I       3725        Fas 0/1
Router2          Fas 1/1          123         R S I       3725        Fas 0/1
Router1          Fas 1/0          75          R S I       3725        Fas 0/1
```

ESW1のL2設定は大丈夫そうなので、Router1から他のルータにping疎通テストを行います。各ルータのインターフェイスのIPアドレスに間違いがなければpingは互いに通るはずです（リスト3.3.2c）。

○リスト3.3.2c：Router1から他ルータへのpingテスト

```
Router1#ping 10.10.10.2

Type escape sequence to abort.
Sending 5, 100-byte ICMP Echos to 10.10.10.2, timeout is 2 seconds:
!!!!!
Success rate is 100 percent (5/5), round-trip min/avg/max = 8/12/16 ms
Router1#ping 10.10.10.3

Type escape sequence to abort.
Sending 5, 100-byte ICMP Echos to 10.10.10.3, timeout is 2 seconds:
!!!!!
Success rate is 100 percent (5/5), round-trip min/avg/max = 12/22/32 ms
```

次に、Router1でルーティングテーブルを確認します。ダイナミックルーティングプロトコル（RIP）の設定が正しければ、Router1はPC2とPC3のネットワークアドレス情報をRIP経由で学習できているはずです（リスト3.3.2d）。

○リスト3.3.2d：Router1のルーティングテーブル（RIP経路のみ）

```
Router1#show ip route rip
R    192.168.2.0/24 [120/1] via 10.10.10.2, 00:00:16, FastEthernet0/1
R    192.168.3.0/24 [120/1] via 10.10.10.3, 00:00:19, FastEthernet0/1
```

注2　Cisco Discovery Protocol

Router2とRouter3でも同様にshowコマンドを実行して、各ルータのルーティングテーブルが正しいことを確認します。

ルーティングテーブルも正しいので、特に問題がなければPC同士でping疎通が可能になっているはずです（リスト3.3.2e）。念のため、PC2とPC3でも同じping試験を行ってください。

〇リスト3.3.2e：PC1から他PCへのpingテスト

```
PC1> ping 192.168.1.1 -c 3
84 bytes from 192.168.1.1 icmp_seq=1 ttl=255 time=11.001 ms
84 bytes from 192.168.1.1 icmp_seq=2 ttl=255 time=10.001 ms
84 bytes from 192.168.1.1 icmp_seq=2 ttl=255 time=10.501 ms

PC1> ping 192.168.2.100 -c 3
84 bytes from 192.168.2.100 icmp_seq=1 ttl=62 time=39.003 ms
84 bytes from 192.168.2.100 icmp_seq=2 ttl=62 time=29.002 ms
84 bytes from 192.168.2.100 icmp_seq=2 ttl=62 time=29.015 ms

PC1> ping 192.168.3.100 -c 3
84 bytes from 192.168.3.100 icmp_seq=1 ttl=62 time=21.001 ms
84 bytes from 192.168.3.100 icmp_seq=2 ttl=62 time=29.002 ms
84 bytes from 192.168.3.100 icmp_seq=2 ttl=62 time=28.005 ms
```

3-3-4 トラブルシューティング

仮に、「3-3-2_Sample」プロジェクトのネットワークでネットワーク障害が発生したとして、原因を特定してみましょう。

まずPC1から他のPCにpingを打ってみます。すると、PC3への疎通ができなくなっているとわかります。一方、PC2への疎通が問題なくできているので、PC1とRouter1の間は問題がなさそうです（リスト3.3.3a）。

〇リスト3.3.3a：PC1から他PCへのpingテスト

```
PC1> ping 192.168.2.100 -c 3
84 bytes from 192.168.2.100 icmp_seq=1 ttl=62 time=30.002 ms
84 bytes from 192.168.2.100 icmp_seq=2 ttl=62 time=24.002 ms
84 bytes from 192.168.2.100 icmp_seq=3 ttl=62 time=31.002 ms

PC1> ping 192.168.3.100 -c 3
192.168.3.100 icmp_seq=1 timeout
192.168.3.100 icmp_seq=2 timeout
192.168.3.100 icmp_seq=3 timeout
```

Router1に移動して、ルーティングテーブルを確認します。192.168.3.0/24のネットワークがちゃんとRIPで学習できています（リスト3.3.3b）。

○リスト3.3.3b：Router1のルーティングテーブルの確認

```
Router1#show ip route rip
R    192.168.2.0/24 [120/1] via 10.10.10.2, 00:00:10, FastEthernet0/1
R    192.168.3.0/24 [120/1] via 10.10.10.3, 00:00:11, FastEthernet0/1
```

　Router1から192.168.3.3（Rotuer3のPC3側インターフェイスのIPアドレス）に対してpingしてみると失敗しました（リスト3.3.3c）。Router1は192.168.3.0/24へのルーティング情報はあるが、192.168.3.3へのpingが帰ってこないので、Router3のルーティングに問題があると疑います。

○リスト3.3.3c：Router1から192.168.3.3へのpingテスト

```
Router1#ping 192.168.3.3

Type escape sequence to abort.
Sending 3, 100-byte ICMP Echos to 192.168.3.3, timeout is 2 seconds:
... 中略 ...
Success rate is 0 percent (0/3)
```

　Router3のルーティングテーブルを確認してみると、予想に反して、192.168.1.0/24のネットワークが問題なくRIPで学習できています。どうやらこの事象はルーティング以外のようです（リスト3.3.3d）。

○リスト3.3.3d：Router3のルーティングテーブルの確認

```
Router3#show ip route rip
R    192.168.1.0/24 [120/1] via 10.10.10.1, 00:00:05, FastEthernet0/1
R    192.168.2.0/24 [120/1] via 10.10.10.2, 00:00:12, FastEthernet0/1
```

　試しにRouter3から192.168.1.1（Rotuer1のPC1側インターフェイスのIPアドレス）に対してpingを打ったところ、pingの応答が帰ってきました（リスト3.3.3e）。

○リスト3.3.3e：Router3から192.168.1.1へのpingテスト

```
Router3#ping 192.168.1.1

Type escape sequence to abort.
Sending 5, 100-byte ICMP Echos to 192.168.1.1, timeout is 2 seconds:
!!!!!
Success rate is 100 percent (5/5), round-trip min/avg/max = 8/10/16 ms
```

　Router1とESW1の間およびESW1とRouter3の間の2箇所にキャプチャポイント設けて、Router1から192.168.3.3へのpingがちゃんと通っているかを見てみます。このときのWiresharkの結果は図3.3.11のようになります。どうやらICMPリクエスト（pingの往路パケット）はR1からR3へ行っているが、ICMPリプライが帰ってこないようです。

第3章　ゼロから作るGNS3ネットワーク

○図3.3.11：Router1とESW1の間およびESW1とRouter3の間のパケットキャプチャ

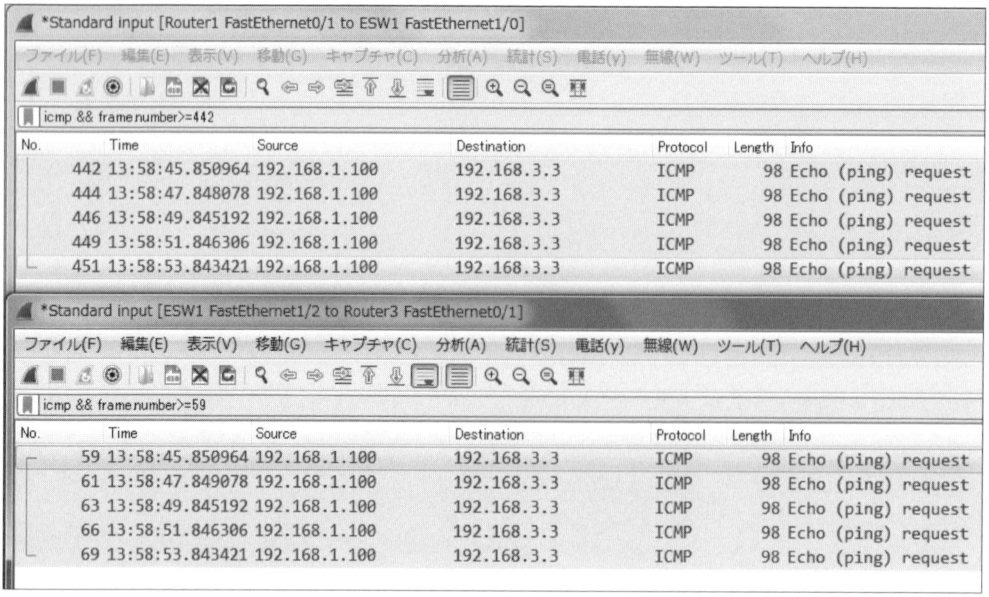

```
*Standard input [Router1 FastEthernet0/1 to ESW1 FastEthernet1/0]
ファイル(F) 編集(E) 表示(V) 移動(G) キャプチャ(C) 分析(A) 統計(S) 電話(y) 無線(W) ツール(T) ヘルプ(H)

icmp && frame.number>=442
No.    Time              Source           Destination    Protocol  Length  Info
  442  13:58:45.850964   192.168.1.100    192.168.3.3    ICMP      98      Echo (ping) request
  444  13:58:47.848078   192.168.1.100    192.168.3.3    ICMP      98      Echo (ping) request
  446  13:58:49.845192   192.168.1.100    192.168.3.3    ICMP      98      Echo (ping) request
  449  13:58:51.846306   192.168.1.100    192.168.3.3    ICMP      98      Echo (ping) request
  451  13:58:53.843421   192.168.1.100    192.168.3.3    ICMP      98      Echo (ping) request
```

```
*Standard input [ESW1 FastEthernet1/2 to Router3 FastEthernet0/1]
ファイル(F) 編集(E) 表示(V) 移動(G) キャプチャ(C) 分析(A) 統計(S) 電話(y) 無線(W) ツール(T) ヘルプ(H)

icmp && frame.number>=59
No.   Time              Source           Destination    Protocol  Length  Info
  59  13:58:45.850964   192.168.1.100    192.168.3.3    ICMP      98      Echo (ping) request
  61  13:58:47.849078   192.168.1.100    192.168.3.3    ICMP      98      Echo (ping) request
  63  13:58:49.845192   192.168.1.100    192.168.3.3    ICMP      98      Echo (ping) request
  66  13:58:51.846306   192.168.1.100    192.168.3.3    ICMP      98      Echo (ping) request
  69  13:58:53.843421   192.168.1.100    192.168.3.3    ICMP      98      Echo (ping) request
```

　R3のルーティングテーブルには異常がなかったので、R1へ帰るパケットはどこかで破棄されたと考えられます。R3にアクセスリストはないので、R3のインターフェイスの設定が間違っていないかを確認します。

　Router3でF0/0インターフェイスの設定を確認したところ、IPアドレスが間違って設定されいていることに気づきます。これが一連の事象の原因でした（リスト3.3.3f）。

○リスト3.3.3f：Router3のF0/0インターフェイスの設定

```
Router3#show run interface FastEthernet 0/0
Building configuration...

Current configuration : 96 bytes
!
interface FastEthernet0/0
 ip address 192.168.3.1 255.255.255.0
 duplex auto
 speed auto
end
```

　ここでのトラブルシューティングでは、パケットの流れをWiresharkで観測しましたが、もっと簡単な方法としてPC1からのトレースルートもあります（リスト3.3.3g）。

◯リスト3.3.3g：PC1から192.168.3.3へのトレースルート

```
PC1> trace 192.168.3.3
trace to 192.168.3.3, 8 hops max, press Ctrl+C to stop
 1   192.168.1.1    9.001 ms   9.000 ms   9.001 ms
 2   10.10.10.3    28.001 ms  19.002 ms  19.001 ms
 3     *   *   *
 4     *   *   *
 5     *   *   *
 6     *   *   *
 7     *   *   *
 8     *   *   *
```

この例では、10.10.10.3（Router3のESW1側インターフェイスのIPアドレス）までpingができるが、次の192.168.3.3で失敗しています。つまり、192.168.3.3のインターフェイスで問題がある可能性が大きいことを示しています。

3-4　章のまとめ

本章では、初めてGNS3プロジェクトを作る方を対象に、Cisco IOSの取得方法から簡単なネットワークの構築までスプッテバイステップで紹介しました。その他、ネットワーク検証とトラブルシューティングにも触れました。GNS3を使った一通りの設定と確認ができるまで何度も手を動かして練習するとよいでしょう。何事も習うより慣れることが重要です。

第4章
IPネットワークの概要

本章では、GNS3から離れてIPネットワークの技術概要を説明します。ネットワークアーキテクチャをはじめ、通信プロトコル、IPアドレッシング、ルーティングなど、IPネットワークを理解するための必須知識について一通りの要点を説明します。

4-1 通信プロトコルと標準化

　通信機器同士でネットワーク通信が成立するには、互いに理解する共通言語が必要です。ネットワーク通信における共通言語は通信プロトコルと呼ばれています。インターネットが普及する前まで、コンピュータベンダ各社にそれぞれ独自のプロトコルが存在していました。独自プロトコルは、ネットワークの相互接続の壁となり、ユーザにとって大変不便なものでした。この障害を取り除くためプロトコルの標準化が必要となり、今ではTCP/IPがもっとも普及している通信プロトコル（以降は「TCP/IPプロトコル」と呼ぶ）です。

4-1-1 通信プロトコル

　人間同士でコミュニケーションを円滑にするためには、共通の言語と習慣が必要です。一方がウルドゥー語、もう一方がタミル語しか理解できない2人では会話が成立しません。また、日本では承諾の意味を表す、頭を縦に振る「うなずく」行為は、インドでは頭を横に振ります。インド人のこのような習慣を知らないと、自分が言っていることが全部否定されたと勘違いしてしまいます。

　幸いにして人間の場合、共通言語がなくてもジェスチャーと気合で最低限のコミュニケーションはできます。また、共通の習慣が違っても、長時間に一緒にいると相互理解が深まります。しかし、通信機器の場合は、厳密なルールに従って動いているので、わずかな齟齬も許されません。通信機器同士がきちんと通信ができるようにあらかじめ決められたルール（通信プロトコル）を遵守しなければなりません。当初、コンピュータベンダ各社がそれぞれ独自で通信プロトコルを作りましたが、異なる通信プロトコルのネットワークの相互接続をするには、通信プロトコルの標準化が必要でした。

4-1-2　通信プロトコルの標準化

　インターネットが生まれる前まで、コンピュータネットワークは中央集中型の形態でした。中央集中型ネットワークにおいて、ハイスペックマシンのホストコンピュータがすべての端末からの要求を処理します。端末とホストコンピュータ間の通信が主だったため、ベンダ独自の通信プロトコルでもまったく問題がありませんでした。その頃はコンピュータネットワークの鎖国時代のような時代でした。ちなみにベンダ独自の通信プロトコルとして有名なのは、IBMのSNA[注1]、富士通のFNA[注2]、電電公社のDCNA[注3]などがあります。

　また、後述する分散型ネットワークよりも中央集中型ネットワークのほうが低コストです。なぜなら、ホストコンピュータ以外の端末にそれほど高いスペックを必要としないからです。コンピュータネットワークの形態がずっと中央集中型のままとおもいきや、時代は突如中央集中型から分散型に移り変わっていきます。

　中央集中型ネットワークの一番の弱点は、すべての処理がホストコンピュータに集中することです。ホストコンピュータが故障してしまうと、すべての機能が停止してしまいます。米ソ冷戦時代において、軍事利用のコンピュータを相手国の攻撃から守るため、ホストコンピュータを何ヵ所にも分散させて、仮に一部のコンピュータが破壊されたとしても残りのコンピュータで継続利用ができる必要がありました。そこで、アメリカ国防総省のARPA[注4]という研究機関が、分散するコンピュータネットワークを相互接続する「ARPANET」と呼ばれる軍事用ネットワークを構築しました。ARPANETで採用されたプロトコルがTCP/IPで、ARPANETが一般向けのインターネットに移り変わったと同時に、TCP/IPが標準プロトコルとして瞬く間に普及しました。

　民間団体での通信プロトコルの標準化として、国際標準化機構のISO[注5]のOSI[注6]が挙げられます。OSIプロトコルはあまり普及していませんが、通信を7層の機能に分割したOSI参照モデルは一般的なネットワークアーキテクチャとして認識されています。ちなみに、TCP/IPはIETF[注7]によって標準化されたプロトコルで、仕様はRFC[注8]と呼ばれる文書として一般公開されています。

4-2　ネットワークアーキテクチャ

　ネットワーク通信で使われる通信プロトコルはたくさんの種類があり、これらの通信プロトコルの集合がネットワークアーキテクチャです。ネットワークアーキテクチャは、ネットワーク通信に必要な機能を提供します。さらに、ネットワークアーキテクチャは機能を理解しやすいように階層化されています。

注1　Systems Network Architecture
注2　Fujitsu Network Architecture
注3　Data Communication Network Architecture
注4　Advanced Research Projects Agency
注5　International Organization for Standardization
注6　Open Systems Interconnection
注7　Internet Engineering Task Force
注8　Request For Comment

○図4.2.1：OSI参照モデル

| 第7層：アプリケーション層 |
| 第6層：プレゼンテーション層 |
| 第5層：セッション層 |
| 第4層：トランスポート層 |
| 第3層：ネットワーク層 |
| 第2層：データリンク層 |
| 第1層：物理層 |

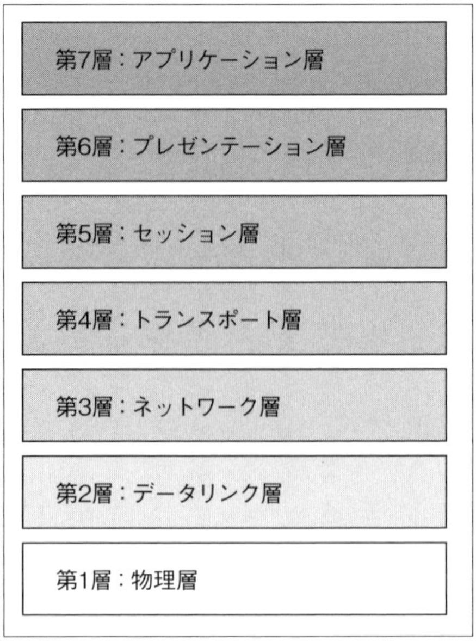

　ここでは、OSI参照モデルとTCP/IPのネットワークアーキテクチャを紹介して、ネットワークアーキテクチャの階層化構造における通信の様子を見ていきます。

4-2-1　OSI参照モデル

　OSI参照モデル（**図4.2.1**）は、ネットワーク通信の標準的な概念を定めた規定です。ネットワーク通信に必要な機能を7つの階層に分けて整理することでネットワーク通信の構造が理解しやすくなります。英語の勉強はアルファベットからするのと同じように、ネットワークの場合はOSI参照モデルの7層を諳（そら）んじることから始めます。

　OSI参照モデルの各層の機能概要は次のとおりです。

- アプリケーション層（第7層）
アプリケーションがネットワーク通信をするときの決まりごとを定義（例：Web閲覧のHTTP[注9]、メール送信のSMTP[注10]、ファイル転送のFTP[注11]）
- プレゼンテーション層（第6層）
アプリケーションで扱うデータ形式の変換について定義（例：文字コードや画像フォーマットの変換）
- セッション層（第5層）
通信の　コネクションの確立から切断まで一連の手続きについて定義（5層から7層まで

注9　HyperText Transfer Protocol　　　　注11　File Transfer Protocol
注10　Simple Mail Transfer Protocol

のデータをメッセージと呼ぶ）
- トランスポート層（第4層）
データ再送やフロー制御などのデータ伝送の信頼性について定義。TCPはこの層のプロトコル。この層のデータはセグメントと呼ばれる
- ネットワーク層（第3層）
ネットワーク間の到達を実現する方式について定義。この層での通信データはパケットと呼ばれる。IPはこの層のプロトコルで、ネットワーク層の論理アドレスがIPアドレス
- データリンク層（第2層）
ケーブルで直接つながったネットワーク機器同士の通信方式とビットデータとフレームの相互交換について定義。フレームはデータリンク層でのデータのかたまり
- 物理層（第1層）
ネットワーク機器のケーブルやコネクタ形状、ケーブルの電気信号とネットワーク機器のビットデータ（0と1の2進数）の相互変換について定義

4-2-2 TCP/IPアーキテクチャ

TCP/IPは、もっとも使われているネートワークアーキテクチャです。図4.2.2のようにOSI参照モデルと比較すると、OSI参照モデルの7層に対して4層となっています。4層になったおかげで実装が簡単化され、より実用向きの仕様となっています。

○図4.2.2：OSI参照モデルとTCP/IP

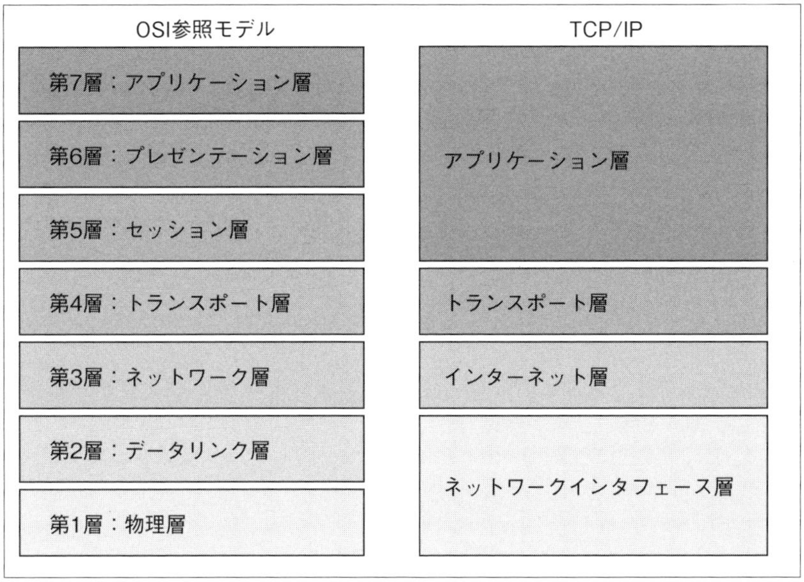

OSI参照モデル	TCP/IP
第7層：アプリケーション層	アプリケーション層
第6層：プレゼンテーション層	
第5層：セッション層	
第4層：トランスポート層	トランスポート層
第3層：ネットワーク層	インターネット層
第2層：データリンク層	ネットワークインタフェース層
第1層：物理層	

TCP/IPの各層の機能概要は次のとおりです。

- アプリケーション層
OSI参照モデルのセッション層、プレゼンテーション層、アプリケーション層の3層に相当。HTTPやFTPなどのアプリケーション層のプロトコルは、OSI参照モデルのセッション層とプレゼンテーション層の機能も備えている
- トランスポート層
OSI参照モデルのトランスポート層に相当
- インターネット層
OSI参照モデルのネットワーク層に相当
- ネットワークインターフェイス層
OSI参照モデルの物理層とデータリンク層に相当する。上位層からのデータをLANケーブルなど物理的な媒体への送出に関することを定義。LANプロトコルのEthernetやWANプロトコルのPPP[注12]が有名である。

4-2-3 階層化と通信

　TCP/IPのネットワークアーキテクチャでは、ネットワーク通信の機能を4つの階層に分けました。では、メッセージデータはこの4階層をどのようにして通過するのかを見てみましょう（図4.2.3）。

　送信側のアプリケーション層から送出されたメッセージは、トランスポート層に送られると同時にトランスポート層のヘッダが付与され、セグメントと呼ばれるデータになります。次に、セグメントはインターネット層に送られると、インターネット層のヘッダが付与され、パケットと呼ばれるデータになります。最後に、パケットはネットワークインターフェイス層に送られると、この層のヘッダが付与され、フレームと呼ばれるデータになります。このように、データにヘッダが追加されることをデータのカプセル化といいます。

　フレームがビット列に変換され、ビットに対応する電気信号や光信号が物理の媒体を経由して受信側に届きます。受信側では、送信側と逆にヘッダを1個ずつはずしてメッセージを取り出します。

注12 Point-to-Point Protocol

○図4.2.3：データのカプセル化

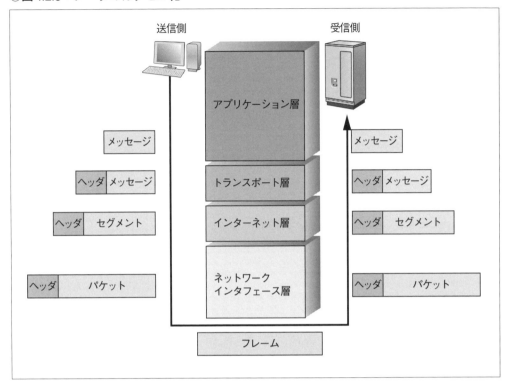

4-3　IPアドレスとポート番号

　ここでは、IPアドレスの概要のほか、IPアドレスをネットワークアドレスとホストアドレスに分けるクラスとサブネットマスク、ポート番号についても説明します。

4-3-1　IPアドレス

　TCP/IPネットワーク上でネットワーク機器やホスト（コンピュータ端末）をインターネット層で識別するためにIPアドレスが利用されます。なお、特に断りなくIPアドレスと言うとき、IPはIPv4のことを指します。

　IPアドレスは32ビット長のデータで、すなわち「0」と「1」が32個並んだ2進数です。ネットワーク機器やホストにとって理解しやすい表示ですが、人間にはやさしくない表示方法です。そこで人間が識別しやすいように、32ビットを8ビットずつ10進数に変換して、さらにドットで連結するように表示します。では、実際に自分のIPアドレスを見てみましょう。Windowsならコマンドプロンプトを立ち上げて「ipconfig」を入力します。すると、自分のIPアドレスが表示されます（リスト4.3.1）。

第4章 IPネットワークの概要

○リスト4.3.1：自分のIPアドレス

```
C:\Users\user>ipconfig
Windows IP 構成

イーサネット アダプター ローカル エリア接続:

   IPv4 アドレス . . . . . . . . . . : 192.168.210.74     ※自分のIPアドレス
   サブネット マスク . . . . . . . . : 255.255.255.0
   デフォルト ゲートウェイ . . . . . : 192.168.210.254
```

　この10進数のIPアドレス（192.168.210.74）を2進数に変換すると、「11000000101010001101001001001010」となります（図4.3.1）。

○図4.3.1：IPアドレスの2進数表示

10進数	192	168	210	74
	↓	↓	↓	↓
2進数	11000000	10101000	11010010	01001010

　一口にIPアドレスと言っても、使用場所と用途に応じて何種類もあります。まず、IPアドレスの使用場所がLANの内と外の違いで、「プライベートアドレス」と「グローバルアドレス」に分類できます。次に、用途の違いで「ユニキャストアドレス」「マルチキャストアドレス」「ブロードキャストアドレス」の3種類があります。

　プライベートアドレスは家庭内や企業内のLANの中で使うIPアドレスで自由に設計でき、他のLAN内のプライベートアドレスとの重複も許されます。一方、グローバルアドレスはインターネット上で使用するため重複は許されません。また、グローバルアドレスはJPNICのような機関によって厳密に管理されているので、自分勝手にIPアドレスを決定することもできません。

　プライベートアドレスは自由に決めることができますが、そのアドレスの範囲は次のように制限されています。

- 10.0.0.0 〜 10.255.255.255
- 172.16.0.0 〜 172.31.255.255
- 192.168.0.0 〜 192.168.255.255

　ネットワーク機器が1対1の通信と1対多の通信で使用するIPアドレスも違ってきます。1対1の通信ではユニキャストアドレスを使います。1対多の通信では、マルチキャストアドレスとブロードキャストアドレスを使います。

4-3-2 IPアドレスクラス

ルータは、パケットの宛先IPアドレスで行き先を決めます。しかし、IPアドレスの数は膨大であるため、すべてのIPアドレスと行き先の情報を保持するのは現実的ではありません。そこで、同じネットワークにあるものをグルーピングして、ルータが保持する情報が少なくします。IPアドレスを「ネットワークアドレス」と「ホストアドレス」に分割して、同じネットワークのホストは同一のネットワークアドレスを持つようにします。

IPアドレスをネットワークアドレスとホストアドレスに分割する方法として「アドレスクラス」があります。アドレスクラスでは、クラスAからクラスEまでの5クラスに分かれています。各クラスの定義は次のとおりです。

クラスA

アドレスの範囲は「0.0.0.0 〜 127.255.255.255」で、最初の8ビット（第1オクテット）がネットワークアドレスで、残りの24ビットはホストアドレスに割り当てられています。ネットワークアドレスの数は、第1オクテットの0と127は特定用途で予約済みとなっているため、実際には1〜126までの126個です。ホストアドレスの数は、すべて0または1の2進数表記は予約済みなので、実際に使用できるのは、$2^{24} - 2 = 1,677$万7,214個です。つまりクラスAのネットワークは、約1,600万個のホストを保持できます。

クラスB

クラスBのアドレスの範囲は「128.0.0.0 〜 191.255.255.255」で、最初の16ビット（第1オクテットと第2オクテット）がネットワークアドレスで、残りの16ビットはホストアドレスに割り当てられています。先頭が128.0と191.255のIPアドレスは、特定用途で予約済みとなっているため、ネットワークアドレスの数は128.1〜191.254までの$(191 - 128 + 1) \times 256 - 2 = 1$万6,382個です。ホストアドレスの数は、すべて0または1の2進数表記は予約済みなので、実際に使用できるのは、$2^{16} - 2 = 6$万5,534個です。つまり、クラスBのネットワークは、約6万個のホストを保持できます。

クラスC

クラスCのアドレスの範囲は「192.0.0.0 〜 223.255.255.255」で、最初の24ビット（第1オクテットから第3オクテット）がネットワークアドレスで、残りの8ビットはホストアドレスに割り当てられています。先頭が192.0.0と223.255.255のIPアドレスは、特定用途で予約済みとなっているため、ネットワークアドレスの数は192.0.1〜223.255.254までの$(223 - 192 + 1) \times 256^2 - 2 = 209$万7,150個です。ホストアドレスの数は、すべて0または1の2進数表記は予約済みなので、実際に使用できるのは、$256 - 2 = 254$個です。つまり、クラスCのネットワークは、254個のホストを保持できます。

クラスD

クラスDはマルチキャスト用に使用される特殊なIPアドレスで、アドレスの範囲は224.0.0.0～239.255.255.255です。マルチキャストの場合、ユニキャストのように端末にクラスDのIPアドレスを付与しません。また、クラスDにはホストアドレスはありません。

クラスE

クラスEは実験用に予約されているIPアドレスで、実際には使用されません。クラスEのアドレス範囲は、224.0.0.0～255.255.255.255で、クラスDと同様にホストアドレスはありません。

各クラスのIPアドレスの範囲を10進数で紹介しましたが、2進数で表示すると各クラスの先頭の数ビットでクラスを判別できます。クラスAなら先頭1ビットが「0」、クラスBなら先頭2ビットが「10」、クラスCなら先頭2ビットが「110」、クラスDなら先頭2ビットが「1110」、クラスEなら先頭2ビットが「1111」となっています（図4.3.2）。

○図4.3.2：IPアドレスのクラス

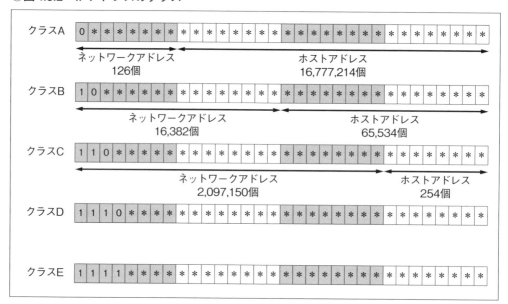

4-3-3 サブネット

クラスA、クラスB、クラスCは、それぞれ大規模、中規模、小規模のネットワークで使用するとなっていますが、規模が3種類というのはあまりにも大雑把で現実にそぐわないといえます。そこで、ホストアドレスの一部をサブネットとして割り当てることで、ネットワークをさらに細かく分割できると実用的になります。

IPアドレスをクラスA～Cのようなネットワークアドレスとホストアドレスに分ける概念をクラスフルと呼びます。これに対して、クラスA～Cに縛られず、任意の箇所でIPアドレスをネットワークアドレスとホストアドレスに分ける概念をクラスレス（図4.3.3）と呼びます。サブネットによるIPアドレスをネットワークアドレスとホストアドレスに分割する手法は、クラスレスの考えによるものです。

クラスフルでは、IPアドレスがどのクラスに属しているかは明確なので、当然何ビットまでがネットワークアドレスも自明です。これに対して、クラスレスではIPアドレスからどこまでがネットワークアドレスなのかは見た目で判断できません。そこで、サブネットマスクという便利なものを使えば、クラスレスのIPアドレスのネットワークアドレスとホストアドレスの境界がわかるようになります。

サブネットマスクの表示形式には「CIDR[注13]表示形式」と「アドレス表示形式」の2つがあります。簡単かつ視覚的にわかりやすいのはCIDR表示形式で、Xビットまでがネットワークアドレスならば、IPアドレスに続けて「/X」と書くだけです。「192.168.210.74」が28ビットのネットワークアドレスのIPアドレスなら「192.168.210.74/28」と表記します。

CIDR表示形式の「/28」をアドレス表示形式にすると、「255.255.255.240」のような書き方になります。なぜこのようになったのかを簡単に説明します。「/28」は28ビットまでがネットワークアドレスであるので、28ビットまでを1、それ以降のビットを0に設定した32ビットの2進数アドレスを作ります。この32ビットのアドレスを8ビットずつ10進数にした結果が「255.255.255.240」です（図4.3.4）。

○図4.3.3：クラスフルとクラスレス

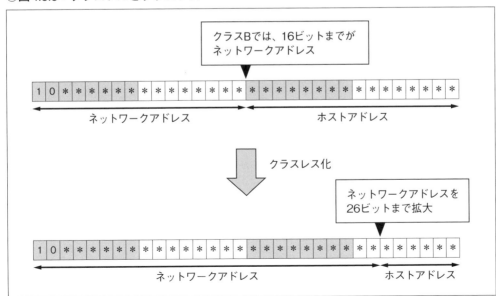

注13 Classless Inter-Domain Routing

第4章　IPネットワークの概要

○図4.3.4：サブネットマスクのアドレス表示形式

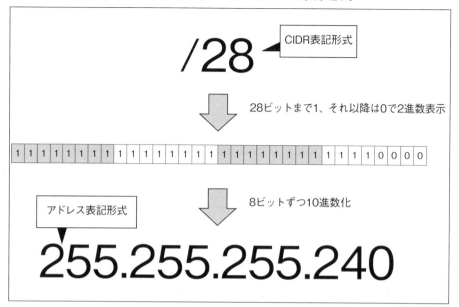

　CIDR表示形式とアドレス表示形式の両方をぜひマスターしておきましょう。なぜなら、ネットワーク機器によってはCIDR表示形式での設定だったりアドレス表示形式の設定だったりするからです。

　いずれの表示形式にしろ、サブネットマスクのおかげでIPアドレスのネットワークアドレスが簡単にわかるようになります。では、「192.168.210.74/28」を例にネットワークアドレスの算出をしてみましょう。方法として、「192.168.210.74」の32けたの2進数と「255.255.255.0」の32けたの2進数同士の論理積演算をします。すると、**図4.3.5**のようにネットワークアドレスが「192.168.210.64」であることがわかります。2進数の論理積計算では、2つの値が1なら結果は1でその他の組み合わせはすべて0になります。つまり、ホストアドレスはサブネットマスクによって0に変えられ、ネットワークアドレスのみが残るわけです。

　ホストアドレスの該当ビットがすべて0のものがネットワークアドレスで、反対にすべて1のものはブロードキャストアドレスです。したがって、「192.168.210.74/28」のブロードキャストアドレスは「192.168.210.79」です（**図4.3.6**）つまり、「192.168.210.74/28」のネットワーク内で宛先が「192.168.210.79」のパケットを送信すると送信元以外すべてのホストに届きます。

○図4.3.5：ネットワークアドレスの算出

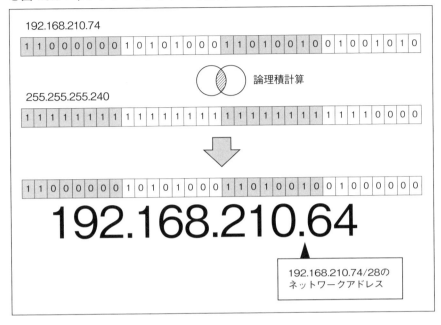

○図4.3.6：ブロードキャストアドレスの算出

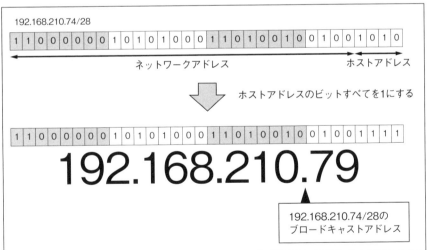

4-3-4 ポート番号

　IPアドレスと一緒に覚えておきたいのはポート番号です。通常、複数のアプリケーションが端末上で動いています。端末に到着したパケットがはたしてどのアプリケーションのものかを判断する必要があり、そのときに使われるのがポート番号です。IPアドレスを住所とたとえるなら、ポート番号は部屋番号に相当するものです。ポート番号があるおかげで、

○図4.3.7：ポート番号によるアプリケーション通信の振り分け

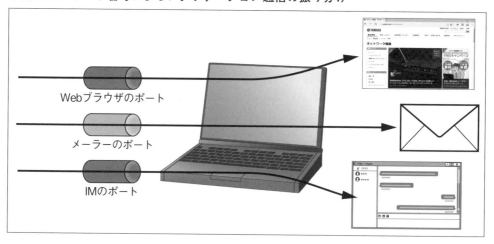

私たちはPCでネットを見ながらメールやインスタントメッセージを受信できるわけです（図4.3.7）。

TCP/IPの4層において、IPアドレスはインターネット層の情報で、ポート番号はトランスポート層の情報です。IPアドレスはIPヘッダに書かれていて、ポート番号はTCPまたはUDPのヘッダに書かれています。

4-3-5　ポート番号の種類

TCPまたはUDPヘッダの中の16ビットの領域がポート番号として割り当てられています。よって、ポート番号の取りうる範囲は0～65535までです。ポートの番号は次のような3種類があります。

ウェルノウンポート番号（Well Known Port Number）

ポート番号の範囲は0～1023までで、IANA[14]によって正式に登録されていて、主にサーバ側のアプリケーションを識別するために用いられます。HTTPの80番ポートをはじめ、FTP（21番）やDNS[15]（53番）など有名なポートが含まれます。また、ウェルノウンポートは普遍的に使用されているサービスに使われているので、IANAでの登録番号以外の使用はお勧めしません。

表4.3.1は、ウェルノウンポート番号の中でもよく目にするポート番号の一覧です。

注14 Internet Assigned Numbers Authority　　注15 Domain Name System

○表4.3.1：主要なウェルノウンポート

ポート番号	TCP/UDP	プロトコル	概要
20	TCP	FTP-Data	ファイル本体の転送
21	TCP	FTP	FTPのコントロールデータの送信
22	TCP	SSH	暗号化によるセキュアなリモートログイン
23	TCP	Telnet	リモートログイン（暗号化なし）
25	TCP	SMTP	メールの送信
53	TCP/UDP	Domain	DNSサービス、TCPはゾーン転送、UDPは名前解決
80	TCP	HTTP	Webサーバへのアクセス
110	TCP	POP3	メールの受信
123	UDP	NTP	時刻の同期
161	UDP	SNMP	SNMPのマネージャからエージェントへのポーリング送信
162	UDP	SNMP-Trap	SNMPのエージェンントからマネージャへの自発送信（トラップ）
179	TCP	BGP	BGPによるルーティング
443	TCP	HTTPS	セキュアなWebサーバへのアクセス
500	UDP	IKE	IPsecで使用する鍵交換プロトコル
520	UDP	RIP	RIPによるルーティング

登録済みポート番号（Registered Port Number）

ポート番号の範囲は1024〜49151までで、IANAによって正式に登録されていて、特定のアプリケーションのために予約されているポートです。ユーザが自由に使うことも可能です。

動的ポート番号（Dynamic Port Number）

ポート番号の範囲は49152〜65535までで、IANAによって正式に登録されていません。ユーザ側のアプリケーションを識別するために動的に割り当てられるポート番号です。サーバからのリプライ通信として一時的に使用されるポートなので、別名「エフェメラルポート」（ephemeral：短命）とも呼ばれます。

4-4 IPとネットワーク層のプロトコル

IPは、OSI参照モデルのネットワーク層でもっとも重要なプロトコルです。ここではIPパケットの中身について詳しく見ていきます。また、IP以外の何種類かのネットワーク層のプロトコルにも触れておきます。

4-4-1　IPヘッダ

ネットワーク層におけるデータのかたまりを「パケット」と呼び、IPによって運ばれるものを「IPパケット」と呼びます。IPパケットは「IPヘッダ」と「IPペイロード」に分割

第4章 IPネットワークの概要

できます。IPヘッダにはIPアドレスやプロトコルなどの制御情報が入っていて、IPペイロードにはIPが運ぶ実際のデータが入っています。IPヘッダのサイズは20バイトから最大60バイトまでですが、通常では20バイト（160ビット）です。図4.4.1は、よく見かけるIPヘッダのフォーマットです。

○図4.4.1：IPヘッダのフォーマット

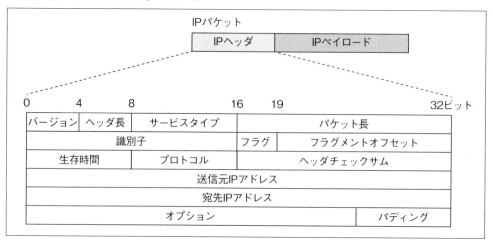

IPヘッダの各フィールドの概要は次のとおりです。

- バージョン（4ビット）
  IPのバージョン情報のフィールド。IPv4であれば「4」、IPv6であれば「6」が入る
- ヘッダ長（4ビット）
  ヘッダの長さ情報のフィールド。ヘッダ長の単位が32ビットなので、オプションなしのときのヘッダ長は5（20バイト×8／32ビット）
- サービスタイプ（8ビット）
  QoSによる優先順位の情報フィールド
- パケット長（16ビット）
  IPヘッダを含めたIPパケットの長さ情報のフィールド。ヘッダ長と同様32ビット単位
- 識別子（16ビット）
  分割されたパケットの識別情報のフィールド。分割されたパケットはみな同じ識別子を有するため、受信側で簡単にもとのパケットに組み直せる
- フラグ（3ビット）
  IPパケットの分割を制御する情報フィールド。1ビット目は使用していないので常に「0」。2ビット目（MF[注16]ビット）が「0」なら分割が可能、「1」なら不可能。3ビット目（DF[注17]ビット）が「0」なら分割された最後のフラグメントで、「1」なら後続フラグメントがあるこ

注16 More Fragment　　注17 Don't Fragment

とを意味する
- フラグメントオフセット（13ビット）
分割されたIPペイロードがもとのIPペイロードのどこに位置していたのか記録する情報フィールド。単位は8オクテット（8バイト）。最初に分割されたIPペイロードはもとのIPペイロードの0バイト目にあったので、このときのフラグメントオフセットは「0」。また、最初に分割されたIPペイロードの長さが800バイトなら、2番目に分割されたIPペイロードのフラグメントオフセットは「100」となる
- 生存時間（8ビット）
IPパケットの寿命の情報フィールド。IPパケットを生成したときに生存時間がセットされ、ルータを通るたびに生存時間が「1」ずつ減っていく。ループなどによるIPパケットが永遠にネットワークに存在し続けることを防ぐため、「0」になった時点でIPパケットは自動的に破棄される
- プロトコル（8ビット）
TCPやICMPなどIPヘッダに続くヘッダのプロトコルの情報フィールドである。**表4.4.1**は主なプロトコル番号の一覧
- ヘッダチェックサム（16ビット）
IPヘッダの破損を検知するフィールド。ルータを経由するたびにチェックされる
- 送信元IPアドレス（32ビット）
送信元IPアドレスの情報フィールド
- 宛先IPアドレス（32ビット）
宛先IPアドレスの情報フィールド
- オプション（可変長ビット）
未使用のフィールド
- パディング（可変長ビット）
オプションが使われたとき、IPヘッダを32ビットの倍数にするために追加されるダミーデータ（中身は「0」）

表4.4.1：主なプロトコル番号

プロトコル番号	略称	正式名称
1	ICMP	Internet Control Message Protocol
6	TCP	Transmission Control Protocol
17	UDP	User Datagram Protocol
41	IPv6	IPv6
50	ESP	Encapsulated Security Payload
51	AH	Authentication Header
89	OSPF	Open Shortest Path First
103	PIM	Protocol Independent Multicast
112	VRRP	Virtual Router Redundancy Protocol
115	L2TP	Layer Two Tunneling Protocol

4-4-2 MTUとフラグメント

ネットワーク上で1回の転送で扱えるデータ量には上限があります。データリンク層のフレームをトラックにたとえるなら、トラック1台（1フレーム）で運べる荷物に上限があると同じ考えです。トラックの種類で上限値が変わるように、フレームの種類によって転送できる上限も変わってきます。この上限のことを「MTU[注18]」と呼びます。

ネットワーク上の回線のMTUはいつも同じとは限りません。データが、MTUの小さな回線からMTUの大きな回線へ流れるときは特にMTUの問題を気にしなくても良いが、MTUの大きな回線からMTUの小さな回線へ流れるとき、大きなデータを分割する可能性があります。IPでは、大きすぎたデータを分割する「フラグメント」と呼ばれる機能を持っています（図4.4.2）。

分割されたIPペイロードの一部が、なんらかの原因で受信側に届かなくなった場合、受信側で一定時間後に受信したすべての分割IPペイロードを破棄します（図4.4.3）。

分割IPペイロードの全部が届いた場合でも、必ずしも分割された順に届くわけではありません。正しくもとの形に組み立て直すにはIPヘッダのフラグメントオフセットを使います（図4.4.4）。

IPパケットを分割するフラグメント処理や、分割したIPパケットをもとのIPパケットに戻す処理はルータにとって負担となります。できることならこのような仕事をしないでルーティング処理にリソースを割り当てたいです。

フラグメント処理を行わずに済むには、送信側から受信側までの回線の最小MTUを送信側のMTUに設定します。そうすることで、データが受信側まで届くまでにフラグメント処理は発生しないことになります。この最小MTUは、「パスMTU探索」と呼ばれる機能で知ることができます。

注18 Maximum Transmission Unit

○図4.4.2：フラグメント

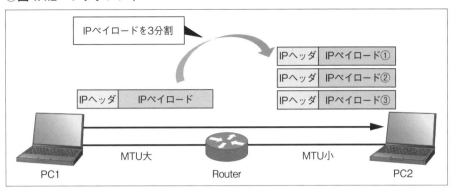

○図4.4.3：分割IPペイロードの欠落時の処理

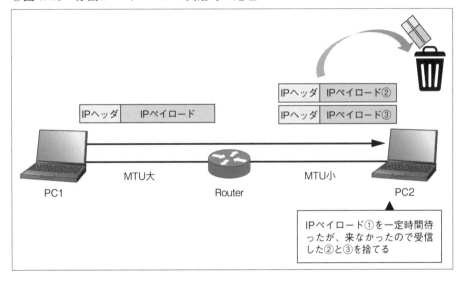

○図4.4.4：フラグメントオフセットによる並び替え

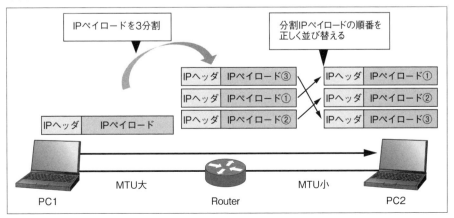

○図4.4.5：パスMTU探索

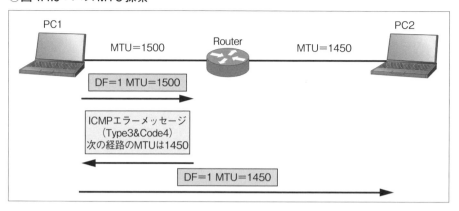

　パスMTU探索は、IPヘッダのフラグフィールドのDFビットとICMPメッセージを組み合わせた機能です。パスMTU探索の動作は**図4.4.5**のようになっています。まず、送信側から送信側のMTUのIPパケットを受信側に送信します。そのときのIPパケットのDFビットを「1」とセットしてフラグメントできないようにします。もし経路の途中でMTUの小さい回線があるとルータはフラグメント処理を開始します。しかしDF=1となっているので、実際にフラグメントはされずにパケットは破棄され、ついでにICMPエラーメッセージ（Type3&Code=4）を送信側に送り返します。返送されたICMPに次の経路のMTU値が入っているので、送信側はこのMTU値をIPパケットにリセットして再送します。再送はICMPエラーメッセージが発生しなくなるまで繰り返すことで最適なMTU値を割り出します。ICMPのエラーメッセージのType3は「宛先到達不能」で、Code4は「フラグメント必要だがDFビットはセットされている」という意味です。

　パスMTU探索を行う経路の途中でICMPパケットをルータでフィルタリングすると、パスMTU探索ができなくなり、パスMTU探索ブラックホールと呼ばれる事象に陥ります。この事象を回避するため、ルータのフィルタリング設定でType3のICMPを例外的に通過させる必要があります。

4-4-3 ARP

　IPはネットワーク層で一番重要なプロトコルですが、その他にも知っておきたい大事なプロトコルがあります。ここでIPアドレスとMACアドレスの対応情報を提供するARP[注19]を紹介します。なお、自分の端末のMACアドレスを確認するにはWindowsのコマンドプロンプトで「ipconfig /all」を実行します（**リスト4.4.1**）。物理アドレス（Physical Address）がMACアドレスのことです。MACアドレスは、ホストをデータリンク層で識別するためのアドレスです。アドレスの長さは48ビットで、12けたの16進数で表記します。

注19 Address Resolution Protocol

○リスト 4.4.1：MAC アドレスの確認

```
C:¥Users¥user>ipconfig /all

Windows IP 構成

   ホスト名. . . . . . . . . . . . . . .: MyPC
   プライマリ DNS サフィックス . . . . .:
   ノード タイプ . . . . . . . . . . . .: ハイブリッド
   IP ルーティング有効 . . . . . . . . .: いいえ
   WINS プロキシ有効 . . . . . . . . . .: いいえ

イーサネット アダプター ローカル エリア接続:

   接続固有の DNS サフィックス . . . . .:
   説明. . . . . . . . . . . . . . . . .: Intel(R) 82567LM Gigabit Network Connection
   物理アドレス. . . . . . . . . . . . .: 00-1B-D3-00-00-00
   DHCP 有効 . . . . . . . . . . . . . .: はい
   自動構成有効. . . . . . . . . . . . .: はい
   IPv4 アドレス . . . . . . . . . . . .: 192.168.210.61
   サブネット マスク . . . . . . . . . .: 255.255.255.0
   リース取得. . . . . . . . . . . . . .: 2016年4月21日 18:32:25
   リースの有効期限. . . . . . . . . . .: 2016年4月21日 22:32:25
   デフォルト ゲートウェイ . . . . . . .: 192.168.210.254
   DHCP サーバー . . . . . . . . . . . .: 192.168.210.254
   DNS サーバー. . . . . . . . . . . . .: 192.168.210.254
```

ARP は IP アドレスから MAC アドレスを取得するプロトコルです。同じ LAN 内のホスト同士の通信では、データリンク層のフレームで通信するため、データリンク層上のホスト住所である MAC アドレスを知ることが必要です。

ARP の動作では、IP アドレスに対応する MAC アドレスを知りたいときに ARP リクエストと呼ばれる要求パケットを LAN 内にブロードキャストします。該当の IP アドレスのホストが LAN 内に存在すると要求側のホストに向けて ARP リプライの応答パケットをユニキャストで返送します。このようなやり取りで要求側のホストが送信先の MAC アドレスを知ることができます（図 4.4.6）。

また、Windows のコマンドプロンプト「arp -a」で ARP テーブルを確認できます（リスト 4.4.2）。

○リスト 4.4.2：ARP テーブルの表示

```
C:¥Users¥user>arp -a

インターフェイス: 192.168.210.61 --- 0xa
  インターネット アドレス   物理アドレス           種類
  192.168.210.254         00-80-bd-11-11-11     動的
  192.168.210.255         ff-ff-ff-ff-ff-ff     静的
  224.0.0.22              01-00-5e-00-00-16     静的
  224.0.0.252             01-00-5e-00-00-fc     静的
  255.255.255.255         ff-ff-ff-ff-ff-ff     静的
```

○図4.4.6：ARPの動作

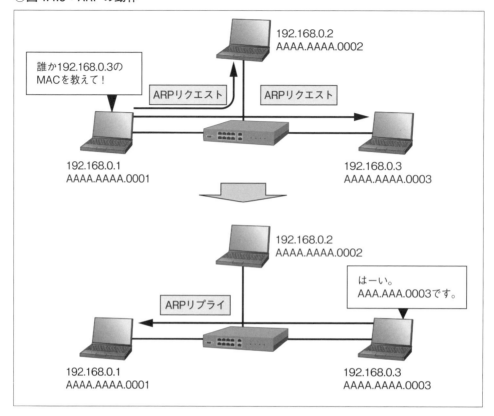

4-4-4 ICMP

ICMPはネットワークの疎通確認やエラー検知に非常に役立つプロトコルです。実は、疎通を確認するpingコマンドや経路履歴を確認するtracerouteコマンドは、ICMPを活用したプログラムです。

ICMPのパケットフォーマットは図4.4.7で、各フィールドは次のとおりです。

- タイプ（8ビット）
  ICMPの機能タイプの番号の情報フィールド
- コード（8ビット）
  タイプ別のコード番号の情報フィールド。ICMPタイプの詳細情報や原因などがわかる。表4.4.2は主なタイプとコードの組み合わせ一覧
- チェックサム（16ビット）
  ICMPパケットのエラー検出のためのフィールド
- データ（可変長ビット）
  ICMPメッセージが入っているフィールド。ICMPタイプによって長さが異なる

4-4 IPとネットワーク層のプロトコル

○図4.4.7：ICMPのパケットフォーマット

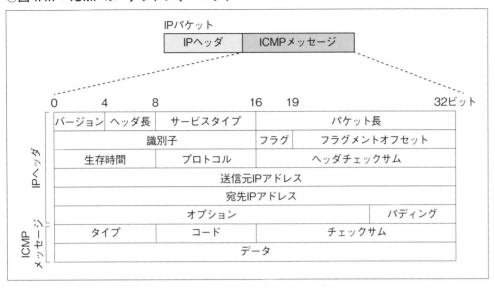

○表4.4.2：主なICMPタイプとコードの組み合わせ

タイプ		コード	ICMPエラーメッセージ
0	Echo Reply	0	Echo Reply
3	Destination Unreachable	0	Destination network unreachable
		1	Destination host unreachable
		2	Destination protocol unreachable
		3	Destination port unreachable
		4	Fragmentation required and DF flag set
		5	Source route failed
		6	Destination network unknown
		7	Destination host unknown
		8	Source host isolated
		9	Network administratively prohibited
		10	Host administratively prohibited
		11	Network unreachable for TOS
		12	Host unreachable for TOS
5	Redirect	0	Redirect Datagram for the Network
		1	Redirect Datagram for the Host
		2	Redirect Datagram for the TOS & network
		3	Redirect Datagram for the TOS & host
8	Echo Request	0	Echo request
11	Time Exceeded	0	TTL expired in transit
		1	Fragment reassembly time exceeded

pingはネットワークの疎通確認でよく使われるコマンドです。pingは、相手にICMPタイプ8のエコー要求パケットを投げて、相手からICMPタイプ0のエコー応答が帰ってくると、相手までのネットワーク層の疎通が大丈夫と判断します（図4.4.8）。

tracerouteは、IPヘッダの生存時間（TTL）フィールドを活用したコマンドです。tracerouteの動作は、まずTTL=1をセットしたICMPエコーパケットを相手に投げて、1ホップ目のルータからICMPタイプ11の時間超過パケットを受け取ります。この時点で相手までの経路の1ホップ目のIPアドレスがわかることになります。次にTTL=2をセットして同じことを行い、相手までの経路の2ホップ目のIPアドレスがわかります。このように相手にICMPエコーが届くまでTTLをインクリメントして同じ行為を繰り返し、最終的に相手までの経路が結果として表示されます（図4.4.9）。

○図4.4.8：pingコマンドの動作

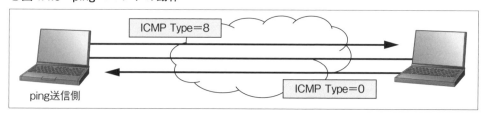

○図4.4.9：tracerouteの動作

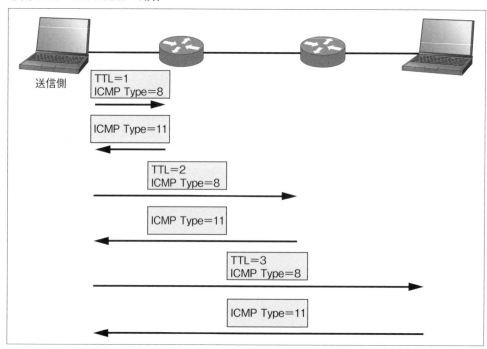

4-5 TCPとUDP

TCPとUDPはともにトランスポート層のプロトコルです。トランスポートという単語から想像できるように、データの交通整理を行うのが役割です。ポート番号もトランスポート層の機能で、データを正しく該当のアプリケーションに届ける交通整理を行っています。ここでは、ポート番号以外にTCPとUDPの果たす役割を詳しく紹介します。

4-5-1 コネクションとコネクションレス

TCPとUDPの説明に入る前に、まずコネクション型プロトコルとコネクションレス型プロトコルの違いについて説明します。

コネクション型プロトコルは、データ本体を宛先に送信する前に決まった手順に従ってネゴシエーションします。データ本体の送信開始後もデータの欠落がないかを監視します。このようにコネクション型プロトコルは、厳密なルールに基づくコネクションの確立と送信データの完全性を提供します。しかし、手順が多い分だけデータ本体以外の制御データが発生することや、データ送信の時間が長くなるデメリットがあります。

コネクションレス型プロトコルは、宛先との事前ネゴシエーションをしないでいきなりデータ本体を送信します。コネクション型プロトコルと比べると手順も大幅に簡単化されていますが、データの欠落を考慮しないので、信頼性の必要な通信には向きません。しかし、動画配信などデータの送信効率やレスポンスを求める通信に向いているプロトコルです。

なお、TCPがコネクション型プロトコルで、UDPがコネクションレス型プロトコルです。

4-5-2 TCPヘッダ

TCPは、コネクション型プロトコルで信頼性のある通信のためのプロトコルです。どのようにして信頼性のある通信が実現できるのでしょうか。まず、TCPヘッダについて見てみます（図4.5.1）。

○図4.5.1：TCPヘッダのフォーマット

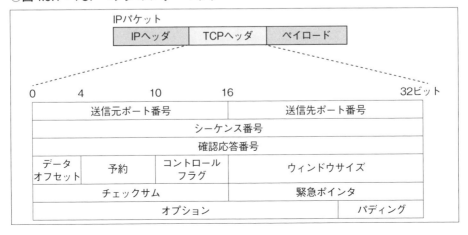

第4章　IPネットワークの概要

TCPヘッダの各フィールドの内容は次のとおりです。

- 送信元ポート番号（16ビット）
  送信元ポート番号の情報が入っているフィールド
- 送信先ポート番号（16ビット）
  送信先ポート番号の情報が入っているフィールド
- シーケンス番号（32ビット）
  送出されたパケットの通し番号の情報が入っているフィールド。シーケンスの初期値は32ビットのランダムな数（シーケンス番号の遷移は後述）
- 応答確認番号（32ビット）
  応答確認番号の情報が入っているフィールド（シーケンスと同様に後述）
- データオフセット（4ビット）
  TCPヘッダ長の情報が入っているフィールドで、数の単位はIPヘッダと同じ4バイト。オプションを含まないTCPヘッダのサイズは20バイトで、TCPヘッダ長の値は「5」になる
- 予約（6ビット）
  現在使用していないフィールド
- コントロールフラグ（6ビット）
  制御情報が入っているフィールドで、左から「CWR」[注20]「ECE」[注21]「URG」「ACK」「PSH」「RST」「SYN」「FIN」と呼ばれている6ビットのフラグ（表4.5.1）
- ウィンドウサイズ（16ビット）
  受信側で一度に受信できるデータ（バイト単位）を送信側に通知するためのフィールド
- チェックサム（16ビット）
  通信中にエラーがなかったかをチェックするためのフィールド
- 緊急ポインタ（16ビット）
  URGフラグが「1」のときに使用するフィールドで、緊急に処理するデータの位置を示す値が入っている
- オプション（可変長ビット）
  TCP通信の付加情報が入っているフィールド
- パディング（可変長ビット）
  オプションが使われたとき、IPヘッダを32ビットの倍数にするために追加されるダミーデータ（中身は「0」）

[注20] Congestion Window Reduced　　　[注21] ECN Echo

○表4.5.1：TCPヘッダのコントロールフラグ

フラグ	説明
CWRとECEフラグ	ルータのECN※という輻輳（ふくそう）状態を通知する機能に使われる。ECN通知を受け取ったホストは転送速度を減少させる。ECNの機能はWindows Vistaからサポートし始めたが、デフォルトでは無効となっている
URG（緊急）	「1」のとき、すぐに処理したデータであることを示す
ACK（応答）	「1」のとき、応答確認番号が有効であることを示す。TCP通信の最初のパケットのACKフラグは「0」だが、それ以降は「1」
PSH（プッシュ）	「1」のとき、データを受信したら速やかにアプリケーション層に引き渡すことを要求する
RST（リセット）	「1」のとき、TCPコネクションを即座に切断することを示す
SYN（同期）	「1」のとき、TCPコネクションを開始することを示す
FIN（終了）	「1」のとき、TCPコネクションを正常に終了することを示す

※ Explicit Congestion Notification

4-5-3　順序制御による高信頼転送

　TCPは、シーケンス番号と応答確認番号の2つのヘッダフィールドで信頼性の高い転送を実現します。

　一度に送信するデータが大きい場合、TCPは元のデータを分割して送ります。その際、セグメントに分割されたデータにシーケンス番号を付与することで、セグメントの欠落をチェックできます。また、セグメントを元のデータに再構築するときの順序もシーケンス番号によって保障されます。

　シーケンス番号の初期値はランダムで決定されます。応答確認番号は、3ウェイハンドシェイク完了前では相手から受け取ったシーケンスに1を足した値になります。3ウェイハンドシェイク完了後では相手から受け取ったシーケンスにデータサイズ（バイト単位）を足した値となります。

　まず、図4.5.2を使って3ウェイハンドシェイクと呼ばれるTCPコネクションの確立を説明します。送信側からシーケンス番号が1000（ランダムで決めた番号）のSYNパケットを相手に送信します。相手がこのSYNパケットを受け取ったら、シーケンス番号2000（これもランダムで決めた番号）に応答確認番号1001（3ウェイハンドシェイク完了前なので、受信パケットのシーケンス番号に1を足した値）のSYN + ACKパケットを送り返します。最後に、送信側からシーケンス番号1001（相手からの応答確認番号と同じ値）に応答確認番号2001（3ウェイハンドシェイク完了前なので、受信パケットのシーケンス番号に1を足した値）のACKパケットを返します。このような3回のやり取りでコネクションが確立します。

　コネクションが確立したあとは実際のデータのやり取りが始まります。このときのシーケンス番号と応答確認番号の遷移の様子を図4.5.3を使って説明します。最初に送信側から送信する100バイトのデータのシーケンス番号と応答確認番号は3ウェイハンドシェイクのACKと同じです。受信側が100バイトのデータを受け取ると、送信側にACKを返します。

○図4.5.2：3ウェイハンドシェイクの流れ

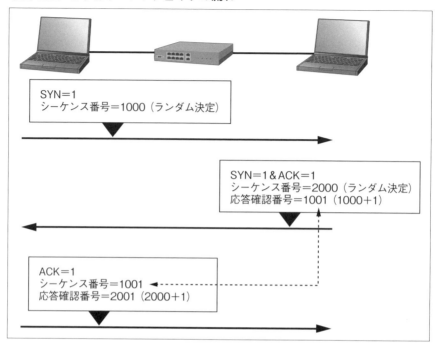

このACKのシーケンス番号は送信側から届いた応答確認番号（2001）と同じです。また、ACKの応答確認番号は送信側から届いたシーケンス番号にデータサイズを足した値（1001 + 100 = 1101）になります。次に、このACKを受け取った送信側では次の100バイトのデータを送ります。このとき送信側から送ったパケットのシーケンス番号は受信側からのACKの応答確認番号（1101）と同じです。また、送信側から送ったパケットの応答確認番号は受信側からのACKのシーケンス番号にデータサイズを足した値です。受信側からデータを受け取っていないので、応答確認番号は2001（2001 + 0）です。以降、同じ手順でシーケンス番号と応答確認番号が増えていきます。

このような順序制御により、送るべきデータがすべて受信側に届いていることを確認することで、通信の高い信頼性を担保しています。もし、途中でデータの欠落が起きたらACKは送信側に帰ってこなくなるので、受信側がちゃんと該当データを受信していないとみなし、同じデータを再度送信します。このデータの再送は「再送制御」と呼ばれています。

また、データの一部だけ欠落した場合、受信側からの応答確認番号は期待していたものよりも少ないので、このときも送信側から再度同じデータを送信します。

○図4.5.3：コネクション確立後のデータ転送

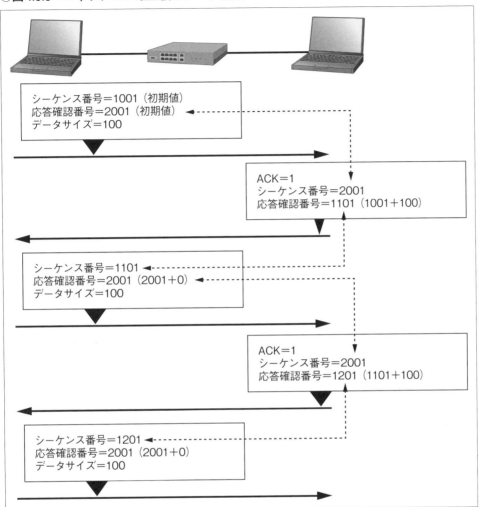

4-5-4 ウィンドウ制御による通信効率の向上

　TCPによって高信頼転送は実現できますが、データを送信するには受信側からのACKを待つので、その分だけ通信の速度が低下します。そこで、ACKを待たずに一度に送るデータを増やせば通信の効率が上がります。この一度に送るデータサイズの最大をウィンドウサイズと呼びます。

　図4.5.4はウィンドウを使用した通信の例です。受信側のウィンドウサイズが最初300なので、100バイトに分割されたセグメントを同時に3つ送ることができます。従来の1個ずつ送る場合と比べると、効率が3倍良くなる計算です。

○図4.5.4：ウィンドウを使用した通信

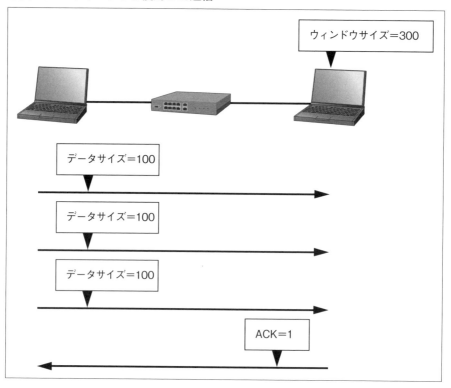

4-5-5　フロー制御による通信効率の向上

　ウィンドウサイズは受信側の処理状況で変化し、そのときのウィンドウサイズをACKで送信側に通知します。受信側の処理が上限になると、ウィンドウサイズ「0」をセットしたACKを送信側へ送り返します。

　図4.5.5はフロー制御による通信の例です。受信側のウィンドウサイズが最初300なので、100バイトに分割されたセグメントを同時に3つ送ります。受信側でデータを受信後、受信側の処理力が少し落ちたのでウィンドウサイズを300から100に減らして、これをACKで送信側に通知します。次に、ACKを受けた送信側は100バイトのデータを1個のみ送ります。

　フロー制御を行わないと、送信側は受信側の処理状況を考慮せずに順次データを送ります。処理し切れなかったデータは破棄されるので、再送処理が発生します。

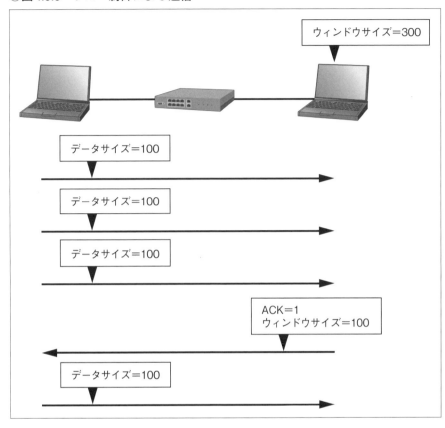

○図4.5.5：フロー制御による通信

4-5-6 輻輳制御による混雑の回避

　ウィンドウを使った効率的な通信を紹介しましたが、最初からウィンドウサイズ分のデータを送ってしまうと、ネットワークの混雑状況によってパケットロスが発生する可能性があります。なぜなら、ネットワークは多数のユーザが同時に利用するので、いつもウィンドウサイズで送信できる保障はどこにもありません。
　輻輳制御ではスロースタートアルゴリズムを使ってネットワークの混雑を回避します。スロースタートアルゴリズムは、最初にセグメントを1個だけを送り、受信側からACKを受信すると前回の2倍のセグメントを送ります。つまりACKを受信するたびに送信するセグメントの数が2倍ずつ増えていきます。そして輻輳が発生すると送信するセグメントの数を1に戻します（**図4.5.6**）。

○図4.5.6：スロースタートアルゴリズムによる輻輳制御

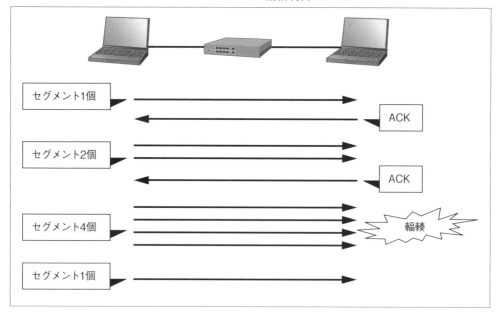

4-5-7　UDP

UDPはコネクションレス型プロトコルで通信の効率性を実現するためのプロトコルです。図4.5.7はUDPヘッダのフォーマットで、TCPヘッダのフォーマットと比較すると大幅に簡略化されていることがわかります。

○図4.5.7：UDPヘッダのフォーマット

UDPヘッダの各フィールドの内容は次のとおりです。

- 送信元ポート番号（16ビット）
  送信元ポート番号の情報が入っているフィールド
- 送信先ポート番号（16ビット）
  送信先ポート番号の情報が入っているフィールド
- パケット長（16ビット）
  UDPヘッダとペイロードの合計バイト数が入っているフィールド

- チェックサム（16ビット）
 UDPヘッダとペイロードでエラーがないかをチェックするためのフィールド

 UDPにはTCPのようなウィンドウ制御やフロー制御などの複雑な制御機能はありません。したがって、TCPほど信頼性を担保していませんが、その代わり伝送効率やリアルタイム性に優れいます。
 UDPのもう1つ優れているところは、同時に複数の宛先に同じデータを送信できることです。TCPでは1対1でコネクションを確立してから通信するのに対して、UDPはコネクションレスなので、多数の相手に同時にデータ送信が可能となります。したがって、ブロードキャストやマルチキャストではUDPを使用しています。

4-6 アプリケーション層のプロトコル

 これまでIP、TCP、UDPなどネットワーク層やトランスポート層のプロトコルを紹介しました。これらのプロトコルは、普段私たちの目の見えないところで活躍するプロトコルです。一方、Webサイトの閲覧やメールの送受信などのアプリケーションはユーザにとってもっと身近な存在と言えます。

4-6-1 HTTP

 HTTPは、インターネットユーザにとってもっとも身近なプロトコルです。HTML[注22]で書かれた文書や、画像、動画、音声などの情報をユーザとサーバ間でやり取りします。HTTPの動作は、ユーザからのリクエストに対してサーバがレスポンスを返すだけです。
 HTTPリクエストのメッセージは、「リクエスト行」「メッセージヘッダ」「メッセージボディ」の3部分から成り立っています。リクエスト行には、サーバに処理してほしい情報が書かれています。「GET /top.html HTTP/1.1」のようなメソッド、URI、HTTPバージョンがリクエスト行に含まれています。メソッドとはサーバに投げるコマンドで、次のような種類があります。

- CONNECT ：トンネルの確立を要求
- DELETE 　：データの消去を要求
- GE 　　　：データの送信を要求
- HEAD 　　：メッセージヘッダだけを要求（ボディは不要）
- POST 　　：サーバにデータを送信
- PUT 　　 ：サーバにファイルをアップロード

注22 HyperText Markup Language

URI はメソッドの対象ページで、HTTP バージョンはユーザ使用しているブラウザの対応している HTML バージョンです。メッセージヘッダは、サーバに対してユーザのブラウザが対応している言語、エンコード方式、データ圧縮方法などの情報を通知します。メッセージボディにはサーバ送信するデータが入っています。

HTTP レスポンスは、「ステータス行」「メッセージヘッダ」「メッセージボディ」の3部分から成り立っています。ステータスは、ユーザからのリクエストに対するサーバが処理した結果で、次のようなステータスコードです。

- 100：後続データを要求
- 101：プロトコルの変更を要求
- 200：リクエストの処理が無事に終了
- 201：ファイルの作成が無事に終了
- 301：データが別場所に移動し、再度リクエストを要求
- 401：認証が必要
- 403：アクセスを禁止
- 404：該当データがない
- 500：サーバ内部エラー
- 503：サーバが一時的に使用不可

メッセージヘッダはサーバの情報で、メッセージボディはサーバからユーザへ返す HTML データが入っています。

4-6-2 SMTP

SMTP は、ユーザがメールソフトからメールを送信したり、メールサーバがメールを転送するときに使われます。SMTP のポート番号は「25」と「587」の2つが使われています。一般的にサーバ間は25番で、ユーザとサーバ間は587番を使っています。587番ポートは、迷惑メール対策のためのサブミッションポートと呼ばれています。

SMTP の動作は、接続の確立、返信先と宛先の通知、メッセージの転送、接続の終了の4フェーズから成り立っています（図4.6.1）。

最初の接続の確立フェーズでは、TCP コネクションが無事に終われば、サーバからクライアントにサービス準備完了（SMTP リプライコード220）メッセージを返します。これに対しクライアントは、HELO または EHLO コマンドをサーバに送り SMTP 通信の開始を宣言します。サーバが無事にコマンドを受け付けたらコマンドの正常完了（SMTP リプライコード250）メッセージをクライアントに返します。

2番目の返信先と宛先通知フェーズでは、クライアントが MAIL コマンドを使ってメール送信の開始を宣言します。このときエラーメールの返信先も同時にサーバに通知します。続いて RCPT コマンドでメールの宛先をサーバに通知します。

○図4.6.1：SMTPの動作

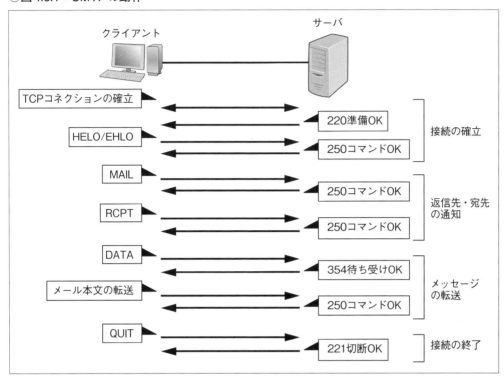

3番目のメッセージの転送フェーズでは、クライアントがDATAコマンドを使ってメール本文を送信します。DATAコマンドを受け付けたサーバは、メール本文の待ち受けを開始するSMTPリプライコード354を返します。

最後の接続の終了フェーズでは、クライアントがQUITコマンドを使って接続の終了を宣言し、TCPコネクションを切断します。

4-6-3 POP

POPは、ユーザがメールソフトを使ってメールサーバからメールを受信するためのプロトコルです。メール受信の際に使うポート番号は「110」です。また、メール受信のためのパスワードは平文のままなので、Wiresharkなどのパケットキャプチャツールで盗み見が可能です。

POPの動作は、接続の確立、認証、トランザクション、アップデートの4つのフェーズから成り立っています（図4.6.2）。

最初の接続の確立フェーズは、SMTPと同じでクライアントとサーバ間でTCPコネクションを確立します。無事にTCPコネクションが確立したら、サーバからクライアントに「+OK」メッセージを返して、次の認証フェーズに移ります。

○図4.6.2：POPの動作

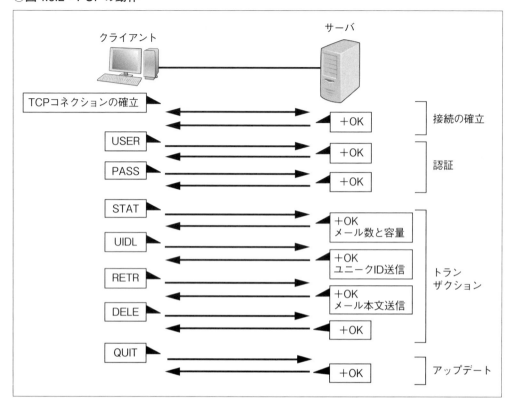

　2番目の認証フェーズでは、クライアントがUSERコマンドとPASSコマンドを使ってサーバにユーザ名とパスワードを送信します。認証が成功するとトランザクションフェーズに移ります。
　3番目のトランザクションフェーズでは、サーバからメールの一覧の取得、メール本文の受信、メールの削除などを行います。
　図4.6.2の例では、まずクライアントがSTATコマンドを使ってサーバのメールボックスにあるメールの数と合計容量を取得します。次のUIDLコマンドはメール一覧を取得します。UIDはメールボックスにあるメールのユニークIDのことで、UIDをチェックすることで新着メールのみを受信します。RETRコマンドは、指定のメール本文をサーバから取得します。最後のDELEコマンドは、メールに削除マークを付与します。実際に削除するわけではなく、STATコマンドなどの表示コマンドの対象から外れます。
　最後のアップデートフェーズでは、クライアントがQUITコマンドを使ってサーバとのPOP通信を終了します。また、このとき削除マークのメールはサーバから削除されます。

4-6-4 SNMP

SNMP[注23]は、ネットワーク上のネットワーク機器やホストを監視するためのプロトコルです。管理する側は「SNMPマネージャ」で、管理される側は「SNMPエージェント」と呼ばれています。SNMPマネージャがSNMPエージェントから情報を収集する方法には次の2種類あります。

- ポーリング
  SNMPマネージャが定期的にSNMPエージェントにリクエストを送信して、SNMPエージェントからのレスポンスを受け取る。ポーリング使用するポートはUDPの161番
- トラップ
  機器のステータスに変化があったときに、SNMPエージェントがSNMPマネージャに通知する。トラップで使用するポートはUDPの162番

ポーリングで、SNMPマネージャがSNMPエージェントから取得するのはMIB[注24]情報です。MIBは、エージェントが保持しているデータベースで、CPUの値やインターフェイスのステータスなどの情報が格納されています。また、これらの情報はOID[注25]と呼ばれるもので識別します。実際、ポーリングのとき、SNMPマネージャはOIDを指定してSNMPエージェントにリクエストを送信します。

4-6-5 FTP

FTPは、ホスト間でファイルを転送するプロトコルです。FTPでは、制御用とデータ転送用の2つのTCPコネクションを使います。それぞれのポート番号は、制御用のTCP「21番」とデータ転送用のTCP「20番」です。制御とデータ転送でTCPコネクションを別々にする理由は、大量のデータ転送でもTCPコマンドが確実に送信できるためです。

また、FTPには2つのモードがあります。1つ目は「アクティブモード」で、もう1つは「パッシブモード」です。サーバからクライアントに対してデータコネクションを接続するのがアクティブモードで、逆にクライアントからサーバに対してデータコネクションを接続するのがパッシブモードです。どちらだったか混乱しそうになりますが、サーバからの視点と覚えればよいでしょう。サーバから接続するのがアクティブで、接続を待っているのがパッシブです。

また、各モードでのクライアントとサーバのポート番号を表4.6.1にまとめました。

注23 Simple Network Management Protocol
注24 Management Information Base
注25 Object ID

○表4.6.1：FTPの使用ポート番号

FTPモード	TCPコネクション	クライアントのポート番号	サーバのポート番号
アクティブモード	制御コネクション	任意	21
	データ転送コネクション	任意[※1]	20
パッシブモード	制御コネクション	任意	21
	データ転送コネクション	任意	任意[※2]

※1：クライアントからサーバに事前通知したポート番号
※2：サーバからクライアントに事前通知したポート番号

4-6-6　TelnetとSSH

　TelnetとSSHは、ともにネットワーク機器やホストを遠隔操作するためのプロトコルです。両者の違いは、ポート番号だけでなく通信データを暗号化するかどうかにあります。TelnetはTCP「23番」ポートを使い、通信データを暗号化しません。SSHはTCPの「22番」ポートを使い、通信データを暗号化します。セキュリティの観点で、TelnetよりSSHを使うのが望ましいです。

4-6-7　DHCP

　DHCP[注26]は、同一のネットワーク上の端末にIPアドレスを自動的に割り当てるプロトコルです。手動によるIPアドレスの入力の煩わしさを避けるだけでなく、IPアドレスの入力間違いや重複入力もありません。

　IPアドレスの管理と割り当てをするのが「DHCPサーバ」で、ルータによってはDHCPサーバ機能を備えているものもあります。そしてIPアドレスを取得する側を「DHCPクライアント」と呼びます。

　図4.6.3はDHCPのシーケンスです。DHCPクライアントがIPアドレスを自動取得したいとき、まずDHCP Discoveryというメッセージをブロードキャストします。DHCP Discoveryメッセージを受け取ったDHCPサーバは、使用可能なIP候補をDHCP OfferメッセージでDHCPクライアントに返します。DHCPサーバから提示したIPアドレスに問題がなければ、DHCPクライアントはDHCP Requestメッセージを返し、さらにDHCPサーバからAckを受け取ると正式にDHCPクライアントにIPアドレスが設定されます。

4-6-8　DNS

　DNSは、サーバのドメイン名をIPアドレスに変換するプロトコルです。通常、ユーザはURLを使ってWebサイトを閲覧します。URLは人間にとって憶えやすい表記ですが、ネットワーク機器には理解できません。そこで、URLのドメイン部分のIPアドレスをネットワーク機器に教える必要があります。

注26 Dynamic Host Configuration Protocol

○図4.6.3：DHCPのシーケンス

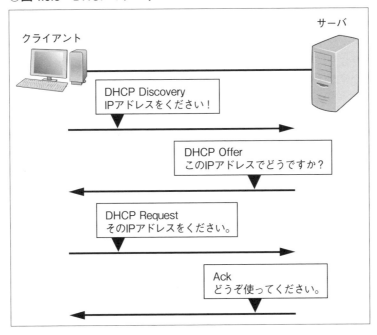

　1つのDNSサーバですべてのドメイン名とIPアドレスの対応情報を保持することは現実的ではありません。そこでDNSサーバは自分が保持していない情報を上位のDNSサーバに問い合わせするようにしています。ドメイン名とIPアドレスの対応情報を保持しているサーバを「DNSサーバ」と呼び、問い合わせする側を「DNSクライアント（リゾルバ）」と呼びます。また、問い合わせするときに使用するポートはUDPの「53番」ポートです。

4-7　ルーティングの概要

　ルーティングプロトコルの理解をする前に、まずルータの役割とルータによるIPパケットの転送方法をしっかり理解しましょう。また、ルーティングテーブルをきちんと読み取ることは、ルーティングを理解できるだけでなく、ネットワークの管理とトラブルシュートに欠かせないスキルです。そのほかに、スタティックルートとダイナミックルートの違い、ルート集約、ルート再配布も学んでいきます。

4-7-1　ルータの役割

　ルータの役割に「ブロードキャストドメインの分割」というものがあります。ブロードキャストドメインとは、L2フレームの一斉送信が届く範囲のことです。ブロードキャストドメインを分割することで、不要な通信を減らしたり、スイッチの処理を軽減することができます。代表的なブロードキャストは、ARPによるMACアドレスの問い合わせです。MACア

第4章 IPネットワークの概要

ドレスを問い合わせるたびに、同じブロードキャストドメイン配下にあるすべてのホストに対して通信が発生します。

ルータによってブロードキャストドメインが分割されるので、異なるブロードキャストドメイン間のMACアドレスの解決ができなくなります。そこで、ルータのもっとも重要な役割のルーティング機能が必要となります。ルータはL3機器で、ブロードキャストドメイン間の通信をIPパケットで運び、宛先をIPアドレスで識別しています。また、そのほかのルータの役割として、アドレス変換（NAT）やパケットフィルタリングなどがあります。

4-7-2　ルーティングテーブル

ルータは、ルーティングテーブルの情報を参照してルーティングします。ルーティングテーブルには、パケットの宛先と次の転送先（ネクストホップ）のマッピング情報が載っています。

通信したい相手にパケットが届かないようなときは、ルーティングテーブル上に相手側の経路がないことが原因になっていることが多いです。したがって、ネットワークのトラブルシューティングの基本は、ルーティングテーブルの記載内容をきちんと理解することです。

ルーティングテーブルを確認するコマンドは「show ip route」で、**リスト4.7.1**はコマンドの出力例です。この出力例を使ってルーティングテーブルの見方を説明します。

○リスト4.7.1：ルーティングテーブルの表示例

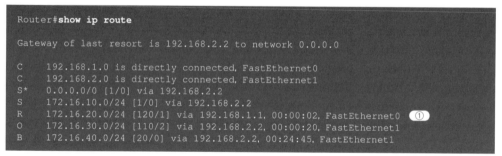

①の行が意味するのは、「172.16.20.0/24」の経路情報をRIPで学習して、この経路に行くにはFE0のインターフェイスから出てネクストホップアドレス「192.168.1.1」に向いなさいということです。さらに、この経路のAD[注27]値は「120」、メトリック値は「1」で、RIPでこの経路を学習してから2秒が経過していることがわかります。先頭文字が「R」のときは、経路がRIPで学習したことを意味しています。この他、「C」（直接接続IF）、「S」（スタティック経路）、「O」（OSPF学習経路）、「B」（BGP学習経路）などがあります。AD値とメトリックは経路選択に使われるパラメータで後述します。

注27 Administrative Distance

4-7-3 ロングストマッチのルール

ルーティングには「ロングストマッチ」という基本的なルールがあります。ルータが受け取ったパケットの宛先アドレスが、ルーティングテーブル上の複数の宛先ネットワークに該当するとき、このルールに従ってパケットの転送先を決めます。決める方法は、どの宛先ネットワークのプレフィックス長が受信パケットの宛先アドレスとより長く一致しているかです。

図4.7.1を用いてロングストマッチを説明します。ルータが受信したパケットの宛先アドレスが192.168.1.10で、このアドレスはルーティングテーブルにある3つの宛先ネットワーク（192.168.1.0/24と192.168.1.0/26と192.168.1.0/28）に該当します。そこで、ロングストマッチを実施したところ、受信パケットの宛先アドレスと192.168.1.0/28のプレフィックスと一番長くマッチしていることが判明しました。したがって、宛先が192.168.1.10のパケットは、F0/2インターフェイスから送出されます。

〇図4.7.1：ロングストマッチ

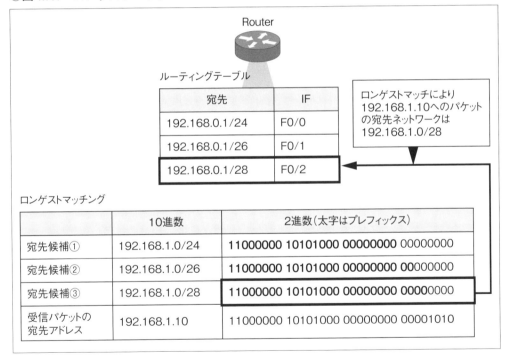

4-7-4 ルーティングテーブルの生成方法

ルーティングテーブルに経路（ルート）情報が追加される経緯は次のようなものがあります。

- 自ルータのインターフェイスのネットワークは自動的に追加される
- 手動による追加（スタティックルート）
- ルーティングプロトコルによる自動追加（ダイナミックルート）

　インターフェイスの設定しかない状態のルータは、自分のインターフェイスのネットワークしか知りません。ネットワーク上の各ルータが、自分が隣接するネットワークのみをルーティングテーブルに登録した状態では、ネットワークのエンドツーエンドの疎通はまだできません。なぜなら、各ルータは、1ホップより先のルートを知る手段を持っていないからです。

　そこで、自分の知らないルートをルーティングテーブルに追加するには、スタティックルーティングとダイナミックルーティングの2つの方法を用います。

　スタティックルーティングは、手動によるルートの追加方法です。手動によるルートの追加は、設定が簡単なだけでなく、ルーティングプロトコルの複雑な動作を理解する必要もありません。また、ダイナミックルーティングのようにルータに最適ルートの計算をさせることもないので、ルータの負荷も軽いです。スタティックルーティングは、一般的に小規模なネットワークの構築に向いています。なぜなら、ネットワークの規模が大きくなると、すべてのルータに手動で設定するのはとても手間のかかることです。ささいなネットワーク設定の変更の場合でも、パケットが通る経路上のすべてのルータに対して手を加える必要もあります。さらに、ダイナミックルーティングのようにネットワーク障害時における自動的なルート切り替えもできません。

　ある程度の規模のネットワークになると、スタティックルーティンよりもダイナミックルーティングを用いてネットワークを構築する方法が現実的です。ダイナミックルーティングでは、各ルータ間でルーティングプロトコルを使ってルートを交換し合い、さらに最適なルート計算を行います。

　表4.7.1にスタティックルーティングとダイナミックルーティングの比較をにまとめます。どちらが一方的に優れているというわけではないので、構築するネットワークの環境に応じて選択するとよいでしょう。

○表4.7.1：スタティックルーティングとダイナミックルーティングの比較

	スタティックルーティング	ダイナミックルーティング
設定	簡単	やや複雑、ルーティングプロトコルごとにコマンド記述が違う
必要知識	少ない	ルーティングプロトコルの理解が不可欠
ネットワークの規模	小規模	中規模以上
帯域への影響	なし	あり（アップデートパケットなどが発生する）
ルータ負荷	ほぼなし	あり（最適ルートの計算などが発生する）
運用・保守	規模が大きくなると急激に難しくなる	比較的簡単
障害時のルート切り替え	対応が難しい	自動切り替え

4-7-5　ルート集約

　ネットワークの規模が大きくなると、ルーティングテーブルも肥大化しやすいです。ルーティングテーブルに登録されるルート情報が多くなったときに、次のような弊害が生じる可能性があります。

- 運用管理の困難
  ルーティングテーブルの登録ルート情報（エントリ数）が多くなると、show ip route コマンドの出力が長くなり、運用が煩わしくなる
- トラフィック量の増加
  ルーティングプロトコルを使用したダイナミックルーティングでは、ルート情報交換などのトラフィックが増えると、帯域の圧迫につながる
- ルータ負荷の増大
  ルータがパケットを転送するたびに、ルーティングテーブルのエントリを検索してネクストホップを決めている。エントリ数が多ければ検索処理も増えるので、ルータの負荷も増える
- 障害範囲の拡大
  ネットワーク障害が発生すると、ルーティングプロトコルによってすぐに他のルータに通知する。通知を受けたルータは、ルーティングテーブルの書き換えなどの処理を行うが、ネットワーク障害が頻繁に発生する事態の場合、他のルータもつられて異常な挙動を示す可能性がある

ルート集約後

　集約後のルートは、集約対象のルート同士で共通しているビット列の位置までサブネットマスクを左に移動して作ります。次の5つのルートを使って、集約ルートの作り方を説明します。

- 192.168.1.0/24
- 192.168.2.0/24
- 192.168.5.0/24
- 192.168.7.0/24
- 192.168.12.0/24

　これら5つのルートを2進数に変換して、共通するビット列を見つけ出します。共通するビット列の位置（20ビット）までサブネットマスクを移動して、得られるのが集約ルート（192.168.0.0/20）です（表4.7.2）。

○表4.7.2：集約ルートの作成例（太字は共通するビット列）

	ルート（10進数）	ルート（2進数）
集約対象ルート	192.168.1.0/24	**11000000 10101000 0000**0001 00000000
	192.168.2.0/24	**11000000 10101000 0000**0010 00000000
	192.168.5.0/24	**11000000 10101000 0000**0101 00000000
	192.168.7.0/24	**11000000 10101000 0000**0111 00000000
	192.168.12.0/24	**11000000 10101000 0000**1100 00000000
集約ルート	192.168.0.0/20	**11000000 10101000 0000**0000 00000000

　ルートを集約したおかげで、ルーティングテーブルの肥大化問題を避けることができ、さきほどの懸念も払拭できました。今までの問題点は、ルート集約によって次のように改善されます。

- 運用管理の簡単化
ルーティングテーブル上のエントリ数が減り、show ip route コマンドによる運用管理もしやすくなり、確認漏れなどの人為ミスも未然に防止できる
- トラフィック量の減少
ルート集約を実施後、集約されたルートのみを交換するようになるので、トラフィック量は以前よりも減る
- ルータ負荷の減少
ルート集約により、ルーティングテーブルのエントリ数が減るので、ルータの負荷の原因だったエントリ検索処理も減る
- 障害範囲の拡大防止
ルートを集約するということは、送信側にとってはルート情報の隠蔽を意味し、受信側にとってはルートの詳細情報の省略になる。よって、送信側で起こるネットワーク障害やルート変更による影響が、いちいち外に染み出さなくなる

4-7-6　ルート再配布

　ネットワークは必ずしも単一のルーティングプロトコルで成り立っているわけではありません。場合によって、異なるルーティングプロトコルで学習したルートを伝播し合う必要があります。このようなルートの伝播を「ルート再配布」と言います。次のような場合にルート再配布を行う必要があります。

- 企業の併合などによるネットワークの統合
- 一部のルータは、ベンダ独自のルーティングプロトコルを使用
- 新旧のルータが入れ乱れて、ルータによって使用できるルーティングプロトコルが異なる
- 新しいルーティングプロトコルへの移行

○図4.7.2：ルート再配布の例

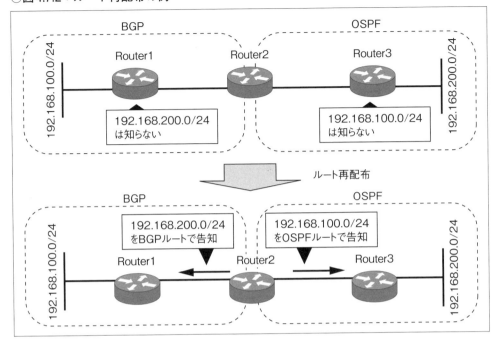

　図4.7.2は、OSPFとBGPの再配布の例です。再配布を設定する前では、Router1とRouter2はBGPでルートを交換していて、Router2とRouter3はOSPFでルートを交換しているのみです。この段階では、Route1は192.168.200.0/24を知らなくて、Router3は192.168.100.0/24を知りません。Router2でルート再配布を設定すると、Router2はRouter1に対して192.168.200.0/24をBGPルートとして告知して、同様にRouter3に対して192.168.100.0/24をOSPFルートとして告知します。

　ルート再配布は、あくまで仕方なくやることなので、できればルート再配布のないネットワーク設計が望ましいです。しかし、先ほど列挙した諸事情により、どうしてもルート再配布をしないといけない場合もあります。その際、一番注意しなければいけないのがルーティングループの発生です。ルーティングループを防止するには、ルーティングプロトコルのAD値の調整やルートフィルタの設定を行う必要があります。

4-8　ルーティングプロトコル

　ルーティングプロトコルの意義とその種類について説明します。

4-8-1　ルーティングプロトコルとは

　ルーティングプロトコルは、ルータ同士で互いに保持しているルート情報を交換するための通信プロトコルです。ダイナミックルーティングと呼ばれるルート登録の手法は、ルーティ

ングプロトコルを使います。すでに、スタティックルーティングとダイナミックルーティングの両者を比較し、これらの長所と短所について説明しました。ここで、もう一度ルーティングプロトコルによるダイナミックルーティングの主なメリットを確認します。

運用が簡単

　ダイナミックルーティングによるネットワーク構築が一度完成すれば、ネットワークの変更に応じて各ルータのルーティングテーブルも自動的に変更され、スタティックルーティングでの運用よりもしやすいです。規模が大きくなればなるほど、その恩恵をより大きく感じるようになるはずです。

ネットワーク障害時のルートの自動切り替え

　ネットワークの障害を自動的に検知して、代替パスへの切り替えも自動的に行われます（図4.8.1）。

○図4.8.1：ネットワーク障害時のルート自動切り替え

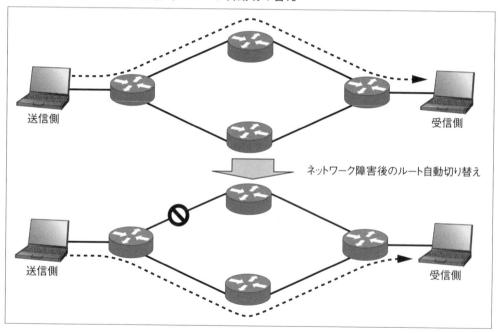

4-8-2　ルーティングプロトコルの種類

　一口にルーティングプロトコルと言ってもその種類はさまざまです。表4.8.1は、主なルーティングプロトコルの一覧です。IGRPとEIGRPはCisco独自のルーティングプロトコルです。また、IS-ISはもともとOSIプロトコルスイートのために開発されたもので、今はあまり普及していません。

ルーティングプロトコルは、次のような性質で分類できます。

- 使用する場所（ASの内外）
- ルート計算用のアルゴリズム
- 伝播ルートのアドレッシング

○表4.8.1：ルーティングプロトコルの種類

ルーティングプロトコル	使用場所	アルゴリズム	アドレッシング
RIPv1	IGP	ディスタンスベクタ	クラスフル
RIPv2	IGP	ディスタンスベクタ	クラスレス
IGRP[※1]	IGP	ディスタンスベクタ	クラスフル
EIGRP[※2]	IGP	ハイブリッド	クラスレス
OSPF	IGP	リンクステート	クラスレス
IS-IS[※3]	IGP	リンクステート	クラスレス
BGP	EGP	パスベクタ	クラスレス

※1：Interior Gateway Routing Protocol
※2：Enhanced Interior Gateway Routing Protocol
※3：Intermediate System to Intermediate System

4-8-3　IGPとEGP

　ルーティングプロトコルの使われる場所がAS[注28]（自律システム）の内か外かでルーティングプロトコルを分類する方法があります。ASの内部のルーティングプロトコルはIGPで、外部ならEGPとして分類できます。表4.8.1のルーティングプロトコルでEGPはBGPのみで、その他はすべてIGPです。

　ASとは、同じ管理ポリシーのもとにあるネットワークの集合です。プロバイダ、企業、団体の単位でAS番号が割り当てられています。AS番号は2バイト長のデータなので、取りうる値は1～65535までで、AS内部で使えるプライベートASの番号は64512～65535までです。

注28 Autonomous System

○図 4.8.2：IGP と EGP

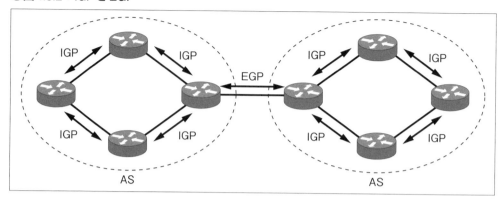

4-8-4　ルーティングアルゴリズム

ルーティングアルゴリズムで分類する方法もあります。次のような3種類のアルゴリズムに分類できます。

- ディスタンスベクタ
- リンクステート
- ハイブリッド

ディスタンスベクタ型ルーティングアルゴリズム

ディスタンスベクタ型のルーティングプロトコルはRIPとIGRPです。ディスタンスベクタのルーティングアルゴリズムは、距離（ディスタンス）と方向（ベクタ）を基準にして、最適なルートを算出します。距離は、ルータから見てある経路までのルータホップ数のことです。そして、方向はその経路に行くためのネクストホップのことです。

ディスタンスベクタ型ルーティングアルゴリズムにおいて、隣り合うルータ同士でルーティングテーブル情報を交換し合い、自分が知らないルート情報を自分のルーティングテーブルに追加します。さらに、隣接するルータにルーティングテーブルの情報を伝播し、すべてのルータに行き渡るまで続きます（図4.8.3）。

ディスタンスベクタ型ルーティングアルゴリズムのルート情報の伝播方式は、伝言ゲームに似ており、右隣から仕入れた情報を左隣に流します。ルート情報を1個1個のルータで伝播しているので、すべてのルータにルート情報が行き渡るまでの時間（収束時間）が長いのが欠点です。それゆえ、ディスタンスベクタ型のルーティングプロトコルのRIPでは、最大ホップ数が15という制限があります。

○図4.8.3：ディスタンスベクタ型アルゴリズム

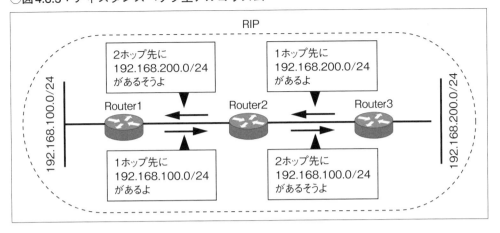

リンクステート型ルーティングアルゴリズム

リンクステートとは、ルータのインターフェイス情報のことです。リンクステート型ルーティングアルゴリズムは、ルータのインターフェイス情報を基準にして、最適なルートを算出します。

リンクステート情報は、一般的に「LSA[注29]」と呼ばれています。ルータは、ネイバー関係にあるルータからLSAを受け取ると、ネットワークのトポロジデータベースを作成します。このデータベースを見れば、ネットワークの構成がどうなっているかがわかります。さらに、このデータベースは、一般的に「LSDB[注30]」と呼ばれています。LSDBの情報をもとに、SPF[注31]というアルゴリズムを使ってSPFツリーを構成します。SPFツリーは、ルータ自身を起点とした各ルータへの最短パスです。最後に、SPFツリーで算出した最短パスをルーティングテーブルに登録します。

リンクステート型ルーティングプロトコルがルータ内部に保持する情報は次のとおりです。

- ネイバーテーブル
  自ルータとネイバー関係にあるルータの情報
- リンクステートデータベース（LSDB）
  すべてのルータから収集したLSAをもとに作ったネットワークトポロジ情報
- SPFツリー
  LSDBをもとに作った自ルータを中心とした最短パスのツリー図
- ルーティングテーブル
  宛先への最適ルートの情報

注29 Link State Advertisement
注30 Link State DataBase
注31 Shortest Path First

ハイブリッド型ルーティングアルゴリズム

　ハイブリッド型は拡張ディスタンスベクタ型とも呼ばれ、ディスタンスベクタ型とリンクステート型の両方の長所を取り入れたルーティングアルゴリズムです。
　ハイブリッド型ルーティングアルゴリズムでは、最適ルートのほかに、2番目の最適なルートを常に用意しているので、ネットワークの障害が発生するとすぐにルートの切り替えができます。また、複数の経路を使うロードバランシングができるのも特徴です。今ではEIGRPのみがハイブリッド型のルーティングプロトコルです。

　3種類のルーティングアルゴリズムの特徴は、**表4.8.2**のようになります。

○図4.8.4：リンクステート型ルーティングアルゴリズムによるルーティングテーブルの生成

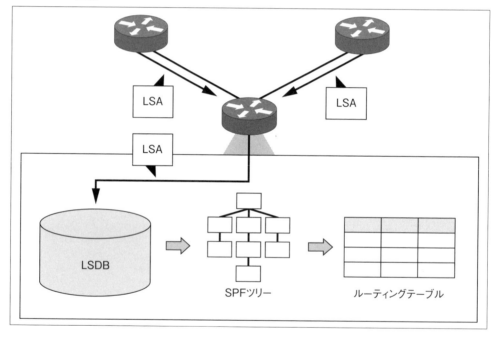

○表4.8.2：ルーティングアルゴリズムの特徴

	ディスタンスベクタ型	リンクステート型	ハイブリッド型
最適ルート算出のための元情報	ホップ数とネクストホップ	インターフェイスの情報	主に帯域幅と遅延の情報
最適ルート算出手法	ベルマンフォード	SPF（ダイクストラ）	DUAL[※1]
アップデートタイミング	定期	随時（差分発生時）	随時（差分発生時）
アップデート方法	ブロードキャスト（RIPv1）、マルチキャスト（RIPv2）	マルチキャスト	マルチキャスト
収束時間	長い	短い	短い
ルータ負荷	小	大	小〜中
ルーティングプロトコル例	RIPv1、RIPv2、IGRP	OSPF、IS-IS	EIGRP

※1：Diffusing Update Algorithm

4-8-5 クラスフルルーティングプロトコルとクラスレスルーティングプロトコル

　ルート情報のアップデートにサブネットマスクの情報が含まれているかどうかで、ルーティングプロトコルを「クラスフルルーティングプロトコル」と「クラスレスルーティングプロトコル」に分類できます。クラスフルルーティングプロトコルでは、アップデートにサブネットマスクの情報は含まれません。一方、クラスレスルーティングプロトコルでは、アップデートにサブネットマスクの情報が含まれます。RIPv1やIGRPのような古いルーティングプロトコルはクラスフルで、新しいルーティングプロトコルはクラスレスとなっています。

クラスフルルーティングプロトコル

　クラスフルルーティングプロトコルにおける、ルートのルーティングテーブル登録には、受信したルート情報と受信インターフェイスのIPアドレスのメジャーネットワークの関係で異なる動作になります。ここで言うメジャーネットワークとは、クラスの概念（クラスA、B、C）に基づくネットワークアドレスのことです。また、各クラスのサブネットマスクを「ナチュラルマスク」と呼びます（表4.8.3）。

○表4.8.3：メジャーネットワークとナチュラルマスク

クラス	ナチュラルマスク	メジャーネットワークの例
クラスA	255.0.0.0	10.1.0.0/16　→　10.0.0.0
クラスB	255.255.0.0	172.16.10.0/24　→　172.16.0.0
クラスC	255.255.255.0	192.168.20.16/28　→　192.168.20.0

　受信したルート情報と受信インターフェイスのIPアドレスのメジャーネットワークが同じ場合、ルーティングテーブルに登録するルート情報のサブネットマスクは受信インターフェイスのサブネットマスクを用います（図4.8.5）。

○図4.8.5：メジャーネットワークが同じ場合

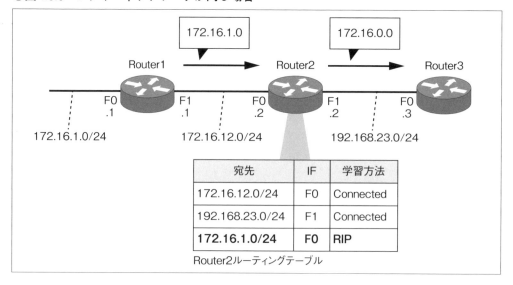

　図4.8.5では、Router1から172.16.1.0/24のルートをRouter2に教えようとしています。クラスフルルーティングプロトコルのため、アップデート情報にサブネットマスクがないので、ルート情報は172.16.1.0となります。Router2で172.16.1.0のルート情報を受け取り、このルート情報とF0（受信インターフェイス）のIPアドレスのメジャーネットワークが同じなので、F0インターフェイスのサブネットマスクを使って、ルート情報を172.16.1.0/24としてRouter2のルーティングテーブルに登録します。Router2は、異なる2つのメジャーネットワークの境界ルータですので、Router2からRouter3への172.16.1.0/24のアップデート情報は、172.16.0.0のようにナチュラルマスクで集約したルートとなります。

　受信したルート情報と受信インターフェイスのIPアドレスのメジャーネットワークが異なる場合、ルーティングテーブルに登録するルート情報のサブネットマスクはナチュラルマスクを用います（図4.8.6）。

　図4.8.6では、Router1から10.1.1.0/24のルートをRouter2に教えようとしています。Router1はメジャーネットワークの境界ルータなので、ルート情報はサブネットマスクのない10.0.0.0となります。Router2で10.0.0.0のルート情報を受け取り、このルート情報とF0（受信インターフェイス）のIPアドレスのメジャーネットワークが異なるので、ナチュラルマスクを使って、ルート情報を10.0.0.0/8としてRouter2のルーティングテーブルに登録します。

　可変長サブネットマスクを使用したネットワークでクラスフルルーティングプロトコルを使うと、正しくルーティングできないことがあります。図4.8.7は、このときに起こりうる不具合の一例です。この例では、Router1とRouter3がともに172.16.0.0のルート情報をRouter2に告知します。したがって、Router2からRouter1のF0インターフェイスへの通信は、Router1とRouter3へのロードバランシングとなってしまいます。

○図4.8.6：メジャーネットワークが異なるの場合

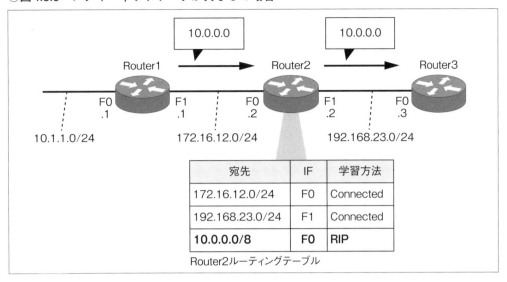

○図4.8.7：可変長サブネットマスクとクラスフルルーティングプロトコルの併用問題

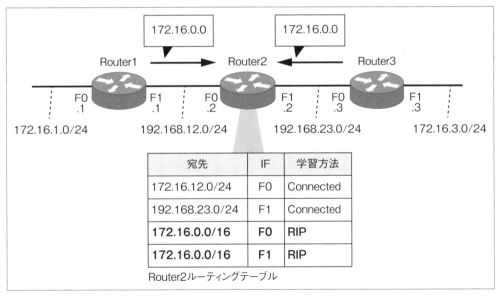

クラスレスルーティングプロトコル

　上記の問題点を改善したのがクラスレスルーティングプロトコルです。クラスレスルーティングプロトコルでは、アップデート情報の中にサブネットマスクの情報を格納しています。図4.8.7のネットワーク環境にクラスレスルーティングプロトコルを適用した結果が図4.8.8のようになり、クラスフルのときに懸念だった問題は解消されます。

○図4.8.8：クラスレスルーティングプロトコル

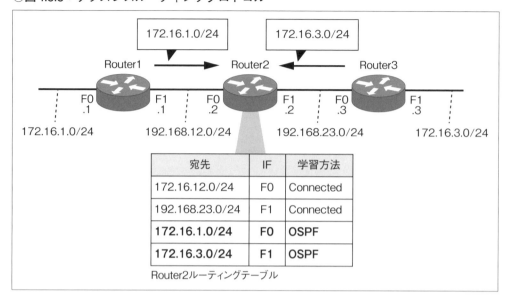

4-8-6　AD値とメトリック

　ルーティングテーブルのエントリを選択するとき、ロンゲストマッチという基本的なルールに従います。もし複数のルーティングプロトコルから同じルート情報を学習した場合、AD値のより低いルートを選びます。さらに、同じルーティングプロトコルから複数の同じルート情報を学習した場合、そのルーティングプロトコルのメトリック値を使って、メトリック値がもっとも低いルートを選択します。ルート選択の順番は次のとおりです。

①ロンゲストマッチのより長いルートを選ぶ
②AD値のより低いルートを選ぶ
③メトリック値のより低いルートを選ぶ

　各ルーティングプロトコルのAD値は、表4.8.4のようになります。

○表4.8.4：各ルーティングプロトコルのAD値

ルーティングプロトコル	AD値	ルーティングプロトコル	AD値
直接接続ルート	0	OSPF	110
スタティックルート	1	IS-IS	115
EIGRPサマリールート	5	RIP	120
eBGP	20	EIGRP外部ルート	170
EIGRP内部ルート	90	iBGP	200
IGRP	100		

図4.8.9は、経路のAD値でルートを選択する例です。このとき、同じルート情報（192.168.1.0/24）をOSPFとRIPの両方から受け取りましたが、AD値のより低いOSPFのルートを選択します。

○図4.8.9：経路のAD値によるルート選択

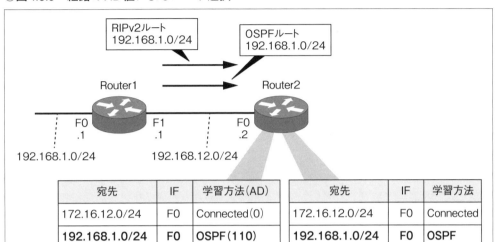

○図4.8.10：メトリック値によるルート選択

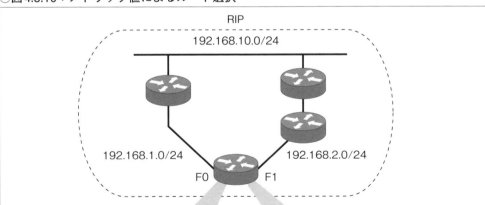

同じルーティングプロトコルで複数の同じルート情報を受信したとき、ルーティングテーブルに登録すべき最適なルートは、メトリックの値によって決められます。

図4.8.10は、メトリック値によるルートを選択する例です。この例では、192.168.10.0/24のルート情報が、RIPで2方向から学習しています。それぞれのメトリックは1と2になっているので、最適ルートとして選択されるのはメトリック値の低いほうです。

メトリック値は、ルーティングプロトコルの種類によって異なる算出方法で計算されます。RIPのメトリックは、ルータのホップ数で、OSPFのメトリックはインターフェイスの帯域幅（コスト）です。BGPの場合、パスアトリビュートと呼ばれるBGPの属性がメトリックです。表4.8.5は、各ルーティングプロトコルのメトリック一覧です。

○表4.8.5：各ルーティングプロトコルのメトリック

ルーティングプロトコル	メトリック
RIP	ホップ（1～15）
EIGRP	帯域幅、遅延、信頼性、負荷、MTUの複合メトリック
OSPF	コスト
IS-IS	ナローメトリック、ワイドメトリック
BGP	パスアトリビュート

メトリックを紹介したところで、併せてシードメトリックというものを紹介します。各ルーティングプロトコルのメトリック値はまったく違う方法で計算されるので、単純にお互いの比較はできません。たとえば、RIPの5ホップとOSPFの5コストでは、次元が違うので、比較すること自体がナンセンスです。

ルート情報を異なるルーティングプロトコルに再配布する際、メトリック値の比較ができるように、メトリック変換の基準が必要です。このときの基準がシードメトリックです。表4.8.6は、Ciscoルータにおける各ルーティングプロトコルのデフォルトシードメトリック値の一覧です。

○表4.8.6：各ルーティングプロトコルのデフォルトシードメトリック値

ルーティングプロトコル	デフォルトシードメトリック値
RIP	無限大
IGRP/EIGRP	無限大
OSPF	20コスト、（BGPから再配布の場合）1コスト
IS-IS	0
BGP	MED値（IGPのメトリック値を転用）

シードメトリック値が「無限大」というのは、再配布するときにメトリック値を明示的に示す必要があり、デフォルトのままでは到達不可を意味します。

4-9 章のまとめ

　本章の前半では、ネットワーク通信の基本的な説明をしました。ネットワーク通信は決まった手順（通信プロトコル）に従って実現されています。現在ではTCP/IPがもっとも普及している通信プロトコルで、その基本的な概念はOSI参照モデルに基づいています。OSI参照モデルの7層とTCP/IPアーキテクチャの4層を細かく説明するとともに、TCPによる信頼性のある通信やUDPによる効率性のある通信がどのようにして実現しているかも見てきました。TCPの順序制御、ウィンドウ制御、フロー制御、輻輳制御の動きをきちんと把握しておきたいところです。

　本章の後半では、ルーティングの概要からルーティングプロトコルまで詳しく説明しました。ルータには、ブロードキャストドメインの分割やルーティングなどの役割があり、ネットワークにおいて欠かせない存在となっています。ルーティングをする際に、ルータは自身が持っているルーティングテーブルに従ってパケットをネクストホップへ転送します。ルーティングテーブルは、スタティックルーティングとダイナミックルーティングの2つの手法で作ることができます。それぞれの手法に一長一短があり、自組織のネットワーク規模や環境に合わせて手法を選択します。ネットワークの規模が大きくなると、ルータが告知するルート情報が増えたり、異なるルーティングプロトコルがネットワークに混在したりするような状況になりうるので、ルート集約とルート再配布を用いる必要が出てきます。

　ダイナミックルーティングは、自動的にルート情報を交換したり、障害を検知したりします。ルータにダイナミックルーティングを使用するには、ルータ上でルーティングプロトコルを有効にする必要があります。さらに、ルーティングプロトコルは、その性質や特徴から次のように分類できます。

- IGPとEGP
- ルーティングアルゴリズム
- クラスフルルーティングプロトコルとクラスレスルーティングプロトコル

　最後に紹介した経路のAD値とメトリックは、ロンゲストマッチのルールと合わせて、最適ルートを選択するための手法です。

　それでは、次章からは「演習ラボ」です。Part 1で紹介した知識を踏まえて挑戦してください。

Part 2
基本演習ラボ

　Part 1で紹介したGNS3の使い方とネットワークの基礎知識を踏まえて、本Partでは、実際にGNS3で構築することでネットワーク技術の理解をより深めていきます。本Partの各章は次の3段階で構成しています。

・前提となる技術と関連する情報の説明
・GNS3による演習ラボの構築
・ネットワークの検証

　演習ラボの構築では、ラボの狙いと目標を理解したうえでネットワークを構築します。また、演習ラボで構築するネットワーク図と投入するコマンド以外に、ネットワークも検証します。本Partの各章を一通り終われば、コアなネットワーク技術と設定方法に関する理解を深められます。

> 第5章：スイッチング
> 第6章：フレームリレー
> 第7章：ATM
> 第8章：PPPとPPPoE
> 第9章：RIP
> 第10章：EIGRP
> 第11章：OSPF
> 第12章：IS-IS
> 第13章：BGP
> 第14章：MPLS
> 第15章：IPマルチキャスト
> 第16章：VPN

第5章
スイッチング

GNS3のスイッチング機能は限定されているので、正直スイッチングの勉強には向いていません。GNS3でスイッチングの機能を使うには、Cisco 3725またはCisco 3745にNM-16ESWのモジュールを搭載して、ルータをスイッチとして代用します。このNM-16ESWはもともと限定されたスイッチング技術しか対応していません。

本章では、GNS3のカバーするスイッチング技術を知ることから始めます。続いて、実習としてGNS3が対応するスイッチング技術に関する演習ラボを構築します。

5-1　GNS3のスイッチング機能

　GNS3でスイッチングの機能を使うには、標準搭載のスイッチとNM-16ESWモジュールを使用したルータの2つの方法があります。前者はVLANとトランクといったごく基本的な機能しか提供していません。より多くのスイッチング技術を使うには、後者のNM-16ESWモジュールをルータに搭載します。

　しかし、残念なことにNM-16ESWモジュールは対応できるスイッチング技術が限られています。そこでNM-16ESWモジュールの機能制約について詳しく見ていきます。さらにCCNA[注1]とCCNP[注2]の出題範囲と比較して、どのスイッチング技術がGNS3で勉強できないかを明らかにしておきます。

5-1-1　NM-16ESWモジュール

　NM-16ESWモジュールは16ポートのイーサスイッチモジュールです。このモジュールをルータに搭載すると、ルータはスイッチング機能を備えることができるようになります。利点の1つとして、1台のルータがルーティングとスイッチングの両方の機能を動かすことができるためルータとスイッチを個別に買わなくて済みます。

　NM-16ESWモジュールの搭載場所は、ルータのバックパネルにあるサービスモジュールスロットの部分です。GNS3上ではルータは仮想ルータなので、物理的なことを意識しなくてもよいですが、モジュール交換などの実務に役立つ知識なので知っておいて損はありません。

注1　Cisco Certified Network Associate
注2　Cisco Certified Network Professional

NM-16ESWを搭載できるCiscoルータは、「Cisco 2600」「Cisco 2800」「Cisco 3600」「Cisco 3700」「Cisco 3800」「Cisco 2900」「Cisco 3900シリーズ」です。GNS3では、Cisco 3700シリーズのみがNM-16ESWを搭載できます。

5-1-2 NM-16ESWモジュールが提供する機能

NM-16ESWモジュールが提供できるスイッチング機能には制約があります。どの機能が使えないかをわかりやすくするため、CCNA（試験番号200-125[注3]）とCCNP（試験番号300-115[注4]）の試験範囲で比較してみました。

まず、CCNAの試験範囲と比較した結果が表5.1.1です。RPVST+、BPDUガード、LLDPおよびEtherChannelの自動設定機能（EtherChannel PAGP/LACP）の5機能がNM-16ESWモジュールの提供対象外です。

表5.1.2は、CCNPのスイッチングに関する試験範囲とNM-16ESWが提供する機能の対応状況です。比較結果からもわかるようにCCNPレベルになると非対応が目立つようになります。CCNAではなんとかGNS3でカバーできますが、CCNPやCCIEといった上位レベルの試験に対応するのが難しいと言わざるを得ません。

○表5.1.1：CCNA試験範囲の対応状況

分類	スイッチング機能	対応状況
VLAN	Access ports	○
	Default VLAN	○
トランク	Trunk ports	○
	DTP（Dynamic Trunking Protocol）	○
	VTP（VLAN Trunking Protocol）v1/v2	○
	802.1Q	○
	Native VLAN	○
STP[※]	PVST（Per VLAN Spanning Tree）+	○
	RPVST（Rapid PVST）+	×
	PortFast	○
	BPDU（Bridge Protocol Data Unit）guard	×
L2プロトコル	CDP（Cisco Discovery Protocol）	○
	LLDP（Link Layer Discovery Protocol）	×
EtherChannel	Static	○
	PAgP（Port Aggregation Protocol）	×
	LACP（Link Aggregation Control Protocol）	×

※Spanning Tree Protocol

注3　正式試験名はCCNA Routing and Switching
注4　正式試験名はSWITCH、CCNP Routing and Switching認定に必要な試験科目の1つ

第5章 スイッチング

○表5.1.2：CCNP試験範囲の対応状況

分類	スイッチング機能	対応状況
スイッチの管理	SDM（Switch Database Management）	×
	MAC address table	○
	Err-disable recovery	×
L2プロトコル	CDP/LLDP	LLDP非対応
	UDLD（UniDirectional Link Detection）	×
VLAN	Access ports	○
	VLAN database	○
	Normal/extended/voice VLAN	○
トランク	VTPv1/VTPv2/VTPv3/VTP pruning	VTPv3非対応
	dot1Q	○
	Native VLAN	○
	Manual pruning	○
EtherChannel	LACP/PAgP/munual	munualのみ対応
	Layer2/Layer3	Layer3非対応
	Load balancing	○
	EtherChannel misconfiguration guard	×
スパニングツリー	PVST+/RPVST+/MST	PVST+のみ対応
	Switch priority/port priority/path cost/STP timers	○
	PortFast/BPDUguard/BPDUfilter	PortFastのみ対応
	Loopguard/Rootguard	×
SPAN/RSPAN	SPAN/RSPAN	RSPAN非対応
	Stackwise	×
スイッチセキュリティ	DHCP snooping	×
	IP Source Guard	×
	Dynamic ARP inspection	×
	Port security	×
	Private VLAN	×
	Storm control	○
デバイスセキュリティ	AAA/TACACS+/RADIUS	○
	Local privilege authorization fallback	○
冗長	HSRP	×
	VRRP	×
	GLBP	×

5-2 ポートVLAN

スイッチが持つもっとも重要な機能がVLANです。VLANはVirtual LANの略語で、その意味からも想像できるように、LANを複数個の仮想的なLANに分割します。ここではVLANの概要とメリットなどを説明し、スイッチでのVLANの設定や確認方法を紹介します。

5-2-1 VLANの概要

VLANの利点

1つのネットワークを複数のVLANに分割するメリットから考えましょう。複数のVLANにするもっとも大きいメリットは、ブロードキャストドメインの分割です。同じネットワーク内にある相手と通信するとき、まずARPを使ってMACアドレスを解決します。このARPはネットワーク内でブロードキャストされます。ネットワーク内の端末が多ければ多いほどARP通信が増え、スイッチや端末などに不必要な負荷を増えることになります。このような事象を避けるため、ネットワークを複数のVLANに分けて、ブロードキャストが届く相手を減らします（**図5.2.1**）。

○図5.2.1：VLANによるブロードキャストドメインの分割

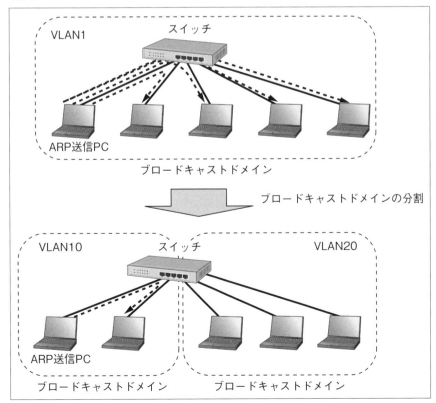

VLANを使うもう1つのメリットは、ネットワークを物理制約にとらわれずにフレキシブルに構築できる点です。VLANは論理的なネットワークを構築することができ、物理的に離れたデバイス同士でも同じネットワークに所属できます。図5.2.2は、物理的に離れた端末同士が実際同じネットワークにある状況を示した例です。

○図5.2.2：VLANによる論理ネットワークの構築

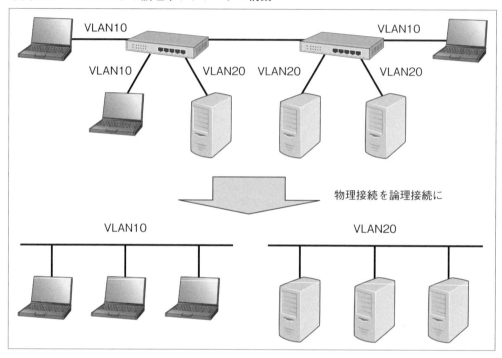

さらにもう1つVLANを使うメリットはセキュリティの向上です。同じブロードキャストドメイン内では、他者による通信の盗聴のリストがとても高くなります。たとえば、スイッチにこっそりモニターポートを設定して他者の送受信パケットをキャプチャすることも可能です。このリスクをできるだけ減らすには、ネットワークを適切なセキュリティポリシーに従ってVLANに分けることです。図5.2.3は、VLAN20とVLAN30同士のみ通信を許可した例です。

○図5.2.3:VLANによるセキュリティの向上

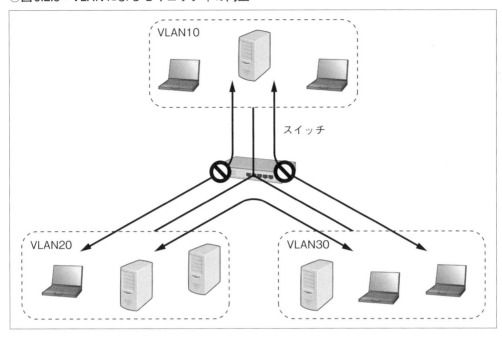

VLANの種類

VLANにはポートVLANとタグVLANの2種類があります。ポートVLANは、スイッチのインターフェイスにVLAN番号を1つ割り当てる方式で、もっとも一般的なVLANの設定です。同じVLAN番号のインターフェイス同士が同一ブロードキャストドメインに属します。つまり異なるVLAN番号のインターフェイス間では通信ができません。また、ポートVLANを設定されているスイッチのインターフェイスはアクセスポートといいます。

図5.2.4はポートVLANを図示したもので、PC1とPC7は同じVLAN10に属しているので通信は可能ですが、PC2とPC4は異なるVLANであるため互いに通信はできません。

スイッチのインターフェイスに1つのVLANを付与する方式がポートVLANでしたが、これに対して複数のVLANを1つのインターフェイスに設定する方式がタグVLANです。タグVLANは主にスイッチとスイッチの間のインターフェイスで設定します。タグVLANが設定されているスイッチのインターフェイスはトランクポートまたはトランクと呼ばれます。トランクでは、トランキングプロトコルを使って異なるVLANを一意に識別しています。トランクの詳細は次節（P.166）で紹介します。

図5.2.5はタグVLANを図示したもので、スイッチ間のトランクポートで異なるVLANを識別するためのタグ（VLAN10のデータにはタグTagA、VLAN20のデータにはタグTagB）を付与します。こうすることでトランクポートの中で異なるVLANの通信がお互いに混同しなくなります。

○図5.2.4：ポートVLAN

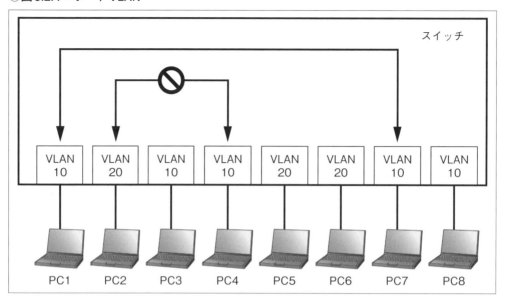

○図5.2.5：タグVLAN

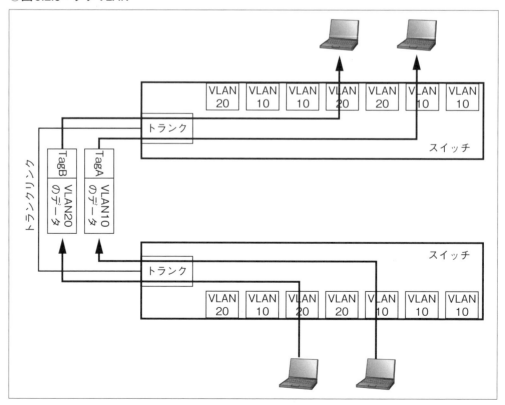

5-2-2 演習Lab アクセスポートの設定

最初の演習ラボ（GNS3プロジェクト名は「5-2-2_VLAN」）は、表5.2.1のVLAN設定表と図5.2.6のネットワークトポロジ図を参考にスイッチの各インターフェイスにアクセスポートを設定してみましょう。

○表5.2.1：VLAN設定表

SW	IF	VID	所属部門（VLAN名）	接続先PC	PCのIPアドレス
ESW1	F1/0	10	製造部門（Mnu_V10）	PC1	192.168.10.1/24
	F1/1			PC2	192.168.10.2/24
	F1/2	20	経理部門（Acc_V20）	PC3	192.168.20.3/24
	F1/3			PC4	192.168.20.4/24
	F1/4	30	販売部門（Sal_V30）	PC5	192.168.30.5/24
	F1/5			PC6	192.168.30.6/24

○図5.2.6：ネットワークトポロジ図

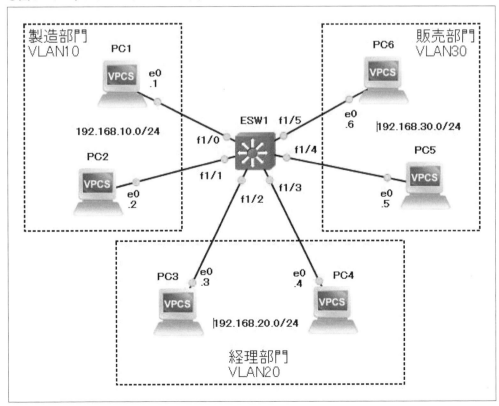

第5章 スイッチング

初期状態の確認

スイッチESW1に何も設定していない状態では、次に示すいくつかのデフォルトのVLANが存在します。通常、ユーザ設定のVLANの番号は1〜1001です。

- 0：管理VLAN
- 1002〜1005：FDDIやトークンリング用のVLAN

まず、ESW1でshowコマンドを使ってVLANの状態を確認します。出力結果は**リスト5.2.1a**で、デフォルトのVLANしかなく、すべてのインターフェイスが管理VLANに割り当てられているのがわかります。

○リスト5.2.1a：VLANの状態（初期）

```
ESW1#show vlan-switch brief          ※VLAN状態の確認
VLAN Name                             Status    Ports
---- -------------------------------- --------- -------------------------------
1    default                          active    Fa1/0, Fa1/1, Fa1/2, Fa1/3
                                                Fa1/4, Fa1/5, Fa1/6, Fa1/7
                                                Fa1/8, Fa1/9, Fa1/10, Fa1/11
                                                Fa1/12, Fa1/13, Fa1/14, Fa1/15

1002 fddi-default                     act/unsup
1003 token-ring-default               act/unsup
1004 fddinet-default                  act/unsup
1005 trnet-default                    act/unsup
```

初期状態では、すべてのインターフェイスが同一のVLAN（VLAN1）に属しているため、ARPリクエストのようなブロードキャストはすべての端末に届きます。この状態をWiresharkで確認します。

ESW1とPC6の間でキャプチャポイントを設け、PC1を再起動します。端末が起動するとPC1はIPアドレスの重複を確認します。IPアドレスの重複確認に使われるGARP（Gratuitous ARP）パケットはARPリクエストの一種でブロードキャストします。**図5.2.7**のように、

○図5.2.7：ブロードキャストの観測（初期状態）

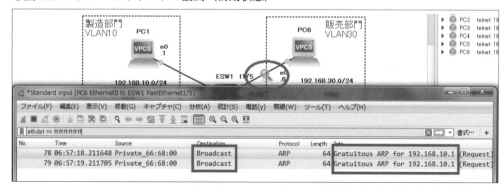

PC1を再起動すると、先ほどのキャプチャポイントでPC1から送出されたGARPパケットを確認できます。ブロードキャストであるため、他のリンクにおいても同様の結果が得られます。

VLANの作成

では、表5.2.1のVLAN設定表に従ってESW1を設定してみましょう。まず、ユーザ定義のVLANを作成します。リスト5.2.1bでは、VLAN10とVLAN20とVLAN30の3つを作り、さらにそれぞれのVLANにVLAN名を付与しています。

○リスト5.2.1b：VLANの作成

```
ESW1#configure terminal    ※特権モードから設定モードへの移行
ESW1(config)#vlan 10    ※VLAN10の作成
ESW1(config-vlan)#name Mun_V10    ※VLAN名の設定
ESW1(config-vlan)#vlan 20
ESW1(config-vlan)#name Acc_V20
ESW1(config-vlan)#vlan 30
ESW1(config-vlan)#name Sal_V30
ESW1(config-vlan)#end    ※特権モードに移行
```

作成したVLANをもう一度showコマンドでVLAN番号とVLAN名を確認します。この段階では新しいVLANを作成しただけで、各VLANはまだどのインターフェイスにも割り当てられていません（リスト5.2.1c）。

○リスト5.2.1c：VLAN状態（VLAN作成後）

```
ESW1#show vlan-switch brief
VLAN Name                             Status    Ports
---- -------------------------------- --------- -------------------------------
1    default                          active    a1/0, Fa1/1, Fa1/2, Fa1/3
                                                Fa1/4, Fa1/5, Fa1/6, Fa1/7
                                                Fa1/8, Fa1/9, Fa1/10, Fa1/11
                                                Fa1/12, Fa1/13, Fa1/14, Fa1/15
10   Mun_V10                          active
20   Acc_V20                          active
30   Sal_V30                          active
1002 fddi-default                     act/unsup
1003 token-ring-default               act/unsup
1004 fddinet-default                  act/unsup
1005 trnet-default                    act/unsup
```

アクセスポートの設定

最後に、VLAN設定表どおりにインターフェイスをアクセスポートに設定します（リスト5.2.1d）。以上でESW1の設定がすべて終わりました。

第 5 章　スイッチング

○リスト 5.2.1d：アクセスポートの設定

```
ESW1#configure terminal
ESW1(config)#interface range FastEthernet 1/0 - 1    ※複数のインターフェイスの同時設定
ESW1(config-if-range)#switchport mode access    ※アクセスポートの設定
ESW1(config-if-range)#switchport access vlan 10    ※アクセスポートにVLAN番号の割り当て
ESW1(config-if-range)#no shutdown    ※インターフェイスの有効化
ESW1(config-if-range)#exit    ※直前の設定モードに戻る
ESW1(config)#interface range FastEthernet 1/2 - 3
ESW1(config-if-range)#switchport mode access
ESW1(config-if-range)#switchport access vlan 20
ESW1(config-if-range)#no shutdown
ESW1(config-if-range)#exit
ESW1(config)#interface range FastEthernet 1/4 - 5
ESW1(config-if-range)#switchport mode access
ESW1(config-if-range)#switchport access vlan 30
ESW1(config-if-range)#no shutdown
ESW1(config-if-range)#end
```

アクセスポートの設定が終わったら、再び show コマンドで設定したアクセスポートが正しく表示されているかを確認します（**リスト 5.2.1e**）。

○リスト 5.2.1e：VLAN 状態（アクセスポートの設定後）

```
ESW1#show vlan-switch brief
VLAN Name                             Status    Ports
---- -------------------------------- --------- -------------------------------
1    default                          active    Fa1/6, Fa1/7, Fa1/8, Fa1/9
                                                Fa1/10, Fa1/11, Fa1/12, Fa1/13
                                                Fa1/14, Fa1/15
10   Mun_V10                          active    Fa1/0, Fa1/1
20   Acc_V20                          active    Fa1/2, Fa1/3
30   Sal_V30                          active    Fa1/4, Fa1/5
1002 fddi-default                     act/unsup
1003 token-ring-default               act/unsup
1004 fddinet-default                  act/unsup
1005 trnet-default                    act/unsup
```

端末からの ping コマンドによる疎通テストは、各 VLAN 内で行います。VLAN10 内で PC1 から PC2 に疎通テストを行った結果は次のとおりです。

```
PC1> ping 192.168.10.2 -c 3
84 bytes from 192.168.10.2 icmp_seq=1 ttl=64 time=1.000 ms
84 bytes from 192.168.10.2 icmp_seq=2 ttl=64 time=0.000 ms
84 bytes from 192.168.10.2 icmp_seq=3 ttl=64 time=1.000 ms
```

VLAN を設定したので、異なる VLAN からブロードキャストも来なくなります。先ほどと同様に PC1 を再起動して、ESW1 と PC6 間のキャプチャポイントでブロードキャストを観測します。前回とは違って PC1 からの GARP パケットはありませんでした（**図 5.2.8**）。

○図5.2.8：ブロードキャストの観測（VLAN設定後）

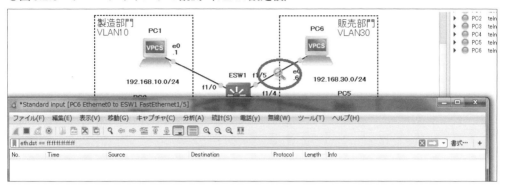

5-3　タグVLAN

スイッチと端末の間で使用するポートVLANに対し、タグVLANはスイッチ同士で使われます。ここでは、タグVLANを用いたトランクのメリットやトランキングプロトコルについて確認していきます。

5-3-1　タグVLANのメリット

タグVLANを使うと単一のリンク上で複数のVLANのデータを運べるようになります。もし、ポートVLANだけを使った場合、スイッチの物理インターフェイスには限りがあるので、すべてのVLANデータをスイッチ間で運ぶのがとても難しいことは容易に想像できるはずです（図5.3.1）。

また、タグVLANが設定されているスイッチのインターフェイスはトランクポートと呼ばれ、トランクポート間を接続するリンクはトランクリンクと呼ばれます。

○図5.3.1：タグVLANのメリット

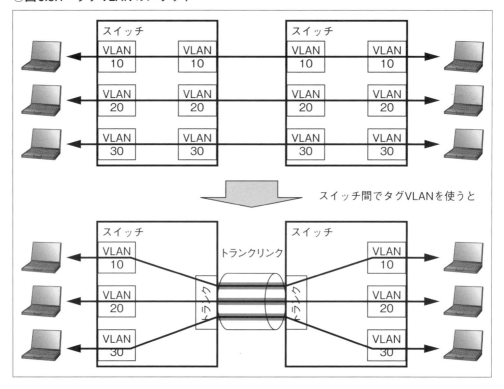

5-3-2 トランキングプロトコル

　トランクリンクでは、それぞれのVLANデータに異なるタグを付与することで、互いに混同しないようにしています。このタグを付加するルールをトランキングプロトコルと言います。トランキングプロトコルには、IEEEで標準化されている802.1QとCisco独自のISL（Inter Switch Link）の2種類があります。ちなみにNM-16ESWモジュールは802.1Qのみをサポートしています。

　802.1Qのトランキングプロトコルを使用した場合、4バイトのタグフィールドを新たにイーサネットフレームに挿入します。このタグを挿入する場所は、送信元MACアドレスフィールドとタイプフィールドの間です。図5.3.2は、通常のイーサネットフレームと802.1Qのタグを挿入したあとのイーサネットフレームの比較です。タグフィールドと呼ばれるものは、4つのフィールド（TPID、PCP、CFI、VIC）から構成されています。

　タグフィールドを構成する4つフィールドは次のとおりです。

- TPID[注5]（16ビット）
  イーサフレームにIEEE802.1Qのタグが挿入されいていることを示す値（0x8100）が入っている

○図5.3.2：802.1Qタグを挿入前後のイーサネットフレーム

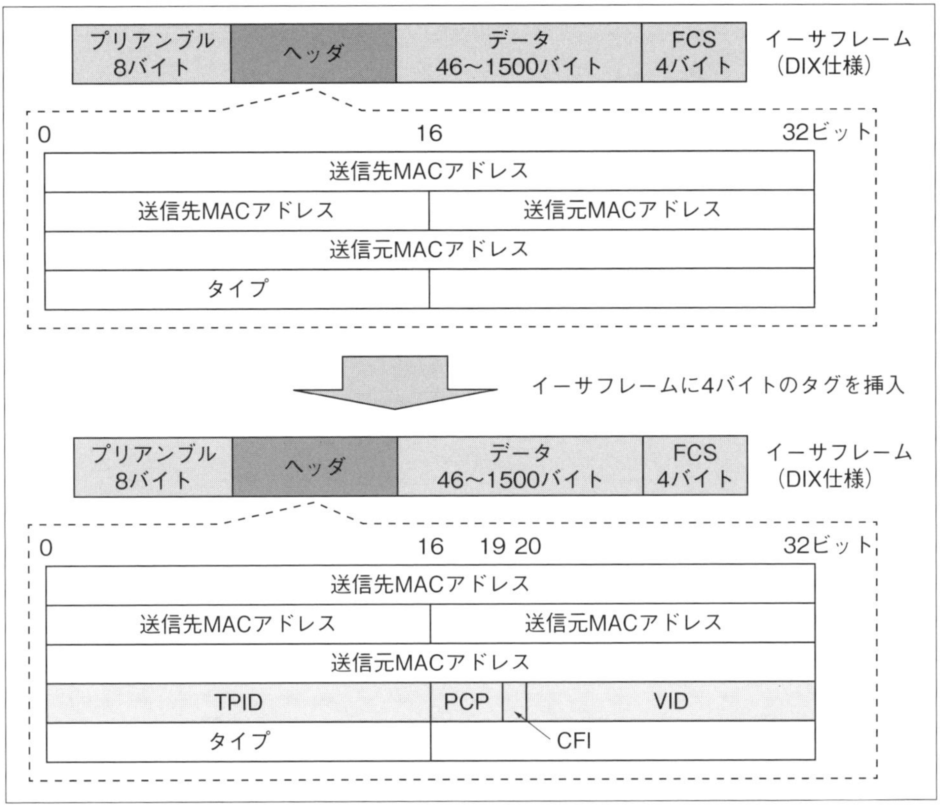
プリアンブル 8バイト
ヘッダ
データ 46～1500バイト
FCS 4バイト
イーサフレーム（DIX仕様）
0
16
32ビット
送信先MACアドレス
送信先MACアドレス
送信元MACアドレス
送信元MACアドレス
タイプ
イーサフレームに4バイトのタグを挿入
プリアンブル 8バイト
ヘッダ
データ 46～1500バイト
FCS 4バイト
イーサフレーム（DIX仕様）
0
16
19 20
32ビット
送信先MACアドレス
送信先MACアドレス
送信元MACアドレス
送信元MACアドレス
TPID
PCP
VID
タイプ
CFI

- PCP[注6]（3ビット）
  IEEE802.1pで定義した優先度。フィールドの値は0（最低）～7（最高）
- CFI[注7]（1ビット）
  イーサネットフレームなら常に値は「0」
- VID[注8]（12ビット）
  VLAN番号。フィールドの値は0～4095

802.1Qでは特別にタグを付与しないVLANも存在します。このVLANをネイティブVLANと呼びます。トランクポートごとにネイティブVLANは1つだけあって、デフォルトではVLAN1がネイティブVLANです。このネイティブVLANはの用途は、CDP、VTP、DTPなどの制御パケットをスイッチ間で交換するのに使われます。

注5　Tag Protocol Identifier
注6　Priority Code Point
注7　Canonical Format Indicator
注8　VLAN Identifier

5-3-3 演習Lab トランクリンクの設定

トランクリンクの演習ラボ（GNS3プロジェクト名は「5-3-3_Trunk」）は、表5.3.1のVLAN設定表と図5.3.3のネットワークトポロジ図を参考にスイッチ間のトランクポートを設定してみましょう。

○表5.3.1：VLAN設定表

SW	IF	ポート種別	VID	接続先	接続先PCのIP
ESW1	F1/0	アクセス	10	PC1	192.168.10.1/24
	F1/1	アクセス	20	PC2	192.168.20.2/24
	F1/2	アクセス	30	PC3	192.168.30.3/24
	F1/15	トランク	―	ESW2 F1/15	―
ESW2	F1/0	アクセス	10	PC4	192.168.10.4/24
	F1/1	アクセス	20	PC5	192.168.20.5/24
	F1/2	アクセス	30	PC6	192.168.30.6/24
	F1/15	トランク	―	ESW1 F1/15	―

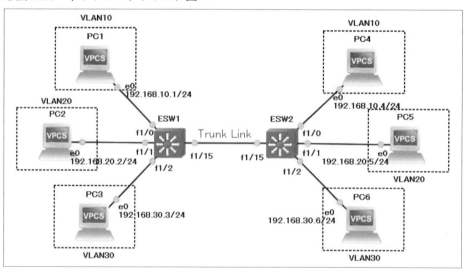

○図5.3.3：ネットワークトポロジ図

初期状態の確認

2つのスイッチを設定する前に、スイッチのトランクポートの状態確認をします。リスト5.3.1a〜5.3.1bは、それぞれESW1とESW2で得られた出力結果です。ここでは、ModeとStatusに注目してください。Modeが「off」ならポートがアクセスポートであることを示し、「on」ならトランクポートを意味します。次に、Statusが「not-trunking」の場合、トランクが機能していないことを示しています。

5-3 タグVLAN

○リスト5.3.1a：ESW1のトランクポートの状態（初期）

```
ESW1#show interfaces FastEthernet 1/15 trunk    ※トランクポートの状態確認
Port      Mode         Encapsulation  Status        Native vlan
Fa1/15    off          802.1q         not-trunking  1

Port      Vlans allowed on trunk
Fa1/15    1

Port      Vlans allowed and active in management domain
Fa1/15    1

Port      Vlans in spanning tree forwarding state and not pruned
Fa1/15    1
```

○リスト5.3.1b：ESW2のトランクポートの状態（初期）

```
ESW2#show interfaces FastEthernet 1/15 trunk
Port      Mode         Encapsulation  Status        Native vlan
Fa1/15    off          802.1q         not-trunking  1

Port      Vlans allowed on trunk
Fa1/15    1

Port      Vlans allowed and active in management domain
Fa1/15    1

Port      Vlans in spanning tree forwarding state and not pruned
Fa1/15    none
```

トランクリンクの設定

トランクの初期状態を確認したところで、ESW1でVLANの作成、アクセスポートとトランクポートを設定します（**リスト5.3.1c**）。ESW2もESW1と同様に設定します（**リスト5.3.1d**）。

○リスト5.3.1c：ESW1の設定

```
ESW1#configure terminal                ※特権モードから設定モードに移行
ESW1(config)#vlan 10,20,30             ※VLAN10、20、30の作成
ESW1(config-vlan)#exit                 ※直前の設定モードに戻る
ESW1(config)#interface FastEthernet 1/0    ※インターフェイスの設定
ESW1(config-if)#switchport mode access     ※アクセスポートの設定
ESW1(config-if)#switchport access vlan 10  ※アクセスポートにVLAN番号の割り当て
ESW1(config-if)#no shutdown            ※インターフェイスの有効化
ESW1(config-if)#exit
ESW1(config)#interface FastEthernet 1/1
ESW1(config-if)#switchport mode access
ESW1(config-if)#switchport access vlan 20
ESW1(config-if)#no shutdown
ESW1(config-if)#exit
ESW1(config)#interface FastEthernet 1/2
ESW1(config-if)#switchport mode access
ESW1(config-if)#switchport access vlan 30
ESW1(config-if)#no shutdown
ESW1(config-if)#exit
ESW1(config)#interface FastEthernet 1/15
ESW1(config-if)#switchport mode trunk      ※トランクポートの設定
ESW1(config-if)#switchport trunk encapsulation dot1q   ※タギングプロトコルの指定
```

```
ESW1(config-if)#no shutdown
ESW1(config-if)#end    ※特権モードに移行
```

○リスト5.3.1d：ESW2の設定

```
ESW2#configure terminal
ESW2(config)#vlan 10,20,30
ESW2(config-vlan)#exit
ESW2(config)#interface FastEthernet 1/0
ESW2(config-if)#switchport mode
ESW2(config-if)#switchport mode access
ESW2(config-if)#switchport access vlan 10
ESW2(config-if)#no shutdown
ESW2(config-if)#exit
ESW2(config)#interface FastEthernet 1/1
ESW2(config-if)#switchport mode access
ESW2(config-if)#switchport access vlan 20
ESW2(config-if)#no shutdown
ESW2(config-if)#exit
ESW2(config)#interface FastEthernet 1/2
ESW2(config-if)#switchport mode access
ESW2(config-if)#switchport access vlan 30
ESW2(config-if)#no shutdown
ESW2(config-if)#exit
ESW2(config)#interface FastEthernet 1/15
ESW2(config-if)#switchport mode trunk
ESW2(config-if)#switchport trunk encapsulation dot1q
ESW2(config-if)#no shutdown
ESW2(config-if)#end
```

　ESW1とESW2の両方で設定をしたら、再度トランクポートの状態をshowコマンドで確認してみましょう（リスト5.3.1e）。ModeとStatusは、初期状態の値から変わり、それぞれ「on」と「trunking」になりました。

　リスト5.3.1eの後半を見ると、トランクリンク上でどのVLANデータが通信できるかがわかります。この場合、すべてのVLANデータがトランクリンクを通過することができます。しかし、VLAN1、VLAN10、VLAN20およびVLAN30のVLANだけが有効になっています。最終的にトランクリンクを通過できるのは有効になっているVLANデータのみです。

　ESW2でも同様に確認します（リスト5.3.1f）。ESW1の結果と併せて見ると、VLAN10、VLAN20およびVLAN30は問題なくトランクリンクを通過できることがわかります。

○リスト5.3.1e：ESW1のトランクポートの状態（トランクポート設定後）

```
ESW1#show interfaces FastEthernet 1/15 trunk
Port        Mode         Encapsulation  Status        Native vlan
Fa1/15      on           802.1q         trunking      1

Port        Vlans allowed on trunk
Fa1/15      1-4094

Port        Vlans allowed and active in management domain
Fa1/15      1,10,20,30

Port        Vlans in spanning tree forwarding state and not pruned
Fa1/15      1,10,20,30
```

○リスト5.3.1f：ESW2のトランクポートの状態（トランクポート設定後）

```
ESW2#show interfaces FastEthernet 1/15 trunk
Port      Mode          Encapsulation  Status        Native vlan
Fa1/15    on            802.1q         trunking      1

Port      Vlans allowed on trunk
Fa1/15    1-4094

Port      Vlans allowed and active in management domain
Fa1/15    1,10,20,30

Port      Vlans in spanning tree forwarding state and not pruned
Fa1/15    1,10,20,30
```

　以上の設定に誤りがなければ、同じVLANのPC同士でping疎通ができるはずです。次に示すPC1とPC4（VLAN10）のほかに、PC2とPC5（VLAN20）、PC3とPC6（VLAN30）の間でも確認します。

```
PC1>ping 192.168.10.4 -c 3
84 bytes from 192.168.10.4 icmp_seq=1 ttl=64 time=1.000 ms
84 bytes from 192.168.10.4 icmp_seq=2 ttl=64 time=1.000 ms
84 bytes from 192.168.10.4 icmp_seq=3 ttl=64 time=2.000 ms
```

トランクリンク上で通過できるVLANを個別に制限

　デフォルトではすべてのVLANがトランクリンクを通過できます。トランクリンク上で通過できるVLANを個別に制限するには**リスト5.3.1g**のような設定を追加する必要があります。**リスト5.3.1g**は、VLAN10のみをトランクリンク上で通過させないようにしており、**リスト5.3.1h**のように確認すると、VLAN10が削除されトランクリンク上で通信できないようになっているのがわかります。

○リスト5.3.1g：VLAN10をトランクリンクから削除

```
ESW1#configure terminal
ESW1(config)#interface FastEthernet 1/15
ESW1(config-if)#switchport trunk allowed vlan remove 10    ※VLAN10をトランクリンクから除外
ESW1(config-if)#end
```

○リスト5.3.1h：ESW1のトランクポートの状態（VLAN10削除後）

```
ESW1#show interfaces FastEthernet 1/15 trunk
Port      Mode          Encapsulation  Status        Native vlan
Fa1/15    on            802.1q         trunking      1

Port      Vlans allowed on trunk
Fa1/15    1-9,11-4094

Port      Vlans allowed and active in management domain
Fa1/15    1,20,30

Port      Vlans in spanning tree forwarding state and not pruned
Fa1/15    1,20,30
```

念のためPC1からPC4にping疎通テストを行い、通信できないことを確認します。

```
PC1> ping 192.168.10.4 -c 3
host (192.168.10.4) not reachable
```

ネイティブVLANの割り当て

最後にPC1とPC4をネイティブVLANに割り当て、タグなしでトランクリンクの通信ができることを確認します。リスト5.3.1i～5.3.1jのように、両スイッチでアクセスポートにVLANを割り当てる設定を消します。ユーザ設定のVLAN（VLAN10）が削除されると、該当インターフェイスはネイティブVLAN（VLAN1）に属するようになります。

○リスト5.3.1i：ESE1におけるVLAN割り当ての設定削除

```
ESW1#configure terminal
ESW1(config)#interface FastEthernet 1/0
ESW1(config-if)#no switchport access vlan    ※割り当てVLAN番号の削除
```

○リスト5.3.1j：ESE2におけるVLAN割り当ての設定削除

```
ESW1#configure terminal
ESW1(config)#interface FastEthernet 1/0
ESW1(config-if)#no switchport access vlan
```

VLAN1はネイティブであるため、常にトランクリンク上で通信が許可されています。つまりVLAN1に属するPC1とPC4は互いに疎通できます。

```
PC1> ping 192.168.10.4 -c 3
84 bytes from 192.168.10.4 icmp_seq=1 ttl=64 time=2.000 ms
84 bytes from 192.168.10.4 icmp_seq=2 ttl=64 time=1.000 ms
84 bytes from 192.168.10.4 icmp_seq=3 ttl=64 time=2.000 ms
```

Wiresharkで確認

トランクリンクにWiresharkのキャプチャポイントを設置すれば、タグVLANの各フィールドの内容を確認できます。図5.3.4は、PC2からPC5へpingしたときのパケットキャプチャです。TPIDが「0x8100」となっていて、このイーサフレームは802.1Qのタグが挿入されていることがわかります。さらにVIDが「20」で、PC2とPC5のVLAN番号と同じであることも確認できます。

5-4 VTP

VTP（VLAN Trunking Protocol）はスイッチ間でVLAN設定情報を共有するために使用されるCisco独自のプロトコルです。ここでは3つのVTPモードとVTPプルーニングについて説明します。演習ラボでは、VTPによるVLAN情報の自動設定について確認します。

○図5.3.4：WiresharkによるタグVLANの確認

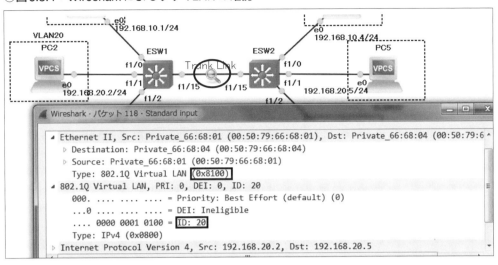

5-4-1　VTPの概要

前節の演習ラボ（5-3-3_Trunk）では、2つのスイッチにまったく同じVLAN情報を設定しました。スイッチが増えれば、同様の設定を増えた分のスイッチに対して行う必要があります。VTPによるスイッチの設定を行えば、1台のスイッチだけを設定して、残りのスイッチは自動的に同期させることができます。

スイッチが互いに同期するには、同じVTPドメインに属する必要があります。VTPドメイン内でやり取りするVTPの情報はVTPアドバタイズメントと呼ばれ、VTPアドバタイズメントの扱い方によってスイッチは表5.4.1の3つのモードに分類できます。

○表5.4.1：VTPモード

VTPモード	概要
サーバ	VLAN情報を変更でき、それをVTPアドバタイズメントとしてその他のスイッチに転送する。他のスイッチから受信したVTPアドバタイズメントに対して同期する
クライアント	VLAN情報を変更できない。受信したVTPアドバタイズメントを他のスイッチに転送して同期する
トランスペアレント	VLAN情報を変更できる。受信したVTPアドバタイズメントに対して同期しない（他のスイッチに転送するだけ）

同一ドメイン内のスイッチは、VTP設定リビジョン番号で常に新しいVLAN情報を管理しています。VTP設定リビジョン番号が大きければ大きいほど最新の情報とみなします。既存ドメインにリビジョン番号が最大のスイッチ（サーバモードまたはクライアントモード）を組み入れると、既存のVLAN情報がすべて上書きされてしまうので注意が必要です。こ

れを回避するには、新しくドメインに参加させるスイッチのモードを一度トランスペアレントにしてリビジョン番号をクリアするか、または、そのスイッチのドメイン名を一度も使用したことのないドメイン名に変更してからさらに本当のドメイン名に再設定します。

最後に、VTPプルーニングという機能を紹介します。この機能を有効にすると、トランクリンク上に流れる不要なVLAN情報を減らすことができます。デフォルトでは、たとえ接続先のスイッチ上にあるVLANがアクティブになっていなくても、スイッチのトランクポートからすべてのVLANデータを転送するようになっています。VTPプルーニングを有効にすると、接続先のスイッチでアクティブなVLANのデータのみを転送できるようになり、ネットワーク全体の負荷が低減します。

5-4-2 演習Lab VTPによるVLAN情報の自動設定

ここではVTPを使ってVLAN情報の同期を確認します（GNS3プロジェクト名は「5-4-2_VTP」）。構成は、同じVTPドメインに3台のスイッチがあって、それぞれのVTPモードはサーバ、トランスペアレント、クライアントです。サーバモードのスイッチで設定したVLAN情報がクライアントモードのスイッチに反映することと、トランスペアレントモードのスイッチにはVLAN情報が変わらないことを確認します。

表5.4.2がVLAN設定表で、図5.4.1がネットワークトポロジ図です。

○表5.4.2：VLAN設定表

SW（VTPモード）	IF	ポート種別	VID	接続先	接続先PCのIP
ESW1 （サーバ）	F1/0	アクセス	10	PC1	192.168.10.1/24
	F1/1	アクセス	20	PC2	192.168.20.2/24
	F1/15	トランク	―	ESW2 F1/14	―
ESW2 （トランスペアレント）	F1/14	トランク	―	ESW1 F1/15	―
	F1/15	トランク	―	ESW3 F1/15	―
ESW3 （クライアント）	F1/0	アクセス	10	PC3	192.168.10.3/24
	F1/15	トランク	―	ESW2 F1/15	―

まず、ESW1をサーバモードに設定します。このときのVTPドメイン名は「cisco」で、3台のスイッチで同じにします。また、VTPパスワードは必須ではありませんが、VTPドメインに想定外のスイッチを参加させたくないときにオプションで設定します（**リスト5.4.1a**）。

次に、ESW2をトランスペアレントモードに設定します（**リスト5.4.1b**）。トランスペアレントモードのスイッチはVTPアドバタイズメントの情報に同期しないので、手動でVLAN情報を設定しなければいけません。また、VLAN情報の他にトランクリンクで明示的に許可するVLANを追加する必要もあります。

最後に、ESW3をクライアントモードに設定します（**リスト5.4.1c**）。このとき注目したいのは、ESW3はVLAN情報を手動で一切設定していないことです。

5-4 VTP

○図5.4.1：ネットワークトポロジ図

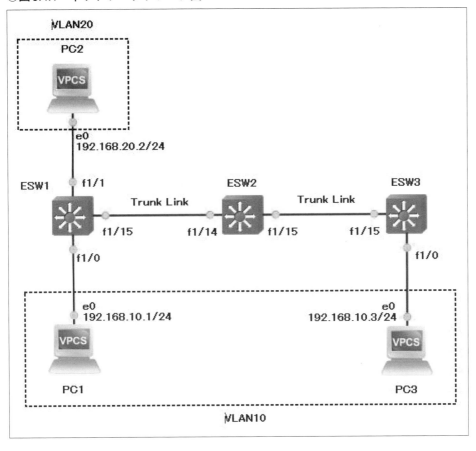

○リスト5.4.1a：ESW1（サーバモード）の設定

```
ESW1#configure terminal    ※特権モードから設定モードに移行
ESW1(config)#interface FastEthernet 1/0    ※インターフェイスの設定
ESW1(config-if)#switchport mode access    ※アクセスポートの設定
ESW1(config-if)#switchport access vlan 10    ※アクセスポートにVLAN番号の割り当て
ESW1(config-if)#no shutdown    ※インターフェイスの有効化
ESW1(config-if)#exit    ※直前の設定モードに戻る
ESW1(config)#interface FastEthernet 1/1
ESW1(config-if)#switchport mode access
ESW1(config-if)#switchport access vlan 20
ESW1(config-if)#no shutdown
ESW1(config-if)#exit
ESW1(config)#interface FastEthernet 1/15
ESW1(config-if)#switchport mode trunk    ※トランクポートの設定
ESW1(config-if)#switchport trunk encapsulation dot1q    ※タギングプロトコルの指定
ESW1(config-if)#no shutdown
ESW1(config-if)#exit
ESW1(config)#vtp domain cisco    ※VTPドメイン名の設定
ESW1(config)#vtp mode server    ※VTPサーバモードに設定
ESW1(config)#vtp password cisco    ※VTPパスワードの設定
ESW1(config)#exit
```

○リスト5.4.1b：ESW2（トランスペアレントモード）の設定

```
ESW2#configure terminal
ESW2(config)#vlan 10,20          ※VLAN10、20の作成
ESW2(config-vlan)#exit
ESW2(config)#interface range FastEthernet 1/14 - 15   ※複数のインターフェイスの同時設定
ESW2(config-if-range)#switchport mode trunk
ESW2(config-if-range)#switchport trunk encapsulation dot1q
ESW2(config-if-range)#switchport trunk allowed vlan add 10,20
                                           ※VLAN10、20をトランクリンクに追加
ESW2(config-if-range)#no shutdown
ESW2(config-if-range)#exit
ESW2(config)#vtp domain cisco
ESW2(config)#vtp mode transparent   ※VTPトランスペアレントモードに設定
ESW2(config)#vtp password cisco
ESW2(config)#exit
```

○リスト5.4.1c：ESW3（クライアントモード）の設定

```
ESW3#configure terminal
ESW3(config)#interface FastEthernet 1/0
ESW3(config-if)#switchport mode access
ESW3(config-if)#switchport access vlan 10
ESW3(config-if)#no shutdown
ESW3(config-if)#exit
ESW3(config)#interface FastEthernet 1/15
ESW3(config-if)#switchport mode trunk
ESW3(config-if)#switchport trunk encapsulation dot1q
ESW3(config-if)#no shutdown
ESW3(config-if)#exit
ESW3(config)#vtp domain cisco
ESW3(config)#vtp mode client     ※VTPクライアントモードに設定
ESW3(config)#vtp password cisco
ESW3(config)#exit
```

　すべてのスイッチの設定が終わったら、各スイッチのVTPステータスを見て、VLANの情報が意図どおりに同期したことを確認します。

　ESW1では、VTPモードが「Server」になっていることとVTPドメインが「cisco」になっていることを確かめます（リスト5.4.1d）。また、このときのリビジョン番号が「4」になっていることに留意します。

　ESW2は、VTPモードが「Transparent」になっていることを確認します（リスト5.4.1e）。トランスペアレントもスイッチはVLAN情報の同期を行わないので、リビジョン番号は「4」ではなく「0」のままとなっています。

　ESW3はクライアントモードなので、サーバモードのESW1から受信したVLAN情報と同期します（リスト5.4.1.f）。リビジョン番号がESW1と同じ「4」になっていることと、VLAN10とVLAN20のVLAN情報が表示できていることを確認できます。

○リスト5.4.1d：VTPステータスの確認（ESW1）

```
ESW1#show vtp status
VTP Version                     : 2
Configuration Revision          : 4
Maximum VLANs supported locally : 36
Number of existing VLANs        : 7
VTP Operating Mode              : Server
VTP Domain Name                 : cisco
VTP Pruning Mode                : Disabled
VTP V2 Mode                     : Disabled
VTP Traps Generation            : Disabled
MD5 digest                      : 0xB2 0x28 0x6A 0x32 0x85 0xFA 0x82 0xEA
Configuration last modified by 0.0.0.0 at 3-1-02 00:36:39
Local updater ID is 0.0.0.0 (no valid interface found)

ESW1#show vlan-switch brief | include VLAN00
10   VLAN0010                         active    Fa1/0
20   VLAN0020                         active    Fa1/1
```

○リスト5.4.1e：VTPステータスの確認（ESW2）

```
ESW2#show vtp status
VTP Version                     : 2
Configuration Revision          : 0
Maximum VLANs supported locally : 36
Number of existing VLANs        : 7
VTP Operating Mode              : Transparent
VTP Domain Name                 : cisco
VTP Pruning Mode                : Disabled
VTP V2 Mode                     : Disabled
VTP Traps Generation            : Disabled
MD5 digest                      : 0xA0 0x87 0x54 0x86 0x2E 0x48 0x87 0x71
Configuration last modified by 0.0.0.0 at 3-1-02 00:10:19

ESW2#show vlan-switch brief | include VLAN00
10   VLAN0010                         active
20   VLAN0020                         active
```

○リスト5.4.1f：VTPステータスの確認（ESW3）

```
ESW3#show vtp status
VTP Version                     : 2
Configuration Revision          : 4
Maximum VLANs supported locally : 36
Number of existing VLANs        : 7
VTP Operating Mode              : Client
VTP Domain Name                 : cisco
VTP Pruning Mode                : Disabled
VTP V2 Mode                     : Disabled
VTP Traps Generation            : Disabled
MD5 digest                      : 0xB2 0x28 0x6A 0x32 0x85 0xFA 0x82 0xEA
Configuration last modified by 0.0.0.0 at 3-1-02 00:36:39

ESW3#show vlan-switch brief | include VLAN00
10   VLAN0010                         active    Fa1/0
20   VLAN0020                         active
```

VTPアドバタイズメントはデフォルトで300秒ごとに送信されます。VTPアドバタイズメントの中にVTPドメイン名、リビジョン番号やVTPパスワードなどが格納されています。図5.4.2は、ESW2とESW3の間でパケットキャプチャしたときの結果です。VTPドメイン名が「cisco」、リビジョン番号が「4」となっていることがわかります。ちなみにVTPパスワードはMD5でハッシュ化されています。

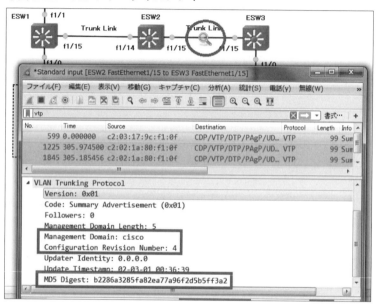

○図5.4.2：VTPアドバタイズメント

5-5 STP

STP（Spanning Tree Protocol）はループ構成になっているスイッチ間で発生するループトラフィックを防ぐプロトコルです。ここでは、STPのプロトコルの動作仕様のほかに、PVST+、RPVST+、PortFast、Uplink Fast、Backbone Fastといった関連する技術についても紹介します。演習ラボでは、STPのプロトコルの動作を確認し、PortFastなどを使ったときの収束時間の短縮について考察します。

5-5-1 STPの概要

STPはIEEE802.1dで標準化されたプロトコルですが、後述するPVST+はVLANごとにSTPができるCisco独自のプロトコルです。

STPでループを防止するためにBPDU[注9]というフレームをスイッチ同士で定期的（デフォ

注9 Bridge Protocol Data Unit

ルトでは2秒）に送り合い、トポロジの変更や障害に応じて自動的にスイッチやポートの役割を変更します。スイッチの各ポートは役割ごとに異なる振る舞いを行い、常にループのないループフリーな状態を構成します。

スイッチやポートの役割を決定するには、ポートの状態遷移のルールに従います（図5.5.1）。ポートの状態には「ディセーブル」「ブロッキング」「リスニング」「ラーニング」「フォワーディング」の5種類があります（表5.5.1）。

○図5.5.1：STPの状態遷移

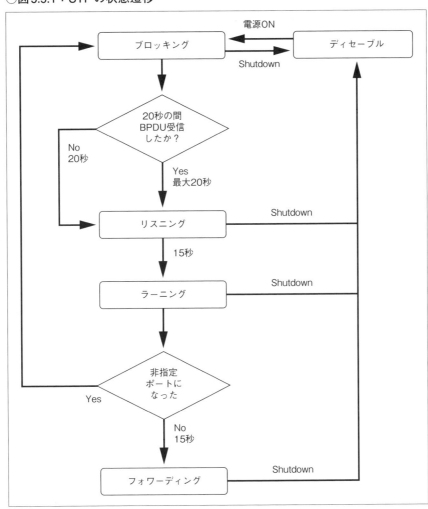

表5.5.1：ポート状態

ポート状態	状態の説明
ディセーブル	ポートがShutdownされている状態。ユーザフレームとBPDUの送受信はしない。MACアドレスの学習もしない
ブロッキング	スイッチを電源ONした直後の状態。BPDUの受信のみを行う。この状態で20秒経過するかBPDUを受信するとリスニング状態に移行する
リスニング	ルートブリッジ／ルートポート／指定ポートを選出する状態。BPDUの送受信のみを行う。この状態で15秒経過するとラーニング状態に移行する
ラーニング	MACアドレスの学習を開始し始めるが、まだユーザフレームの送信はしていない。この状態で非指定ポートとなったポートはブロッキング状態に遷移し、そうでなければ15秒経過後にフォワーディング状態へ移る
フォワーディング	ユーザフレームを転送し始める状態。このときのポートはルートポートか指定ポートになっている

スイッチ上のすべてのポートがブロッキングかフォワーディングの状態になると収束の状態になります。図5.5.1からわかるように電源ONから最大50秒でスイッチが収束します。

スイッチが収束するまでにBPDUを交換して、それぞれのスイッチの役割やポートの役割を決定します。これら役割ごとにスイッチとポートを表5.5.2のような種類に分類できます。

表5.5.2：STPにおけるスイッチとポートの種類

分類	種類	概要
スイッチ	ルートスイッチ	基準となる1台のスイッチ
	非ルートスイッチ	ルートスイッチ以外のスイッチ
ポート	ルートポート	非ルートスイッチのもっともルートスイッチに近いポートで、ユーザフレームを転送できる
	指定ポート	各セグメントのもっともルートスイッチに近いポートで、ユーザフレームを転送できる
	非指定ポート	それ以外のポートで、ユーザフレームの転送はできない

ルートスイッチの選定では、スイッチの中でもっとも小さいブリッジIDを持つスイッチがルートスイッチとなります。ブリッジIDは8バイトの情報で、これは2バイトのスイッチプライオリティと6バイトのMACアドレスを合わせたものです。スイッチプライオリティはスイッチ上で変更できるので、この値を調整することで任意のスイッチをルートスイッチに設定できます。もしスイッチプライオリティが同じなら、最小MACアドレスを持つスイッチがルートスイッチになります。

図5.5.2はルートスイッチを選出する例で、SW1とSW2がともに最小プライオリティですが、SW1のMACアドレスがより小さいのでSW1がルートスイッチとして選出されます。このときSW2とSW3は非ルートスイッチとなります。

ルートスイッチが決まれば、ルートスイッチを基準に非ルートスイッチのルートポートを決定します。ルートポートになれるのは、非ルートスイッチ上でルートスイッチまでの累積

○図5.5.2：ルートスイッチの選出

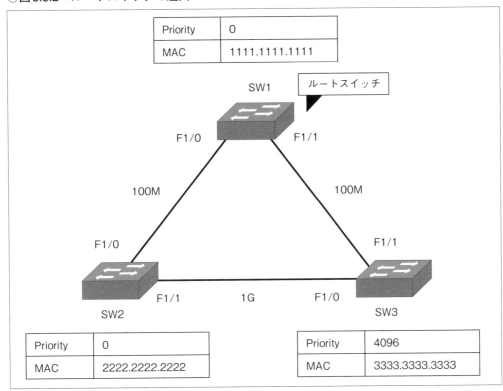

○表5.5.3：帯域幅とパスコストの対応

帯域幅	パスコスト
10Gbps	2
1Gbps	4
100Mbps	19
10Mbps	100

パスコストが最小のポートです。パスコストは**表5.5.3**のようにポートの帯域幅ごとに異なります。

図5.5.3はルートポートを選出する例です。このときの非ルートスイッチはSW2とSW3で、それぞれのスイッチの全ポートでルートスイッチまでの累積パスコストを計算します。累積パスコストが最小のポートがルートポートであるため、SW2のF1/0とSW3のF1/1がそれぞれのスイッチのルートポートとして選出されます。

最後に指定ポートと非指定ポートを選出します。指定ポートとなるポートは、各セグメント上でルートスイッチまでの累積コストパスが最小のポートです。**図5.5.4**ではSW1がルートスイッチなので、SW1のF1/0とF1/1はそれぞれのセグメントにおいて無条件で指定ポートとして選出されます。SW2とSW3のセグメントでは、SW2のF1/1とSW3のF1/0の累積

第5章 スイッチング

○図5.5.3：ルートポートの選出

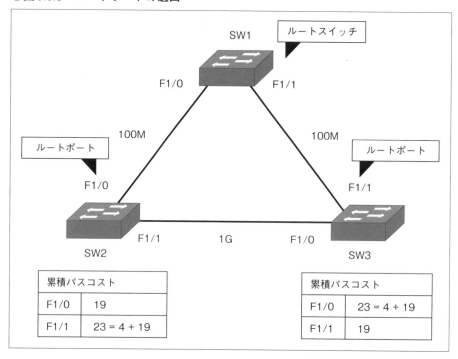

○図5.5.4：指定ポートと非指定ポートの選出

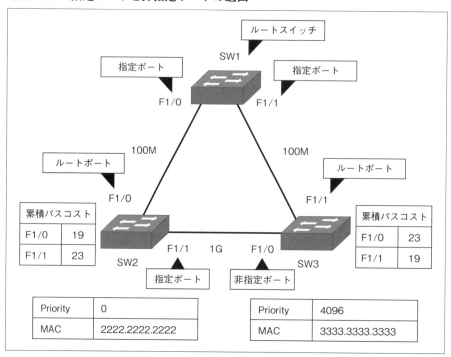

パスコストが同じです。累積パスコストが同じの場合、ブリッジIDが最小のほうのスイッチのポートが指定ポートとなります。よって、SW2のF1/1が指定ポートとなり、残ったSW3のF1/0が非指定ポートになります。非指定ポートになったポートはユーザデータの転送ができません。

5-5-2 PVST+

先ほどまで紹介したSTPはCST（Common Spanning Tree）と呼ばれる仕様で、CSTではすべてのVLANが同一のSTP計算に基づく、すなわちすべてのVLANにおいてルートスイッチをはじめ各種ポートが同じのSTPトポロジ構成となります。

CSTに対して、PVST+はVLANごとに異なるSTPトポロジ構成を作れます。CiscoのCatalystスイッチは、デフォルトでPVST+が使えるようになっています。ちなみにもともとPVSTはISLのみしか対応していませんでしたが、802.1Qに対応できるようにしたのがPVST+です。PVST+がCSTよりも優れている点は次のとおりです。

- ネットワークの変更によるSTP再計算の範囲が特定のVLANに限定できる
- VLANごとのパスを管理できる
- ネットワーク全体のロードバランスができる

5-5-3 収束時間の短縮

STPの収束時間は最大で50秒と長いです。この収束時間を短縮するための技術としてRPVST+とPortFastなどがあります。残念ながら、前者のRPVST+はGNS3のサポート外となっているため使えません。RPVST+は、非指定ポートの代わりに代替ポートとバックアップポートを新たに導入して収束時間を短縮します。

GNS3のサポート対象は、PortFast、Uplink FastおよびBackbone Fastの3種類です（表5.5.4）。

○表5.5.4：STP収束時間の短縮技術

技術	収束時間	技術概要
PortFast	瞬時	端末専用のスイッチポートをSTP計算の対象外にすることで、ブロッキング状態からすぐにフォワーディング状態に遷移できるようになる。つまり、PortFastが有効になっているポートに端末を接続すれば最大50秒を待たずにデータ送受信が可能になる
Uplink Fast	5秒以内	ルートポート上のリンクで障害が発生したとき、非指定ポートを指定ポートに5秒以内で切り替える。この設定はルートポートと非指定ポートを同時に持つスイッチで行う
Backbone Fast	30秒	間接リンクで障害が発生したとき、非指定ポートをブロッキング状態から即座にリスニング状態に遷移することで最大20秒の時間短縮ができる。この機能を有効にするにはすべてのスイッチで設定する必要がある

5-5-4 演習Lab PVST+の動作確認と収束時間の短縮

ここでは次の3点について確認します。

- ブリッジIDによるルートスイッチの選出
- パスコストによるポート種類の変更
- PortFastによる収束時間の短縮

表5.5.5と表5.5.6はそれぞれにVLAN設定表と各スイッチの初期ブリッジIDで、図5.5.5は初期状態のネットワークトポロジ図です。

○表5.5.5：VLAN設定表

SW	IF	ポート種別	VID	接続先	接続先PCのIP
ESW1	F1/14	トランク	ー	ESW2 F1/14	ー
	F1/15	トランク	ー	ESW3 F1/15	ー
ESW2	F1/14	トランク	ー	ESW1 F1/14	ー
	F1/15	トランク	ー	ESW3 F1/14	ー
ESW3	F1/0	アクセス	10	PC1	192.168.10.1/24
	F1/1	アクセス	20	PC2	192.168.20.2/24
	F1/14	トランク	ー	ESW1 F1/15	ー
	F1/15	トランク	ー	ESW1 F1/15	ー

○表5.5.6：各スイッチのブリッジID（初期）

SW	VLAN	ブリッジID	
		プライオリティ	MACアドレス
ESW1	10	0	c203.0ea8.001
	20		c203.0ea8.002
ESW2	10	4096	c202.1144.0001
	20		c202.1144.0002
ESW3	10	8192	c201.0764.0001
	20		c201.0764.0002

スイッチの設定

　ESW1をルートスイッチにするため、VLAN10とVLAN20の両方で最小プライオリティ値に設定します（リスト5.5.1a）。ESW2ではVLAN10とVLAN20の両方のプライオリティを4096に設定します（リスト5.5.1b）。ESW3ではVLAN10とVLAN20の両方のプライオリティを8192に設定します（リスト5.5.1c）。

○図5.5.5：ネットワークトポロジ図（初期）

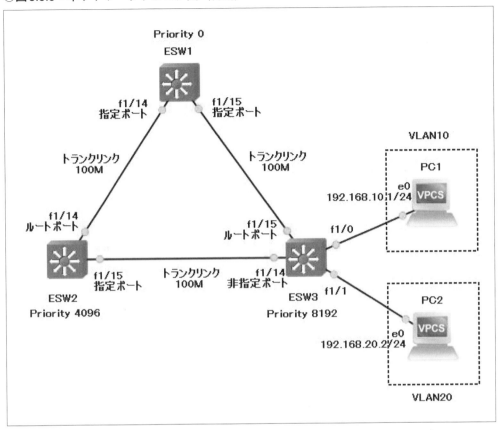

○リスト5.5.1a：ESW1の初期設定

```
ESW1#configure terminal        ※特権モードから設定モードに移行
ESW1(config)#vlan 10,20        ※VLAN10、20の作成
ESW1(config-vlan)#exit         ※直前の設定モードに戻る
ESW1(config)#interface range FastEthernet 1/14 - 15   ※複数のインターフェイスの同時設定
ESW1(config-if-range)#switchport mode trunk           ※トランクポートの設定
ESW1(config-if-range)#switchport trunk encapsulation dot1q   ※タギングプロトコルの指定
ESW1(config-if-range)#no shutdown    ※インターフェイスの有効化
ESW1(config-if-range)#exit
ESW1(config)#spanning-tree vlan 10 priority 0    ※STPプライオリティの設定
ESW1(config)#spanning-tree vlan 20 priority 0
ESW1(config)#end
```

○リスト5.5.1b：ESW2の初期設定

```
ESW2#configure terminal
ESW2(config)#vlan 10,20
ESW2(config-vlan)#exit
ESW2(config)#interface range FastEthernet 1/14 - 15
ESW2(config-if-range)#switchport mode trunk
ESW2(config-if-range)#switchport trunk encapsulation dot1q
ESW2(config-if-range)#no shutdown
```

第5章　スイッチング

```
ESW2(config-if-range)#exit
ESW2(config)#spanning-tree vlan 10 priority 4096
ESW2(config)#spanning-tree vlan 20 priority 4096
ESW2(config)#end
```

○リスト5.5.1c：ESW3の初期設定

```
ESW3#configure terminal
ESW3(config)#vlan 10,20
ESW3(config-vlan)#exit
ESW3(config)#interface FastEthernet 1/0
ESW3(config-if)#switchport mode access        ※アクセスポートの設定
ESW3(config-if)#switchport access vlan 10     ※アクセスポートにVLAN番号の割り当て
ESW3(config-if)#no shutdown
ESW3(config-if)#exit
ESW3(config)#interface FastEthernet 1/1
ESW3(config-if)#switchport mode access
ESW3(config-if)#switchport access vlan 20
ESW3(config-if)#no shutdown
ESW3(config-vlan)#exit
ESW3(config)#interface range FastEthernet 1/14 - 15
ESW3(config-if-range)#switchport mode trunk
ESW3(config-if-range)#switchport trunk encapsulation dot1q
ESW3(config-if-range)#no shutdown
ESW3(config-if-range)#exit
ESW3(config)#spanning-tree vlan 10 priority 8192
ESW3(config)#spanning-tree vlan 20 priority 8192
ESW3(config)#end
```

状態確認

すべてのスイッチの設定が完了したら、各スイッチのSTPの状態を確認します。

ESW1での確認ポイントは、ESW1がVLAN10とVLAN20の両方でルートスイッチになっていることです（リスト5.5.1d）。また、ポートの表示が「FWD」となっているのは、ポートがフォワーディング状態であることを表しています。

ESW2の2つのF1/14とF1/15がVLAN10とVLAN20の両方でフォワーディング状態になっていて、それぞれがルートポートと指定ポートになっています（リスト5.5.1e）。

ESW3のF1/14はVLAN10とVLAN20の両方でブロッキングポートとなっていることを確認します（リスト5.5.1f）。

○リスト5.5.1d：ESW1のSTPの状態確認（初期）

```
ESW1#show spanning-tree vlan 10 brief    ※STPの状態確認
VLAN10
  Spanning tree enabled protocol ieee
  Root ID    Priority    0
             Address     c203.0ea8.0001
             This bridge is the root
             Hello Time   2 sec  Max Age 20 sec  Forward Delay 15 sec

  Bridge ID  Priority    0
             Address     c203.0ea8.0001
             Hello Time   2 sec  Max Age 20 sec  Forward Delay 15 sec
             Aging Time 300
```

5-5 STP

```
Interface                                       Designated
Name                  Port ID Prio Cost  Sts Cost Bridge ID            Port ID
-------------------   ------- ---- ----- --- ---- -------------------- -------
FastEthernet1/14      128.55   128    19 FWD    0    0 c203.0ea8.0001  128.55
FastEthernet1/15      128.56   128    19 FWD    0    0 c203.0ea8.0001  128.56

ESW1#show spanning-tree vlan 20 brief
VLAN20
  Spanning tree enabled protocol ieee
  Root ID    Priority    0
             Address     c203.0ea8.0002
             This bridge is the root
             Hello Time   2 sec  Max Age 20 sec  Forward Delay 15 sec

  Bridge ID  Priority    0
             Address     c203.0ea8.0002
             Hello Time   2 sec  Max Age 20 sec  Forward Delay 15 sec
             Aging Time 300

Interface                                       Designated
Name                  Port ID Prio Cost  Sts Cost Bridge ID            Port ID
-------------------   ------- ---- ----- --- ---- -------------------- -------
FastEthernet1/14      128.55   128    19 FWD    0    0 c203.0ea8.0002  128.55
FastEthernet1/15      128.56   128    19 FWD    0    0 c203.0ea8.0002  128.56
```

○リスト5.5.1e：ESW2のSTPの状態確認（初期）

```
ESW2#show spanning-tree vlan 10 brief
VLAN10
  Spanning tree enabled protocol ieee
  Root ID    Priority    0
             Address     c203.0ea8.0001
             Cost        19
             Port        55 (FastEthernet1/14)
             Hello Time   2 sec  Max Age 20 sec  Forward Delay 15 sec

  Bridge ID  Priority    4096
             Address     c202.1144.0001
             Hello Time   2 sec  Max Age 20 sec  Forward Delay 15 sec
             Aging Time 300

Interface                                       Designated
Name                  Port ID Prio Cost  Sts Cost Bridge ID            Port ID
-------------------   ------- ---- ----- --- ---- -------------------- -------
FastEthernet1/14      128.55   128    19 FWD    0    0 c203.0ea8.0001  128.55
FastEthernet1/15      128.56   128    19 FWD   19 4096 c202.1144.0001  128.56

ESW2#show spanning-tree vlan 20 brief
VLAN20
  Spanning tree enabled protocol ieee
  Root ID    Priority    0
             Address     c203.0ea8.0002
             Cost        19
             Port        55 (FastEthernet1/14)
             Hello Time   2 sec  Max Age 20 sec  Forward Delay 15 sec

  Bridge ID  Priority    4096
             Address     c202.1144.0002
             Hello Time   2 sec  Max Age 20 sec  Forward Delay 15 sec
             Aging Time 300
```

第5章　スイッチング

```
Interface                                       Designated
Name                Port ID Prio Cost Sts Cost Bridge ID         Port ID
-------------------- ------- ---- ----- --- ----- ------------------- -------
FastEthernet1/14    128.55   128   19 FWD    0    0 c203.0ea8.0002 128.55
FastEthernet1/15    128.56   128   19 FWD   19 4096 c202.1144.0002 128.56
```

○リスト5.5.1f：ESW3のSTPの状態確認（初期）

```
ESW3#show spanning-tree vlan 10 brief
VLAN10
  Spanning tree enabled protocol ieee
  Root ID    Priority     0
             Address      c203.0ea8.0001
             Cost         19
             Port         56 (FastEthernet1/15)
             Hello Time   2 sec  Max Age 20 sec  Forward Delay 15 sec

  Bridge ID  Priority     8192
             Address      c201.0764.0001
             Hello Time   2 sec  Max Age 20 sec  Forward Delay 15 sec
             Aging Time 300

Interface                                       Designated
Name                Port ID Prio Cost Sts Cost Bridge ID         Port ID
-------------------- ------- ---- ----- --- ----- ------------------- -------
FastEthernet1/0     128.41   128   19 FWD   19 8192 c201.0764.0001 128.41
FastEthernet1/14    128.55   128   19 BLK   19 4096 c202.1144.0001 128.56
FastEthernet1/15    128.56   128   19 FWD    0    0 c203.0ea8.0001 128.56

ESW3#show spanning-tree vlan 20 brief
VLAN20
  Spanning tree enabled protocol ieee
  Root ID    Priority     0
             Address      c203.0ea8.0002
             Cost         19
             Port         56 (FastEthernet1/15)
             Hello Time   2 sec  Max Age 20 sec  Forward Delay 15 sec

  Bridge ID  Priority     8192
             Address      c201.0764.0002
             Hello Time   2 sec  Max Age 20 sec  Forward Delay 15 sec
             Aging Time 300

Interface                                       Designated
Name                Port ID Prio Cost Sts Cost Bridge ID         Port ID
-------------------- ------- ---- ----- --- ----- ------------------- -------
FastEthernet1/1     128.42   128   19 FWD   19 8192 c201.0764.0002 128.42
FastEthernet1/14    128.55   128   19 BLK   19 4096 c202.1144.0002 128.56
FastEthernet1/15    128.56   128   19 FWD    0    0 c203.0ea8.0002 128.56
```

ルートスイッチの変更

　ESW1がVLAN10とVLAN20の両方でルートスイッチになっている状態で、ESW2でVLAN10のプライオリティを最小値に設定して、ルートスイッチをESW1からESW2に変更してみましょう（リスト5.5.1g）。

○リスト5.5.1g：プライオリティの変更

```
ESW2#configure terminal
ESW2(config)#spanning-tree vlan 10 priority 0
ESW2(config)#end
```

　プライオリティを変更後、ESW2はVLAN10でのみルートスイッチとなり、VLAN20は非ルートスイッチのままです（リスト5.5.1h）。VLAN10でESW1とESW2の両方が同じ最小プライオリティ値にもかかわらずESW2がルートスイッチに選出されたのは、ESW2のMACアドレスがESW1よりも小さいため、ESW1よりもESW2のほうがより小さいブリッジIDになっているからです。

○リスト5.5.1h：ESW2のSTPの状態確認（プライオリティ変更後）

```
ESW2#show spanning-tree vlan 10 brief

VLAN10
  Spanning tree enabled protocol ieee
  Root ID    Priority    0
             Address     c202.1144.0001
             This bridge is the root
             Hello Time   2 sec  Max Age 20 sec  Forward Delay 15 sec

  Bridge ID  Priority    0
             Address     c202.1144.0001
             Hello Time   2 sec  Max Age 20 sec  Forward Delay 15 sec
             Aging Time 300

                                              Designated
Interface
Name              Port ID Prio Cost  Sts Cost Bridge ID         Port ID
----------------- ------- ---- ----- --- ---- ----------------- -------
FastEthernet1/14  128.55   128    19 FWD    0 0 c202.1144.0001 128.55
FastEthernet1/15  128.56   128    19 FWD    0 0 c202.1144.0001 128.56

ESW2#show spanning-tree vlan 20 brief

VLAN20
  Spanning tree enabled protocol ieee
  Root ID    Priority    0
             Address     c203.0ea8.0002
             Cost        19
             Port        55 (FastEthernet1/14)
             Hello Time   2 sec  Max Age 20 sec  Forward Delay 15 sec

  Bridge ID  Priority    4096
             Address     c202.1144.0002
             Hello Time   2 sec  Max Age 20 sec  Forward Delay 15 sec
             Aging Time 300

                                              Designated
Interface
Name              Port ID Prio Cost  Sts Cost  Bridge ID         Port ID
----------------- ------- ---- ----- --- ----- ----------------- -------
FastEthernet1/14  128.55   128    19 FWD     0    0 c203.0ea8.0002 128.55
FastEthernet1/15  128.56   128    19 FWD    19 4096 c202.1144.0002 128.56
```

パスコストの変更

次に、パスコストを変更してブロッキングポートをフォワーディングポートに変えてみましょう（リスト5.5.1i）。この時点では、VLAN20でESW3のF1/14が非指定ポート、すなわちブロッキングポートになっています。このポートをフォワーディングポートにするには、F1/15のパスコストを19（100Mのデフォルトパスコスト値）よりも低い18に設定します。すると、VLAN20のF1/14のルートスイッチまでの累積パスコストは18となり、一方ESW2のF1/15の累積パスコストは19のままです。よって、ESW1とESW2のセグメントでESW3のF1/14のほうがより低い累積パスコストになるため、ESW2のF1/14が指定ポートに変更されます。

パスコストを変更したことによって、ESW2のF1/15がフォワーディングポートからブロッキングポートになります（リスト5.5.1j）。

○リスト5.5.1i：パスコストの変更

```
ESW3#configure terminal
ESW3(config)#interface FastEthernet 1/15
ESW3(config-if)#spanning-tree vlan 20 cost 18     ※パスコストの設定
ESW3(config-if)#end
```

○リスト5.5.1j：ESW2のSTPの状態確認（パスコスト変更後）

```
ESW2#show spanning-tree vlan 20 brief
VLAN20
  Spanning tree enabled protocol ieee
  Root ID    Priority    0
             Address     c203.0ea8.0002
             Cost        19
             Port        55 (FastEthernet1/14)
             Hello Time  2 sec  Max Age 20 sec  Forward Delay 15 sec

  Bridge ID  Priority    4096
             Address     c202.1144.0002
             Hello Time  2 sec  Max Age 20 sec  Forward Delay 15 sec
             Aging Time 300

Interface                                 Designated
Name              Port ID Prio Cost  Sts  Cost  Bridge ID              Port ID
----------------- ------- ---- ----- ---- ----- ---------------------- -------
FastEthernet1/14  128.55  128  19    FWD  0     0 c203.0ea8.0002       128.55
FastEthernet1/15  128.56  128  19    BLK  18    8192 c201.0764.0001    128.55
```

PortFastの確認

最後にPortFastの機能について確認します。まずPortFastを有効にしていない状態の収束時間を測ります。収束時間を測るためSTPイベントデバッグを有効化します（リスト5.5.1k）。

○リスト5.5.1k：STPイベントデバッグの有効化

```
ESW3#debug spanning-tree events     ※STPイベントのデバッグ表示
```

デバッグを有効化したら、ESW3のF1/0をshutdownしてから再びno shutdownしてみましょう。すると、次のような文字列が画面に表示されます。PortFastが有効になっていない通常状態では約30秒でポートがフォワーディング状態になります。

```
*Mar  1 00:19:22.143: STP: VLAN10 Fa1/0 -> listening
*Mar  1 00:19:37.151: STP: VLAN10 Fa1/0 -> learning
*Mar  1 00:19:52.163: STP: VLAN10 Fa1/0 -> forwarding
```

次に、PortFastを有効化したときの収束時間を測ります（リスト5.5.1l）。

○リスト5.5.1l：PortFastの有効化

```
ESW3#configure terminal
ESW3(config)#interface FastEthernet 1/0
ESW3(config-if)#spanning-tree portfast     ※PortFastの有効化
ESW3(config-if)#end
```

同じようにF1/0をshutdownとno shutdownを実行したら、今回は次のような表示内容になり、ポートがブロッキング状態からすぐにフォワーディング状態に変わりました。

```
*Mar  1 00:25:40.859: STP: VLAN10 Fa1/0 ->jump to forwarding from blocking
```

5-6　EtherChannel

EtherChannelは複数の物理回線を論理的に1本に束ねる技術です。ここでは、EtherChannelの概要と設定方法を紹介します。

5-6-1　EtherChannelの概要

EtherChannelはCiscoの用語で、この技術は一般的にリンクアグリゲーションと呼ばれIEEE802.3adで規格化されています。EtherChannelは、複数の物理回線を論理的に1本にまとめ、パケットはEtherChannelを構成する複数の物理回線を同時に通ることができます。一部の物理回線が切断されたとしても、残りの物理回線で継続的に通信することも可能です（図5.6.1）。

○図5.6.1：断線時のEtherChannelの挙動

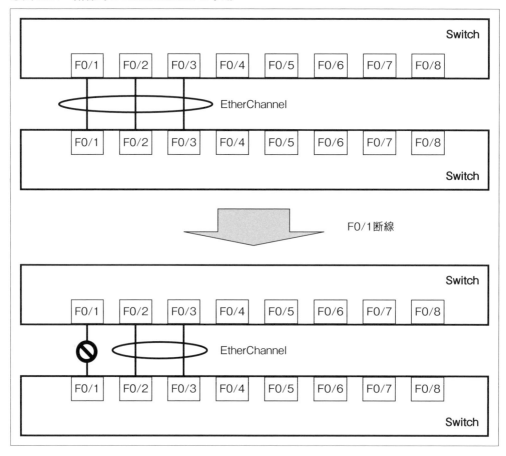

　EtherChannelの設定は手動と自動の2つの方法があります。後者の自動設定はPAgPとLACPの2つのプロトコルがあります。NM-16ESWでは、自動設定のプロトコルには対応していなくて、手動による設定のみが可能です。手動の場合、インターフェイスを強制的にEtherChannelに参加するようにするので、たとえ対向のインターフェイスがダウンしても自インターフェイスはそれを検知する術はなくずっとEtherChannelに参加したままになります。

　また、EtherChannelにはL2 EtherChannelとL3 EtherChannelの2種類があります。L2 EtherChannelが一般的で、L3 EtherChannelはスイッチのルーテッドポートを論理的に束ねることができます。しかし、NM-16ESWはルーテッドポートを設定することができないため、L2 EtherChannelしか対応できません。

　EtherChannelを形成したとき、複数の物理回線でパケットのロードバランシングも可能です。NM-16ESWでサポートするロードバランシングの方式は表5.6.1に挙げる6種類です。何も設定していないデフォルトの状態では、EtherChannelは宛先と送信元IPアドレスの組み合わせでロードバランシングを行います。

5-6 EtherChannel

○表5.6.1：EtherChannelのロードバランシング方式

方式	コマンドオプション	トラフィックを分散する対象
宛先IP	dst-ip	宛先IPアドレス
宛先MAC	dst-mac	宛先MACアドレス
宛先と送信元IP（デフォルト）	src-dst-ip	宛先と送信元IPアドレスの組み合わせ
宛先と送信元MAC	src-dst-mac	宛先と送信元MACアドレスの組み合わせ
送信元IP	src-ip	送信元IPアドレス
送信元MAC	src-mac	送信元MACアドレス

5-6-2 演習Lab EtherChannelの設定

演習ラボ（5-6-2_EtherChannel）では、2つの物理回線を論理的にEtherChannelで1本に束ねます。このとき、片方の物理回線を断線してもEtherChannelがアップし続けていることを確認します。

VLAN設定表とネットワークトポロジ図はそれぞれ表5.6.2と図5.6.2です。

○表5.6.2：VLAN設定表

SW	IF	ポート種別	接続先
ESW1	F1/14	トランク	ESW2 F1/14
	F1/15	トランク	ESW2 F1/15
ESW2	F1/14	トランク	ESW1 F1/14
	F1/15	トランク	ESW1 F1/15

○図5.6.2：ネットワークトポロジ

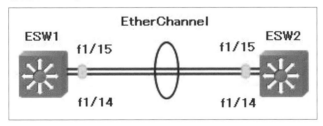

スイッチの設定

ESW1とESW2の両方でEtherChannelを手動で有効化します（リスト5.6.1a～5.6.1b）。

○リスト5.6.1a：ESW1の設定

```
ESW1#configure terminal    ※特権モードから設定モードに移行
ESW1(config)#interface range FastEthernet 1/14 - 15    ※複数のインターフェイスの同時設定
ESW1(config-if-range)#switchport mode trunk    ※トランクポートの設定
ESW1(config-if-range)#channel-group 1 mode on    ※手動によるEtherChannelの設定
ESW1(config-if-range)#end    ※特権モードに移行
```

○リスト5.6.1b：ESW2の設定

```
ESW2#configure terminal
ESW2(config)#interface range FastEthernet 1/14 - 15
ESW2(config-if-range)#switchport mode trunk
ESW2(config-if-range)#channel-group 1 mode on
ESW2(config-if-range)#end
```

状態確認

スイッチで自動的にPo1（ポートチャネル）インターフェイスが生成されます（リスト5.6.1c～5.6.1d）。Po1のステータスが「SU」で、これはL2のEtherChannelでかつ使用中となっていることを意味します。また、EtherChannelを構成するF1/14とF1/15のインターフェイスのステータスが「P」となっていて、このインターフェイスがEtherChannelに参加していることを示します。

○リスト5.6.1c：ESW1のEtherChannelの状態確認（F1/14断線前）

```
ESW1#show etherchannel summary
Flags:  D - down         P - in port-channel
        I - stand-alone  s - suspended
        R - Layer3       S - Layer2
        U - in use
Group Port-channel Ports
-----+------------+-----------------------------------------------
1     Po1(SU)      Fa1/14(P)  Fa1/15(P)
```

○リスト5.6.1d：ESW2のEtherChannelの状態確認（F1/14断線前）

```
ESW2#show etherchannel summary
Flags:  D - down         P - in port-channel
        I - stand-alone  s - suspended
        R - Layer3       S - Layer2
        U - in use
Group Port-channel Ports
-----+------------+-----------------------------------------------
1     Po1(SU)      Fa1/14(P)  Fa1/15(P)
```

ここでESW1のF1/14インターフェイスをシャットダウンしてみましょう。すると、F1/14のステータスが「D」になり、インターフェイスがダウンしたことがわかります（リスト5.6.1e）。しかし、Po1インターフェイスはまだアップしています。片方の物理回線がダウンしてもEtherChannelは接続し続けます。

反対側のESW2で確認したところ、F1/14のステータスは変わらず「P」となっています（リスト5.6.1f）。これは手動でEtherChannelを設定したので、このインターフェイスを強制的に有効にしているためです。自動設定のプロトコルなら、対向インターフェイスの状態を自動的に検知して「D」のステータスに直してくれます。

○リスト5.6.1e：ESW1のEtherChannelの状態確認（F1/14断線後）

```
ESW1#show etherchannel summary
Flags:  D - down         P - in port-channel
        I - stand-alone  s - suspended
        R - Layer3       S - Layer2
        U - in use
Group Port-channel Ports
-----+------------+------------------------------------------------
1     Po1(SU)      Fa1/14(D)  Fa1/15(P)
```

○リスト5.6.1f：ESW2のEtherChannelの状態確認（F1/14断線後）

```
ESW2#show etherchannel summary
Flags:  D - down         P - in port-channel
        I - stand-alone  s - suspended
        R - Layer3       S - Layer2
        U - in use
Group Port-channel Ports
-----+------------+------------------------------------------------
1     Po1(SU)      Fa1/14(P)  Fa1/15(P)
```

5-7　章のまとめ

　GNS3でスイッチング機能を使う場合、NM-16ESWモジュールを搭載したルータをスイッチとして代用します。このモジュールには機能制約がたくさんあり、シャーシスイッチのすべての機能を使用することはできません。したがって、CCNPレベル以上の試験対策やネットワークの構築には向いていません。NM-16ESWを使う場合、制約機能について事前によく調べておきましょう。

　スイッチング技術については、次のトピックを紹介しました。

- VLAN（ポートVLANとタグVLAN）
- VTP
- STP
- EtherChannel

　VLANは物理接続に依存しない論理的なネットワークを構成できます。VLANにはポートVLANとタグVLANの2種類があります。ポートVLANはスイッチのポートにVLANを1つのみを設定します。また、ポートVLANの演習ラボでは基本的なVLANの設定からVLAN分割によるブロードキャストの抑制を確認しました。一方、タグVLANは単一のリンク（トランクリンク）に複数のVLANを通過させる技術です。

　VTPはスイッチの管理に使われるプロトコルです。VTPを有効にすると、同じVTPドメインであれば1つのスイッチだけ設定をすれば、他のスイッチは自動的に同期します。

　STPはスイッチがループフリーに構成するためのプロトコルです。NM-16ESWでは、デ

第5章　スイッチング

フォルトでPVST+が使えるようになっています。PVST+はVLANごとでSTPトポロジの構成が可能です。STP自体の収束時間を短縮する技術としてPortFast、UplinkFast、Backbone Fastが挙げられます。

　EtherChannelは複数の物理回線を1つの論理回線に束ねる技術です。NM-16ESWはPAgPやLACPといった自動設定のプロトコルに対応していないため、手動でEtherChannelを設定する必要があります。

第6章
フレームリレー

フレームリレーは古いWANテクノロジーの一種で、ユーザに仮想専用線を提供するL2ネットワークサービスです。今ではIP-VPNを仮想専用線として使うのが主流で、あえてフレームリレーを使うという選択はほぼありません。しかし、なぜかフレームリレーはずっとCCNPの試験範囲となっています。あまり実用的な技術ではありませんが、試験対策あるいは教養として押さえておきましょう。

6-1　フレームリレーの概要

　ここでは、フレームリレーとはどのような技術かについて説明します。フレームリレーのパケットを転送するのはフレームリレースイッチですが、GNS3上でフレームリレースイッチを構成する方法も併せて確認します。

6-1-1　フレームリレーとは

　フレームリレーの前身はX.25というパケット交換サービスです。X.25は誤り制御やフロー制御などの機能が通信速度の妨げになっていました。やがて伝送媒体がメタルから光ファイバにシフトしたため、伝送のエラーレートも著しく低下しました。したがって、従来のエラー訂正機能を省略できるようになり、そこで生まれたのがフレームリレーという技術です。

　フレームリレーは拠点間を仮想的な専用線を使って接続します。フレームリレーのパケットはいくつかのフレームリレースイッチを通って相手側に届きます。フレームリレースイッチはフレームリレーパケットのヘッダ情報をマッピング情報に照らし合わせてパケットを転送します。

6-1-2　フレームリレーの関連用語と動作概要

　最初にフレームリレーの関連用語とそれぞれの意味について確認しておきます（表6.1.1）。
　図6.1.1はRouter1からRouter2のユーザアドレス（192.168.2.0/24）までのルートと、ルータやフレームリレースイッチによるフレームリレーパケットの処理を簡単に表したものです。
　Router1からRouter2のユーザ側へパケットを送信するとき、まず自分のルーティングテーブルを参照します。Router1のルーティングテーブルに従うと、192.168.2.0/24へのパケット転送はネクストホップ10.0.0.2になります。次にRouter1のフレームリレーマップを参照

第6章 フレームリレー

○表6.1.1：フレームリレーの関連用語

用語	説明
DCE[※1]	プロバイダ側の装置でフレームリレースイッチのこと
DTE[※2]	ユーザ側の装置でユーザルータのこと
VC[※3]	VCはフレームリレーが形成する仮想回線である。1本の物理回線の中に複数のVCを共存できる。VCにはPVCとSVCの2種類はあるが、国内のフレームリレーサービスはPVCを使う
PVC[※4]	固定的な仮想回線。プロバイダと契約した仮想回線で常時接続されている
SVC[※5]	仮想回線は動的に接続され、通信終了とともに開放される
DLCI[※6]	プロバイダが付与するVCを識別するための番号。DTEと隣接のDCEとの間のみ意味を持つ。また、DLCIはローカルな情報なので、他方のDTEとDCEで同じDLCI番号を使用してもまったく問題はない
Inverse ARP	DLCIに対応する宛先IPアドレスの解決をするためのプロトコル、動的にフレームリレーマップを生成する
LMI[※7]	DTEとDCEの間の制御情報を交換するプロトコル。この信号には、Cisco、ANSIおよびQ.933Aの3種類の方式があるが、DTEとDCEの両側で方式を揃える必要がある
CIR[※8]	プロバイダが保障する通信速度
FECN[※9]	輻輳が発生したとき、フレームリレースイッチが宛先のユーザルータに通知する機能
BECN[※10]	輻輳が発生したとき、フレームリレースイッチが送信元のユーザルータに通知する機能
ローカルアクセスレート	DTEからDCEまでの通信速度
フレームリレーマップ	DLCIと宛先IPアドレスを静的にマッピングした情報

※1 Data Circuit terminating Equipment
※2 Data Terminal Equipment
※3 Virtual Circuit
※4 Permanent Virtual Circuit
※5 Switched Virtual Circuit
※6 Data Link Connection Identifier
※7 Local Management Interface
※8 Committed Information Rate
※9 Forward Explicit Congestion Notification
※10 Backward Explicit Congestion Notification

して、10.0.0.2に向かうパケットをDLCI 102のVCを使ってフレームリレー網に転送します。このフレームリレーパケットを受け取ったフレームリレースイッチのFR SW1は、自分のフレームリレールートテーブルを参照して次のフレームリレースイッチのFR SW2にフレームリレーパケットを渡します。FR SW2はFR SW1と同様にテーブルを参照し、DLCI 201のVCを通してパケットをRouter2に渡します。

◯図6.1.1：フレームリレーの動作概要

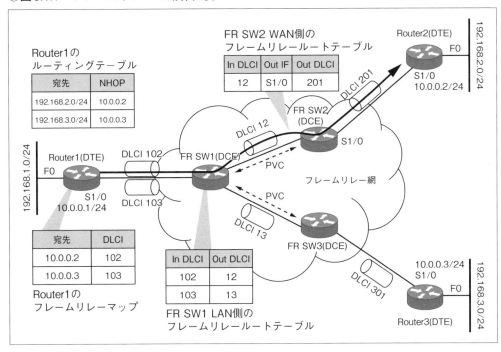

6-1-3　フレームリレーのトポロジ

　複数拠点の間でフレームリレーネットワークを構築するとき、PVCの形成の違いで大きく3種類のトポロジに分類できます。それぞのトポロジの特徴について説明します。

フルメッシュトポロジ
　フルメッシュトポロジは、それぞれの拠点は残りすべての拠点とPVCを形成するトポロジ構成です（図6.1.2）フルメッシュトポロジのメリットは、互いの拠点同士で直接通信できることや、冗長ルートによる信頼性の向上などがあります。しかし、デメリットとして、拠点数が多いと必要とするPVCの数も多くなり、通信コストが高くなることが挙げられます。

ハブ＆スポークトポロジ
　ハブ＆スポークトポロジはハブとなるフレームリレースイッチが1つあり、残りのフレームリレースイッチはすべてハブスイッチとだけ接続します（図6.1.3）。ハブ＆スポークトポロジの特徴はなんといっても必要PVCの数を最小にできることです。デメリットはハブとなるフレームリレースイッチに負荷が集中することです。しかし、ハブで集中的にネットワークを管理できるので、あえてこの構成をとることもあります。

第6章　フレームリレー

○図6.1.2：フルメッシュトポロジ

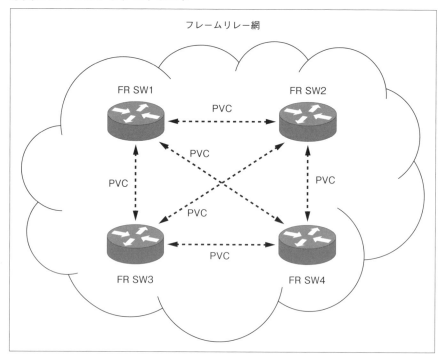

○図6.1.3：ハブ＆スポークトポロジ

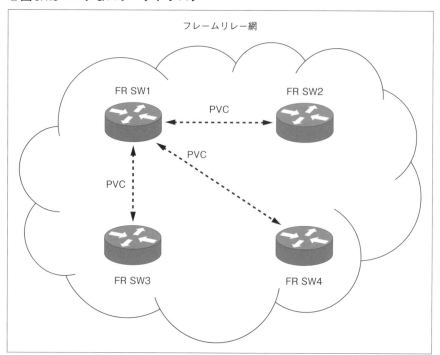

パーシャルメッシュトポロジ

パーシャルメッシュトポロジはフルメッシュとハブ&スポークの間をとった構成です（図6.1.4）。

○図6.1.4：パーシャルメッシュトポロジ

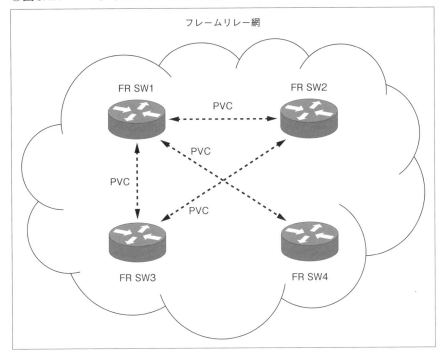

6-1-4　Inverse ARP

フレームリレーマップは宛先のIPアドレスとDLCIをマッピングしたテーブルです。各ユーザルータはこのフレームリレーマップを参照して、パケットに正しいDLCI番号を付けてフレームリレースイッチに渡します。

フレームリレーマップの作成は、手動設定とInverse ARPによる自動設定の2つの方法があります。Ciscoルータではデフォルトで Inverse ARPが有効になっています。

Inverse ARPによるフレームリレーマップの自動生成の様子を図6.1.5を使って説明します。この例では、ユーザルータのRouter1がInverse ARPを使って、Router2のIPアドレスを取得してDLCIにマッピングする流れを表したものです。まずRouter1はLMIを使って、隣接するフレームリレースイッチ（FR SW1）に対してアクティブなPVCを問い合わせます。FR SW1はこの問い合わせに対してアクティブなPVCのDLCIをRotuer1に返答します。次にRouter1は、アクティブなPVCのDLCIを通じて相手側ルータ（Router2）のIPアドレスを要求します。この要求を受信したRouter2は、自分のIPアドレスを応答メッセージに入れてRouter1に返します。この一連のやり取りで、Router1はDLCIとこれに対応するIPア

○図6.1.5：Inverse ARP

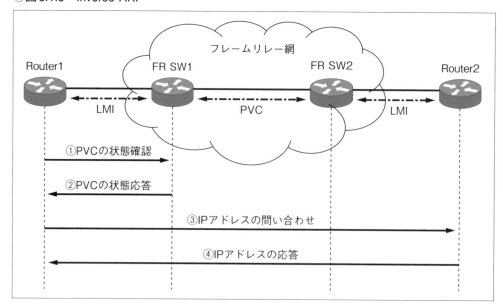

ドレスの情報をフレームリレーマップに登録します。ちなみにLMIは10秒おきにDTEとDCEの間で送受信されます。

6-1-5　フレームリレースイッチ

フレームリレー網は複数のフレームリレースイッチで構成されています。GNS3でフレームリレーを使用する場合、次の2つの方法があります。

- Ciscoルータをフレームリレースイッチとして使う
- GNS3標準搭載のフレームリレースイッチを使う

図6.1.6のフレームリレースイッチを例に、両方の設定方法について確認してみましょう。

Ciscoルータをフレームリレースイッチとして使う場合

　GNS3でCisco 3735をルータとして使用する場合、デフォルトのインターフェイスはファーストイーサが2つだけです。フレームリレーはシリアルケーブルを使用するため、NM-4Tモジュールをルータに追加します。NM-4Tモジュールは4個のシリアルインターフェイスを備えています。モジュールの追加は、ルータアイコンを右クリック ⇒ [Configure]から行います（図6.1.7）。

　Ciscoルータをフレームリレースイッチとして使うには、まずグローバル設定でフレームリレーの機能を有効化します（スト6.1.1a）。次に、各該当インターフェイスでフレームリレーのカプセル化を設定します。カプセル化を実行して初めてインターフェイス上のフレームリ

○図6.1.6：フレームリレースイッチ

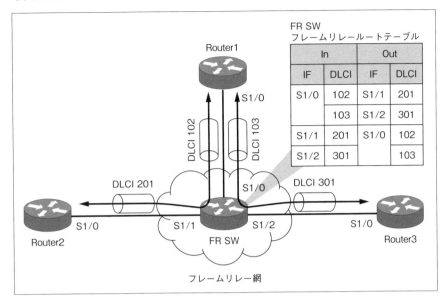

○図6.1.7：NM-4Tモジュールの追加

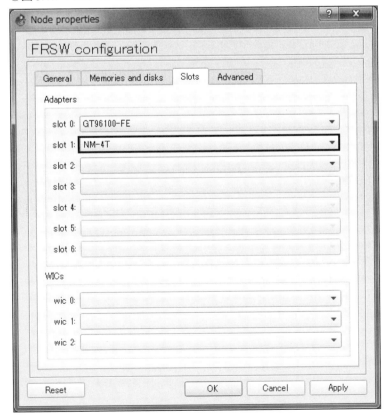

レー設定ができるようになります。フレームリレーの具体的な設定は、インターフェイスタイプのDCE指定とルートテーブルの設定です。

フレームリレースイッチの設定が終わったら、ルートテーブルを確認します（リスト6.1.1b）。

○リスト6.1.1a：Ciscoルータを使ったフレームリレースイッチの設定

```
FRSW#configure terminal        ※特権モードから設定モードに移行
FRSW(config)#frame-relay switching    ※フレームリレースイッチ機能の有効化
FRSW(config)#interface Serial 1/0    ※インターフェイスの設定
FRSW(config-if)#clock rate 64000     ※クロックレートの設定
FRSW(config-if)#encapsulation frame-relay    ※フレームリレーのカプセル化の設定
FRSW(config-if)#frame-relay intf-type dce    ※フレームリレーのインターフェイスタイプの設定
FRSW(config-if)#frame-relay route 102 interface Serial 1/1 201
                                              ※フレームリレーのルートテーブルの作成
FRSW(config-if)#frame-relay route 103 interface Serial 1/2 301
FRSW(config-if)#no shutdown     ※インターフェイスの有効化
FRSW(config-if)#exit      ※直前の設定モードに戻る
FRSW(config)#interface Serial 1/1
FRSW(config-if)#clock rate 64000
FRSW(config-if)#encapsulation frame-relay
FRSW(config-if)#frame-relay intf-type dce
FRSW(config-if)#frame-relay route 201 interface Serial 1/0 102
FRSW(config-if)#no shutdown
FRSW(config-if)#exit
FRSW(config)#interface Serial 1/2
FRSW(config-if)#clock rate 64000
FRSW(config-if)#encapsulation frame-relay
FRSW(config-if)#frame-relay intf-type dce
FRSW(config-if)#frame-relay route 301 interface Serial 1/0 103
FRSW(config-if)#no shutdown
FRSW(config-if)#end    ※特権モードに移行
```

○リスト6.1.1b：フレームリレースイッチのルートテーブル

```
FRSW#show frame-relay route    ※フレームリレーのルートテーブルの確認
Input Intf      Input Dlci      Output Intf     Output Dlci     Status
Serial1/0       102             Serial1/1       201             inactive
Serial1/0       103             Serial1/2       301             inactive
Serial1/1       201             Serial1/0       102             inactive
Serial1/2       301             Serial1/0       103             inactive
```

GNS3標準搭載のフレームリレースイッチを使う場合

標準搭載のフレームリレースイッチのアイコンをダブルクリックで開いたウィザード（図6.1.8）で設定します。設定方法はとても簡単で、[Source]と[Destination]でポート番号とDLCIを指定するだけです。1つの設定で双方向に適用されるので、今回の例なら2つのエントリを作るだけで完成です。

○図6.1.8：GNS3の標準搭載フレームリレースイッチの設定

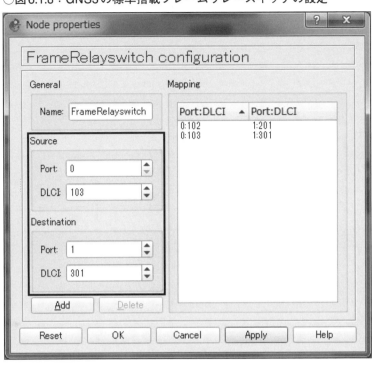

6-2　演習ラボ

フレームリレーの演習ラボでは、次のような3種類の演習を行います。

- ハブ＆スポーク
- P2Pサブインターフェイス
- マルチポイントサブインターフェイス

　ハブ＆スポークは、フレームリレーでよく見かける構成パターンです。残りの2つの構成もハブ＆スポークですが、ハブルータのWAN側インターフェイスをサブインターフェイスに変更した点が異なります。これに関する理由は各演習の中で説明します。
　また、3つの演習ラボのフレームリレースイッチのルートテーブルは**表6.2.1**のようになっています。

○表6.2.1：フレームリレースイッチのルートテーブル

In		Out	
Port	DLCI	Port	DLCI
0	102	1	201
	103	2	301
1	201	0	102
2	301		103

6-2-1 演習Lab ハブ＆スポーク

最初の演習ラボでは、フレームリレーのハブ＆スポークトポロジを構成してみましょう。フレームリレーマップの生成は、手動とInverse ARPによる自動の2つの方法があると紹介しました。そこで、この演習では両方の方法でフレームリレーマップを作ってみます。GNS3のプロジェクト名は「6-2-1_Hub_and_Spoke」で、ネットワーク構成図は図6.2.1です。

○図6.2.1：ネットワーク構成（ハブ＆スポーク）

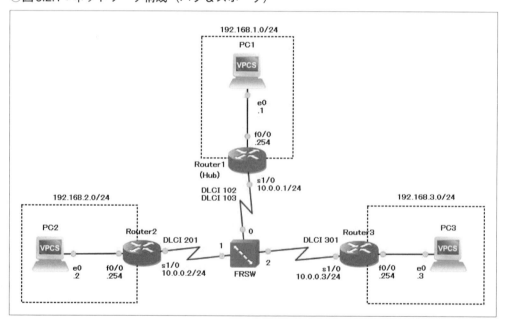

Inverse ARPを使った場合

まずInverse ARPを使った設定を見てみましょう。Inverse ARPはデフォルトで有効になっているので、インターフェイス上での設定はフレームリレーのカプセル化のみです（リスト6.2.1a〜6.2.1c）。

○リスト6.2.1a：Router1（ハブルータ）の設定

```
Router1#configure terminal   ※特権モードから設定モードに移行
Router1(config)#interface FastEthernet 0/0   ※インターフェイスの設定
Router1(config-if)#ip address 192.168.1.254 255.255.255.0   ※IPアドレスの設定
Router1(config-if)#no shutdown   ※インターフェイスの有効化
Router1(config-if)#exit   ※直前の設定モードに戻る
Router1(config)#interface serial 1/0
Router1(config-if)#ip address 10.0.0.1 255.255.255.0
Router1(config-if)#encapsulation frame-relay   ※フレームリレーのカプセル化
Router1(config-if)#no shutdown
Router1(config-if)#exit
Router1(config)#ip route 192.168.2.0 255.255.255.0 10.0.0.2
                                            ※スタティックルーティングの設定
Router1(config)#ip route 192.168.3.0 255.255.255.0 10.0.0.3
Router1(config)#exit
```

○リスト6.2.1b：Router2の設定

```
Router2#configure terminal
Router2(config)#interface FastEthernet 0/0
Router2(config-if)#ip address 192.168.2.254 255.255.255.0
Router2(config-if)#no shutdown
Router2(config-if)#exit
Router2(config)#interface serial 1/0
Router2(config-if)#ip address 10.0.0.2 255.255.255.0
Router2(config-if)#encapsulation frame-relay
Router2(config-if)#no shutdown
Router2(config-if)#exit
Router2(config)#ip route 0.0.0.0 0.0.0.0 10.0.0.1
Router2(config)#exit
```

○リスト6.2.1c：Router3の設定

```
Router3#configure terminal
Router3(config)#interface FastEthernet 0/0
Router3(config-if)#ip address 192.168.3.254 255.255.255.0
Router3(config-if)#no shutdown
Router3(config-if)#exit
Router3(config)#interface serial 1/0
Router3(config-if)#ip address 10.0.0.3 255.255.255.0
Router3(config-if)#encapsulation frame-relay
Router3(config-if)#no shutdown
Router3(config-if)#exit
Router3(config)#ip route 0.0.0.0 0.0.0.0 10.0.0.1
Router3(config)#exit
```

3つのルータの設定をしたらフレームリレーマップを確認しましょう（リスト6.2.1d～6.2.1f）。DLCIとこれに対応するIPアドレスはInverse ARPによって自動学習（dynamic）されていることがわかります。

第6章　フレームリレー

○リスト6.2.1d：Router1のフレームリレーマップの確認

```
Router1#show frame-relay map    ※フレームリレーマップの確認
Serial1/0 (up): ip 10.0.0.2 dlci 102(0x66,0x1860), dynamic,
        broadcast,, status defined, active
Serial1/0 (up): ip 10.0.0.3 dlci 103(0x67,0x1870), dynamic,
        broadcast,, status defined, active
```

○リスト6.2.1e：Router2のフレームリレーマップの確認

```
Router2#show frame-relay map
Serial1/0 (up): ip 10.0.0.1 dlci 201(0xC9,0x3090), dynamic,
        broadcast,, status defined, active
```

○リスト6.2.1f：Router3のフレームリレーマップの確認

```
Router3#show frame-relay map
Serial1/0 (up): ip 10.0.0.1 dlci 301(0x12D,0x48D0), dynamic,
        broadcast,, status defined, active
```

最後にスポークルータ側の端末同士（PC2とPC3）でping疎通を確認します。

```
PC2> ping 192.168.1.1 -c 3
84 bytes from 192.168.1.1 icmp_seq=1 ttl=62 time=40.003 ms
84 bytes from 192.168.1.1 icmp_seq=2 ttl=62 time=40.002 ms
84 bytes from 192.168.1.1 icmp_seq=3 ttl=62 time=41.002 ms
```

手動の場合

今度はInverse ARPを無効化して、スタティックなフレームリレーマップを作ってみましょう（リスト6.2.1g～6.2.1i）。デフォルトで有効化になっているInverse ARPをnoコマンドで明示的に無効化します。フレームリレーマップは2つのDLCIに対して手動で作成します。

○リスト6.2.1g：Router1のInverse ARPの無効化

```
Router1#configure terminal
Router1(config)#interface serial 1/0
Router1(config-if)#no frame-relay inverse-arp    ※Inverse ARPの無効化
Router1(config-if)#frame-relay map ip 10.0.0.2 102    ※フレームリレーマップの手動設定
Router1(config-if)#frame-relay map ip 10.0.0.3 103
Router1(config-if)#end    ※特権モードに移行
```

○リスト6.2.1h：Router2のInverse ARPの無効化

```
Router2#configure terminal
Router2(config)#interface serial 1/0
Router2(config-if)#no frame-relay inverse-arp
Router2(config-if)#frame-relay map ip 10.0.0.1 201
Router2(config-if)#end
```

○リスト6.2.1i：Router3のInverse ARPの無効化

```
Router3#configure terminal
Router3(config)#interface serial 1/0
Router3(config-if)#no frame-relay inverse-arp
Router3(config-if)#frame-relay map ip 10.0.0.1 301
Router3(config-if)#end
```

　3つのルータを設定変更したら、もう一度フレームリレーマップの確認をしてみましょう（リスト6.2.1j～6.2.1l）。自動学習の「dynamic」から手動設定の「static」に変わったことがわかります。

○リスト6.2.1j：Router1のフレームリレーマップの確認

```
Router1#show frame-relay map
Serial1/0 (up): ip 10.0.0.2 dlci 102(0x66,0x1860), static,
          CISCO, status defined, active
Serial1/0 (up): ip 10.0.0.3 dlci 103(0x67,0x1870), static,
          CISCO, status defined, active
```

○リスト6.2.1k：Router2のフレームリレーマップの確認

```
Router2#show frame-relay map
Serial1/0 (up): ip 10.0.0.1 dlci 201(0xC9,0x3090), static,
          CISCO, status defined, active
```

○リスト6.2.1l：Router3のフレームリレーマップの確認

```
Router3#show frame-relay map
Serial1/0 (up): ip 10.0.0.1 dlci 301(0x12D,0x48D0), static,
          CISCO, status defined, active
```

　最後に、フレームリレーマップを手動で設定したきもPC2とPC3の間のping疎通に問題がないことを確認します。

```
PC2> ping 192.168.3.3 -c 3
84 bytes from 192.168.3.3 icmp_seq=1 ttl=61 time=41.002 ms
84 bytes from 192.168.3.3 icmp_seq=2 ttl=61 time=50.002 ms
84 bytes from 192.168.3.3 icmp_seq=3 ttl=61 time=42.002 ms
```

6-2-2 演習Lab P2Pサブインターフェイス

　ハブ&スポークのトポロジでルーティングするとき、ルーティング情報がうまく全体に行き渡らないことが発生します。原因はスプリットホライズンと呼ばれる現象で、あるインターフェイスで受信したルート情報を再び同じインターフェイスから送出されないためです。この現象は、RIPやEIGRPなどのディスタンスベクタ型のダイナミックルーティングプロトコルで起こります。この問題を解決する手段として、次の3パターンがあります。

- フルメッシュトポロジを構成する
- スプリットホライズンを無効化する
- サブインターフェイスを使い、インターフェイスを論理的に分ける

　フルメッシュはコストの問題があります。スプリットホライズンの無効化はルーティングループを引き起こす懸念があります。したがって、一般的に3番目のサブインターフェイスを使いスプリットホライズンの問題を回避します。
　サブインターフェイスには次の2種類があります。

- P2P（ポイントツーポイント）
- マルチポイント

　P2Pサブインターフェイスなら、各論理インターフェイスの先に相手が1つだけとなるためスプリットホライズンの問題を完全に解決できます。この場合のデメリットは、相手が多くなるとルーティング情報が肥大化になりやすいことです。
　一方、マルチポイントサブインターフェイスの場合、論理インターフェイスは複数の相手と1対多の対となることができ、P2Pのようにルーティング情報が多くなることはありません。しかし、マルチポイントは依然としてスプリットホライズンの課題が残っています。マルチポイントサブインターフェイスを使うときは、スプリットホライズンを無効化します。
　それでは、P2Pサブインターフェイスをハブ&スポークトポロジに用いたときの設定を行ってみましょう。GNS3のプロジェクト名は「6-2-2_P2PSubinterface」で、図6.2.2がネットワーク構成図です。
　Router1のP2Pサブインターフェイスを設定するにあたって、物理インターフェイスでフレームリレーのカプセル化を行う必要があります（リスト6.2.2a）。サブインターフェイスの設定では、使用するDLCIを明示的に定義する必要があります。なぜなら、LMIでDLCIをフレームリレースイッチから取得したところ、どのDLCIがどのサブインターフェイスのものかがわからないからです。
　Router2とRouter3の設定はハブ&スポークの設定のときと同じです（リスト6.2.2b～6.2.2c）。

○図6.2.2：ネットワーク構成（P2Pサブインターフェイス）

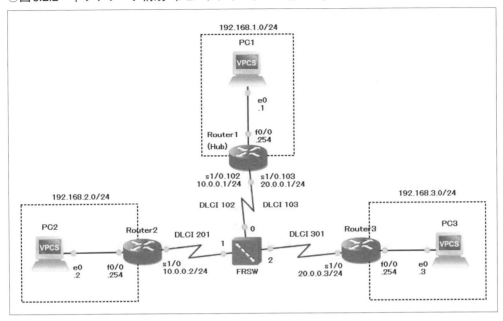

○リスト6.2.2a：Router1（ハブルータ）の設定

```
Router1#configure terminal   ※特権モードから設定モードに移行
Router1(config)#interface FastEthernet 0/0   ※インターフェイスの設定
Router1(config-if)#ip address 192.168.1.254 255.255.255.0   ※IPアドレスの設定
Router1(config-if)#no shutdown   ※インターフェイスの有効化
Router1(config-if)#exit   ※直前の設定モードに戻る
Router1(config)#interface serial 1/0
Router1(config-if)#encapsulation frame-relay   ※フレームリレーのカプセル化
Router1(config-if)#no shutdown
Router1(config-if)#exit
Router1(config)#interface serial 1/0.102 point-to-point
                                         ※P2Pサブインターフェイスの設定
Router1(config-subif)#ip address 10.0.0.1 255.255.255.0
Router1(config-subif)#frame-relay interface-dlci 102   ※DLCIの手動設定
Router1(config-fr-dlci)#exit
Router1(config-subif)#exit
Router1(config)#interface serial 1/0.103 point-to-point
Router1(config-subif)#ip address 20.0.0.1 255.255.255.0
Router1(config-subif)#frame-relay interface-dlci 103
Router1(config-fr-dlci)#exit
Router1(config-subif)#exit
Router1(config)#ip route 192.168.2.0 255.255.255.0 10.0.0.2
                                         ※スタティックルーティングの設定
Router1(config)#ip route 192.168.3.0 255.255.255.0 20.0.0.3
Router1(config)#exit
```

○リスト6.2.2b：Router2の設定

```
Router2#configure terminal
Router2(config)#interface FastEthernet 0/0
Router2(config-if)#ip address 192.168.2.254 255.255.255.0
Router2(config-if)#no shutdown
Router2(config-if)#exit
Router2(config)#interface serial 1/0
Router2(config-if)#ip address 10.0.0.2 255.255.255.0
Router2(config-if)#encapsulation frame-relay
Router2(config-if)#no shutdown
Router2(config-if)#exit
Router2(config)#ip route 0.0.0.0 0.0.0.0 10.0.0.1
Router2(config)#exit
```

○リスト6.2.2c：Router3の設定

```
Router3#configure terminal
Router3(config)#interface FastEthernet 0/0
Router3(config-if)#ip address 192.168.3.254 255.255.255.0
Router3(config-if)#no shutdown
Router3(config-if)#exit
Router3(config)#interface serial 1/0
Router3(config-if)#ip address 20.0.0.3 255.255.255.0
Router3(config-if)#encapsulation frame-relay
Router3(config-if)#no shutdown
Router3(config-if)#exit
Router3(config)#ip route 0.0.0.0 0.0.0.0 20.0.0.1
Router3(config)#exit
```

では、Router1のフレームリレーマップを確認してみましょう。サブインターフェイスがポイントツーポイントになっているのでIPアドレスはありません（**リスト6.2.2d**）。

Router2とRouter3のフレームリレーマップの確認結果はそれぞれ**リスト6.2.2e～6.2.2f**のようになります。

○リスト6.2.2d：Router1のフレームリレーマップの確認

```
Router1#show frame-relay map    ※フレームリレーマップの確認
Serial1/0.102 (up): point-to-point dlci, dlci 102(0x66,0x1860), broadcast
        status defined, active
Serial1/0.103 (up): point-to-point dlci, dlci 103(0x67,0x1870), broadcast
        status defined, active
```

○リスト6.2.2e：Router2のフレームリレーマップの確認

```
Router2#show frame-relay map
Serial1/0 (up): ip 10.0.0.1 dlci 201(0xC9,0x3090), dynamic,
        broadcast,, status defined, active
```

○リスト6.2.2f：Router3のフレームリレーマップの確認

```
Router3#show frame-relay map
Serial1/0 (up): ip 20.0.0.1 dlci 301(0x12D,0x48D0), dynamic,
        broadcast,, status defined, active
```

すべての設定に問題がなければP2からP3へのping疎通も大丈夫なはずです。

```
PC2> ping 192.168.3.3 -c 3
84 bytes from 192.168.3.3 icmp_seq=1 ttl=61 time=48.003 ms
84 bytes from 192.168.3.3 icmp_seq=2 ttl=61 time=49.003 ms
84 bytes from 192.168.3.3 icmp_seq=3 ttl=61 time=33.002 ms
```

6-2-3 演習Lab マルチポイントサブインターフェイス

最後は、マルチポイントサブインターフェイスを使ったハブ＆スポークの構築です。GNS3のプロジェクト名は「6-2-3_MultipointSubinterface」で、図6.2.3がネットワーク構成図です。

○図6.2.3：ネットワーク構成（マルチポイントサブインターフェイス）

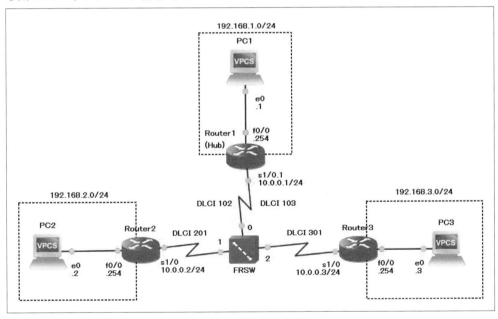

Router1のサブインターフェイスでDLCIの手動設定を行っているは、P2Pサブインターフェイスのときと同じ理由です（リスト6.2.3a）。EIGRPなどのダイナミックルーティングプロトコルによるルートの配布を行うには、サブインターフェイスでスプリットホライズンの無効化設定を追加する必要があります。今回の場合、各ルータでスタティックルートのみを使用しているので、スプリットホライズンのことを考えなくても大丈夫です。

続いて、Router2とRoute3を設定します（リスト6.2.3b ～ 6.2.3c）。

第6章　フレームリレー

○リスト6.2.3a：Router1（ハブルータ）の設定

```
Router1#configure terminal    ※特権モードから設定モードに移行
Router1(config)#interface FastEthernet 0/0    ※インターフェイスの設定
Router1(config-if)#ip address 192.168.1.254 255.255.255.0    ※IPアドレスの設定
Router1(config-if)#no shutdown    ※インターフェイスの有効化
Router1(config-if)#exit    ※直前の設定モードに戻る
Router1(config)#interface serial 1/0
Router1(config-if)#encapsulation frame-relay    ※フレームリレーのカプセル化
Router1(config-if)#no shutdown
Router1(config-if)#exit
Router1(config)#interface serial 1/0.1 multipoint
                              ※マルチポイントサブインターフェイスの設定
Router1(config-subif)#ip address 10.0.0.1 255.255.255.0
Router1(config-subif)#frame-relay interface-dlci 102    ※DLCIの手動設定
Router1(config-fr-dlci)#frame-relay interface-dlci 103
Router1(config-fr-dlci)#exit
Router1(config-subif)#exit
Router1(config)#ip route 192.168.2.0 255.255.255.0 10.0.0.2
                              ※スタティックルーティングの設定
Router1(config)#ip route 192.168.3.0 255.255.255.0 10.0.0.3
Router1(config)#exit
```

○リスト6.2.3b：Router2の設定

```
Router2#configure terminal
Router2(config)#interface FastEthernet 0/0
Router2(config-if)#ip address 192.168.2.254 255.255.255.0
Router2(config-if)#no shutdown
Router2(config-if)#exit
Router2(config)#interface serial 1/0
Router2(config-if)#ip address 10.0.0.2 255.255.255.0
Router2(config-if)#encapsulation frame-relay
Router2(config-if)#no shutdown
Router2(config-if)#exit
Router2(config)#ip route 0.0.0.0 0.0.0.0 10.0.0.1
Router2(config)#exit
```

○リスト6.2.3c：Router3の設定

```
Router3#configure terminal
Router3(config)#interface FastEthernet 0/0
Router3(config-if)#ip address 192.168.3.254 255.255.255.0
Router3(config-if)#no shutdown
Router3(config-if)#exit
Router3(config)#interface serial 1/0
Router3(config-if)#ip address 10.0.0.3 255.255.255.0
Router3(config-if)#encapsulation frame-relay
Router3(config-if)#no shutdown
Router3(config-if)#exit
Router3(config)#ip route 0.0.0.0 0.0.0.0 10.0.0.1
Router3(config)#exit
```

　各ルータでフレームリレーマップを確認します（リスト6.2.3d ～ 6.2.3f）。Router1のサブインターフェイスはマルチポイントであるため、P2Pと違いDLCIによるIPアドレスの解決が必要となります。

○リスト6.2.3d：Router1のフレームリレーマップの確認

```
Router1#show frame-relay map   ※フレームリレーマップの確認
Serial1/0.1 (up): ip 10.0.0.2 dlci 102(0x66,0x1860), dynamic,
              broadcast,, status defined, active
Serial1/0.1 (up): ip 10.0.0.3 dlci 103(0x67,0x1870), dynamic,
              broadcast,, status defined, active
```

○リスト6.2.3e：Router2のフレームリレーマップの確認

```
Router2#show frame-relay map
Serial1/0 (up): ip 10.0.0.1 dlci 201(0xC9,0x3090), dynamic,
              broadcast,, status defined, active
```

○リスト6.2.3f：Router3のフレームリレーマップの確認

```
Router3#show frame-relay map
Serial1/0 (up): ip 10.0.0.1 dlci 301(0x12D,0x48D0), dynamic,
              broadcast,, status defined, active
```

最後にPC2からPC3への疎通を確認します。

```
PC2> ping 192.168.1.1 -c 3
84 bytes from 192.168.1.1 icmp_seq=1 ttl=62 time=25.002 ms
84 bytes from 192.168.1.1 icmp_seq=2 ttl=62 time=22.001 ms
84 bytes from 192.168.1.1 icmp_seq=3 ttl=62 time=30.002 ms
```

6-3 章のまとめ

　フレームリレーは1個の物理回線の中で複数の論理回線（VC）を作り、拠点と拠点の間を仮想的な専用線を提供するサービスです。

　ユーザルータは、LMIと呼ばれるプロトコルで定期的に隣り合うフレームリレースイッチとキープアライブ通信を行います。フレームリレースイッチはアクティブなPVCをリストアップして、それらのDLCIをユーザルータに通知します。DLCIを受け取ったユーザルータは、これらのDLCIが対応するIPアドレスをInverse ARPを使ってアドレス解決をします。

　GNS3上でフレームリレースイッチを構成するには、ルータにフレームリレースイッチの設定を入れる方法とGNS3の標準搭載フレームリレースイッチを使う方法があります。後者のほうが、設定が簡単なうえPCパフォーマンスもあまり消費しないのでお勧めです。

　後半は次の3種類の演習を行いました。

- ハブ＆スポーク
- P2Pサブインターフェイス
- マルチポイントサブインターフェイス

ハブルータでP2Pサブインターフェイスを使うメリットは、EIGRPなどのダイナミックルーティングプロトコルで見られるスプリットホライズンの問題を回避できる点です。しかし、P2Pサブインターフェイスはルーティング情報の肥大化につながる可能性があります。一方、マルチポイントサブインターフェイスならルーティング情報の肥大化問題を和らげられますが、スプリットホライズンの問題は残ります。この問題を解決するにはインターフェイスでスプリットホライズンを無効にする必要があります。

第7章
ATM

ATM（Asynchronous Transfer Mode）は、非同期転送モードと呼ばれるWANテクノロジーの1つです。フレームリレーと同じように物理回線上に仮想回線を作り、拠点間を仮想的な専用線で接続します。また、ATMはセルと呼ばれる53バイトのパケットで送受信することから、セルリレーとも呼ばれます。ATMは現在ではあまり使われていないのでレガシーな通信技術となっています。

7-1 ATMの概要

ATMは、フレームリレーと同じように現在では一般的に使われていないので、あまり馴染みのない技術です。ここでATMの基本概念とGNS3の標準搭載ATMスイッチについて説明します。

7-1-1 ATMとは

ATMを日本語にすると非同期転送モードです。非同期転送とは転送するデータが存在するときにセルを送出する方式で、対する同期転送モードの代表にISDNが挙げられます。

ATMはセルリレーと呼ばれる転送方式です。セルは53バイト(ヘッダ5バイトとペイロード48バイト)固定長のパケットで、画像や音声などのデータを一律セル単位で転送するのが特徴です。セルが固定サイズとなっているため、ルータによる処理も比較簡単です。また、セル長が短いので、回線を効率的に使うこともできます。

ATMでは、1本の物理回線を複数の論理回線に分割でき、各論理回線で拠点間通信を行います。それぞれの論理回線を識別するものとしてVPI[注1]とVCI[注2]の組み合わせを使用します（図7.1.1）。

物理回線のVPIとVCIの役割はフレームリレーのDLCIに相当します。VPI/VCIと宛先のIPアドレスのマッピングは、手動による設定とInverse ARPを使った2つの方法があります。

注1 Virtual Path Identifier
注2 Virtual Circuit Identifier

第7章 ATM

○図7.1.1：VPとVCの概念図

7-1-2 ATMスイッチング

　ATMスイッチはATMセルのヘッダにあるVPI/VCI情報を見てスイッチングします。ATMスイッチの内部にATMルーティングテーブルを保持していて、セルの着信インターフェイスとセルのVPI/VCIでテーブルを参照し、発信インターフェイスと新しいVPI/VCIを読み取ります。VPI/VCIはともにATMスイッチ間あるいはルータとATMスイッチ間でローカルの値であり、異なるセグメントで同じ値であったとしてもまったく関係はありません。

　図7.1.2はATM網でRouter1のユーザからRouter2のユーザへのパケット転送を表したものです。まず、Router1のルーティングテーブルからRouter2のLAN側のネットワーク

○図7.1.2：ATMスイッチング

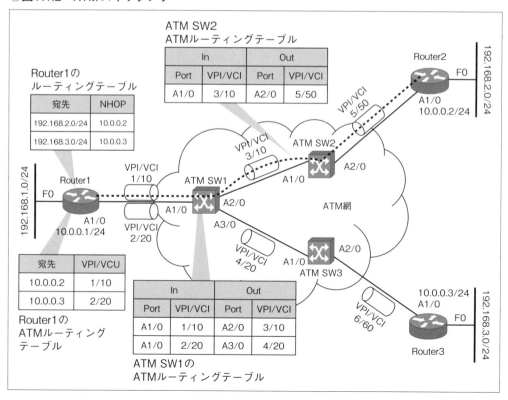

(192.168.2.0/24)へのネクストホップが10.0.0.2であることがわかります。10.0.0.2への通信は、VPI/VCIが「1/0」のラベルを付けたATMセルでATM1/0のインターフェイスから送出します。このセルを受信したATM SW1は、ローカルのATMルーティングテーブルを参照して、セルのペイロードに新しいVPI/VCIラベル「3/10」を付与してA2/0から送り出す。同じようにATM SW2でもう一度スイッチングをしてRouter2にセルを届けます。

7-1-3　ATMセルのヘッダフォーマット

ATMのセルは、5バイトのヘッダと48バイトのペイロードで構成された53バイト長の固定パケットです。ATMセルのヘッダフォーマットには2種類があり、それぞれUNI[注3]フォーマットとNNI[注4]フォーマットと呼ばれています。UNIフォーマットは、ユーザルータとATMスイッチ間で用いられるセルのヘッダフォーマットです。一方、NNIフォーマットは、ATMスイッチ間で使われるセルのヘッダフォーマットです。図7.1.3はATMセルのヘッダフォーマットを図示したものです。

◯図7.1.3：ATMセルのヘッダフォーマット

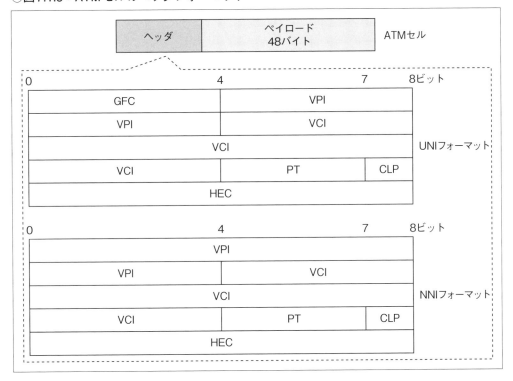

注3　User-Network Interface
注4　Network-Network Interface

ATMセルヘッダの各フィールドは次のとおりです。

- GFC[5]（4ビット）
  UNIフォーマットのみに存在するフィールドで、同一ATMインターフェイスを共有する端末を識別するために使われる。通常では使用されず、値はデフォルトの「0」
- VPI（UNIフォーマットは4ビット、NNIフォーマットは16ビット）
  VCIとの組み合わせで利用されるATMセルのラベルで、セルの転送先の判断に使われる
- VCI（12ビット）
  VPIとの組み合わせで利用されるATMセルのラベルで、セルの転送先の判断に使われる。VCを複数束ねたのがVP
- PT[6]（3ビット）
  ペイロードの種類を示すフィールド。最初のビットが「0」ならユーザデータで、「1」ならコントロールデータであることを示す。2番目のビットは輻輳状態を示すもので、値が「1」なら回線は輻輳していることを意味する。最後のビットが「1」なら、このセルはAAL5フレームの最後のセルであることを示す
- CLP[7]（1ビット）
  回線が輻輳を起こしているとき、このセルを破棄するかどうかを決めるフィールド。CLP値が「1」のセルは、輻輳時にCLP値「0」のセルよりも優先的に破棄される
- HEC[8]（8ビット）
  ヘッダの最初の32ビットを使ってエラー制御を行う

7-1-4 ATMアーキテクチャ

ATMのプロトコルスタックは、物理層、ATM層およびATMアダプテーション層（AAL）の3層構造となっています（図7.1.4）。

ATMアダプテーション層は上位層より受け取った音声やテキストなどのデータを48バイトの固定長（ATMペイロード）に分割、あるいは下位層から受け取ったATMペイロードをもとのデータに組み直します。ATM層ではペイロードにヘッダを付与したり、ATMセルからヘッダを取り除いたりします。物理層では、ATM層を受け取ったATMセルを伝送フレーム上へマッピングしたり、伝送フレームからATMセルを取り出したりします。

また、ATMアダプテーション層では、上位レイヤから受け取るデータの特性に応じて異なるサービスを提供します（表7.1.1）。

注5　Generic Flow Control
注6　Payload Type
注7　Cell Loss Priority
注8　Header Error Control

○図7.1.4：ATMのプロトコルスタック

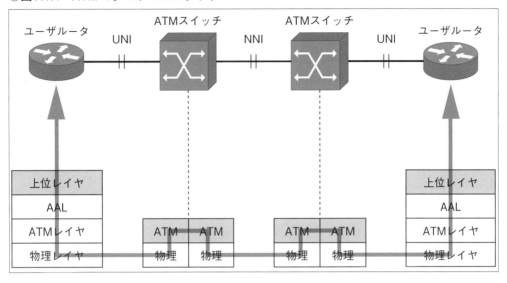

○表7.1.1：AALサービスの種類

AALサービス名	概要
AAL1	コネクション型固定ビットレートのデータ転送方式。音声やテレビ電話などのサービスに利用される
AAL2	コネクション型可変ビットレートのデータ転送方式。音声や画像などのサービスに利用される
AAL3/4	コネクションレス型固定ビットレートのデータ転送方式。データの転送に利用される
AAL5	コネクションレス型可変ビットレートのデータ転送方式。AAL3/4を簡易化したサービスでもっとも普及している。Ethernet over ATM、IP over ATMやPPP over ATMなどに利用される

7-2　演習ラボ

　GNS3にはあらかじめ標準搭載のATMスイッチが用意されているので、ATMネットワークの構築は非常に簡単にできるようになっています。ここでは、GNS3でATMネットワークを構築するのに必要な標準搭載ATMスイッチとATMインターフェイスを提供するPA-A1 ATMポートアダプタを紹介して、最後にシンプルなATMネットワークを設定します。

7-2-1　標準搭載ATMスイッチの設定

　GNS3で標準搭載ATMスイッチが使えるようになる前までは、ATMネットワーク学習者にとってATMスイッチの調達はとても困難なものでした。CiscoのATMスイッチはLS1010という機種です。大きさは横46センチ、奥行き43センチ、高さ26センチほどで、重さは30kgもあります。流通性の少ない機種であったため、一般的はCiscoルータのように入手することは簡単ではありませんでした。

　GNS3では標準搭載のATMスイッチが用意されていて、簡単な設定だけでATMスイッチをネットワークの中に組み込むことができます。それでは、**図7.2.1**に示すATMルーティングテーブルの内容に沿って標準搭載ATMスイッチを設定してみましょう。

○図7.2.1：ATMスイッチとATMルーティングテーブル

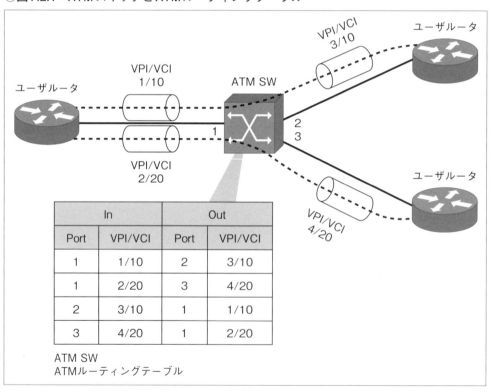

　GNS3の標準搭載ATMスイッチの設定では［Source］と［Destination］でポート番号、VPI/VCIを入力します（**図7.2.2**）。GNS3では自動的に［Source］と［Destination］の内容を対情報として登録するので、両方の内容を入れ替えて設定する必要はありません。したがって、**図7.2.1**のATMルーティングテーブルは4行となっていますが、**図7.2.2**のマッピングは2行だけとなっています。

○図7.2.2：標準搭載ATMスイッチの設定

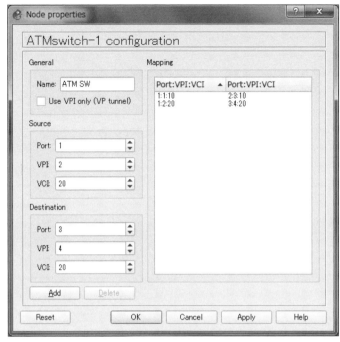

7-2-2 PA-A1 ATMポートアダプタ

　GNS3でATMインターフェイスを提供するモジュールは「PA-A1」と呼ばれるATMポートアダプタだけで、PA-A1を搭載できるルータはCisco 7000シリーズのみです。したがって、ATMの設定では新たにCisco 7000シリーズのIOSイメージを入手する必要があります。

○図7.2.3：PA-A1 ATMポートアダプタの追加

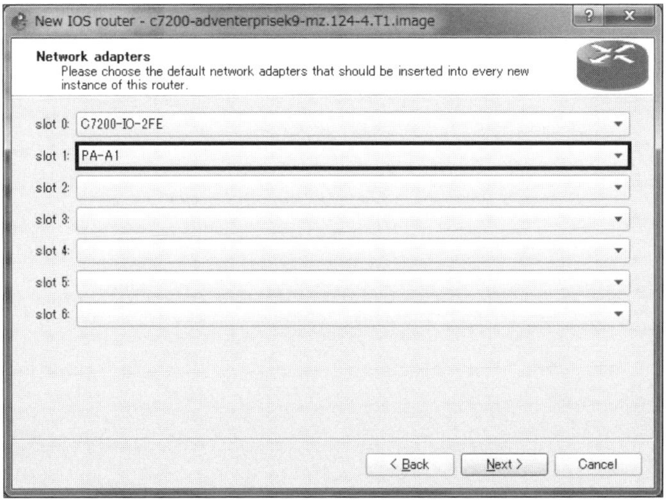

第7章 ATM

IOSを入手したら、第3章で紹介したルータテンプレートの作成方法（P.74）に沿って、Cisco 7000のルータテンプレートを作成します。ルータテンプレート作成中でインターフェイスカードを選択するウィザード（図7.2.3）で「PA-A1」を追加します。

7-2-3 演習Lab ATMネットワークの基本設定

ここでは、ハブ＆スポークのATMネットワーク（PVC接続）を設定します（GNS3プロジェクト名は「7-2-3_ATM」）。VPI/VCIと宛先のIPアドレスのマッピングでは、手動とInverse ARPの2つの方法を試します。最終的にPC3からPC1とPC2への通信ができることを確認します。

図7.2.4がネットワーク構成で、表7.2.1はATM SWのATMルーティングテーブルの内容です。

○図7.2.4：ネットワーク構成

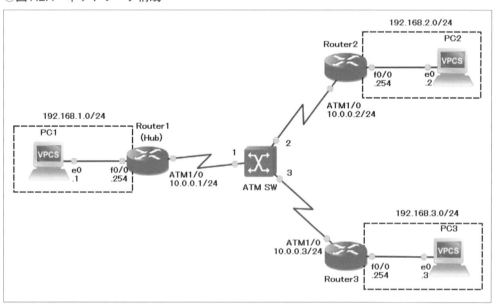

○表7.2.1：ATMルーティングテーブル

In		Out	
Port	VPI/VCI	Port	VPI/VCI
1	1/10	2	3/10
1	2/20	3	4.20
2	3/10	1	1/10
3	4/20	1	2/20

手動の場合

まず手動でVPI/VCIと宛先IPアドレスをマッピングします。リスト7.2.1a～7.2.1cのように各PVCに設定します。

○リスト7.2.1a：Router1の設定

```
Router1#configure terminal          ※特権モードから設定モードに移行
Router1(config)#interface FastEthernet 0/0    ※インターフェイスの設定
Router1(config-if)#ip address 192.168.1.254 255.255.255.0   ※IPアドレスの設定
Router1(config-if)#no shutdown      ※インターフェイスの有効化
Router1(config-if)#exit             ※直前の設定モードに戻る
Router1(config)#interface ATM 1/0
Router1(config-if)#ip add 10.0.0.1 255.255.255.0
Router1(config-if)#no shutdown
Router1(config-if)#pvc 1/10
Router1(config-if-atm-vc)#protocol ip 10.0.0.2 broadcast    ※宛先IPアドレスとVPI/VCIのマッピング
Router1(config-if-atm-vc)#exit
Router1(config-if)#pvc 2/20
Router1(config-if-atm-vc)#protocol ip 10.0.0.3 broadcast
Router1(config-if-atm-vc)#exit
Router1(config-if)#exit
Router1(config)#ip route 192.168.2.0 255.255.255.0 10.0.0.2    ※スタティックルーティングの設定
Router1(config)#ip route 192.168.3.0 255.255.255.0 10.0.0.3
Router1(config)#end      ※特権モードに移行
```

○リスト7.2.1b：Router2の設定

```
Router2#configure terminal
Router2(config)#interface FastEthernet 0/0
Router2(config-if)#ip address 192.168.2.254 255.255.255.0
Router2(config-if)#no shutdown
Router2(config-if)#exit
Router2(config)#interface ATM 1/0
Router2(config-if)#ip address 10.0.0.2 255.255.255.0
Router2(config-if)#no shutdown
Router2(config-if)#pvc 3/10
Router2(config-if-atm-vc)#protocol ip 10.0.0.1 broadcast
Router2(config-if-atm-vc)#exit
Router2(config-if)#exit
Router2(config)#ip route 0.0.0.0 0.0.0.0 10.0.0.1
Router2(config)#end
```

○リスト7.2.1c：Router3の設定

```
Router3#configure terminal
Router3(config)#interface FastEthernet 0/0
Router3(config-if)#ip address 192.168.3.254 255.255.255.0
Router3(config-if)#no shutdown
Router3(config-if)#exit
Router3(config)#interface ATM 1/0
Router3(config-if)#ip address 10.0.0.3 255.255.255.0
Router3(config-if)#no shutdown
Router3(config-if)#pvc 4/20
Router3(config-if-atm-vc)#protocol ip 10.0.0.1 broadcast
Router3(config-if-atm-vc)#exit
Router3(config-if)#exit
Router3(config)#ip route 0.0.0.0 0.0.0.0 10.0.0.1
Router3(config)#end
```

すべての設定が終わったら、PVCの状態とマッピング情報が正しいことを確認します（リスト7.2.1d～7.2.1f）。

○リスト7.2.1d：Router1の設定確認

```
Router1#show atm pvc    ※PVCの状態確認
            VCD /                                      Peak   Avg/Min  Burst
Interface   Name        VPI  VCI  Type  Encaps  SC    Kbps    Kbps    Cells  Sts
1/0         1           1    10   PVC   SNAP    UBR   155000                 UP
1/0         2           2    20   PVC   SNAP    UBR   155000                 UP

Router1#show atm map    ※プロトコルアドレスとVPI/VCIのマッピング情報の確認
Map list ATM1/0pvc1 : PERMANENT
ip 10.0.0.2 maps to VC 1, VPI 1, VCI 10, ATM1/0
      , broadcast

Map list ATM1/0pvc2 : PERMANENT
ip 10.0.0.3 maps to VC 2, VPI 2, VCI 20, ATM1/0
      , broadcast
```

○リスト7.2.1e：Router2の設定確認

```
Router2#show atm pvc
            VCD /                                      Peak   Avg/Min  Burst
Interface   Name        VPI  VCI  Type  Encaps  SC    Kbps    Kbps    Cells  Sts
1/0         1           3    10   PVC   SNAP    UBR   155000                 UP

Router2#show atm map
Map list ATM1/0pvc1 : PERMANENT
ip 10.0.0.1 maps to VC 1, VPI 3, VCI 10, ATM1/0
      , broadcast
```

○リスト7.2.1f：Router3の設定確認

```
Router3#show atm pvc
            VCD /                                      Peak   Avg/Min  Burst
Interface   Name        VPI  VCI  Type  Encaps  SC    Kbps    Kbps    Cells  Sts
1/0         1           4    20   PVC   SNAP    UBR   155000                 UP

Router3#show atm map
Map list ATM1/0pvc1 : PERMANENT
ip 10.0.0.1 maps to VC 1, VPI 4, VCI 20, ATM1/0
      , broadcast
```

設定確認のあとpingコマンドで端末間の疎通をテストします。

```
PC3> ping 192.168.1.1 -c 3
84 bytes from 192.168.1.1 icmp_seq=1 ttl=62 time=54.003 ms
84 bytes from 192.168.1.1 icmp_seq=2 ttl=62 time=59.003 ms
84 bytes from 192.168.1.1 icmp_seq=3 ttl=62 time=59.003 ms

PC3> ping 192.168.2.2 -c 3
84 bytes from 192.168.2.2 icmp_seq=1 ttl=61 time=98.006 ms
84 bytes from 192.168.2.2 icmp_seq=2 ttl=61 time=49.003 ms
84 bytes from 192.168.2.2 icmp_seq=3 ttl=61 time=32.002 ms
```

Inverse ARPにした場合

次に、マッピングの方法を手動からInverse ARPに変えてみましょう。設定変更はリスト7.2.1g～7.2.1iのようになります。

○リスト7.2.1g：Router1の設定変更

```
Router1#configure terminal
Router1(config-if)#pvc 1/0
Router1(config-if-atm-vc)#protocol ip inarp broadcast
Router1(config-if-atm-vc)#exit
Router1(config-if)#pvc 2/20
Router1(config-if-atm-vc)#protocol ip inarp broadcast
Router1(config-if-atm-vc)#end
```

○リスト7.2.1h：Router2の設定変更

```
Router2#configure terminal
Router2(config)#interface atm 1/0
Router2(config-if)#pvc 3/10
Router2(config-if-atm-vc)#protocol ip inarp broadcast
Router2(config-if-atm-vc)#end
```

○リスト7.2.1i：Router3の設定変更

```
Router3#configure terminal
Router3(config)#interface atm 1/0
Router3(config-if)#pvc 4/20
Router3(config-if-atm-vc)#protocol ip inarp broadcast
Router3(config-if-atm-vc)#end
```

各ルータで再度PVCの状態とマッピング情報を確認します。Inverse ARPの場合でも設定を変更する前と内容は同じです（リスト7.2.1j～7.2.1l）。

○リスト7.2.1j：Router1の設定確認

```
Router1#show atm pvc
            VCD /                                      Peak   Avg/Min Burst
Interface   Name       VPI  VCI  Type  Encaps  SC     Kbps   Kbps    Cells   Sts
1/0         1          1    10   PVC   SNAP    UBR    155000                 UP
1/0         2          2    20   PVC   SNAP    UBR    155000                 UP

Router1#show atm map
Map list ATM1/0pvc1 : PERMANENT
ip 10.0.0.2 maps to VC 1, VPI 1, VCI 10, ATM1/0
      , broadcast

Map list ATM1/0pvc2 : PERMANENT
ip 10.0.0.3 maps to VC 2, VPI 2, VCI 20, ATM1/0
      , broadcast
```

○リスト7.2.1k：Router2の設定確認

```
Router2#show atm pvc
            VCD /                                           Peak    Avg/Min Burst
Interface   Name        VPI  VCI  Type  Encaps  SC   Kbps    Kbps    Cells  Sts
1/0         1           3    10   PVC   SNAP    UBR  155000                 UP

Router2#show atm map
Map list ATM1/0pvc1 : PERMANENT
ip 10.0.0.1 maps to VC 1, VPI 3, VCI 10, ATM1/0
     , broadcast
```

○リスト7.2.1l：Router3の設定確認

```
Router3#show atm pvc
            VCD /                                           Peak    Avg/Min Burst
Interface   Name        VPI  VCI  Type  Encaps  SC   Kbps    Kbps    Cells  Sts
1/0         1           4    20   PVC   SNAP    UBR  155000                 UP

Router3#show atm map
Map list ATM1/0pvc1 : PERMANENT
ip 10.0.0.1 maps to VC 1, VPI 4, VCI 20, ATM1/0
     , broadcast
```

最後に端末間のping疎通テストを行い、通信が問題ないことを確認します。

```
PC3> ping 192.168.1.1 -c 3
84 bytes from 192.168.1.1 icmp_seq=1 ttl=62 time=93.005 ms
84 bytes from 192.168.1.1 icmp_seq=2 ttl=62 time=30.002 ms
84 bytes from 192.168.1.1 icmp_seq=3 ttl=62 time=29.002 ms

PC3> ping 192.168.2.2 -c 3
84 bytes from 192.168.2.2 icmp_seq=1 ttl=61 time=78.005 ms
84 bytes from 192.168.2.2 icmp_seq=2 ttl=61 time=79.005 ms
84 bytes from 192.168.2.2 icmp_seq=3 ttl=61 time=49.003 ms
```

7-3 章のまとめ

　ATMはフレームリレーと同様に、1つの物理回線を複数の仮想回線を構成することで、拠点間を仮想的な専用線で接続するWAN技術です。

　GNS3でATMネットワークを構築するには、GNS3の標準搭載のATMスイッチを用いれば簡単にできます。GNS3のおかげで従来では考えられないぐらい、ATMの学習が身近になりました。

　演習ラボでは、ハブ＆スポークのPVC接続に関する設定を行いました。宛先IPアドレスとVPI/VCIのマッピングでは、手動とInverse ARPの両方について確認しました。

第8章
PPPとPPPoE

　PPP（Point-to-Point Protocol）はL2で行われる2点間通信のプロトコルです。PPP自体はすでにレガシーな技術となっていますが、PPPをイーサネットで運ぶPPPoE（PPP over Ethernet）はいまだにインターネットの接続方式として使われています。本章では、PPPとPPPoEについて演習ラボを通して学んでいきます。

8-1　PPP

　WANの技術として使用されるPPPは、離れた2点間をポイントツーポイントで接続します。PPPは、IPパケットなどの上位層のデータグラムをカプセリングできるうえ、あらゆる物理回線（電話線、ADSL、FTTH、専用線など）でPPPフレームを運ぶこともできます。

8-1-1　PPPとは

　PPPは、HDLC[注1]から拡張したデータリンクプロトコルで、HDLCが実現できなかった上位のネットワーク層の認識が可能です。以前には、ベンダ独自で上位プロトコルを認識できるHDCLを拡張したものがありましたが、異なるベンダとの相互接続はできませんでした。これに対して、PPPはRFCで標準化されているため、異なるベンダの機器同士でPPPを通じてネットワーク層の通信ができるようになっています。
　PPPが認識できる上位プロトコルにIPのほかにIPXやAppleTalkなどがあります。さらに、PPPが提供する機能として認証、マルチリンク、エラー検知、ヘッダ圧縮などが挙げられます。

8-1-2　LCPとNCP

　PPPをさらに細かく機能別でみると、LCP[注2]とNCP[注3]の2種類のプロトコルに分けられます（図8.1.1）。
　LCPでは、PPPリンクの制御といったリンクの確立、キープアライブやリンクを切断するほか、認証、マルチリンク、エラー検知、ヘッダ圧縮などの機能を提供します。また、

注1　High-level Data Link Control
注2　Link Control Protocol
注3　Network Control Protocol

第 8 章　PPP と PPPoE

○図8.1.1：LCP と NCP

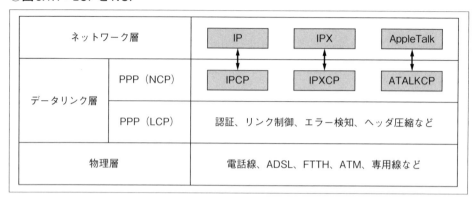

　LCP は上位のネットワーク層に依存せずに通信の前準備を整えてくれます。

　NCP は、上位のネットワーク層のプロトコルとネゴシエーションすることで、ネットワーク層のプロトコルが PPP を使えるようにします。さらに、NCP は異なるネットワーク層のプロトコルに対応するため、それぞれ専用の NCP が用意されています。たとえば、IP なら IPCP、IPX なら IPXCP、Apple Talk なら ATALKCP です。

8-1-3　PPP フレームフォーマット

　PPP は HDLC から拡張したプロトコルであるため、HDCL でしか使われていないフィールドもあります（図8.1.2）。

　PPP フレームの各フィールドの概要は次のとおりです。なお、アドレスとコントロールとプロトコルの3つのフィールドは PPP ヘッダ（2バイト）と呼ばれます。

○図8.1.2：PPP フレームフォーマット

0	8	16ビット
フラグ	アドレス	
コントロール	プロトコル	
プロトコル	データ	
データ		
データ	FCS	
FCS	フラグ	

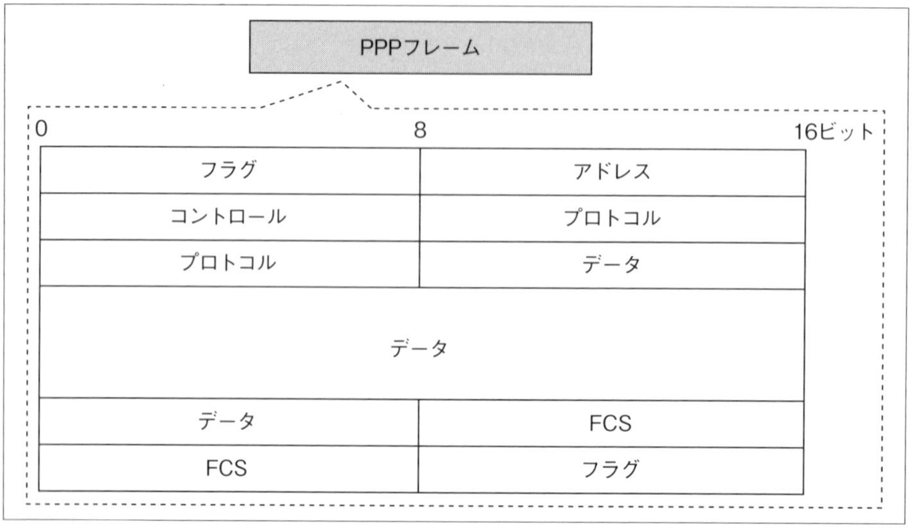

- フラグ（8ビット）
  PPPフレームの始まりを示すビット列で常に「01111110」
- アドレス（8ビット）
  HDLCでは宛先のアドレスだが、PPPには接続先は1箇所しかないので、実質意味のないフィールド。ビット列は常に「1111111111」
- コントロール（8ビット）
  HDLCでは制御ビットだが、PPPでは使われていない。ビット列は常に「00000011」
- プロトコル（16ビット）
  次のデータフィールドに格納しているPPPの通信内容を示すビット列。次のようなものがある
  - 0x0021：IP（ユーザデータ）
  - 0x8021：IPCP（制御データ）
  - 0xC021：LCP（制御データ）
  - 0xC023：PAP（認証データ）
  - 0xC223：CHAP（認証データ）
- データ（可変長ビット）
  ユーザデータや制御データの中身が入っているフィールド。ビットの長さはプロトコルの種類によって変わる
- FCS（16ビット）
  PPPフレームの通信エラーを検知するチェックサム情報。デフォルトのビット長は16ビットだが32ビットに設定することも可能
- フラグ（8ビット）
  PPPフレームの終わりを示すビット列で常に「01111110」

8-1-4 PAPとCHAP

　PPPリンクの確立のための認証方式に、PAP[注4]とCHAP[注5]の2つがあります。PAPは平文のパスワードに対してCHAPはハッシュされたデータをやり取りするため、第三者に盗聴されたとしてもハッシュ前の文字列の解読はほぼ不可能とされています。また、PAPによる認証は最初の1回のみですが、CHAPは定期的に異なる文字列（チャレンジコード）で認証します。したがって、セキュリティ上の観点から一般的にPAPよりCHAPを認証方式として使います。

　CHAP認証では、まずユーザから認証サーバに対してアクセスリクエストを行います（図8.1.3）。次に認証サーバはチャレンジコードと呼ばれるランダムな文字列（ここでは仮に「xyz」とする）を生成してユーザに送信します。チャレンジコードを受け取ったユーザは、

注4　Password Authentication Protocol
注5　Challenge Handshake Authentication Protocoll

○図8.1.3：CHAPシーケンス

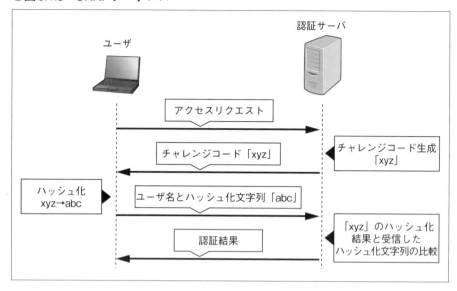

チャレンジコードを使ってハッシュ化文字列を生成して、認証サーバに送り返します。認証サーバでハッシュ化文字列を受信したら、自分が生成したチャレンジコードでハッシュ化文字列を生成し、ユーザからのハッシュ化文字列と自ら計算したハッシュ化文字列を比較します。ハッシュ化文字列が一致するなら、ユーザの認証は成功となります。

8-2　PPPoE

　PPPのみの使用はあまり見かけなくなりましたが、イーサネット上でのPPPの使用はまだまだ広く使われています。ここでPPPoEのパケットフォーマットやシーケンスについて確認しましょう。

8-2-1　PPPoEとは

　PPPoEとは、PPPフレームをイーサネットフレームとしてカプセリングすることで、PPPをイーサネット上で使えるようにした技術です。PPPoEのほかにPPPoAというものもあり、これはATM網でPPPをカプセリングする技術です。

　PPPoEは、昔から主にユーザがインターネットプロバイダに接続するときに使われる接続方式です。イーサネット上でわざわざPPPを使うのは次のようなメリットがあるため、商用ネットワークで広く支持されています。

- ユーザ認証
- ユーザセッションの管理や課金
- IPアドレスなどのネットワーク情報の割り当て

8-2-2 PPPoEのフレームフォーマット

PPPoEのフレームフォーマットは、イーサフレームのEthernetヘッダの後ろにPPPoEヘッダとPPPヘッダを新たに追加したフォーマットです（**図8.2.1**）。

○図8.2.1：PPPoEのフレームフォーマット

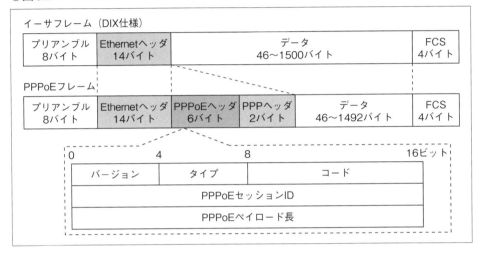

PPPoEヘッダの各フィールドの概要は次のとおりです。

- バージョン（4ビット）
  固定値「0001」
- タイプ（4ビット）
  固定値「0001」
- コード（8ビット）
  コードには次の4種類がある
  - 0x07：PADO[注6]
  - 0x09：PADI[注7]
  - 0x19：PADR[注8]
  - 0x65：PADS[注9]
- PPPoEセッションID（16ビット）
  PPPoEセッションの番号。PPPoEマルチセッション接続するときのセッション識別番号
- PPPoEペイロード長（16ビット）
  PPPoEペイロードのバイトを示すフィールド

注6　PPPoE Active Discovery Offer
注7　PPPoE Active Discovery Initiation
注8　PPPoE Active Discovery Request
注9　PPPoE Active Discovery Session-confirmation

8-2-3　PPPoEシーケンス

　PPPoEのシーケンスは、PPPoEディスカバリーステージとPPPoEセッションステージの2つのステージからなります。PPPoEディスカバリーステージでは、PPPoEサーバのMACアドレスとセッションIDを取得します。そして、PPPセッションステージでは、LCPネゴシエーション、認証、NCPネゴシエーションおよびPPP通信を行います（**図8.2.2**）。

○図8.2.2：PPPoEシーケンス

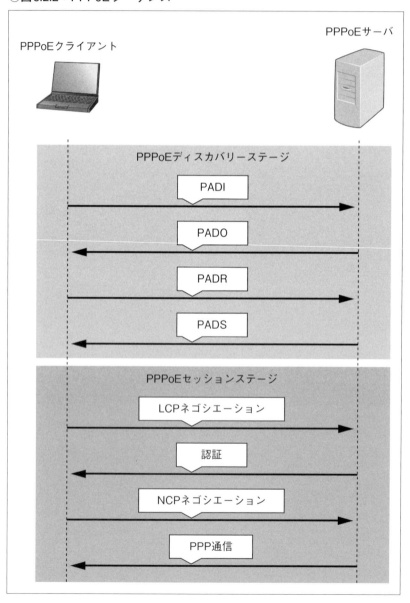

PPPoEディスカバリーステージの各パケットは次のとおりです。

- PADI
  PPPoEサーバを探索するためのブロードキャストパケット
- PADO
  PPPoEサーバからPPPoEクライアントへの応答パケット
- PADR
  PPPoEサーバへのセッション開始の要求パケット
- PADS
  使用するセッションIDの通知パケット

8-3 演習ラボ

ここではPPPとPPPoEの2つの演習ラボを行います。

8-3-1 演習Lab PPP

まずはPPPの基本的な設定と認証についての確認です（GNS3プロジェクト名は「8-3-1_PPP」)。認証ではPAPとCHAPの2つの認証方式を確認します。

それでは、PPPの基本設定と端末同士の疎通を確認してみましょう。ネットワーク構成は図8.3.1のようになっています。

PPP通信を行うには、シリアルインターフェイスでPPPのカプセル化を行うだけです（リスト8.3.1a～8.3.1b)。

○図8.3.1：ネットワーク構成

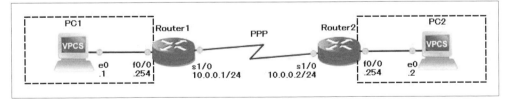

リスト 8.3.1a：Router1 の設定

```
Router1#configure terminal           ※特権モードから設定モードに移行
Router1(config)#interface FastEthernet 0/0   ※インターフェイスの設定
Router1(config-if)#ip address 192.168.1.254 255.255.255.0   ※IPアドレスの設定
Router1(config-if)#no shutdown       ※インターフェイスの有効化
Router1(config-if)#exit              ※直前の設定モードに戻る
Router1(config)#interface serial 1/0
Router1(config-if)#encapsulation ppp     ※PPPでカプセル化
Router1(config-if)#ip address 10.0.0.1 255.255.255.0
Router1(config-if)#no shutdown
Router1(config-if)#exit
Router1(config)#ip route 192.168.2.0 255.255.255.0 10.0.0.2
                                     ※スタティックルーティングの設定
```

リスト 8.3.1b：Router2 の設定

```
Router2#configure terminal
Router2(config)#interface FastEthernet 0/0
Router2(config-if)#ip address 192.168.2.254 255.255.255.0
Router2(config-if)#no shutdown
Router2(config-if)#exit
Router2(config)#interface serial 1/0
Router2(config-if)#encapsulation ppp
Router2(config-if)#ip address 10.0.0.2 255.255.255.0
Router2(config-if)#no shutdown
Router2(config-if)#exit
Router2(config)#ip route 192.168.1.0 255.255.255.0 10.0.0.1
```

PPPの基本設定は特に難しいことはないので、設定に間違いがなければ両端の端末同士でping疎通ができるはずです。

```
PC1> ping 192.168.2.2 -c 3
84 bytes from 192.168.2.2 icmp_seq=1 ttl=62 time=22.002 ms
84 bytes from 192.168.2.2 icmp_seq=2 ttl=62 time=29.001 ms
84 bytes from 192.168.2.2 icmp_seq=3 ttl=62 time=29.001 ms
```

PAP認証の確認

次に、1つ目の認証方式のPAPを追加設定します。各ルータが保持するユーザ認証情報（表8.3.1）に従い、双方のルータ同士でPAP認証できるようにしてみましょう。

表 8.3.1：PAP認証情報

ルータ	各ルータが保持する認証情報	
	ユーザ名	パスワード
Router1	R2PAP	cisco
Router2	R1PAP	cisco

各ルータの追加設定は次の3つで、リスト8.3.1c～8.3.1dのように設定します。

- ユーザ認証情報をローカルデータベースに登録する
- 相手からのPPP接続に対してPAP認証を行う
- 相手にPAP認証を行ってもらうためのユーザ名とパスワードを設定する

○リスト8.3.1c：Router1のPAP設定

```
Router1(config)#username R2PAP password cisco      ※ユーザ情報の登録
Router1(config)#interface serial 1/0
Router1(config-if)#ppp authentication pap          ※PAPによるユーザ認証
Router1(config-if)#ppp pap sent-username R1PAP password cisco
                                                   ※PAP認証のためのユーザ情報
```

○リスト8.3.1d：Router2のPAP設定

```
Router2(config)#username R1PAP password cisco
Router2(config)#interface serial 1/0
Router2(config-if)#ppp authentication pap
Router2(config-if)#ppp pap sent-username R2PAP password cisco
```

最後に端末同士のping疎通テスト行います。ユーザ名やパスワードの設定に間違いがあるとPPP接続はできないので、注意深く設定しましょう。

```
PC1> ping 192.168.2.2 -c 3
84 bytes from 192.168.2.2 icmp_seq=1 ttl=62 time=32.002 ms
84 bytes from 192.168.2.2 icmp_seq=2 ttl=62 time=40.002 ms
84 bytes from 192.168.2.2 icmp_seq=3 ttl=62 time=30.002 ms
```

PAPは平文のパスワードをやり取りするプロトコルで、第三者による盗聴が簡単にできます。これを確認するため、WiresharkでPAPのパケットをキャプチャしてみましょう。PPP通信をパケットキャプチャするには、キャプチャ前に[Link type]をデフォルトの「Cisco HDCL」から「Cisco PPP」に変更します。

Wiresharkを起動したら、ルータのシリアルインターフェイスをshutdownとno shutdownして、強制的にPAP認証させます。このときにキャプチャしたPAP認証のパスワード情報は、図8.3.3のようなり、パケットの情報内容が表8.3.1（ユーザ認証情報）と完全に一致していることがわかります。また、PAPのパスワード情報だけを表示するWiresharkのフィルタは「pap.password」です。

第8章　PPPとPPPoE

○図8.3.2：PPPのパケットキャプチャ

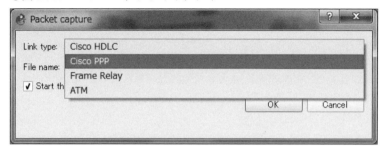

○図8.3.3：パケットキャプチャによるPAP認証情報の盗聴

```
pap.password
    Time                         Source  Destination  Protocol  Length  Info
16  2018-09-09 16:10:47.876024   N/A     N/A          PPP PAP   20      Authenticate-Request (Peer-ID='R1PAP', Password='cisco')
17  2018-09-09 16:10:47.884025   N/A     N/A          PPP PAP   20      Authenticate-Request (Peer-ID='R2PAP', Password='cisco')
```

CHAP認証の確認

PAPのときと同様にCHAP用のユーザ認証情報を各ルータのデータベースに登録します（表8.3.2）。

○表8.3.2：CHAP認証情報

ルータ	各ルータが保持する認証情報	
	ユーザ名	パスワード
Router1	R2CHAP	cisco
Router2	R1CHAP	cisco

CHAPの認証方式に変更したときに必要な設定は3点で、リスト8.3.1e～8.3.1fのように設定します。

- ユーザ認証情報をローカルデータベースに登録する
- 相手からのPPP接続に対してCHAP認証を行う
- 相手にCHAP認証を行ってもらうためのユーザ名を設定する（パスワードは共通なので送る設定はない）

○リスト8.3.1e：Router1のCAHP設定

```
Router1(config-if)#ppp authentication chap          ※CHAPによるユーザ認証
Router1(config-if)#ppp chap hostname R1CHAP         ※CHAP認証のユーザ名
Router1(config-if)#exit
Router1(config)#username R2CHAP password cisco
```

○リスト8.3.1f：Router2のCHAP設定

```
Router2(config-if)#ppp authentication chap
Router2(config-if)#ppp chap hostname R2CHAP
Router2(config-if)#exit
Router2(config)#username R1CHAP password cisco
```

CHAP認証の設定後、再度端末同士のping疎通をテストします。

```
PC1> ping 192.168.2.2 -c 3
84 bytes from 192.168.2.2 icmp_seq=1 ttl=62 time=29.001 ms
84 bytes from 192.168.2.2 icmp_seq=2 ttl=62 time=28.001 ms
84 bytes from 192.168.2.2 icmp_seq=3 ttl=62 time=32.002 ms
```

PAPではパスワードが丸見えでしたが、CHAPの場合も同じようにWiresharkで見てみましょう。**図8.3.4**は、CHAPのデータ部をキャプチャした結果で、送受信されているデータはハッシュ化された文字列になっています。このとき、チャレンジパケットとレスポンスパケットが2つずつあるのは、両方ルータで互いにCHAP認証を行っているからです。

図8.3.4のWiresharkの表示をわかりやすくまとめたのが**表8.3.3**です。

○図8.3.4：CHAP認証のパケットキャプチャ

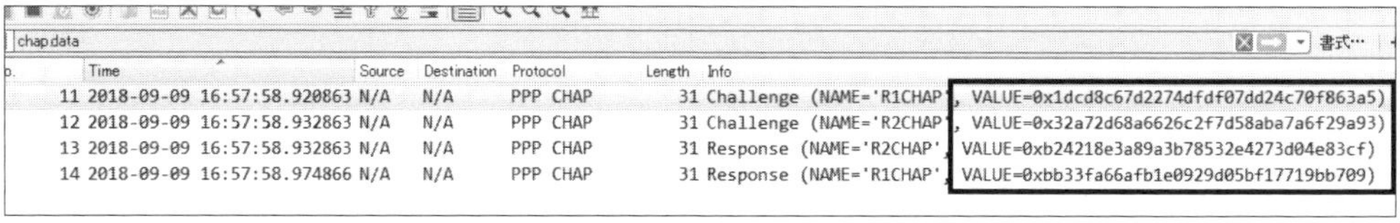

No.	Time	Source	Destination	Protocol	Length	Info
11	2018-09-09 16:57:58.920803	N/A	N/A	PPP CHAP	31	Challenge (NAME='R1CHAP', VALUE=0x1dcd8c67d2274dfdf07dd24c70f863a5)
12	2018-09-09 16:57:58.932863	N/A	N/A	PPP CHAP	31	Challenge (NAME='R2CHAP', VALUE=0x32a72d68a6626c2f7d58aba7a6f29a93)
13	2018-09-09 16:57:58.932863	N/A	N/A	PPP CHAP	31	Response (NAME='R2CHAP', VALUE=0xb24218e3a89a3b78532e4273d04e83cf)
14	2018-09-09 16:57:58.974866	N/A	N/A	PPP CHAP	31	Response (NAME='R1CHAP', VALUE=0xbb33fa66afb1e0929d05bf17719bb709)

○表8.3.3：チャレンジコードとハッシュ文字列

アクセスリクエストするルータ	チャレンジコードを生成するルータ	チャレンジコード／ハッシュ文字列
Router1	Router2	0x1dcd8c67d2274dfdf07dd24c70f863a5
Router1	Router2	0xb24218e3a89a3b78532e4273d04e83cf
Router2	Router1	0x32a72d68a6626c2f7d58aba7a6f29a93
Router2	Router1	0xbb33fa66afb1e0929d05bf17719bb709

また、このときに行われたCHAP認証のシーケンスについて少し詳しく見てみましょう。**図8.3.5**は、Router1がRouter2に対してアクセスリクエストしたときのCHAP認証シーケンスです。

アクセスリクエストを受け取ったRouter2は、チャレンジコード「0x1dcd8c67d2274dfdf07dd24c70f863a5」とID番号「2」を生成して、自分のユーザ名「R2CHAP」とともにRouter1に送り返します。ここでのID番号は、チャレンジコードごとの認識番号で、キャプチャしたCHAPパケットから読み取ることができます。

第8章　PPPとPPPoE

○図8.3.5：CHAPの認証シーケンス（Router1のアクセスリクエストの場合）

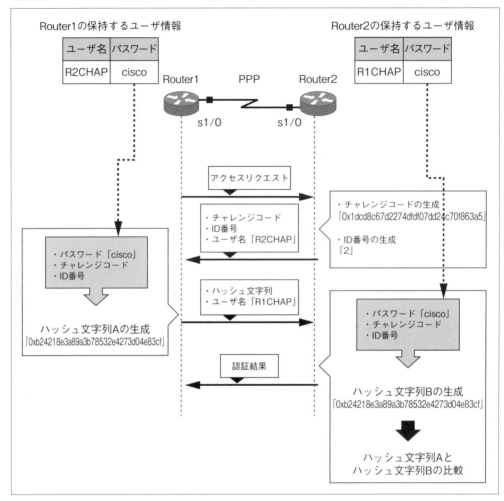

　次に、Router1でRouter2から受け取ったチャレンジコード、ID番号、Router2のユーザ名に該当するパスワード「cisco」を使ってハッシュ文字列「0xb24218e3a89a3b78532e4273d04e83cf」を生成します。簡単のため、以降はこのハッシュ文字列をハッシュ文字列Aとします。そして、ハッシュ文字列AとRouter1のユーザ名「R1CHAP」をRouter2に再度送信します。ちなみに、Router2のユーザ名のパスワードは、Router1があらかじめ自分のローカルに保存しているユーザ情報のデータベースから取得されます。

　最後に、Router2側で自分が生成したチャレンジコード、ID番号およびRouter1のユーザ名に対応するパスワード「cisco」を使ってRouter1と同様なハッシュ計算をします。このときに得られたハッシュ文字列は「0xb24218e3a89a3b78532e4273d04e83cf」（以降ハッシュ文字列Bとします）です。もしハッシュ文字列Aとハッシュ文字列Bが同じなら、Route1はRouter2に対してPPP接続することが許されます。

Router2からRouter1へのアクセスリクエストも同様なシーケンスに従います。以上のような認証を可能にしているのは、双方のルータにあらかじめ同じパスワードが設定されているためです。

　確認のため、「CHAP Hash Checker[注10]」というツールでハッシュ文字列を作ってみましょう（図8.3.6と図8.3.7）。

　Wiresharkからチャレンジコードをコピーするには、PPPフレームのDataフィールド内にあるチャレンジコード値を右クリック ⇒ ［コピー］を使います（図8.3.8）。また、表示は8ビットずつをコロンで区切る16進数です。

○図8.3.6：手動によるハッシュ計算（Router2が生成するチャレンジコード）

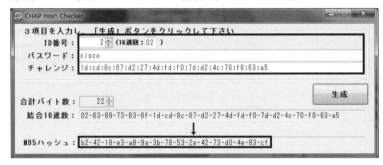

○図8.3.7：手動によるハッシュ計算（Router1が生成するチャレンジコード）

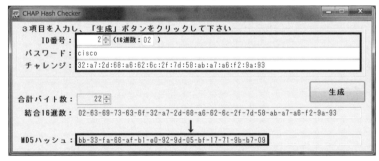

○図8.3.8：チャレンジコード値のコピー方法

注10　URL https://www.vector.co.jp/soft/winnt/net/se476337.html

8-3-2 演習Lab PPPoE

ここではPPPoE接続によるインターネットアクセスの基本設定について確認します（GNS3プロジェクト名は「8-3-2_PPPoE」）。**図8.3.9**がネットワーク構成で、Router1がPPPoEクライアント、Router2がPPPoEサーバとなっています。**図8.3.9**は、各装置の役割をわかりやすくするためデフォルトのアイコンを変更しています。アイコンの変更方法は、アイコン右クリック ⇒ ［Change symbol］から実行します（**図8.3.10**）。

最終的にPC1からWebServerまで疎通できるようにしましょう。Router1上でPC1のIPアドレスを、NAPTで変換しています。**表8.3.4**はPPPoE接続のパラメータ一覧です。

○図8.3.9：ネットワーク構成

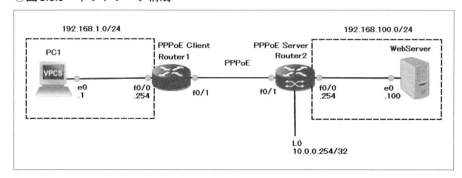

○図8.3.10：アイコンの変更

○表8.3.4：PPPoE接続パラメータ

Router1（PPPoEクライアント）	
PPPoE接続用ユーザ名	Router1
PPPoE接続用パスワード	cisco
DialerインターフェイスのIPアドレス	自動割り当て
Router2（PPPoEサーバ）	
PPPoEクライアントに払い出すIPアドレス	10.0.0.1/32 ～ 10.0.0.100/32
PPP接続するユーザの認証方式	CHAP

PPPoEクライアントの設定

まずPPPoEクライアントの設定を見てみましょう（リスト8.3.2a）。PPPoE接続の設定は煩雑であるため、次のような5ステップに分けて説明します。

①デフォルトゲートウェイの設定
　インターネットアクセスのデフォルトゲートウェイはDialerインターフェイス
②NAPTの設定
　ユーザのIPアドレスをDialerインターフェイスのIPアドレスに変換する
③LAN側の物理インターフェイスの設定
④Dialerインターフェイスの設定
　PPPとCHAPのほかに物理インターフェイスとの紐付けを設定する
⑤WAN側の物理インターフェイスの設定

○リスト8.3.2a：Router1（PPPoEクライアント）の設定

```
Router1#configure termina  ※特権モードから設定モードに移行
Router1(config)#ip nat inside source list 1 interface dialer 1 overload
                                                          ※NAPT注の設定
Router1(config)#access-list 1 permit 192.168.1.0 0.0.0.255  ※アクセスリストの設定
Router1(config)#interface FastEthernet 0/0  ※インターフェイスの設定
Router1(config-if)#ip address 192.168.1.254 255.255.255.0  ※IPアドレスの設定
Router1(config-if)#ip nat inside  ※内側インターフェイスのNAT設定
Router1(config-if)#no shutdown  ※インターフェイスの有効化
Router1(config-if)#exit  ※直前の設定モードに戻る
Router1(config)#interface dialer 1
Router1(config-if)#ip address negotiated  ※IPアドレスを自動割り当てで取得
Router1(config-if)#encapsulation ppp  ※PPPでカプセル化
Router1(config-if)#dialer pool 1  ※物理インターフェイスとの紐付け
Router1(config-if)#dialer-group 1  ※PPPoEセッション開始のトリガーとの紐付け
Router1(config-if)#ppp authentication chap callin  ※サーバへの片方向CHAP認証
Router1(config-if)#ppp chap hostname Router1  ※CHAP認証用のユーザ名
Router1(config-if)#ppp chap password cisco  ※CHAP認証用のパスワード
Router1(config-if)#ip nat outside  ※外側インターフェイスのNAT設定
Router1(config-if)#exit
Router1(config)#dialer-list 1 protocol ip permit  ※PPPoEセッション開始のトリガー設定
Router1(config)#interface FastEthernet 0/1 ↘
```

※注：Network Address Port Translation

第8章 PPPとPPPoE

```
Router1(config-if)#no ip address      ※IPアドレスの削除
Router1(config-if)#pppoe enable       ※クライアント側のPPPoEの有効化
Router1(config-if)#pppoe-client dial-pool-number 1   ※PPPoE用の論理インターフェイス
Router1(config-if)#no shutdown
Router1(config-if)#end   ※特権モードに移行
Router1(config)#ip route 0.0.0.0 0.0.0.0 dialer 1   ※スタティックルーティングの設定
```

PPPoEサーバの設定

PPPoEサーバの設定（リスト8.3.2b）は、PPPoEクライアントの設定と同様にステップごとに分けてみましょう。

①ユーザ認証情報の設定
②ループバックインターフェイスの設定
　各クライアントを終端するためのIPアドレス
③インターネット側の物理インターフェイスの設定
④バーチャルテンプレートインターフェイスの設定
　各クライアントを終端するためのインターフェイスのテンプレート
⑤BBA[注11]グループの設定（プロバイダごとにグループを分ける）
⑥PPPoEクライアント側の物理インターフェイスの設定
　BBAグループ指定でPPPoEを有効化する

○リスト8.3.2b：Router2（PPPoEサーバ）の設定

```
Router2#configure terminal
Router2(config)#username Router1 password cisco   ※ユーザ情報の登録
Router2(config)#interface loopback 0
Router2(config-if)#ip address 10.0.0.254 255.255.255.255
Router2(config-if)#exit
Router2(config)#interface FastEthernet 0/0
Router2(config-if)#ip address 192.168.100.254 255.255.255.0
Router2(config-if)#no shutdown
Router2(config-if)#exit
Router2(config)#interface virtual-template 1
Router2(config-if)#ip unnumbered loopback 0   ※IPアンナンバードの設定
Router2(config-if)#peer default ip address pool POOL   ※クライアントへのIP払い出し
Router1(config-if)#ppp authentication chap   ※CHAPによるユーザ認証
Router2(config-if)#exit
Router2(config)#ip local pool POOL 10.0.0.1 10.0.0.100   ※払い出すIPアドレスの範囲の設定
Router2(config)#bba-group pppoe GROUP   ※PPPoE着信のためのBBAグループの作成
Router2(config-bba-group)#virtual-template 1   ※バーチャルテンプレートとの紐付け
Router2(config-bba-group)#exit
Router2(config)#interface FastEthernet 0/1
Router2(config-if)#no ip address
Router2(config-if)#pppoe enable group GROUP   ※サーバ側のPPPoEの有効化
Router2(config-if)#no shutdown
Router2(config-if)#end
```

注11 Broad Band Aggregation

PPPoEクライアントの設定確認

PPPoEクライアントのPPPoE設定が間違っていないことを確認します。リスト8.3.2cでは相手側のMACアドレスが表示できているので、PPPoEディスカバリーステージまで問題ないことが確認できます。

○リスト8.3.2c：Router1のPPPoEセッションの確認

```
Router1#show pppoe session   ※PPPoEセッションの状態確認
    1 client session

Uniq ID  PPPoE  RemMAC          Port                    VT  VA      State
           SID  LocMAC                                      VA-st
    N/A     1  c202.1ef4.0001  Fa0/1                   Di1 Vi2      UP
               c201.1620.0001                              UP
```

リスト8.3.2dでは、DialerインターフェイスにIPアドレスが自動的に割り当てられていることを確認します。

○リスト8.3.2d：Router1のインターフェイス状態の確認

```
Router1#show ip interface brief   ※インターフェイスの概要確認
Interface              IP-Address      OK? Method Status                Protocol
FastEthernet0/0        192.168.1.254   YES NVRAM  up                    up
FastEthernet0/1        unassigned      YES NVRAM  up                    up
Serial1/0              unassigned      YES NVRAM  administratively down down
Serial1/1              unassigned      YES NVRAM  administratively down down
Serial1/2              unassigned      YES NVRAM  administratively down down
Serial1/3              unassigned      YES NVRAM  administratively down down
NVI0                   192.168.1.254   YES unset  up                    up
Virtual-Access1        unassigned      YES unset  up                    up
Virtual-Access2        unassigned      YES unset  up                    up
Dialer1                10.0.0.1        YES IPCP   up                    up
```

PPPoEサーバ上のPPPoEセッションの状態を確認

先ほどと同じで、相手側のMACアドレスがあることを確認します（リスト8.3.2e）。

PPPoEサーバ側では、クライアントごとの終端を目的としたVirtual-Access1.xのインターフェイスが自動的に生成され、それらのIPアドレスがすべてループバックのIPアドレスとなります（リスト8.3.2f）。

PPPoEサーバのルーティングテーブルでは、各クライアントへルーティングは直接接続になっていることを確認します（リスト8.3.2g）。

○リスト8.3.2e：Router2のPPPoEセッションの確認

```
Router2#show pppoe session
    1 session  in LOCALLY_TERMINATED (PTA) State
    1 session  total

Uniq ID  PPPoE  RemMAC          Port                    VT  VA      State
           SID  LocMAC                                      VA-st
      1    1   c201.1620.0001  Fa0/1                    1  Vi1.1   PTA
               c202.1ef4.0001                              UP
```

第8章 PPPとPPPoE

○リスト8.3.2f：Router2のインターフェイス状態の確認

```
Router2#show ip interface brief
Interface              IP-Address      OK? Method Status                Protocol
FastEthernet0/0        192.168.100.254 YES NVRAM  up                    up
FastEthernet0/1        unassigned      YES NVRAM  up                    up
Serial1/0              unassigned      YES NVRAM  administratively down down
Serial1/1              unassigned      YES NVRAM  administratively down down
Serial1/2              unassigned      YES NVRAM  administratively down down
Serial1/3              unassigned      YES NVRAM  administratively down down
Virtual-Access1        unassigned      YES unset  up                    up
Virtual-Access1.1      10.0.0.254      YES TFTP   up                    up
Virtual-Template1      10.0.0.254      YES TFTP   down                  down
Virtual-Access2        unassigned      YES unset  down                  down
Loopback0              10.0.0.254      YES NVRAM  up                    up
```

○リスト8.3.2g：Router2のルーティングテーブルの確認

```
Router2#show ip route     ※ルーティングテーブルの確認
Codes: C - connected, S - static, R - RIP, M - mobile, B - BGP
       D - EIGRP, EX - EIGRP external, O - OSPF, IA - OSPF inter area
       N1 - OSPF NSSA external type 1, N2 - OSPF NSSA external type 2
       E1 - OSPF external type 1, E2 - OSPF external type 2
       i - IS-IS, su - IS-IS summary, L1 - IS-IS level-1, L2 - IS-IS level-2
       ia - IS-IS inter area, * - candidate default, U - per-user static route
       o - ODR, P - periodic downloaded static route

Gateway of last resort is not set

     10.0.0.0/32 is subnetted, 2 subnets
C       10.0.0.1 is directly connected, Virtual-Access1.1
C       10.0.0.254 is directly connected, Loopback0
C    192.168.100.0/24 is directly connected, FastEthernet0/0
```

最後に、PC1ユーザからWebサーバにアクセスできることを確認します。

```
PC1> ping 192.168.100.100 -c 3
84 bytes from 192.168.100.100 udp_seq=3 ttl=62 time=22.001 ms
84 bytes from 192.168.100.100 udp_seq=4 ttl=62 time=29.002 ms
84 bytes from 192.168.100.100 udp_seq=5 ttl=62 time=29.002 ms
```

8-4　章のまとめ

　PPPは2点間をポイントツーポイントで接続するWAN技術です。ここでPPPについて紹介したのは、LCPとNCP、PPPフレームフォーマットおよびPAPとCHAPです。PPPを単体で使うのはあまりありませんが、イーサネット上でPPPを使用してインターネット接続するのは現在でもよく見かける接続方式です。

　演習ラボでは、PPPとPPPoEの設定について確認しました。PPPoEの設定数が多くてとても煩雑です。また、PPPoEの設定を理解するには、設定同士の紐付け関係をしっかりと把握しておく必要があります。

第 9 章
RIP

RIP(Routing Information Protocol)は、古くから使われているディスタンスベクタ型のルーティングプロトコルです。本章では、RIPやディスタンスベクタアルゴリズムについて紹介し、演習ラボを通してRIP関連の設定を習得します。

9-1 RIPの概要

RIPは、OSPFなどほかのルーティングプロトコルよりもルート計算が簡単のため、ルータの処理能力がまだ低い時代によく使われていたルーティングプロトコルです。現在でも、ホームネットワークなど小規模なネットワークにおいてまだまだ現役です。ここで、ディスタントベクタアルゴリズム、RIPの2つのバージョンの違い、およびループ防止のメカニズムを理解しておきましょう。

9-1-1 RIPの歴史

インターネットは、軍用ネットワークのARPANETを商用ネットワークに転用して生まれたものです。RIPは、インターネットが生まれる前にすでにARPANETで使われていたほど古い歴史を持っています。RIPは、1988年にUNIXのroutedプログラムをベースにRFC化(RFC1058)されました。初期のRIPはRIPv1と呼ばれています。その後、RIPv1のいくつかの制約を克服して作られたのがRIPv2(RFC2453)です。

RIPv1とRIPv2は、ともにIPv4のルーティングプロトコルですが、IPv6用のRIPとしてRIPng[注1](RFC2080)も用意されています。

9-1-2 RIPの特徴

RIPは、簡単なアルゴリズムで動作するルーティングプロトコルのため、ルータへの負荷も低く、とても実装しやすいです。古いルーティングプロトコルですが、いまだに至るところで使われています。しかし、動作が簡単であることは、きめ細かい仕様となっていないことの裏返しです。RIPには次のような特徴があります。

注1 RIP Next Generation

- IGP
  RIPはAS内で動作するルーティングプロトコル
- 2つのバージョンがある
  RIPには、RIPv1とRIPv2の2バージョンがあり、RIPv1を改善したバージョンがRIPv2である
- ディスタンスベクタ型ルーティングプロトコル
  RIPの最適ルートを決める基準は、距離（ディスタンス）と方向（ベクタ）である
- ルータのホップ数をメトリックとして利用
  RIPのメトリックはホップ数で、メトリックの最大値は15である
- 30秒間隔（デフォルト）でルート情報をフラディング
  フラディングの方法は、ブロードキャスト（RIPv1）とマルチキャスト（RIPv2）の2通りがある
- 収束時間が長い
  ルート情報の更新がすべてのルータに終わるまでの時間を収束時間という。RIPでは、30秒ごとにアップデートする仕様となっているため、すべてのルータが収束するまでの時間は長い
- ルーティングループが発生しやすい
  RIPの収束時間が長いので、ネットワークの変更がすぐにすべてのルータに行き渡らないため、一部のルータは古いルート情報を保持し続け、これがルーティングループの原因となりやすい

9-1-3 RIPのバージョン

　RIPの2つのバージョンの解説に入る前に、RIPパケットとはどんなものかを見てみましょう。RIPは、アプリケーション層のプロトコルで、UDPの520番ポートを使用します。IPヘッダの送信先アドレスは、RIPv1とRIPv2で異なります。RIPv1は、ブロードキャストでアップデートを送信します。これに対して、RIPv2は、マルチキャスト（224.0.0.9）を使います。
　RIPのパケットフォーマットは図9.1.1で、各フィールドは次のとおりです。

- コマンド
  リクエスト（1）とレスポンス（2）の2つの値を取りうる。リクエストは、30秒間隔のフラディングを待たずにルート情報を要求するときに使う。レスポンスはリクエストに対する応答と、30秒間隔のルート情報のフラッディングとなる
- バージョン
  RIPのバージョン情報。RIPv1（1）とRIPv2（2）の2つの値を取りうる
- アドレスファミリ識別子
  固定値（2）と考えてよい。IP以外の環境なら違う値になるが、現状はIPのみなので、他の値になることはない

○図9.1.1：RIPのパケットフォーマット

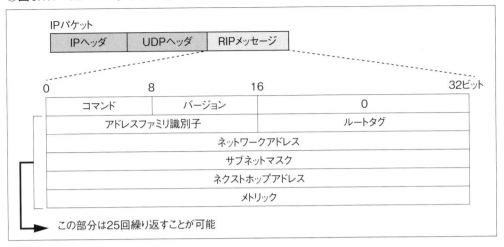

- ルートタグ
  BGPと連携するために使用するが、明確な定義がないので使われていない
- ネットワークアドレス
  宛先のネットワークアドレス
- サブネットマスク
  RIPv2特有のフィールドで、RIPv1では「0」、RIPv2ではサブネットマスクの情報を告知するために使う
- ネクストホップアドレス
  ネクストホップのIPアドレス
- メトリック
  RIPのメトリック値。最大値は16だが、RIPの最大ホップ数は15なので、16は到達不可を意味する

アドレスファミリ識別子からメトリックまでの領域を1個のエントリとすると、1つのRIPパケットで最大25エントリを同時に送信できます。もし、ルート情報のエントリ数が25よりも大きい場合、RIPパケットは25エントリ単位でパケットを分割します。
RIPv2は、RIPv1の欠点を補完して作られた改良版です。では、RIPv1の何が欠点だったのかを見てみましょう。

RIPv1の欠点①：クラスレスに対応していない

RIPv1の一番の欠点は、クラスレスに対応していないことです。RIPv1は、クラスフルのルーティングプロトコルであるため、告知するルート情報はメジャーネットワークです。
サブネットのある環境でRIPv1を使うと、どのような不都合が潜んでいるかを図9.1.2で説明します。Router1のF0インターフェイスの接続先のネットワークが192.168.0.0/28で、

Router2のF0インターフェイスの接続先のネットワークが192.168.0.16/28となっています。ここで注意したいのが、192.168.0.0/28と192.168.0.16/28がともにメジャーネットワーク192.168.0.0/24のサブネットとなっていることです。RIPv1はクラスフル型のルーティングプロトコルなので、2つのサブネットは192.168.0.0/24に自動変換されてしまいます。しかし、双方のルータには、すでに192.168.0.0/24よりも細かい経路があるので、RIPv1で学習した経路はルーティングテーブルに載ることはありません。したがって、192.168.0.0/28と192.168.0.16/28のネットワーク同士の疎通ができない事象が発生します。

RIPv2は、クラスレス型のルーティングプロトコルとなっているので、このような不具合は発生しません。

○図9.1.2：サブネット環境でのRIPv1の振る舞い

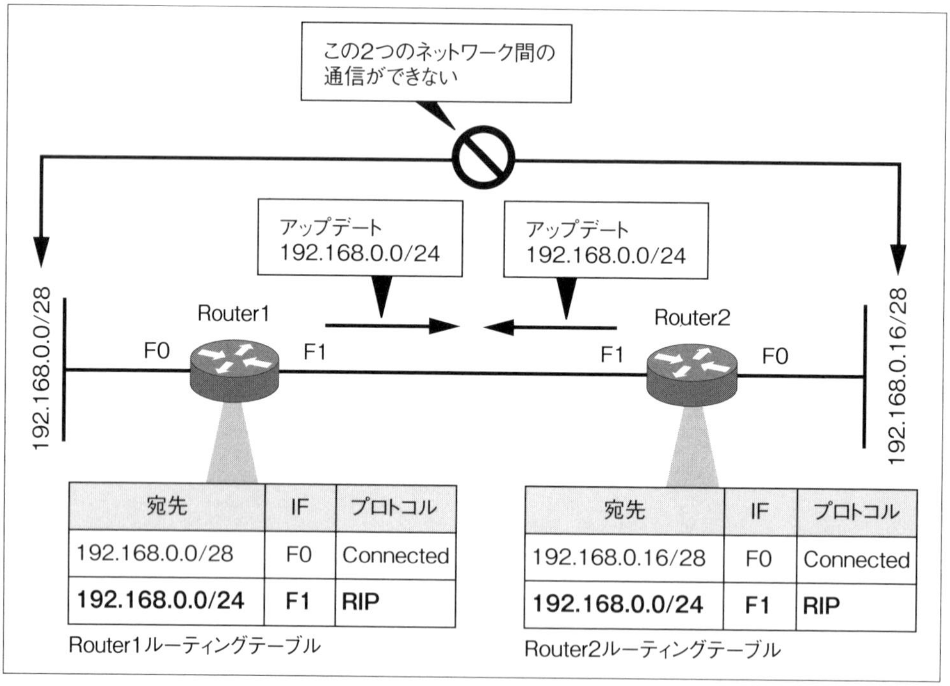

RIPv1の欠点②：ブロードキャストによるアップデート

RIPv1は、ブロードキャストでルート情報を30秒間隔でフラッディングします。ルータの数とルート情報が多いほど、ネットワークの帯域を圧迫します。RIPv2では、ブロードキャストの代わりにマルチキャストを使います。マルチキャストのアドレスは、224.0.0.9です。

RIPv1の欠点③：認証機能がない

RIPv1では、ルータ同士の認証機能がないため、アップデートが偽装される可能性があります。RIPv2では、認証機能をサポートしているので、よりセキュアなネットワークを構築できます。

ただし、RIPv2はRIPv1よりも何点かにおいて改善されたとはいえ、依然としてディスタンスベクタ型のルーティングプロトコルであるため、収束時間やルーティングループの問題は解決されているわけではありません。

9-1-4 RIPの動作

RIPは、ディスタンスベクタというアルゴリズムを使用して、パケットの宛先までの最適なルートを自動的に算出します。

ディスタンスベクタは、距離（ディスタンス）と方向（ベクタ）をベースとした最適経路決定アルゴリズムです。もっと平たく言うと、宛先までの最小ルータホップ数の経路を最適経路として選出するアルゴリズムです。RIPでは、ルータのホップ数をメトリックと呼んでいます。

では、図9.1.3.のようなネットワークを例に、ディスタンスベクタアルゴリズムによる最適経路の算出過程を見てみましょう。まだRIPが動いていない状態では、各ルータのルーティングテーブル上の経路は、自ルータのインターフェイスが接しているネットワークのみです。

○図9.1.3：RIPの動作①

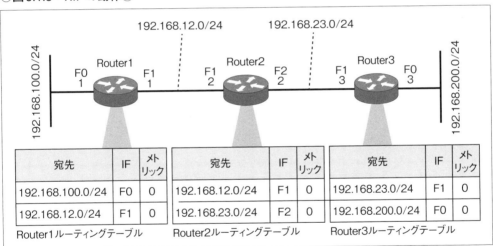

次に、各ルータでRIPを有効化すると、ルータから経路情報のアップデートが隣接するルータに向けて送出されます。図9.1.4では、Router1からRouter2に向けて送出されたアップデートを示しています。Router1からのアップデートには、Router1のルーティングテーブルの経路情報と、各経路のメトリック値に1を加算した値が入っています。このアップデートを受けたRouter2は、自身が持っていない経路（192.168.100.0/24）をルーティングテーブルに追記します。192.168.12.0/24の経路はRouter2の隣接ネットワークなので、特に変更はありません。

図9.1.5は、Router2からRouter3へのアップデートとルーティングテーブルの変化を表しています。このとき、Router3のルーティングテーブルにRouter1の経路情報が伝わり、一

番遠い192.168.100.0/24の経路がメトリック2として登録されました。つまり、Router3から見て、192.168.100.0/24の経路はルータ2台分先の距離にあることを意味しています。

今度はRouter3からRouter1の方向に向けたアップデートになります。Router3からのアップデートを受け取ったRouter2は、192.168.100.0/24と192.168.200.0/24の経路をそれぞれメトリック1で登録します（**図9.1.6**）。

このときのRouter3からのアップデートには、192.168.100.0/24の経路情報（メトリック3）が含まれていますが、すでに同経路はRouter2のルーティングテーブルでメトリック1と

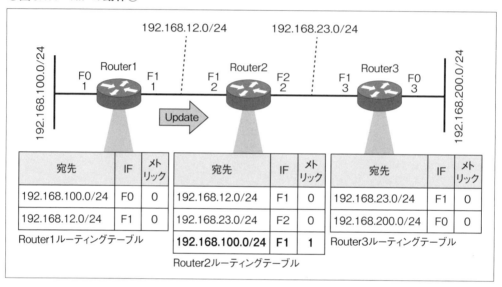

○図9.1.4：RIPの動作②

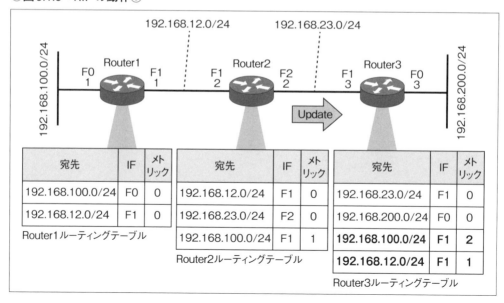

○図9.1.5：RIPの動作③

なっているため、メトリック3に更新されることはありません。

最後に、Router2からRouter1へのアップデートをもって、すべてのアップデートが終了して収束状態となります（図9.1.7）以上がディスタンスベクタアルゴリズムによるRIPの動作でした。実際のアップデータは、30秒ごとにフラッディングしていて、1個ずつシーケンシャルに動いているわけではありません。

○図9.1.6：RIPの動作④

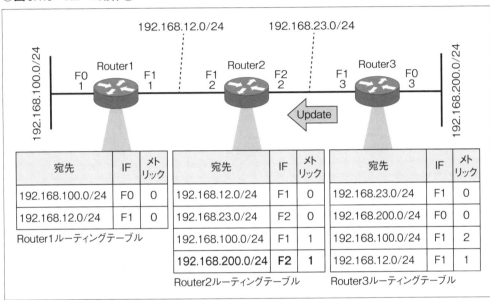

○図9.1.7：RIPの動作⑤

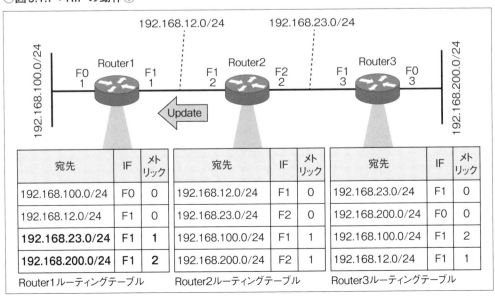

9-1-5　ルーティングループの防止

　ディスタンスベクタ型のルーティングプロトコルは、30秒間隔でルート情報をフラッディングする仕様です。それゆえにRIPで構成されたネットワーク全体の収束時間はどうしても長くなってしまいます。収束時間が長いということは、収束状態までの過渡期には、一部のルータは古いルート情報を保持しています。このような状況下では、ルーティングループが発生しやすくなってしまいます。

　ルーティングループが発生しやすいのは、ディスタンスベクタの性質に起因するもので、持って生まれた宿命です。しかし、RIPにはルーティングループを防止する次のような方法があります。

- スプリットホライズン
- ポイズンリバース
- ルートポイズニング
- トリガードアップデート
- ホップ数の上限

　それぞれのルーティングループ防止方法を詳しく見てみましょう。

スプリットホライズン
　スプリットホライズンは、あるインターフェイスで受信したルート情報を、同じインターフェイスから送信しない機能です。スプリットホライズンが有効になっていないとき、ネットワークの障害時にルーティングループが発生する可能性があります。

ポイズンリバース
　ポイズンリバースは、ルータがあるインターフェイスから受信したルート情報をメトリック16にして、受信インターフェイスから送り返す機能です。これにより、送り返された先のルータに不要なルート情報がルーティングテーブルに登録されることを未然に防げます。

ルートポイズニング
　ルートポイズニングは、ルータのインターフェイスのルート情報が消失したときに、ただちに隣接ルータに対してそのルート情報の到達不能を意味するメトリック16で告知する機能です。この機能がないと、隣接ルータがそのルートが到達不能と知るまで最大30秒（アップデート間隔）を要します。

トリガードアップデート
　ルートポイズニングでは、ルータ自身のインターフェイスのルート情報が消えると、ただ

ちに隣接ルータにアップデートを送信します。しかし、2ホップ先のルータはすぐにルート障害を知ることはできません。

ホップ数の上限

ルーティングループの防止のための万策を尽くしても、それでもループが発生したときの最後の砦がホップ数の上限です。RIPでは15ホップが上限となっているため、ルート情報のホップ数が16になった時点でそのルート情報をルーティングテーブルから削除され、ルーティングループが止まります。

9-2 演習ラボ

それでは、基本的なネットワーク設定からセキュリティ関連の設定まで見てみましょう。次の設定内容を紹介します。

- RIPの有効化
- RIPv2の設定
- ホップ数によるルート選択
- RIPアップデートの最適化
- セキュリティ設定

9-2-1 演習Lab RIPの有効化

ここでは、図9.2.1にあるすべてのルータでRIPを有効化して、ルータに直接接続していないネットワーク情報をRIPで受け取れることを確認します（GNS3プロジェクト名は「9-2-1_RIP_Basic」）。

○図9.2.1：ネットワーク構成

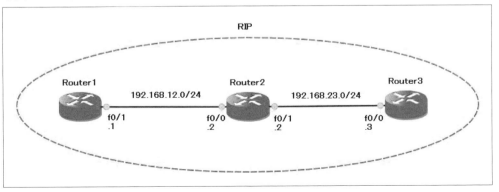

設定

Router1 〜 Router3の設定はそれぞれ**リスト9.2.1a 〜 9.2.1c**のようになります。

○リスト9.2.1a：Router1の設定

```
Router1#configure terminal     ※特権モードから設定モードに移行
Router1(config)#interface FastEthernet 0/1     ※インターフェイスの設定
Router1(config-if)#ip address 192.168.12.1 255.255.255.0     ※IPアドレスの設定
Router1(config-if)#no shutdown     ※インターフェイスの有効化
Router1(config-if)#exit     ※直前の設定モードに戻る
Router1(config)#router rip     ※RIPの設定
Router1(config-router)#network 192.168.12.0     ※ネットワークの公布
Router1(config-router)#end     ※特権モードに移行
```

○リスト9.2.1b：Router2の設定

```
Router2#configure terminal
Router2(config)#interface FastEthernet 0/0
Router2(config-if)#ip address 192.168.12.2 255.255.255.0
Router2(config-if)#no shutdown
Router2(config-if)#exit
Router2(config)#interface FastEthernet 0/1
Router2(config-if)#ip address 192.168.23.2 255.255.255.0
Router2(config-if)#no shutdown
Router2(config-if)#exit
Router2(config)#router rip
Router2(config-router)#network 192.168.12.0
Router2(config-router)#network 192.168.23.0
Router2(config-router)#end
```

○リスト9.2.1c：Router3の設定

```
Router3#configure terminal
Router3(config)#interface FastEthernet 0/0
Router3(config-if)#ip address 192.168.23.3 255.255.255.0
Router3(config-if)#no shutdown
Router3(config-if)#exit
Router3(config)#router rip
Router3(config-router)#network 192.168.23.0
Router3(config-router)#end
```

確認

Router1 〜 Router3のルーティングテーブルの表示はそれぞれ**リスト9.2.1d 〜 9.2.1f**のようになります。Router1とRouter3で直接接続していないネットワークの情報がRIPで受け取っていることを確認できます。

○リスト9.2.1d：Router1のルーティングテーブル

```
Router1#show ip route     ※ルーティングテーブルの確認
 ... 中略 ...
C    192.168.12.0/24 is directly connected, FastEthernet0/1
R    192.168.23.0/24 [120/1] via 192.168.12.2, 00:00:20, FastEthernet0/1
```

○リスト9.2.1e：Router2のルーティングテーブル

```
Router2#show ip route
... 中略 ...
C    192.168.12.0/24 is directly connected, FastEthernet0/0
C    192.168.23.0/24 is directly connected, FastEthernet0/1
```

○リスト9.2.1f：Router3のルーティングテーブル

```
Router3#show ip route
... 中略 ...
R    192.168.12.0/24 [120/1] via 192.168.23.2, 00:00:27, FastEthernet0/0
C    192.168.23.0/24 is directly connected, FastEthernet0/0
```

Wiresharkで検証

Router2とRouter3の間でパケットキャプチャをして、RIPアップデータの中身とルーティングテーブルの表示内容を見比べてみましょう。図9.2.2のRIPアップデートパケットは、Rotuer2からRouter3に向けて公布するネットワーク「192.168.12.0」です。ネットワーク情報のほかにメトリック「1」も含まれているとわかります。ここで、再びリスト9.2.1fにあるルーティングテーブルと見比べてみましょう。ルーティングテーブルの情報とキャプチャパケットの中身が合致していることを確認できます。

○図9.2.2：RIPアップデートのパケットキャプチャ

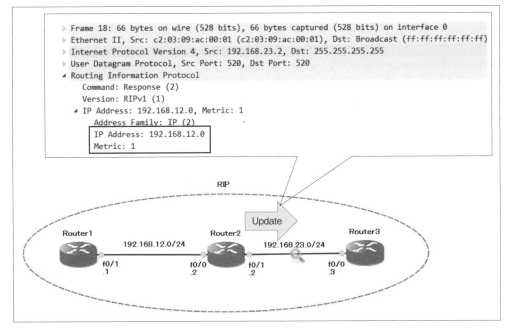

9-2-2 演習Lab RIPv2の設定

RIPのバージョンを明示的に指定しない場合、RIPv1がデフォルトとなります。クラスレスネットワークを公布するには、RIPv2に設定する必要があります。ここでは、RIPv2を設定する前後のルーティングテーブルの違いについて確認していきます（GNS3プロジェクト名は「9-2-2_RIPv2」）。このときのネットワーク構成は図9.2.3です。

○図9.2.3：ネットワーク構成

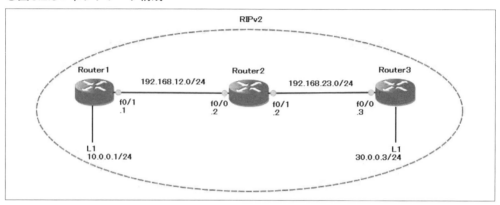

設定

まず、RIPv2を設定せずにネットワークを公布し合います（リスト9.2.2a ～ 9.2.2c）。

○リスト9.2.2a：Router1の設定（RIPv2設定前）

```
Router1#configure terminal   ※特権モードから設定モードに移行
Router1(config)#interface FastEthernet 0/1   ※インターフェイスの設定
Router1(config-if)#ip address 192.168.12.1 255.255.255.0   ※IPアドレスの設定
Router1(config-if)#no shutdown   ※インターフェイスの有効化
Router1(config-if)#exit   ※直前の設定モードに戻る
Router1(config)#interface Loopback 1
Router1(config-if)#ip address 10.0.0.1 255.255.255.0
Router1(config-if)#exit
Router1(config)#router rip   ※RIPの設定
Router1(config-router)#network 192.168.12.0   ※ネットワークの公布
Router1(config-router)#network 10.0.0.0
Router1(config-router)#end   ※特権モードに移行
```

○リスト9.2.2b：Router2の設定（RIPv2設定前）

```
Router2#configure terminal
Router2(config)#interface FastEthernet 0/0
Router2(config-if)#ip address 192.168.12.2 255.255.255.0
Router2(config-if)#no shutdown
Router2(config-if)#exit
Router2(config)#interface FastEthernet 0/1
Router2(config-if)#ip address 192.168.23.2 255.255.255.0
Router2(config-if)#no shutdown
Router2(config-if)#exit
Router2(config)#router rip
Router2(config-router)#network 192.168.12.0
Router2(config-router)#network 192.168.23.0
Router2(config-router)#end
```

○リスト9.2.2c：Router3の設定（RIPv2設定前）

```
Router3#configure terminal
Router3(config)#interface FastEthernet 0/0
Router3(config-if)#ip address 192.168.23.3 255.255.255.0
Router3(config-if)#no shutdown
Router3(config-if)#exit
Router3(config)#interface Loopback 1
Router3(config-if)#ip address 30.0.0.3 255.255.255.0
Router3(config-if)#exit
Router3(config)#router rip
Router3(config-router)#network 192.168.23.0
Router1(config-router)#network 30.0.0.0
Router3(config-router)#end
```

Router1～Router3のルーティングテーブルの表示はそれぞれ**リスト9.2.2d～9.2.2f**のようになります。RIPv2の設定がまだされていないときのルーティングテーブルの内容を見てみましょう。Router1とRouter3のLoopbackインターフェイスのネットワークは自動的にメジャーネットワークに集約されているのがわかります。

○リスト9.2.2d：Router1のルーティングテーブル（RIPv2設定前）

```
Router1#show ip route rip     ※ルーティングテーブル（RIPのみ）の確認
R    192.168.23.0/24 [120/1] via 192.168.12.2, 00:00:13, FastEthernet0/1
R    30.0.0.0/8 [120/2] via 192.168.12.2, 00:00:11, FastEthernet0/1
```

○リスト9.2.2e：Router2のルーティングテーブル（RIPv2設定前）

```
Router2#show ip route rip
R    10.0.0.0/8 [120/1] via 192.168.12.1, 00:00:09, FastEthernet0/0
R    30.0.0.0/8 [120/1] via 192.168.23.3, 00:00:15, FastEthernet0/1
```

○リスト9.2.2f：Router3のルーティングテーブル（RIPv2設定前）

```
Router3#show ip route rip
R    192.168.12.0/24 [120/1] via 192.168.23.2, 00:00:08, FastEthernet0/0
R    10.0.0.0/8 [120/2] via 192.168.23.2, 00:00:08, FastEthernet0/0
```

RIPv2と自動集約の無効化を設定

次に各ルータでRIPv2と自動集約の無効化を設定します（リスト9.2.2g〜9.2.2i）。

○リスト9.2.2g：Router1の設定（RIPv2設定後）

```
Router1#configure terminal
Router1(config)#router rip
Router1(config-router)#version 2        ※RIPv2の設定
Router1(config-router)#no auto-summary  ※自動集約の無効化
Router3(config-router)#end
```

○リスト9.2.2h：Router2の設定（RIPv2設定後）

```
Router2#configure terminal
Router2(config)#router rip
Router2(config-router)#version 2
Router2(config-router)#no auto-summary
Router3(config-router)#end
```

○リスト9.2.2i：Router3の設定（RIPv2設定後）

```
Router2#configure terminal
Router2(config)#router rip
Router2(config-router)#version 2
Router2(config-router)#no auto-summary
Router3(config-router)#end
```

RIPv2の設定をしたら、もう一度ルーティングテーブルを見て、ネットワークがクラスレスになっていることを確認しましょう（リスト9.2.2j〜9.2.2l）。

○リスト9.2.2j：Router1のルーティングテーブル

```
Router1#show ip route rip
R    192.168.23.0/24 [120/1] via 192.168.12.2, 00:00:12, FastEthernet0/1
     30.0.0.0/24 is subnetted, 1 subnets
R       30.0.0.0 [120/2] via 192.168.12.2, 00:00:12, FastEthernet0/1
```

○リスト9.2.2k：Router2のルーティングテーブル

```
Router2#show ip route rip
     10.0.0.0/24 is subnetted, 1 subnets
R       10.0.0.0 [120/1] via 192.168.12.1, 00:00:16, FastEthernet0/0
     30.0.0.0/24 is subnetted, 1 subnets
R       30.0.0.0 [120/1] via 192.168.23.3, 00:00:16, FastEthernet0/1
```

○リスト9.2.2l：Router3のルーティングテーブル

```
Router3#show  ip route rip
R    192.168.12.0/24 [120/1] via 192.168.23.2, 00:00:10, FastEthernet0/0
     10.0.0.0/24 is subnetted, 1 subnets
R       10.0.0.0 [120/2] via 192.168.23.2, 00:00:10, FastEthernet0/0
```

Wireshark で検証

最後にRouter2とRouter3の間でRIPアップデートのパケットキャプチャをしてみましょう。RIPv1と違ってアップデート情報の中にサブネットマスクの情報が含まれていることに気づくはずです。

◯図9.2.4：RIPアップデートのパケットキャプチャ

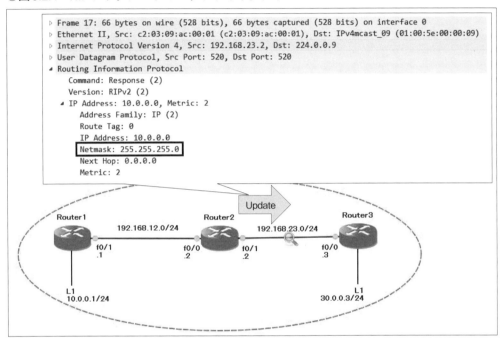

9-2-3 演習Lab ホップ数によるルート選択

RIPにおいて、同じネットワーク情報を複数のルートから受信したとき、よりメトリック値の小さいルートを優先ルートにします。RIPのメトリックはホップ数、すなわち通過したルータの数のことです。

ここでは、ホップ数を意図的に調整して優先ルートの変更をしてみましょう（GNS3プロジェクト名は「9-2-3_Hops」）。このときのネットワーク構成は図9.2.5で、Router1は2つのルート（Router3経由とRouter2経由）からRouter3の2つのLoopbackインターフェイスのネットワーク情報を受信します。デフォルトでは、ホップ数の少ないほうのRouter3経由のルートを優先します。メトリック値の調整で、Router3のLoopback1インターフェイスのネットワークのみを、Router2経由のルートを優先するようにします。

設定

Router1からRouter3の設定はそれぞれリスト9.2.3a〜9.2.3cのようになります。

第9章　RIP

○図9.2.5：ネットワーク構成

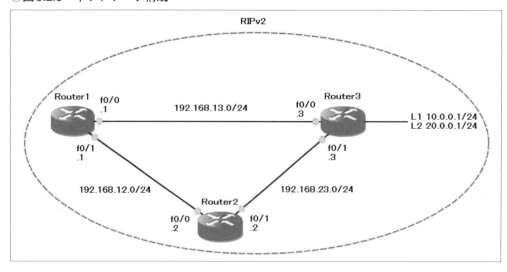

○リスト9.2.3a：Router1の設定（ホップ数の調整前）

```
Router1#configure terminal          ※特権モードから設定モードに移行
Router1(config)#interface FastEthernet 0/0     ※インターフェイスの設定
Router1(config-if)#ip address 192.168.13.1 255.255.255.0    ※IPアドレスの設定
Router1(config-if)#no shutdown      ※インターフェイスの有効化
Router1(config-if)#exit             ※直前の設定モードに戻る
Router1(config)#interface FastEthernet 0/1
Router1(config-if)#ip address 192.168.12.1 255.255.255.0
Router1(config-if)#no shutdown
Router1(config-if)#exit
Router1(config)#router rip          ※RIPの設定
Router1(config-router)#version 2    ※RIPv2の設定
Router1(config-router)#no auto-summary    ※自動集約の無効化
Router1(config-router)#network 192.168.12.0    ※ネットワークの公布
Router1(config-router)#network 192.168.13.0
Router1(config-router)#end          ※特権モードに移行
```

○リスト9.2.3b：Router2の設定（ホップ数の調整前）

```
Router2#configure terminal
Router2(config)#interface FastEthernet 0/0
Router2(config-if)#ip address 192.168.12.2 255.255.255.0
Router2(config-if)#no shutdown
Router2(config-if)#exit
Router2(config)#interface FastEthernet 0/1
Router2(config-if)#ip address 192.168.23.2 255.255.255.0
Router2(config-if)#no shutdown
Router2(config-if)#exit
Router2(config)#router rip
Router2(config-router)#version 2
Router2(config-router)#no auto-summary
Router2(config-router)#network 192.168.12.0
Router2(config-router)#network 192.168.23.0
```

○リスト9.2.3c：Router3の設定（ホップ数の調整前）

```
Router3#configure terminal
Router3(config)#interface Loopback 1
Router3(config-if)#ip address 10.0.0.1 255.255.255.0
Router3(config-if)#exit
Router3(config)#interface Loopback 2
Router3(config-if)#ip address 20.0.0.1 255.255.255.0
Router3(config-if)#exit
Router3(config)#interface FastEthernet 0/0
Router3(config-if)#ip address 192.168.13.3 255.255.255.0
Router3(config-if)#no shutdown
Router3(config-if)#exit
Router3(config)#interface FastEthernet 0/1
Router3(config-if)#ip address 192.168.23.3 255.255.255.0
Router3(config-if)#no shutdown
Router3(config-if)#exit
Router3(config)#router rip
Router3(config-router)#version 2
Router3(config-router)#no auto-summary
Router3(config-router)#network 192.168.13.0
Router3(config-router)#network 192.168.23.0
Router3(config-router)#network 10.0.0.0
Router3(config-router)#network 20.0.0.0
Router3(config-router)#exit
```

すべてのルータの設定を終わったら、Router1のルーティングテーブルを確認してみましょう（**リスト9.2.3d**）。Router3のLoopbackインターフェイスのネットワークはすべてRouter3経由で受け取っていることがわかります。Route3経由のホップ数が1で、これに対してRouter2経由のホップ数は2となっているため、より少ないホップ数のRouter3経由のルートが優先となります。

○リスト9.2.3d：Router1のルーティングテーブル（ホップ数の調整前）

```
Router1#show ip route rip   ※ルーティングテーブル（RIPのみ）の確認
     20.0.0.0/24 is subnetted, 1 subnets
R       20.0.0.0 [120/1] via 192.168.13.3, 00:00:20, FastEthernet0/0
     10.0.0.0/24 is subnetted, 1 subnets
R       10.0.0.0 [120/1] via 192.168.13.3, 00:00:20, FastEthernet0/0
R    192.168.23.0/24 [120/1] via 192.168.13.3, 00:00:20, FastEthernet0/0
                     [120/1] via 192.168.12.2, 00:00:12, FastEthernet0/1
```

ルーティングテーブルからRouter2経由のホップ数を確認できませんでしたが、RIPのアップデートを2つのルートでパケットキャプチャして中身を確認してみましょう。**図9.2.6**がこのときのパケットキャプチャの結果で、たしかにRouter2経由のホップ数が2になっていることがわかります。

第9章　RIP

○図9.2.6：RIPアップデートのパケットキャプチャ

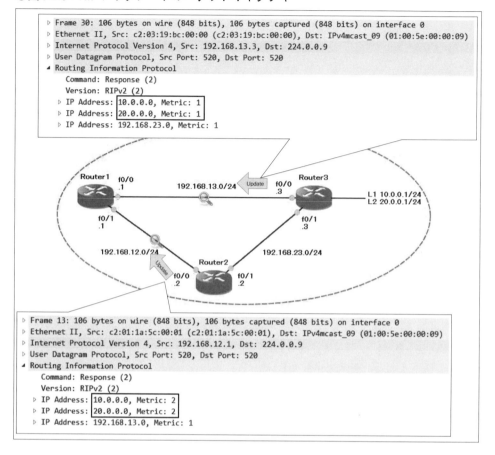

メトリック値の調整

では、メトリック値を調整してRouter3のLoopback1インターフェイスのネットワークのみを、Router2経由のルートを優先ルートにしてみましょう。

この目的を達成するには、次の2つの選択肢がありますが、どの方法を用いても結果は同じになります。ここでは、1番目の方法を使います。

- Router3のF0/0から送出されるアップデートのメトリック値を増やす
- Router1のF0/0から受信するアップデートのメトリック値を増やす

設定はリスト9.2.3eのようになり、Loopback1インターフェイスのネットワーク「10.0.0.0/24」のアップデートがF0/0インターフェイスから送出されたときにメトリック値を10増やします。これによりRouter2経由のルート（メトリック値2）が優先ルートに変わります。

○リスト9.2.3e：Router3の設定（ホップ数の調整後）

```
Router3(config)#access-list 1 per 10.0.0.0 0.0.0.255    ※アクセスリストの設定
Router3(config)#router rip
Router3(config-router)#offset-list 1 out 10 FastEthernet 0/0
                                         ※インターフェイスから送出されるRIPメトリック値の加算
Router3(config-router)#end
```

　ホップ数の調整後、再度Router1のルーティングテーブルを確認します。すると、「10.0.0.0/24」のネットワークはたしかにRouter2経由のルートが優先ルートになっていることがわかります（リスト9.2.3f）。

○リスト9.2.3f：Router1のルーティングテーブル（ホップ数の調整後）

```
Router1#show ip route rip
     20.0.0.0/24 is subnetted, 1 subnets
R       20.0.0.0 [120/1] via 192.168.13.3, 00:00:23, FastEthernet0/0
     10.0.0.0/24 is subnetted, 1 subnets
R       10.0.0.0 [120/2] via 192.168.12.2, 00:00:18, FastEthernet0/1
R    192.168.23.0/24 [120/1] via 192.168.13.3, 00:00:23, FastEthernet0/0
                     [120/1] via 192.168.12.2, 00:00:18, FastEthernet0/1
```

Wiresharkで検証

　最後にRIPのアップデートパケットをキャプチャして中身を確認します。Router3経由のルートのメトリック値が11になっているのは、本来のメトリック値1に10を足した合計値であるためです。したがって、より少ないメトリック値のRouter2経由ルートが優先ルートになります。

第9章 RIP

○図9.2.7：RIPアップデートのパケットキャプチャ

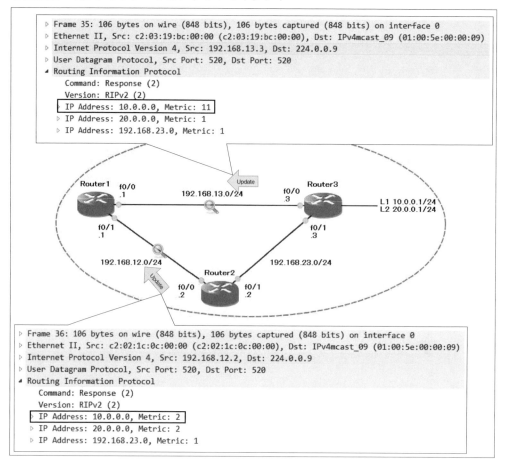

9-2-4 演習Lab RIPアップデートの最適化

　RIPのアップデートはネットワーク全体に伝播されますが、必ずしもその必要性はありません。図9.2.8を例にすると、Router3から見てRouter1へのルートはRouter2経由の1つのみで、Router1からの細かいルート情報は必要なく、デフォルトルートだけあれば事足ります。

　PC1は端末なので、Router3からRIPアップデートは意味がありません。このような無駄なパケットを削減するために、次の3つの設定を追加してみましょう（GNS3プロジェクト名は「9-2-4_RIP_Optimization」）。

- デフォルトルートの配布
- ルートフィルタ
- パッシブインターフェイス

設定

各ルータでRIPの設定を行います（リスト9.2.4a～9.2.4c）。このときはまだRIPアップデートの最適化をネットワークに適用していません。

○図9.2.8：ネットワーク構成

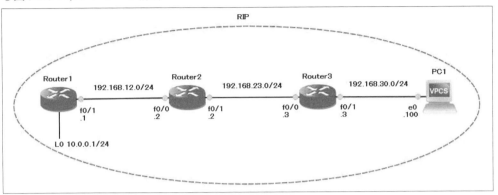

○リスト9.2.4a：Router1の設定（初期）

```
Router1#configure terminal      ※特権モードから設定モードに移行
Router1(config)#interface Loopback 0      ※インターフェイスの設定
Router1(config-if)#ip address 10.0.0.1 255.255.255.0      ※IPアドレスの設定
Router1(config-if)#exit      ※直前の設定モードに戻る
Router1(config)#interface FastEthernet 0/1
Router1(config-if)#ip address 192.168.12.1 255.255.255.0
Router1(config-if)#no shutdown      ※インターフェイスの有効化
Router1(config-if)#exit
Router1(config)#router rip      ※RIPの設定
Router1(config-router)#version 2      ※RIPv2の設定
Router1(config-router)#no auto-summary      ※自動集約の無効化
Router1(config-router)#network 10.0.0.0      ※ネットワークの公布
Router1(config-router)#network 192.168.12.0
```

○リスト9.2.4b：Router2の設定（初期）

```
Router2#configure terminal
Router2(config)#interface FastEthernet 0/0
Router2(config-if)#ip address 192.168.12.2 255.255.255.0
Router2(config-if)#no shutdown
Router2(config-if)#exit
Router2(config)#interface FastEthernet 0/1
Router2(config-if)#ip address 192.168.23.2 255.255.255.0
Router2(config-if)#no shutdown
Router2(config-if)#exit
Router2(config)#router rip
Router2(config-router)#version 2
Router2(config-router)#no auto-summary
Router2(config-router)#network 192.168.12.0
Router2(config-router)#network 192.168.23.0
```

第9章 RIP

○リスト9.2.4c：Router3の設定（初期）

```
Router3#configure terminal
Router3(config)#interface FastEthernet 0/0
Router3(config-if)#ip address 192.168.23.3 255.255.255.0
Router3(config-if)#no shutdown
Router3(config-if)#exit
Router3(config)#interface FastEthernet 0/1
Router3(config)#interface FastEthernet 0/1
Router3(config-if)#ip address 192.168.30.3 255.255.255.0
Router3(config-if)#no shutdown
Router3(config-if)#exit
Router3(config)#router rip
Router3(config-router)#version 2
Router3(config-router)#no auto-summary
Router3(config-router)#network 192.168.23.0
Router3(config-router)#network 192.168.30.0
Router3(config-router)#end    ※特権モードに移行
```

Router3のルーティングテーブルには、Router1からの細かいルート情報があることを確認します（リスト9.2.4d）。

○リスト9.2.4d：Router3のルーティングテーブル（初期）

```
Router3#show ip route rip    ※ルーティングテーブル（RIPのみ）の確認
R    192.168.12.0/24 [120/1] via 192.168.23.2, 00:00:11, FastEthernet0/0
     10.0.0.0/24 is subnetted, 1 subnets
R       10.0.0.0 [120/2] via 192.168.23.2, 00:00:11, FastEthernet0/0
```

さらにPC1からRouter1のLoopback0インターフェイスにping疎通を確認します。

```
PC1> ping 10.0.0.1 -c 3
84 bytes from 10.0.0.1 icmp_seq=1 ttl=253 time=31.002 ms
84 bytes from 10.0.0.1 icmp_seq=2 ttl=253 time=22.001 ms
84 bytes from 10.0.0.1 icmp_seq=3 ttl=253 time=21.002 ms
```

デフォルトルートの配布

次に、Router1でデフォルトルートをRIPで配布します（リスト9.2.4e）。

○リスト9.2.4e：Router1の設定（デフォルトルートの設定）

```
Router1(config-router)#default-information originate    ※デフォルトルートの配布
```

配布されたデフォルトルートがRouter3のルーティングテーブルに現れることを確認します（リスト9.2.4f）。

○リスト 9.2.4f：Router3のルーティングテーブル（デフォルトルートの設定後）

```
Router3#show ip route rip
R    192.168.12.0/24 [120/1] via 192.168.23.2, 00:00:24, FastEthernet0/0
     10.0.0.0/24 is subnetted, 1 subnets
R       10.0.0.0 [120/2] via 192.168.23.2, 00:00:24, FastEthernet0/0
R*   0.0.0.0/0 [120/2] via 192.168.23.2, 00:00:24, FastEthernet0/0
```

ルートフィルタ

Router3は、Router1からの細かいルート情報は不要なので、Router2でルートフィルタを設定してデフォルトルートのみをRouter3に転送するようにします（リスト9.2.4g）。

○リスト 9.2.4g：Router2の設定（ルートフィルタの設定）

```
Router2(config-router)#distribute-list 1 out FastEthernet 0/1
                                              ※インターフェイス外向きのルートフィルタの設定
Router2(config-router)#exit
Router2(config)#access-list 1 permit 0.0.0.0 0.0.0.0   ※アクセスリストの設定
```

ルートフィルタを設定したのち、再度Router3でルーティングテーブルを確認してみましょう。このとき、デフォルトルートだけRouter3のルーティングテーブルに残ります。必要があれば、「clear ip route」コマンドでルーティングテーブルの強制更新を行ってください。

○リスト 9.2.4h：Router3のルーティングテーブル（ルートフィルタの設定後）

```
Router3#show ip route rip
R*   0.0.0.0/0 [120/2] via 192.168.23.2, 00:00:08, FastEthernet0/0
```

PC1からRouter3のLoopback0インターフェイスへの疎通は維持されていることを確認します。

```
PC1> ping 10.0.0.1 -c 3
84 bytes from 10.0.0.1 icmp_seq=1 ttl=253 time=21.001 ms
84 bytes from 10.0.0.1 icmp_seq=2 ttl=253 time=22.001 ms
84 bytes from 10.0.0.1 icmp_seq=3 ttl=253 time=29.001 ms
```

最後に、PC1へのRIPアップデートを抑制して無駄なパケットを減らしましょう。アップデートの抑制を行う前に、Router3とPC1の間でパケットキャプチャを行い、RIPのアップデートパケットがPC1に届いていることを確認します（図9.2.9）。

第9章 RIP

○図9.2.9：Router3とPC1の間のパケットキャプチャ（アップデート抑制前）

パッシブインターフェイス

Router3のPC1向かいのインターフェイスでパッシブインターフェイスを設定します（リスト9.2.4i）。

○リスト9.2.4i：Router3の設定（アップデート抑制の設定）

```
Router3#configure terminal
Router3(config)#router rip
Router3(config-router)#passive-interface FastEthernet 0/1
                                                        ※パッシブインターフェイスの設定
```

　パッシブインターフェイスを設定したら、再び同じところでパケットキャプチャを行ってみましょう。今度はRIPのアップデートパケットは観測されませんでした。パッシブインターフェイスの設定により、PC1にとって無駄なパケットを抑制できたことがわかります。

○図9.2.10：Router3とPC1の間のパケットキャプチャ（アップデート抑制後）

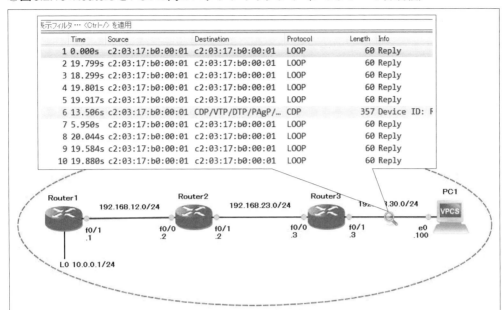

9-2-5 演習Lab セキュリティ設定

　RIPv2はマルチキャスト（224.0.0.9）を使ってアップデートをRIPルータに通知します。ネットワーク内に許可されていないRIPルータを接続すると、ネットワーク内のアップデート情報を盗聴されたり、不正なアップデートがネットワーク内に流入したりします。そこで、次の2つの設定を使ってセキュアなRIPネットワークを構築してみましょう（GNS3プロジェクト名は「9-2-5_RIP_Security」）。

- ネイバー指定
- パスワード設定

　このラボのネットワーク図は図9.2.11のようになります。ネイバー指定の設定では、Router1とRouter2を互いにネイバーとして指定し、Router3がRouter1とRoute2からアップデートを受信できないことを確認します。次のパスワード設定では、Router1とRouter2同士でパスワードを設定して、Router1とRouter2がRouter3からアップデートを受信できないことを確認します。

図9.2.11：ネットワーク構成

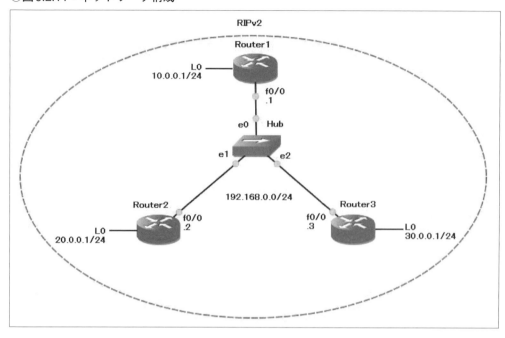

設定

まず、すべてのルータに対してRIPの設定を行います（リスト9.2.5a～9.2.5c）。まだこの段階では、ネイバー指定とパスワード設定はされていません。

リスト9.2.5a：Router1の設定（初期）

```
Router1#configure terminal             ※特権モードから設定モードに移行
Router1(config)#interface loopback 0   ※インターフェイスの設定
Router1(config-if)#ip address 10.0.0.1 255.255.255.0    ※IPアドレスの設定
Router1(config-if)#exit                ※直前の設定モードに戻る
Router1(config)#interface FastEthernet 0/0
Router1(config-if)#ip address 192.168.0.1 255.255.255.0
Router1(config-if)#no shutdown         ※インターフェイスの有効化
Router1(config-if)#exit
Router1(config)#router rip             ※RIPの設定
Router1(config-router)#version 2       ※RIPv2の設定
Router1(config-router)#no auto-summary ※自動集約の無効化
Router1(config-router)#network 10.0.0.0    ※ネットワークの公布
Router1(config-router)#network 192.168.0.0
Router1(config-router)#end             ※特権モードに移行
```

リスト9.2.5b：Router2の設定（初期）

```
Router2#configure terminal
Router2(config)#interface loopback 0
Router2(config-if)#ip address 20.0.0.1 255.255.255.0
```

```
Router2(config-if)#exit
Router2(config)#interface FastEthernet 0/0
Router2(config-if)#ip address 192.168.0.2 255.255.255.0
Router2(config-if)#no shutdown
Router2(config-if)#exit
Router2(config)#router rip
Router2(config-router)#version 2
Router2(config-router)#no auto-summary
Router2(config-router)#network 20.0.0.0
Router2(config-router)#network 192.168.0.0
Router2(config-router)#end
```

○リスト9.2.5c：Router3の設定（初期）

```
Router3#configure terminal
Router3(config)#interface loopback 0
Router3(config-if)#ip address 30.0.0.1 255.255.255.0
Router3(config-if)#exit
Router3(config)#interface FastEthernet 0/0
Router3(config-if)#ip address 192.168.0.3 255.255.255.0
Router3(config-if)#no shutdown
Router3(config-if)#exit
Router3(config)#router rip
Router3(config-router)#version 2
Router3(config-router)#no auto-summary
Router3(config-router)#network 30.0.0.0
Router3(config-router)#network 192.168.0.0
Router2(config-router)#end
```

　初期設定後の各ルータのルーティングテーブルを確認します。それぞれのルータはほかのルータのLoopbackインターフェイスのネットワーク情報を保持しています（リスト9.2.5d～9.2.5f）。

○リスト9.2.5d：Router1のルーティングテーブル（初期）

```
Router1#show ip route rip    ※ルーティングテーブル（RIPのみ）の確認
     20.0.0.0/24 is subnetted, 1 subnets
R       20.0.0.0 [120/1] via 192.168.0.2, 00:00:22, FastEthernet0/0
     30.0.0.0/24 is subnetted, 1 subnets
R       30.0.0.0 [120/1] via 192.168.0.3, 00:00:25, FastEthernet0/0
```

○リスト9.2.5e：Router2のルーティングテーブル（初期）

```
Router2#show ip route rip
     10.0.0.0/24 is subnetted, 1 subnets
R       10.0.0.0 [120/1] via 192.168.0.1, 00:00:17, FastEthernet0/0
     30.0.0.0/24 is subnetted, 1 subnets
R       30.0.0.0 [120/1] via 192.168.0.3, 00:00:08, FastEthernet0/0
```

第 9 章　RIP

○リスト9.2.5f：Router3のルーティングテーブル（初期）

```
Router3#show ip route rip
     20.0.0.0/24 is subnetted, 1 subnets
R       20.0.0.0 [120/1] via 192.168.0.2, 00:00:13, FastEthernet0/0
     10.0.0.0/24 is subnetted, 1 subnets
R       10.0.0.0 [120/1] via 192.168.0.1, 00:00:00, FastEthernet0/0
```

さらに、ネットワーク上のパケットキャプチャを見ると、すべてのアップデートの宛先は224.0.0.9のマルチキャストアドレスになっています（図9.2.12）。

○図9.2.12：RIPアップデートのパケットキャプチャ（ネイバー指定前）

No.	Time	Source	Destination	Protocol	Length	Info
4	2018-09-16 17:36:01	192.168.0.3	224.0.0.9	RIPv2	66	Response
5	2018-09-16 17:36:01	192.168.0.2	224.0.0.9	RIPv2	66	Response
14	2018-09-16 17:36:20	192.168.0.1	224.0.0.9	RIPv2	66	Response
18	2018-09-16 17:36:29	192.168.0.3	224.0.0.9	RIPv2	66	Response
20	2018-09-16 17:36:31	192.168.0.2	224.0.0.9	RIPv2	66	Response
28	2018-09-16 17:36:50	192.168.0.1	224.0.0.9	RIPv2	66	Response
29	2018-09-16 17:36:57	192.168.0.3	224.0.0.9	RIPv2	66	Response
32	2018-09-16 17:36:59	192.168.0.2	224.0.0.9	RIPv2	66	Response
38	2018-09-16 17:37:17	192.168.0.1	224.0.0.9	RIPv2	66	Response

ネイバー指定

Router1とRouter2で互いにネイバー指定を行います。また、パッシブインターフェイスの設定はネイバー指定とセットで行う必要があります（リスト9.2.5g 〜 9.2.5h）。

○リスト9.2.5g：Router1の設定（ネイバー指定）

```
Router1#configure terminal
Router1(config)#router rip
Router1(config-router)#passive-interface FastEthernet 0/0   ※パッシブインターフェイスの設定
Router1(config-router)#neighbor 192.168.0.2   ※ネイバーの指定
Router1(config-router)#end
```

○リスト9.2.5h：Router2の設定（ネイバー指定）

```
Router2#configure terminal
Router2(config)#router rip
Router2(config-router)#passive-interface FastEthernet 0/0
Router2(config-router)#neighbor 192.168.0.1
Router2(config-router)#end
```

ネイバー指定をしたら、再度パケットキャプチャの様子を見てみましょう。このとき、

Router1とRouter2からのアップデートはユニキャストに変わっていることがわかります（図9.2.13）。

◯図9.2.13：RIPアップデートのパケットキャプチャ（ネイバー指定後）

```
rip
      Time                        Source        Destination    Protocol  Length  Info
  256 2018-09-16 17:44:52 192.168.0.2   192.168.0.1    RIPv2     66 Response
  260 2018-09-16 17:45:02 192.168.0.1   192.168.0.2    RIPv2     66 Response
  265 2018-09-16 17:45:15 192.168.0.3   224.0.0.9      RIPv2     66 Response
  266 2018-09-16 17:45:17 192.168.0.2   192.168.0.1    RIPv2     66 Response
  274 2018-09-16 17:45:31 192.168.0.1   192.168.0.2    RIPv2     66 Response
  280 2018-09-16 17:45:42 192.168.0.3   224.0.0.9      RIPv2     66 Response
  281 2018-09-16 17:45:47 192.168.0.2   192.168.0.1    RIPv2     66 Response
  287 2018-09-16 17:45:59 192.168.0.1   192.168.0.2    RIPv2     66 Response
  293 2018-09-16 17:46:12 192.168.0.3   224.0.0.9      RIPv2     66 Response
```

ネイバー指定後のRouter1とRouter2のルーティングテーブルは、ネイバー指定前と同じで、これはネイバー指定をしてもRouter3からのアップデートを受信し続けていることを意味します。しかし、Router3のルーティングテーブルに何もありません。なぜなら、ネイバーに指定された以外のルータにアップデートが届かなくなったからです（リスト9.2.5i～9.2.5k）。

◯リスト9.2.5i：Router1のルーティングテーブル（ネイバー指定後）

```
Router1#show ip route rip
     20.0.0.0/24 is subnetted, 1 subnets
R       20.0.0.0 [120/1] via 192.168.0.2, 00:00:04, FastEthernet0/0
     30.0.0.0/24 is subnetted, 1 subnets
R       30.0.0.0 [120/1] via 192.168.0.3, 00:00:03, FastEthernet0/0
```

◯リスト9.2.5j：Router2のルーティングテーブル（ネイバー指定後）

```
Router2#show ip route rip
     10.0.0.0/24 is subnetted, 1 subnets
R       10.0.0.0 [120/1] via 192.168.0.1, 00:00:23, FastEthernet0/0
     30.0.0.0/24 is subnetted, 1 subnets
R       30.0.0.0 [120/1] via 192.168.0.3, 00:00:16, FastEthernet0/0
```

◯リスト9.2.5k：Router3のルーティングテーブル（ネイバー指定後）

```
Router3#show ip route rip
```

パスワード設定

最後に、Router1とRouter2同士でパスワードを設定して、この2つのルータの間のみアップデートの送受信できるようにしましょう（リスト9.2.5l〜9.2.5m）。設定方法は、まずキーチェーンを作り、その中にキーを作成します。それから、キーチェーンをインターフェイスに適用します。双方のルータでキーを送り合うとき、プレーンテキストとMD5ハッシュ化の2つの選択がありますが、セキュリティを重視するなら後者のMD5ハッシュ化を選びます。

○リスト9.2.5l：Router1の設定（パスワード設定）

```
Router1#configure terminal
Router1(config)#key chain cisco          ※キーチェーンの定義
Router1(config-keychain)#key 1           ※キー番号の設定
Router1(config-keychain-key)#key-string cisco   ※キーの設定
Router1(config-keychain-key)#exit
Router1(config-keychain)#exit
Router1(config)#interface FastEthernet 0/0
Router1(config-if)#ip rip authentication mode md5      ※RIPの認証モードの設定
Router1(config-if)#ip rip authentication key-chain cisco   ※キーチェーンの適用
Router1(config-if)#end
```

○リスト9.2.5m：Router2の設定（パスワード設定）

```
Router2#configure terminal
Router2(config)#key chain cisco
Router2(config-keychain)#key 1
Router2(config-keychain-key)#key-string cisco
Router2(config-keychain-key)#exit
Router2(config-keychain)#exit
Router2(config)#interface FastEthernet 0/0
Router2(config-if)#ip rip authentication mode md5
Router2(config-if)#ip rip authentication key-chain cisco
Router2(config-if)#end
```

最後に、各ルータのルーティングテーブルを確認しましょう（リスト9.2.5n〜9.2.5p）。Router1とRouter2のルーティングテーブルにRouter3からのネットワーク情報がなくなったことがわかります。パスワード設定のおかげで、意図しないルートがルーティングテーブルに混入することを避けられます。

○リスト9.2.5n：Router1のルーティングテーブル（パスワード設定後）

```
Router1#show ip route rip
     20.0.0.0/24 is subnetted, 1 subnets
R       20.0.0.0 [120/1] via 192.168.0.2, 00:00:21, FastEthernet0/0
```

○リスト9.2.5o：Router2のルーティングテーブル（パスワード設定後）

```
Router2#show ip route rip
     10.0.0.0/24 is subnetted, 1 subnets
R       10.0.0.0 [120/1] via 192.168.0.1, 00:00:10, FastEthernet0/0
```

○リスト9.2.5p：Router3のルーティングテーブル（パスワード設定後）

```
Router3#show ip route rip
```

9-3　章のまとめ

　RIPは古いルーティングプロトコルですが、実装しやすいため現状でも使われています。当初のRIPはRIPv1で、クラスフル型であるため、サブネット環境での通信には向かないなどのデメリットがあります。RIPv1を改善して作られたのがRIPv2です。しかし、RIPv1もRIPv2もディスタンスベクタ型のルーティングプロトコルであるため、収束時間やルーティングループなど潜在的な問題点を抱えています。そこで、スプリットホライズンやポイズンリバースなどの方法を用いて、ルーティングループを未然に防止するようにしています。

第10章 EIGRP

本章は、EIGRP（Enhanced Interior Gateway Routing Protocol）というCisco独自のルーティングプロトコルを紹介します。EIGRPは、一般的にディスタンスベクタ型とリンクステート型を合わせたハイブリッド型ルーティングプロトコルとも呼ばれています。EIGRPにはどのような特徴があるかについて理解しておきましょう。

10-1　EIGRPの概要

ここでは、EIGRPの用語をはじめEIGRPの動作やメトリック計算などについて説明します。これらは、演習ラボを行う前に知っておくべき予備知識です。

10-1-1　EIGRPとは

EIGRPは、Cisco独自のルーティングプロトコルで、ディスタンスベクタ型とリンクステート型の両方のメリットを持ち合わせたルーティングプロトコルです。EIGRPの前身はIGRPというルーティングプロトコルで、主に次のような点が改善されました。

- 収束時間の短縮
- ループフリーなトポロジの構成
- 差分アップデートによる帯域消費の低減

EIGRPの特徴はほかにもありますが、先に関連する用語を確認しましょう（**表10.1.1**）。

○表10.1.1：EIGRPの用語

用語	用語の説明
ネイバーテーブル	隣接するルータが記載されているテーブルで、直接接続されたネイバー間での双方向通信を確保する
トポロジテーブル	ある特定の宛先に対して学習されたルートをすべて保持しているテーブル
ルーティングテーブル	ある特定の宛先の最適ルートが記載されているテーブル。最適ルートはトポロジテーブルにある候補から選んだもの
AD[※1]	EIGRPネイバールータから特定の宛先ネットワークまでのメトリック値
FD[※2]	自身のルータから特定の宛先ネットワークまでのメトリック値。このとき、FDは自身のルータからEIGRPネイバールータまでのメトリックとADを合算したメトリック和
サクセサ	最適ルートのネクストホップ、ルーティングテーブルに表示される
フィージブルサクセサ	バックアップルートのネクストホップ、最適ルートがダウンしたときにルーティングテーブルに表示される。フィージブルサクセサになれる条件は、AD値がサクセサのFD値よりも小さいでなくてはならない

※1 Advertised Distance
※2 Feasible Distance

10-1-2 EIGRPの特徴

EIGRPは、ハイブリッド型ルーティングプロトコルをはじめ多くの特徴を持ち合わせています。

ハイブリッド型ルーティングプロトコル

EIGRPと言えば、まず思い浮かぶのがハイブリッド型ルーティングプロトコルです。ハイブリッド型ルーティングプロトコルとは、RIPのディスタンスベクタ型とOSPFのリンクステート型の長所を持ち合わせたルーティングプロトコルです。

EIGRPは、自分から見て特定のネットワークまでの距離をほかのルータに伝播します。このルート情報の伝播方式はディスタンスベクタ型のRIPと同じです。一方、EIGRPは隣接ルータとネイバー関係を確立してルーティング情報も交換するので、OSPFのリンクステート型の特徴も備えています。

高速コンバージェンス

EIGRPでは、DUAL[注1]というアルゴリズムを使って、ループフリーな最適ルートとバックアップルートの計算を行います。ネイバールータからすべてのルート情報をトポロジテーブルに格納しているため、障害時にバックアップルートへの切り替わりが瞬時にできます。

注1 Diffusing Update Algorithm

差分アップデート

RIPのように定期的にアップデートをフラッディングするのではなく、トポロジに変化が起きたときだけマルチキャスト（224.0.0.10）でアップデートをフラッディングします。これにより、ネットワーク全体の制御パケットの量を抑制できます。

複合メトリック

EIGRPは帯域幅、遅延、信頼性、負荷、MTUの5つの変数を使ってメトリック値を計算します。デフォルトでは帯域幅と遅延の2つのみを使用します。

不等コストロードバランシング

EIGRPは等コストバランシングに加え、不当コストバランシングにも対応し、通信量を複数のルートで任意の割合で負荷分散できます。

VLSMのサポート

EIGRPのアップデートパケットにサブネットマスクの情報が含まれているため、VLSM[注2]（可変長サブネットマスク）と不連続なサブネットワークの環境に対応できます。

LANとWANの両用ルーティングプロトコル

EIGRPはイーサネットだけでなく、NBMA[注3]やP2PなどのWANトポロジにも対応しています。

自動と手動によるルート集約

EIGRPは、メジャーネットワークの境界で自動的にルート集約を行います。また、任意のインターフェイスで手動によるルート集約も可能です。ルート集約をすることで、ルータ負荷の低減につながります。

10-1-3 EIGRPの動作

EIGRPが動作するルータがEIGRPネットワークに参加したとき、まず隣接するEIGRPルータを見つけ出しネイバー関係を確立することから始まります。ネイバー関係を確立するには、次のパラメータ値がEIGRPルータ同士で完全に同じである必要があります。

- EIGRPのAS番号
- メトリックのK値
- ネットワークマスク
- 認証値（認証設定の場合）

注2　Variable Length Subnet Mask　　　　注3　Non-Broadcast Multiple Access

ネイバー関係を確立したら、ネイバールータよりアップデートを受信してルート学習をします。初めてEIGRPネットワークに追加されたルータは、このような初期のルート検出プロセスを経てネイバーの検出とルートの学習を行います。初期のルート検出プロセスのフローは図10.0.1のようになります。

○図10.0.1：初期のルート検出プロセス

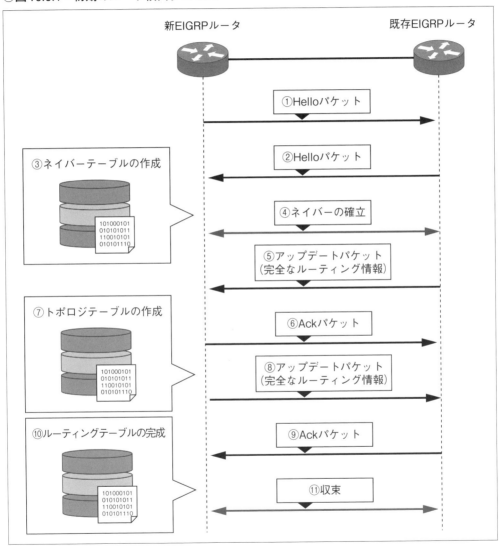

初期のルート検出プロセスの各ステップは次のとおりです。

①新EIGRPルータからのHelloパケット送信
新規参加したEIGRPルータによるネイバー検出のためのHelloパケット

②既存EIGRPルータからのHelloパケットの送信
　①のHelloパケットに対する応答パケット
③ネイバーテーブルの作成
　②の応答パケットを送ったルータをネイバー関係のルータとしてネイバーテーブルに登録
④ネイバー関係の確立
　①と②の2つのHelloパケットで2つのルータ間でネイバー関係を確立する
⑤既存EIGRPルータからのアップデートパケット送信
　既存EIGRPルータの持つ完全なルーティング情報が格納されているアップデートパケットを新EIGRPルータに送る
⑥新EIGRPルータからのAckパケット送信
　⑤に対する応答パケット
⑦トポロジテーブルの作成する
　ネイバールータから受信したすべてのアップデート情報でトポロジテーブルを作成する。トポロジテーブルには、ある特定のネットワークへ到達するためのネクストホップと、そのネクストホップから宛先までのメトリックが登録されている
⑧新EIGRPルータからのアップデートパケット送信
　ネイバー関係にある既存のルータに対して、自分が保持している完全なネットワーク情報を送信する
⑨既存EIGRPルータからのAckパケット送信
　⑧に対する応答パケット
⑩ルーティングテーブルの完成
　トポロジテーブルから最適になるルートをルーティングテーブルに登録する
⑪収束
　すべてのルータが収束状態になる

　EIGRPルータがネイバー関係を確立したら、定期的にお互いにHelloパケットを送信してキープアライブを確認します。Helloパケットの送出間隔は、高速回線（1.5Mbps以上）では5秒で、低速回線では60秒です。デフォルトでは、最後のHelloパケットを受信してから送出間隔の3倍の時間が過ぎても新たなHelloパケットを受信できなかったとき、ネイバールータがダウンしたと判断します。なお、この送出間隔の3倍の時間をホールドダウンタイムと言います。
　これまで、EIGRPのパケットとしてHelloパケット、アップデートパケットおよびAckパケットを紹介しました。これ以外にクエリパケットとリプライパケットもあります。クエリパケットは、トポロジの変化に伴う最適ルートが消失したときに、ネイバールータに対してフィージブルサクセサを問い合わせするパケットです。リプライパケットはクエリパケットの応答パケットです。なお、リプライパケットとAckパケットのみがユニキャストで、ほかの3つのパケットはマルチキャストです。

10-1-4 メトリック計算

EIGRPのメトリックは、帯域幅、遅延、信頼性、負荷、MTUを使って計算されますが、通常では帯域幅と遅延のみを用います。メトリックの計算式は、**図10.0.2**のようになっており、K値と呼ばれる加重変数を用いてメトリック値が計算されます。K値の初期値をメトリックの計算式に代入すると、計算式はかなり簡易化されます。なお、K4 = K5 = 0のときに限り、「K5／（信頼性K + K4）」は0ではなく1になります。

図10.0.2の式中の「帯域幅」は、10000000をルート上の最小帯域幅（単位はKbps）で割った値です。一方、「遅延」は、インターフェイスの種類によって決められており、それぞれの値は**表10.1.2**のようになります。

○図10.0.2：メトリックの計算式

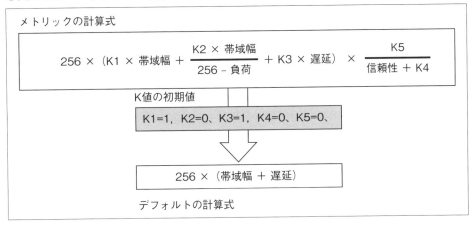

○表10.1.2：インターフェイスの遅延値

IF種類	式中の「遅延」値
Ethernet	1000
FastEthernet	100
GigabitEthernet	10
Serial	2000
Loopback	500

○図10.0.3：メトリックの計算例

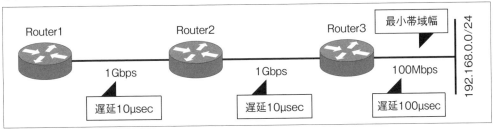

第10章　EIGRP

ここで、図10.0.3のネットワークを使って、K値がデフォルトの場合のメトリックの計算例を示します。この計算例は、Router1からネットワーク「192.168.0.0/24」までのメトリックの計算です。

Router1からネットワーク「192.168.0.0/24」までのルート上で一番小さい帯域幅は100Mbps（100000Kbps）です。よって、式中の「帯域幅」は、100（10000000 ／ 100000）です。回線の合計遅延は、120μsec（10μsec + 10μsec + 100μsec）であるため、式中の「遅延」は12（120 ／ 10）です。

以上より、求めるメトリック値は、28672（256 ×（100 + 12））となります。

10-2　演習ラボ

ここでは、GNS3上で次のような設定を行います。

- EIGRPの基本設定
- メトリックによるルート選択
- 不等コストロードバランシング
- ルート制御

10-2-1　演習Lab　EIGRPの基本設定

最初の演習ラボは、図10.2.1にあるような3つのルータに対してEIGRP機能を有効化します（GNS3プロジェクト名は「10-2-1_EIGRP_Basic」）。設定後に、EIGRPネイバー、ルーティングテーブル、トポロジテーブルがどのようになっているかを確認します。また、ルーティングテーブルに表示されるメトリック値がどのように計算されたかも確認しましょう。

○図10.2.1：ネットワーク構成

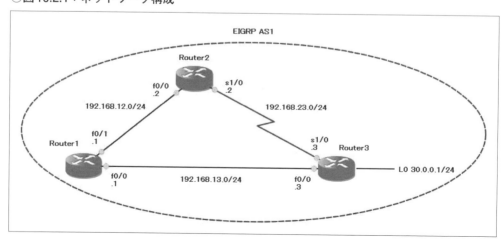

設定

図10.2.1の3つのルータに対してEIGRPの設定を入れます（リスト10.2.1a～10.2.1c）。

○リスト10.2.1a：Router1の設定

```
Router1#configure terminal          ※特権モードから設定モードに移行
Router1(config)#interface FastEthernet 0/0   ※インターフェイスの設定
Router1(config-if)#speed 100        ※インターフェイスの通信速度の設定
Router1(config-if)#duplex full      ※インターフェイスの通信モードの設定
Router1(config-if)#ip address 192.168.13.1 255.255.255.0   ※IPアドレスの設定
Router1(config-if)#no shutdown      ※インターフェイスの有効化
Router1(config-if)#exit             ※直前の設定モードに戻る
Router1(config)#interface FastEthernet 0/1
Router1(config-if)#speed 100
Router1(config-if)#duplex full
Router1(config-if)#ip address 192.168.12.1 255.255.255.0
Router1(config-if)#no shutdown
Router1(config-if)#exit
Router1(config)#router eigrp 1      ※EIGRPの設定
Router1(config-router)#no auto-summary   ※ルートの自動集約の無効化
Router1(config-router)#network 192.168.12.0   ※ネットワークの公布
Router1(config-router)#network 192.168.13.0
Router1(config-router)#end          ※特権モードに移行
```

○リスト10.2.1b：Router2の設定

```
Router2#configure terminal
Router2(config)#interface FastEthernet 0/0
Router2(config-if)#speed 100
Router2(config-if)#duplex full
Router2(config-if)#ip address 192.168.12.2 255.255.255.0
Router2(config-if)#no shutdown
Router2(config-if)#exit
Router2(config)#interface serial 1/0
Router2(config-if)#clock rate 64000
Router2(config-if)#ip address 192.168.23.2 255.255.255.0
Router2(config-if)#no shutdown
Router2(config-if)#exit
Router2(config-router)#router eigrp 1
Router2(config-router)#no auto-summary
Router2(config-router)#network 192.168.12.0
Router2(config-router)#network 192.168.23.0
Router2(config-router)#end
```

○リスト10.2.1c：Router3の設定

```
Router3#configure terminal
Router3(config)#interface loopback 0
Router3(config-if)#ip address 30.0.0.1 255.255.255.0
Router3(config-if)#exit
Router3(config)#interface FastEthernet 0/0
Router3(config-if)#speed 100
Router3(config-if)#duplex full
Router3(config-if)#ip address 192.168.13.3 255.255.255.0
Router3(config-if)#no shutdown
Router3(config-if)#exit
Router3(config)#interface serial 1/0
Router3(config-if)#ip address 192.168.23.3 255.255.255.0
Router3(config-if)#no shutdown
```

第10章 EIGRP

```
Router3(config-if)#exit
Router3(config)#router eigrp 1
Router3(config-router)#no auto-summary
Router3(config-router)#network 192.168.13.0
Router3(config-router)#network 192.168.23.0
Router3(config-router)#network 30.0.0.0
Router3(config-router)#end
```

EIGRPネイバーの確立を確認

まず確認すべきことはEIGRPネイバーの確立です。リスト10.2.1dでは、Router1とRouter2、Router1とRouter3のそれぞれの間でネイバーが確立されていることがわかります。同じようにリスト10.2.1eでRouter2とRouter3の間のネイバーを確認します。

◯リスト10.2.1d：Router1のネイバー確認

```
Router1#show ip eigrp neighbors    ※EIGRPネイバーの確認
IP-EIGRP neighbors for process 1
H   Address          Interface      Hold Uptime    SRTT   RTO  Q   Seq
                                    (sec)          (ms)        Cnt Num
1   192.168.13.3     Fa0/0           13  00:08:34   19    200  0   12
0   192.168.12.2     Fa0/1           10  00:12:50   21    200  0   10
```

◯リスト10.2.1e：Router2のネイバー確認

```
Router2#show ip eigrp neighbors
IP-EIGRP neighbors for process 1
H   Address          Interface      Hold Uptime    SRTT   RTO  Q   Seq
                                    (sec)          (ms)        Cnt Num
1   192.168.23.3     Se1/0           10  00:09:12   20    200  0   11
0   192.168.12.1     Fa0/0           14  00:13:30  820   4920  0   11
```

EIGRPルートのみのルーティングテーブルを確認

次に、Router1でEIGRPルートのみのルーティングテーブルを確認します（リスト10.2.1f）。「192.168.23.0/24」が2行表示となっているのは、メトリック値が等しい2つのルートが存在しているからです。また、各ルートにはメトリック値が表示されています。たとえば、「30.0.0.0/24」へのメトリック値は156160です。この値は、256 ×（100 +（10 + 500））という式から求められます。それぞれの値が意味するものは次のとおりです。

- 100：Router1からRouter3のLoopback0インターフェイスまでの最小「帯域幅」値
- 10 ：ファーストイーサの「遅延」値
- 500：ループバックの「遅延」値

○リスト10.2.1f：Router1のルーティングテーブル（EIGRPルートのみ）

```
Router1#show ip route eigrp       ※EIGRPのみのルーティングテーブルの確認
D    192.168.23.0/24 [90/2172416] via 192.168.13.3, 00:00:43, FastEthernet0/0
                    [90/2172416] via 192.168.12.2, 00:00:43, FastEthernet0/1
     30.0.0.0/24 is subnetted, 1 subnets
D       30.0.0.0 [90/156160] via 192.168.13.3, 00:00:43, FastEthernet0/0
```

なお、パス上の最小帯域を確認する方法は、リスト10.2.1gのように個別ルートのEIGRPトポロジ情報で確認します。このときの最小帯域が100000Kbitとなっているので、計算式の中の「帯域幅」値は「10000000／100000」の割り算から得られます。

○リスト10.2.1g：パス上の最小帯域の確認

```
Router1#show ip eigrp topo 30.0.0.0 255.255.255.0   ※個別ルートのEIGRPトポロジの確認
IP-EIGRP (AS 1): Topology entry for 30.0.0.0/24
  State is Passive, Query origin flag is 1, 1 Successor(s), FD is 156160
  Routing Descriptor Blocks:
  192.168.13.3 (FastEthernet0/0), from 192.168.13.3, Send flag is 0x0
      Composite metric is (156160/128256), Route is Internal
      Vector metric:
        Minimum bandwidth is 100000 Kbit
        Total delay is 5100 microseconds
        Reliability is 255/255
        Load is 1/255
        Minimum MTU is 1500
        Hop count is 1
```

トポロジテーブルを確認

最後にトポロジテーブルを確認します（リスト10.2.1h）。表示内容は次のとおりです。

- P ：パッシブ状態、すなわち収束状態
- 30.0.0.0/24 ：宛先ルート
- successors ：サクセサがある
- FD ：フィージブルディスタンス
- via ：ネクストホップ
- 409600/128256：左はFD、右はAD
- FastEthernet0/0 ：ルートを受信したインターフェイス

○リスト10.2.1h：Router1のトポロジテーブル

```
Router1#show ip eigrp topology    ※EIGRPトポロジの確認
IP-EIGRP Topology Table for AS(1)/ID(192.168.13.1)

Codes: P - Passive, A - Active, U - Update, Q - Query, R - Reply,
       r - reply Status, s - sia Status
```

第10章 EIGRP

```
P 30.0.0.0/24, 1 successors, FD is 156160
        via 192.168.13.3 (156160/128256), FastEthernet0/0
P 192.168.12.0/24, 1 successors, FD is 28160
        via Connected, FastEthernet0/1
P 192.168.13.0/24, 1 successors, FD is 28160
        via Connected, FastEthernet0/0
P 192.168.23.0/24, 2 successors, FD is 2172416
        via 192.168.12.2 (2172416/2169856), FastEthernet0/1
        via 192.168.13.3 (2172416/2169856), FastEthernet0/0
```

10-2-2 演習Lab メトリックによるルート選択

ここでは、メトリックによるルート選択とネットワーク障害時のフィージブルサクセサへの切り替えについて確認します（GNS3プロジェクト名は「10-2-2_EIGRP_Metric」）。

図10.2.2がネットワーク構成で、デフォルトの状態ではRouter1からRouter3のLoopbackインターフェイスへの通信はRouter2経由のルートを使用します。そこで、Router1とRouter2間の帯域幅をシリアル回線（1544Kbit）よりも低くして、Router3経由のルートを優先ルートに変更します。さらに、サクセサの回線に障害が発生したときにフィージブルサクセサへの切り替えも確認します。通常では、サクセサからフィージブルサクセサへの切り替えは約15秒かかります。

○図10.2.2：ネットワーク構成

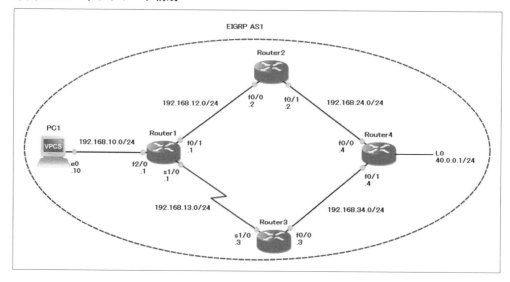

設定

まず、4台のルータにEIGRP設定を行います（リスト10.2.2a ～ 10.2.2d）。

○リスト10.2.2a：Router1の設定（初期）

```
Router1#configure terminal    ※特権モードから設定モードに移行
Router1(config)#interface FastEthernet 2/0    ※インターフェイスの設定
Router1(config-if)#speed 100    ※インターフェイスの通信速度の設定
Router1(config-if)#duplex full    ※インターフェイスの通信モードの設定
Router1(config-if)#ip address 192.168.10.1 255.255.255.0    ※IPアドレスの設定
Router1(config-if)#no shutdown    ※インターフェイスの有効化
Router1(config-if)#exit    ※直前の設定モードに戻る
Router1(config)#interface FastEthernet 0/1
Router1(config-if)#speed 100
Router1(config-if)#ip address 192.168.12.1 255.255.255.0
Router1(config-if)#no shutdown
Router1(config-if)#exit
Router1(config)#interface serial 1/0
Router1(config-if)#clock rate 64000    ※クロックレートの設定
Router1(config-if)#ip address 192.168.13.1 255.255.255.0
Router1(config-if)#no shutdown
Router1(config-if)#exit
Router1(config)#router eigrp 1    ※EIGRPの設定
Router1(config-router)#no auto-summary    ※ルートの自動集約の無効化
Router1(config-router)#network 192.168.10.0    ※ネットワークの公布
Router1(config-router)#network 192.168.12.0
Router1(config-router)#network 192.168.13.0
Router1(config-router)#end    ※特権モードに移行
```

○リスト10.2.2b：Router2の設定（初期）

```
Router2#configure terminal
Router2(config)#interface FastEthernet 0/0
Router2(config-if)#speed 100
Router1(config-if)#duplex full
Router2(config-if)#ip address 192.168.12.2 255.255.255.0
Router2(config-if)#no shutdown
Router2(config-if)#exit
Router2(config)#interface FastEthernet 0/1
Router2(config-if)#speed 100
Router1(config-if)#duplex full
Router2(config-if)#ip address 192.168.24.2 255.255.255.0
Router2(config-if)#no shutdown
Router2(config-if)#exit
Router2(config)#router eigrp 1
Router2(config-router)#no auto-summary
Router2(config-router)#network 192.168.12.0
Router2(config-router)#network 192.168.24.0
Router2(config-router)#end
```

○リスト10.2.2c：Router3の設定（初期）

```
Router3#configure terminal
Router3(config)#interface FastEthernet 0/0
Router3(config-if)#speed 100
Router1(config-if)#duplex full
Router3(config-if)#ip address 192.168.34.3 255.255.255.0
Router3(config-if)#no shutdown
Router3(config-if)#exit
Router3(config)#interface serial 1/0
Router3(config-if)#ip address 192.168.13.3 255.255.255.0
Router3(config-if)#no shutdown
Router3(config-if)#exit
```

第10章　EIGRP

```
Router3(config)#router eigrp 1
Router3(config-router)#no auto-summary
Router3(config-router)#network 192.168.13.0
Router3(config-router)#network 192.168.34.0
Router3(config-router)#end
```

○リスト10.2.2d：Router4の設定（初期）

```
Router4#configure terminal
Router4(config)#interface loopback 0
Router4(config-if)#ip address 40.0.0.1 255.255.255.0
Router4(config-if)#exit
Router4(config)#interface FastEthernet 0/0
Router4(config-if)#speed 100
Router1(config-if)#duplex full
Router4(config-if)#ip address 192.168.24.4 255.255.255.0
Router4(config-if)#no shutdown
Router4(config-if)#exit
Router4(config)#interface FastEthernet 0/1
Router4(config-if)#speed 100
Router1(config-if)#duplex full
Router4(config-if)#ip address 192.168.34.4 255.255.255.0
Router4(config-if)#no shutdown
Router4(config-if)#exit
Router4(config)#router eigrp 1
Router4(config-router)#no auto-summary
Router4(config-router)#network 40.0.0.0
Router4(config-router)#network 192.168.24.0
Router4(config-router)#network 192.168.34.0
Router4(config-router)#end
```

ネイバーの確立を確認

まず確認すべき事項はネイバーの確立状況です。各ルータがそれぞれ隣接する2つのルータとネイバーになっていることを確認します（リスト10.2.2e～10.2.2f）。

○リスト10.2.2e：ネイバー確立の確認（Router1）

```
Router1#show ip eigrp neighbors  ※EIGRPネイバーの確認
IP-EIGRP neighbors for process 1
H   Address            Interface       Hold Uptime   SRTT  RTO  Q   Seq
                                       (sec)         (ms)       Cnt Num
1   192.168.12.2       Fa0/1            12 00:48:04  668   4008 0   25
0   192.168.13.3       Se1/0            13 00:54:54   20    200 0   27
```

○リスト10.2.2f：ネイバー確立の確認（Router4）

```
Router4#show ip eigrp neighbors
IP-EIGRP neighbors for process 1
H   Address            Interface       Hold Uptime   SRTT  RTO  Q   Seq
                                       (sec)         (ms)       Cnt Num
1   192.168.34.3       Fa0/1            14 00:53:40   27    300 0   21
0   192.168.24.2       Fa0/0            14 00:53:45   34    204 0   23
```

Router1のルーティングテーブルを確認

Router3のLoopback0インターフェイスのネットワーク情報がRouter1のルーティングテーブルにあることを確認します（リスト10.2.2g）。また、このときRouter2経由のルートが選択されていることも併せて確認します。

○リスト10.2.2g：Router1ルーティングテーブル（初期）

```
Router1#show ip route eigrp   ※EIGRPのみのルーティングテーブルの確認
D    192.168.24.0/24 [90/30720] via 192.168.12.2, 00:16:05, FastEthernet0/1
     40.0.0.0/24 is subnetted, 1 subnets
D       40.0.0.0 [90/158720] via 192.168.12.2, 00:16:05, FastEthernet0/1
D    192.168.34.0/24 [90/33280] via 192.168.12.2, 00:16:05, FastEthernet0/1
```

Router1でEIGRPのトポロジテーブルを確認

次に、Router1でEIGRPのトポロジテーブルを確認します（リスト10.2.2h）。

ここでRouter3のLoopback0インターフェイスのネットワーク「40.0.0.0/24」について見てみましょう。40.0.0.0/24へのルートが2つあり、上下それぞれサクセサとフィージブルサクセサです。フィージブルサクセサが選出される条件は、「サクセサのFDがフィージブルサクセサのADよりも大きい」です。この場合、サクセサのFDは158720で、フィージブルサクセサのADは156160であるため、フィージブルサクセサはトポロジテーブルに表示されます。サクセサのルートが消失したとき、フィージブルサクセサはサクセサになりルーティングテーブルに載ります。フィージブルサクセサからサクセサへ切り替わりは約15秒程度を要します。

○リスト10.2.2h：Router1 トポロジテーブル（初期）

```
Router1#show ip eigrp topology      ※EIGRPトポロジの確認
IP-EIGRP Topology Table for AS(1)/ID(192.168.13.1)
Codes: P - Passive, A - Active, U - Update, Q - Query, R - Reply,
       r - reply Status, s - sia Status
P 40.0.0.0/24, 1 successors, FD is 158720
        via 192.168.12.2 (158720/156160), FastEthernet0/1
        via 192.168.13.3 (2300416/156160), Serial1/0
P 192.168.34.0/24, 1 successors, FD is 33280
        via 192.168.12.2 (33280/30720), FastEthernet0/1
        via 192.168.13.3 (2172416/28160), Serial1/0
P 192.168.10.0/24, 1 successors, FD is 28160
        via Connected, FastEthernet2/0
P 192.168.12.0/24, 1 successors, FD is 28160
        via Connected, FastEthernet0/1
P 192.168.13.0/24, 1 successors, FD is 2169856
        via Connected, Serial1/0
P 192.168.24.0/24, 1 successors, FD is 30720
        via 192.168.12.2 (30720/28160), FastEthernet0/1
```

また、メトリックの計算に必要な最小帯域幅と遅延はリスト10.2.2iにあるコマンド出力で確認できます。たとえば、Router2経由のサクセサのFDは「256 ×（10000000 ／ 100000 + 10 + 10 + 500）= 158720」で算出されます。式中の10と500は、それぞれ表10.1.2（P.283）にあるファーストイーサとループバックの「遅延」値です。

○リスト10.2.2i：パス上の最小帯域幅（初期）

```
Router1#show ip eigrp topology 40.0.0.0 255.255.255.0   ※個別ルートのEIGRPトポロジの確認
IP-EIGRP (AS 1): Topology entry for 40.0.0.0/24
  State is Passive, Query origin flag is 1, 1 Successor(s), FD is 158720
  Routing Descriptor Blocks:
  192.168.12.2 (FastEthernet0/1), from 192.168.12.2, Send flag is 0x0
      Composite metric is (158720/156160), Route is Internal
      Vector metric:
        Minimum bandwidth is 100000 Kbit
        Total delay is 5200 microseconds
        Reliability is 255/255
        Load is 1/255
        Minimum MTU is 1500
        Hop count is 2
  192.168.13.3 (Serial1/0), from 192.168.13.3, Send flag is 0x0
      Composite metric is (2300416/156160), Route is Internal
      Vector metric:
        Minimum bandwidth is 1544 Kbit
        Total delay is 25100 microseconds
        Reliability is 255/255
        Load is 1/255
        Minimum MTU is 1500
        Hop count is 2
```

Router3経由のルートをサクセサに変更

それでは、インターフェイスの帯域幅を変更して、Router3経由のルートをサクセサに変

えてみましょう。ここでは、Router1とRouter2間の帯域幅をシリアル回線の1544Kbitよりも小さい100Kbitに設定します（リスト10.2.2j～10.2.2k）。

○リスト10.2.2j：帯域幅の変更（Router1）

```
Router1#configure terminal
Router1(config)#interface FastEthernet 0/1
Router1(config-if)#bandwidth 100    ※インターフェイスの帯域幅の設定
Router1(config-if)#end
```

○リスト10.2.2k：帯域幅の変更（Router2）

```
Router2#configure terminal
Router2(config)#interface FastEthernet 0/0
Router2(config-if)#bandwidth 100
Router2(config-if)#end
```

帯域幅の変更が終わったらルーティングテーブルを確認してみましょう（リスト10.2.2l）。EIGRPルートはすべてRouter3経由となりました。

トポロジテーブルでは、Router3経由がサクセサとなり、逆にRouter2経由がフィージブルサクセサに変わったのがわかります（リスト10.2.2m）。

○リスト10.2.2l：Router1 ルーティングテーブル（帯域幅変更後）

```
Router1#show ip route eigrp
D    192.168.24.0/24 [90/2174976] via 192.168.13.3, 00:00:14, Serial1/0
     40.0.0.0/24 is subnetted, 1 subnets
D       40.0.0.0 [90/2300416] via 192.168.13.3, 00:00:14, Serial1/0
D    192.168.34.0/24 [90/2172416] via 192.168.13.3, 00:00:14, Serial1/0
```

○リスト10.2.2m：Router1 トポロジテーブル（帯域幅変更後）

```
Router1#show ip eigrp topology
IP-EIGRP Topology Table for AS(1)/ID(192.168.13.1)

Codes: P - Passive, A - Active, U - Update, Q - Query, R - Reply,
       r - reply Status, s - sia Status

P 40.0.0.0/24, 1 successors, FD is 158720
        via 192.168.13.3 (2300416/156160), Serial1/0
        via 192.168.12.2 (25733120/156160), FastEthernet0/1
P 192.168.34.0/24, 1 successors, FD is 33280
        via 192.168.13.3 (2172416/28160), Serial1/0
        via 192.168.12.2 (25607680/30720), FastEthernet0/1
P 192.168.10.0/24, 1 successors, FD is 28160
        via Connected, FastEthernet2/0
P 192.168.12.0/24, 1 successors, FD is 25602560
        via Connected, FastEthernet0/1
        via 192.168.13.3 (2177536/33280), Serial1/0
P 192.168.13.0/24, 1 successors, FD is 2169856
        via Connected, Serial1/0
```

```
P 192.168.24.0/24, 1 successors, FD is 2174976
        via 192.168.13.3 (2174976/30720), Serial1/0
        via 192.168.12.2 (25605120/28160), FastEthernet0/1
```

帯域変更後の最小帯域はリスト10.2.2nのコマンド出力から100Kbitになっていることが確認できます。このときのフィージブルサクセサのFDは「256×（10000000／100 + 10 + 10 + 500）= 25733120」で算出されます。

○リスト10.2.2n：パス上の最小帯域幅と合計遅延（帯域幅変更後）

```
Router1#show ip eigrp topology 40.0.0.0 255.255.255.0
IP-EIGRP (AS 1): Topology entry for 40.0.0.0/24
  State is Passive, Query origin flag is 1, 1 Successor(s), FD is 158720
  Routing Descriptor Blocks:
  192.168.13.3 (Serial1/0), from 192.168.13.3, Send flag is 0x0
      Composite metric is (2300416/156160), Route is Internal
      Vector metric:
        Minimum bandwidth is 1544 Kbit
        Total delay is 25100 microseconds
        Reliability is 255/255
        Load is 1/255
        Minimum MTU is 1500
        Hop count is 2
  192.168.12.2 (FastEthernet0/1), from 192.168.12.2, Send flag is 0x0
      Composite metric is (25733120/156160), Route is Internal
      Vector metric:
        Minimum bandwidth is 100 Kbit
        Total delay is 5200 microseconds
        Reliability is 255/255
        Load is 1/255
        Minimum MTU is 1500
        Hop count is 2
```

フィージブルサクセサへの切り替えの確認

最後にネットワーク障害時にサクセサからフィージブルサクセサへの切り替えの様子を見てみましょう。仮想端末PC1で次のような連続pingをRouter4のLoopback0インターフェイスに対して送信します。

```
PC1> ping 40.0.0.1 -i 300 -t
```

サクセサのルートはshutdownすると約14秒でサクセサからフィージブルサクセサに切り替わることができました（図10.2.3）。

図10.2.3の下部にあるパケットキャプチャは、サクセサルートを通るICMPリクエストです。囲まれたパケットはshutdown直前のパケットです。一方、上部のパケットキャプチャは、フィージブルサクセサルートを通るICMPリプライです。囲まれたパケットはshutdown後

◯図10.2.3：フィージブルサクセサへの切り替え

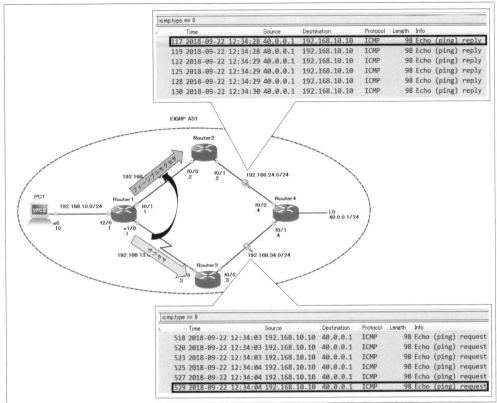

初めて観測されたICMPリプライです。この2つのパケットのタイムスタンプの差が約14秒、フィージブルサクセサへのルート切り替え時間に相当します。

10-2-3 演習Lab 不等コストロードバランシング

通常、メトリック値が等しい最適ルートが複数ある場合、これらのルートでロードバランシングします。このことを等コストロードバランシングと呼びます。

EIGRPでは、等コストロードバランシングのほかに不等コストロードバランシングにも対応しています。すなわち、異なるメトリック値を持ついくつかのルートが最適ルートとして採用できることです。通常ならフィージブルサクセサはサクセサがダウンしたときに初めて使用されますが、不等コストロードバランシングなら通常時でもフィージブルサクセサを使うことができます。

図10.2.4のようなネットワークを使って、不等コストロードバランシングを確認します（GNS3プロジェクト名は「10-2-3_Unequal_LB」）。Router1で不等コストロードバランシングの機能を有効にして、Router1からRouter3のLoopback0インターフェイスまでの通信を、Router3直接のルートとRouter2経由のルートを使用して実現してみましょう。

第10章 EIGRP

○図10.2.4：ネットワーク構成

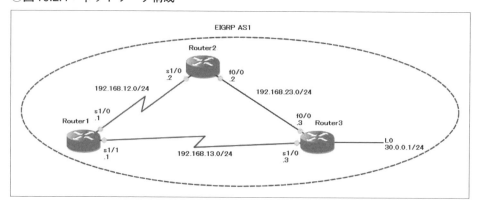

設定

まず、すべてのルータに対してEIGRPの設定を投入します（リスト10.2.3a ～ 10.2.3c）。このとき、まだ不等コストロードバランシングの設定は入っていません。

○リスト10.2.3a：Router1の設定（初期）

```
Router1#configure terminal                        ※特権モードから設定モードに移行
Router1(config)#interface serial 1/0              ※インターフェイスの設定
Router1(config-if)#clock rate 64000               ※クロックレートの設定
Router1(config-if)#ip address 192.168.12.1 255.255.255.0   ※IPアドレスの設定
Router1(config-if)#no shutdown                    ※インターフェイスの有効化
Router1(config-if)#exit                           ※直前の設定モードに戻る
Router1(config)#interface serial 1/1
Router1(config-if)#clock rate 64000
Router1(config-if)#ip address 192.168.13.1 255.255.255.0
Router1(config-if)#no shutdown
Router1(config-if)#exit
Router1(config)#router eigrp 1                    ※EIGRPの設定
Router1(config-router)#no auto-summary            ※ルートの自動集約の無効化
Router1(config-router)#network 192.168.12.0       ※ネットワークの公布
Router1(config-router)#network 192.168.13.0
Router1(config-router)#end                        ※特権モードに移行
```

○リスト10.2.3b：Router2の設定（初期）

```
Router2#configure terminal
Router2(config)#interface FastEthernet 0/0
Router2(config-if)#speed 100        ※インターフェイスの通信速度の設定
Router2(config-if)#duplex full      ※インターフェイスの通信モードの設定
Router2(config-if)#ip address 192.168.23.2 255.255.255.0
Router2(config-if)#no shutdown
Router2(config-if)#exit
Router2(config)#interface serial 1/0
Router2(config-if)#ip address 192.168.12.2 255.255.255.0
Router2(config-if)#no shutdown
Router2(config-if)#exit
Router2(config)#router eigrp 1
Router2(config-router)#no auto-summary
Router2(config-router)#network 192.168.12.0
Router2(config-router)#network 192.168.23.0
Router2(config-router)#end
```

○リスト10.2.3c：Router3の設定（初期）

```
Router3#configure terminal
Router3(config)#interface loopback 0
Router3(config-if)#ip address 30.0.0.1 255.255.255.0
Router3(config-if)#exit
Router3(config)#interface FastEthernet 0/0
Router3(config-if)#speed 100
Router3(config-if)#duplex full
Router3(config-if)#ip address 192.168.23.3 255.255.255.0
Router3(config-if)#no shutdown
Router3(config-if)#exit
Router3(config)#interface serial 1/0
Router3(config-if)#ip address 192.168.13.3 255.255.255.0
Router3(config-if)#no shutdown
Router3(config-if)#exit
Router3(config)#router eigrp 1
Router3(config-router)#no auto-summary
Router3(config-router)#network 30.0.0.0
Router3(config-router)#network 192.168.13.0
Router3(config-router)#network 192.168.23.0
Router3(config-router)#end
```

確認

EIGRPの設定後はルータ間のネイバー確立を確認します（リスト10.2.3d ～ 10.2.3e）。

○リスト10.2.3d：ネイバー確立の確認（Router1）

```
Router1#show ip eigrp neighbors    ※EIGRPネイバーの確認
IP-EIGRP neighbors for process 1
H   Address              Interface      Hold Uptime   SRTT   RTO  Q    Seq
                                        (sec)         (ms)        Cnt  Num
1   192.168.13.3         Se1/1          14 00:01:10   34     204  0    10
0   192.168.12.2         Se1/0          14 00:03:00   45     270  0    8
```

○リスト10.2.3e：ネイバー確立の確認（Router3）

```
Router3#show ip eigrp neighbors
IP-EIGRP neighbors for process 1
H   Address              Interface      Hold Uptime   SRTT   RTO  Q    Seq
                                        (sec)         (ms)        Cnt  Num
1   192.168.13.1         Se1/0          10 00:01:35   26     200  0    9
0   192.168.23.2         Fa0/0          10 00:01:36   1028   5000 0    10
```

Router1のルーティングテーブルでは、30.0.0.0/24へのルートはRouter3直接経由が最適ルートとなっています（リスト10.2.3f）。

○リスト10.2.3f：Router1のルーティングテーブル（初期）

```
Router1#show ip route eigrp    ※EIGRPのみのルーティングテーブルの確認
D    192.168.23.0/24 [90/2172416] via 192.168.13.3, 00:02:02, Serial1/1
                     [90/2172416] via 192.168.12.2, 00:02:02, Serial1/0
     30.0.0.0/24 is subnetted, 1 subnets
D       30.0.0.0 [90/2297856] via 192.168.13.3, 00:02:02, Serial1/1
```

第10章 EIGRP

Router1のトポロジテーブルで30.0.0.0/24を見てみましょう。このとき、Router3直接経由のサクセサとRouter2経由のフィージブルサクセサがあることがわかります。また、それぞれのFDは2297856および2300416となっています。

○リスト10.2.3g：Router1のトポロジテーブル（初期）

```
Router1#show ip eigrp topology      ※EIGRPトポロジの確認
IP-EIGRP Topology Table for AS(1)/ID(192.168.13.1)

Codes: P - Passive, A - Active, U - Update, Q - Query, R - Reply,
       r - reply Status, s - sia Status

P 30.0.0.0/24, 1 successors, FD is 2297856
        via 192.168.13.3 (2297856/128256), Serial1/1
        via 192.168.12.2 (2300416/156160), Serial1/0
P 192.168.12.0/24, 1 successors, FD is 2169856
        via Connected, Serial1/0
P 192.168.13.0/24, 1 successors, FD is 2169856
        via Connected, Serial1/1
P 192.168.23.0/24, 2 successors, FD is 2172416
        via 192.168.12.2 (2172416/28160), Serial1/0
        via 192.168.13.3 (2172416/28160), Serial1/1
```

Router1に不等コストロードバランシングを設定

ここでRouter1に不等コストロードバランシングの設定を入れます。**リスト10.2.3h**にあるvarianceコマンドはサクセサの倍数を指定します。サクセサのメトリックをこの倍数でかけて、得られた数字以下のメトリックを持つフィージブルサクセサが最適ルートになれます。たとえば、サクセサのFDが1000でvarianceが2の場合、フィージブルサクセサのFDが2000以下なら、このフィージブルサクセサはサクセサとともに最適ルートになることができます。

リスト10.2.3gの表示結果より、フィージブルサクセサを最適ルートとして選出するにはvarianceを2とするだけで足ります（**リスト10.2.3h**）。

○リスト10.2.3h：不等コストロードバランシングの設定

```
Router1#configure terminal
Router1(config)#router eigrp 1
Router1(config-router)#variance 2    ※FDの不等コストロードバランシングの設定
Router1(config-router)#end
```

確認

不等コストロードバランシングを設定したら、再びルーティングテーブルを見てみましょう。すると、このときフィージブルサクセサもルーティングテーブルに載るようになりました（**リスト10.2.3i**）。

リスト 10.2.3i：Router1 のルーティングテーブル（不等コストロードバランシング設定後）

```
Router1#show ip route eigrp
D    192.168.23.0/24 [90/2172416] via 192.168.13.3, 00:01:35, Serial1/1
                    [90/2172416] via 192.168.12.2, 00:01:35, Serial1/0
     30.0.0.0/24 is subnetted, 1 subnets
D       30.0.0.0 [90/2297856] via 192.168.13.3, 00:01:35, Serial1/1
                 [90/2300416] via 192.168.12.2, 00:01:35, Serial1/0
```

さらにリスト 10.2.3j になるようなルート詳細情報を見ると、30.0.0.0/24 への通信はネクストホップが Router2 と Router3 の間で1対1の割合でロードバランスされることがわかります。

リスト 10.2.3j：30.0.0.1 へのルート詳細情報

```
Router1#show ip route 30.0.0.1
Routing entry for 30.0.0.0/24
  Known via "eigrp 1", distance 90, metric 2297856, type internal
  Redistributing via eigrp 1
  Last update from 192.168.12.2 on Serial1/0, 00:03:57 ago
  Routing Descriptor Blocks:
  * 192.168.13.3, from 192.168.13.3, 00:03:57 ago, via Serial1/1
      Route metric is 2297856, traffic share count is 1
      Total delay is 25000 microseconds, minimum bandwidth is 1544 Kbit
      Reliability 255/255, minimum MTU 1500 bytes
      Loading 1/255, Hops 1
    192.168.12.2, from 192.168.12.2, 00:03:57 ago, via Serial1/0
      Route metric is 2300416, traffic share count is 1
      Total delay is 25100 microseconds, minimum bandwidth is 1544 Kbit
      Reliability 255/255, minimum MTU 1500 bytes
      Loading 1/255, Hops 2
```

本当に1対1でロードバランスしているかを確かめます。拡張トレースルートコマンドで 30.0.0.1 までのトレースルートを10回行います。その結果、それぞれのネクストホップに対して5回ずつ送信されたことがわかります（リスト 10.2.3k）。

リスト 10.2.3k：拡張トレースルートの実行

```
Router1#trace       ※拡張tracerouteの実行
Protocol [ip]:
Target IP address: 30.0.0.1
Source address:
Numeric display [n]:
Timeout in seconds [3]:
Probe count [3]: 10
Minimum Time to Live [1]:
Maximum Time to Live [30]:
Port Number [33434]:
Loose, Strict, Record, Timestamp, Verbose[none]:
Type escape sequence to abort.
Tracing the route to 30.0.0.1

  1 192.168.13.3 16 msec
    192.168.12.2 32 msec
```

```
192.168.13.3 0 msec
192.168.12.2 12 msec
192.168.13.3 8 msec
192.168.12.2 12 msec
192.168.13.3 8 msec
192.168.12.2 12 msec
192.168.13.3 16 msec
192.168.12.2 8 msec
```

10-2-4 演習Lab ルート制御

ここでは図10.2.5のネットワークに対して、次の3つの設定を確認します（GNS3プロジェクト名は「10-2-4_Route_Control」）。

- ルート再配布
- パッシブインターフェイス
- ディストリビュートリスト

図10.2.5のネットワークにEIGRPとRIPv2の2つのルーティングプロトコルがあります。異なるルーティングプロトコルネットワーク間でルートの交換をするにはルートを再配布する必要があります。

パッシブインターフェイスの設定は、インターフェイスから送出されるHelloパケットやアップデートパケットを抑制することができます。このラボでは、Router1のPC1向けインターフェイスをパッシブインターフェイスとして設定し、PC1に不要なHelloパケットを送信しないようにします。

最後のディストリビュートリストは、特定のルート情報を抑制することができます。この

○図10.2.5：ネットワーク構成

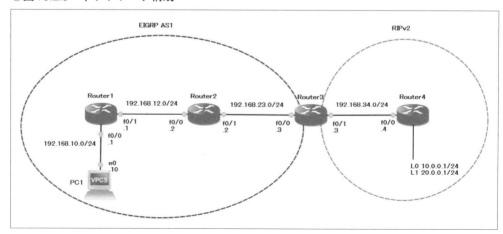

ラボでは、Router2でディストリビュートリストを設定して、RIPv2から再配布される20.0.0.0/24のルートをRouter1に伝播しないようにしてみましょう

設定

最初にそれぞれのルータに対してEIGRPとRIPの設定を投入します（リスト10.2.4a～10.2.4d）。この時点では、ルート再配布、パッシブインターフェイスおよびディストリビュートリストの設定はまだありません。

○リスト10.2.4a：Router1の設定（初期）

```
Router1#configure terminal           ※特権モードから設定モードに移行
Router1(config)#interface FastEthernet 0/0    ※インターフェイスの設定
Router1(config-if)#ip address 192.168.10.1 255.255.255.0   ※IPアドレスの設定
Router1(config-if)#no shutdown       ※インターフェイスの有効化
Router1(config-if)#exit              ※直前の設定モードに戻る
Router1(config)#interface FastEthernet 0/1
Router1(config-if)#ip address 192.168.12.1 255.255.255.0
Router1(config-if)#no shutdown
Router1(config-if)#exit
Router1(config)#router eigrp 1       ※EIGRPの設定
Router1(config-router)#no auto-summary   ※ルートの自動集約の無効化
Router1(config-router)#network 192.168.10.0   ※ネットワークの公布
Router1(config-router)#network 192.168.12.0
Router1(config-router)#end           ※特権モードに移行
```

○リスト10.2.4b：Router2の設定（初期）

```
Router2#configure terminal
Router2(config)#interface FastEthernet 0/0
Router2(config-if)#ip address 192.168.12.2 255.255.255.0
Router2(config-if)#no shutdown
Router2(config-if)#exit
Router2(config)#interface FastEthernet 0/1
Router2(config-if)#ip address 192.168.23.2 255.255.255.0
Router2(config-if)#no shutdown
Router2(config-if)#exit
Router2(config)#router eigrp 1
Router2(config-router)#no auto-summary
Router2(config-router)#network 192.168.12.0
Router2(config-router)#network 192.168.23.0
Router2(config-router)#exit
```

○リスト10.2.4c：Router3の設定（初期）

```
Router3#configure terminal
Router3(config)#interface FastEthernet 0/0
Router3(config-if)#ip address 192.168.23.3 255.255.255.0
Router3(config-if)#no shutdown
Router3(config-if)#exit
Router3(config)#interface FastEthernet 0/1
Router3(config-if)#ip address 192.168.34.3 255.255.255.0
Router3(config-if)#no shutdown
```

```
Router3(config-if)#exit
Router3(config)#router rip     ※RIPの設定
Router3(config-router)#version 2    ※RIPv2の設定
Router3(config-router)#no auto-summary
Router3(config-router)#network 192.168.34.0
Router3(config-router)#exit
Router3(config)#router eigrp 1
Router3(config-router)#no auto-summary
Router3(config-router)#network 192.168.23.0
Router3(config-router)#exit
```

○リスト10.2.4d：Router4の設定（初期）

```
Router4#configure terminal
Router4(config)#interface loopback 0
Router4(config-if)#ip address 10.0.0.1 255.255.255.0
Router4(config-if)#exit
Router4(config)#interface loopback 1
Router4(config-if)#ip address 20.0.0.1 255.255.255.0
Router4(config-if)#exit
Router4(config)#interface FastEthernet 0/0
Router4(config-if)#ip address 192.168.34.4 255.255.255.0
Router4(config-if)#no shutdown
Router4(config-if)#exit
Router4(config)#router rip
Router4(config-router)#version 2
Router4(config-router)#no auto-summary
Router4(config-router)#network 10.0.0.0
Router4(config-router)#network 20.0.0.0
Router4(config-router)#network 192.168.34.0
Router4(config-router)#end
```

確認

　初期設定を各ルータに投入したら、Router1とRouter4のルーティングテーブルを見てみましょう（リスト10.2.4e 〜 10.2.4f）。このとき、EIGRPとRIPv2間のルート再配布が実施されていないため、各ルータでほかのルーティングプロトコルの伝播ルートを見ることはできません。

○リスト10.2.4e：Router1のルーティングテーブル（初期）

```
Router1#show ip route eigrp    ※EIGRPのみのルーティングテーブルの確認
D    192.168.23.0/24 [90/307200] via 192.168.12.2, 00:26:28, FastEthernet0/1
```

○リスト10.2.4f：Router4のルーティングテーブル（初期）

```
Router4#show ip route rip    ※RIPのみのルーティングテーブルの確認
```

Router3でEIGRPとRIPv2のルート再配布

　ここで、Router3でEIGRPとRIPv2のルート再配布を行います（リスト10.2.4g）。このとき、

ルート再配布のメトリックを特に指定していません。結果がどうなるかを見てみましょう。

○リスト 10.2.4g：ルートの再配布（メトリック指定なしの場合）

```
Router3(config)#router rip
Router3(config-router)#redistribute eigrp 1    ※EIGRPルートの再配布
Router3(config-router)#exit
Router3(config)#router eigrp 1
Router3(config-router)#redistribute rip        ※RIPルートの再配布
Router3(config-router)#exit
```

再度、Router1とRouter4のルーティングテーブルを見てみましょう（リスト10.2.4h～10.2.4i）。ルート再配布の設定を入れたにもかかわらず、ルートが再配布されていないようです。

○リスト 10.2.4h：Router1のルーティングテーブル

```
Router1#show ip route eigrp
D    192.168.23.0/24 [90/307200] via 192.168.12.2, 00:26:28, FastEthernet0/1
```

○リスト 10.2.4i：Router4のルーティングテーブル

```
Router4#show ip route rip
```

ルートの再配布が失敗したのは、RIPもEIGRPもシードメトリック値が無限大となっているからです。シードメトリックは、ルート再配布時に用いるデフォルトのメトリックです。無限大とは、到達不可の意味です。これを回避するには明示的にメトリックの値をルート再配布するときに指定しなければなりません。デフォルトのシードメトリック値の一覧は表10.2.1のようになっています。ちなみに、コマンドによるシードメトリック値の変更は可能です。

○表10.2.1：各ルーティングプロトコルのデフォルトシードメトリック値

ルーティングプロトコル	デフォルトシードメトリック値
RIP	無限大
IGRP/EIGRP	無限大
OSPF	20コスト
	1コスト（BGPから再配布の場合）
IS-IS	0
BGP	MED値（IGPのメトリック値を転用）

メトリックを明示的に指定してルート再配布

では、再配布のメトリックを明示的に指定して、ルートの再配布を設定しましょう（リス

ト 10.2.4j)。EIGRPに再配布するときの5つのメトリック変数はそれぞれ、帯域幅（Kbps単位）、遅延（10μsec単位）、信頼性（0〜255）、負荷（1〜255）およびMTU（Byte単位）です。

○リスト 10.2.4j：ルートの再配布（メトリック指定ありの場合）

```
Router3(config)#router rip
Router3(config-router)#redistribute eigrp 1 metric 1
Router3(config-router)#exit
Router3(config)#router eigrp 1
Router3(config-router)#redistribute rip metric 100000 10 255 1 1500
Router3(config-router)#exit
```

メトリックを指定したルート再配布を行うと、意図したルートがRouter1とRouter4のルーティングテーブルに表示されるようになります（リスト 10.2.4k 〜 10.2.4l）。

○リスト 10.2.4k：Router1のルーティングテーブル（ルート再配布後）

```
Router1#show ip route eigrp
     20.0.0.0/24 is subnetted, 1 subnets
D EX    20.0.0.0 [170/309760] via 192.168.12.2, 00:00:21, FastEthernet0/1
     10.0.0.0/24 is subnetted, 1 subnets
D EX    10.0.0.0 [170/309760] via 192.168.12.2, 00:03:39, FastEthernet0/1
D    192.168.23.0/24 [90/307200] via 192.168.12.2, 00:22:06, FastEthernet0/1
D EX 192.168.34.0/24 [170/309760] via 192.168.12.2, 00:12:37, FastEthernet0/1
```

○リスト 10.2.4l：Router4のルーティングテーブル（ルート再配布後）

```
Router4#show ip route rip
R    192.168.12.0/24 [120/1] via 192.168.34.3, 00:00:09, FastEthernet0/0
R    192.168.10.0/24 [120/1] via 192.168.34.3, 00:00:09, FastEthernet0/0
R    192.168.23.0/24 [120/1] via 192.168.34.3, 00:00:09, FastEthernet0/0
```

当然、このときPC1からRouter4の2つのLoopbackインターフェイスへのpingも成功するようになります。

```
PC1> ping 10.0.0.1 -c 3
84 bytes from 10.0.0.1 icmp_seq=1 ttl=252 time=59.004 ms
84 bytes from 10.0.0.1 icmp_seq=2 ttl=252 time=49.003 ms
84 bytes from 10.0.0.1 icmp_seq=3 ttl=252 time=39.002 ms

PC1> ping 20.0.0.1 -c 3
84 bytes from 20.0.0.1 icmp_seq=1 ttl=252 time=40.002 ms
84 bytes from 20.0.0.1 icmp_seq=2 ttl=252 time=41.002 ms
84 bytes from 20.0.0.1 icmp_seq=3 ttl=252 time=51.003 ms
```

パッシブインターフェイスを設定

次に、Router1のPC1向けインターフェイスにパッシブインターフェイスを設定して、無駄なEIGRPパケットを抑制しましょう。パッシブインターフェイスを設定する前に、PC1

にEIGRPパケットが送信され続けていることをWiresharkで確認しておきましょう（図10.2.6）。

○図10.2.6：パッシブインターフェイス有効前のEIGRPパケットキャプチャ

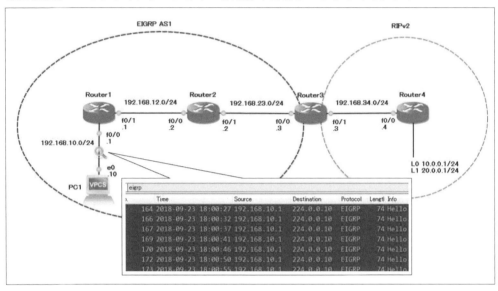

PC1がずっとEIGRPパケットを受信していることを確認できたら、Router1にパッシブインターフェイスの設定を入れます（リスト10.2.4m）。

○リスト10.2.4m：パッシブインターフェイスの設定

```
Router1#configure terminal
Router1(config)#router eigrp 1
Router1(config-router)#passive-interface FastEthernet 0/0
                                                            ※パッシブインターフェイスの設定
Router1(config-router)#end
```

パッシブインターフェイスの設定を入れるとすぐにRouter1からPC1へのEIGRPパケットは抑制されます。図10.2.7はパッシブインターフェイスを有効化する前後のEIGRPパケット送信の様子を表したグラフです。パッシブインターフェイスを有効した時点からまったくEIGRPパケットを観測しなくなりました。このグラフは、メニュー ⇒［統計］⇒［入出力グラフ］から表示できます。

第10章　EIGRP

○図10.2.7：パッシブインターフェイス有効化前後のEIGRPパケットの様子

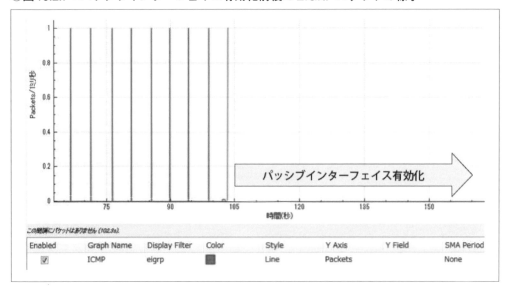

ディストリビュートリストを設定

　最後に、Router2にディストリビュートリストを設定して、20.0.0.0/24のルートをRouter1に伝播しないようにしてみましょう（**リスト10.2.4n**）。このときに作成するアクセスリストは、まず20.0.0.0/24のルートを拒否対象にして、その後すべてのルートを許可対象にするようにしています。こうすることで、20.0.0.0/24のみを拒否対象にできます。

　ディストリビュートリストの設定により、Router1のルーティングテーブル上から20.0.0.0/24のルート情報が消えたことを確認します（**リスト10.2.4o**）。

○リスト10.2.4n：ディストリビュートリストの設定

```
Router2(config)#access-list 1 deny 20.0.0.0 0.0.0.255    ※アクセスリストの設定
Router2(config)#access-list 1 permit any
Router2(config)#router eigrp 1
Router2(config-router)#distribute-list 1 out FastEthernet 0/0
                                                          ※ディストリビュートリストの設定
```

○リスト10.2.4o：Router1のルーティングテーブル（ディストリビュートリスト設定後）

```
Router1#show ip route eigrp
     10.0.0.0/24 is subnetted, 1 subnets
D EX    10.0.0.0 [170/309760] via 192.168.12.2, 00:30:42, FastEthernet0/1
D    192.168.23.0/24 [90/307200] via 192.168.12.2, 00:01:13, FastEthernet0/1
D EX 192.168.34.0/24 [170/309760] via 192.168.12.2, 00:01:13, FastEthernet0/1
```

　このとき、Router1は20.0.0.0/24へのルートを失ったため、PC1からRouter4のLoopback1インターフェイスへのpingは宛先不明で失敗します。

```
PC1> ping 10.0.0.1 -c 3
84 bytes from 10.0.0.1 icmp_seq=1 ttl=252 time=39.003 ms
84 bytes from 10.0.0.1 icmp_seq=2 ttl=252 time=42.002 ms
84 bytes from 10.0.0.1 icmp_seq=3 ttl=252 time=31.001 ms

PC1> ping 20.0.0.1 -c 3
*192.168.10.1 icmp_seq=1 ttl=255 time=5.000 ms (ICMP type:3, code:1, Destination
host unreachable)
*192.168.10.1 icmp_seq=2 ttl=255 time=9.000 ms (ICMP type:3, code:1, Destination
host unreachable)
*192.168.10.1 icmp_seq=3 ttl=255 time=11.001 ms (ICMP type:3, code:1, Destination
host unreachable)
```

10-3　章のまとめ

　EIGRPはCisco独自のルーティングプロトコルで、ディスタンスベクタ型とリンクステート型のメリットを融合したハイブリッド型ルーティングプロトコルです。

　EIGRPにはさまざまな特徴があります。RIPからの改良点として、ループフリーのネットワーク構成と収束時間の短縮化が特記すべき事項です。ループフリーであるのは、DUALというアルゴリズムによるもので、収束時間の短縮はフィージブルサクセサと呼ばれる代替ルートを保持しているためです。

　EIGRPのメトリックは複合メトリックと呼ばれ、5つの変数を使ってメトリック値が計算されます。しかし、通常では5つの中の帯域幅と遅延しか使いません。

第 11 章
OSPF

OSPF（Open Shortest Path First）は、リンクステート型のルーティングプロトコルで、現在もっともポピュラーなIGPとして知られています。ディスタンスベクタ型のルーティングプロトコルには、ホップ数の上限や長い収束時間によるルーティングループの問題がありましたが、OSPFはこれらの問題を解決するために設計されたルーティングプロトコルです。

11-1 OSPFの概要

　OSPFは、ディスタンスベクタ型と違うタイプのルーティングプロトコルなので、ディスタンスベクタ型とは違った特徴をたくさん持っています。OSPFがどのようにしてディスタンスベクタ型の弱点を克服しているのかを理解するには、OSPFのパケットやOSPFの動作の仕様を理解する必要があります。ここでは、OSPFの特徴をはじめ、パケットフォーマット、動作方法、LSAの種類、エリアの概念などを個々に詳しく解説します。

11-1-1　OSPFの特徴

　ホームネットワークや一部の小規模な企業ネットワークを除くと、ほとんどのIGPのネットワークではOSPFが使われています。OSPFは、IETFで提唱されたルーティングプロトコルなので、マルチベンダにも対応しています。最初の標準化（1989年）から現在に至るまで3つのバージョンがありますが、バージョン1はすでに使われておらず、バージョン2とバージョン3はそれぞれIPv4とIPv6用となっています。特に断りがなければ、本書ではOSPFはバージョン2のOSPFのことを指します。

　まずは、OSPFの用語について確認しておきましょう（**表11.1.1**）。

○表11.1.1：OSPFの用語

用語	説明
リンク	ルータのインターフェイスと同義
LSA	リンクステート情報
LSR[※1]	LSAを要求するパケット
LSU[※2]	複数のLSAを束ねた情報、LSRに対する返信
DBD[※3]	LSDBの同期に使用されるパケット
ネイバー	共通のネットワークにある2台のルータの関係（近接関係とも言う）。ネイバーの検出と関係維持はマルチキャストのHelloパケットを使用する
アジャセンシー	LSAを交換する相手との関係（隣接関係とも言う）
ネイバーテーブル	ネイバー関係にあるルータを登録したテーブル
LSDB	すべてのルータから集められたLSAをもとに作られたネットワークトポロジのデータベース（リンクステートデータベースとも言う）
エリア	同じLSDBを保持するルータの論理グループ
コスト	OSPFのメトリックで、インターフェイスの帯域幅をもとに算出される値
ルータID	OSPFルータを一意に識別するための番号
DR[※4]	同一セグメントから選ばれる代表ルータ
BDR[※5]	DRのバックアップルータ

※1　Link-State Request
※2　Link-State Update
※3　Database Description
※4　Designated Router
※5　Backup Designated Router

では、ここからOSPFの特徴を1つずつ紹介していきます。

クラスレス型ルーティングプロトコル

OSPFは、最初から可変長サブネットマスクや不連続サブネットをサポートしているため、LSAと呼ばれるルート情報にサブネットマスクの情報が含まれています。

リンクステート型ルーティングプロトコル

最適なルートを算出するとき、ネットワークとサブネットだけでなく、リンクの状態を示す情報（リンクステート情報）も使われます。リンクステート情報は、ルータのインターフェイスがどのようにネットワークに接続しているかを教えてくれます。これらの情報はLSAに格納されています。

ルータホップ数の上限がない

RIPには15ホップという制限があったため、大規模なネットワーク構築に不向きでした。これに対して、OSPFにはそのような制限はありません。

エリアによる効率的なルーティング

OSPFにはエリアという概念があります。エリアとは、LSAを交換し合うルータのグルー

プで、同グループ内のルータは同じLSDBを保持します。ルータをエリアごとに分割することで、交換するLSAが減り、帯域の消費抑制やルータ負荷の低減などのメリットがあります。

収束時間が短い

同じエリアにあるルータは、常に同一のLSDBを持っています。ネットワークに変化が生じたとき、LSDBの差分情報だけを即時配信します。差分情報を受信したルータは、差分のみを考慮して最適なルートを再計算することで瞬時に収束できます。また、エリアを分割することで、LSAを交換する範囲も小さく限定できます。その結果、限定した範囲での収束も速くなります。収束時間が短くなると、それだけ古いルーティング情報に起因するルーティングループの発生が起こりにくくなります。

コストによる最適ルートの選択

OSPFは、コストと呼ばれるメトリック値で最適ルートを選択します。それぞれのインターフェイスにコストの値があり、コストは「コスト = 100000 ／帯域幅（kbps）」の式で算出されます。

この計算式に従うと、100Mbpsのインターフェイスのコストは1（= 100000 ／ 100000kbps）、10Mbpsのインターフェイスのコストは10です。送信元から宛先までのルート上のコストの合計がパスコストと呼ばれ、最小のパスコストのルートがOSPFの最適ルートです。

マルチキャストによるルート情報の交換

OSPFは、224.0.0.5と224.0.0.6の2つのマルチキャストアドレスでルート情報を交換します。前者（224.0.0.5）はエリア内すべてのOSPFルータ宛てで、後者（224.0.0.6）はDRとBDR宛てのマルチキャストアドレスです。マルチキャストはブロードキャストより少ないパケットでルート情報の交換ができます。

ルータの認証機能

ネットワークセキュリティための認証機能をサポートしています。認証機能により、意図しない相手とのLSA交換を回避できます。

11-1-2　OSPFのパケット

OSPFは、RIPやBGPのようにTCPの上で動くルーティングプロトコルではく、IP上（IPプロトコル89番）で直接動くルーティングプロトコルで、IPとの親和性の高いプロトコルです。

OSPFはRIPよりも複雑な動作仕様になっていて、さらにOSPFのパケットも複数のタイプが存在します。ここでは、OSPFのヘッダフォーマットとOSPFの各タイプのパケットフォーマットを見ていきましょう。

○図11.1.1：OSPFのヘッダフォーマット

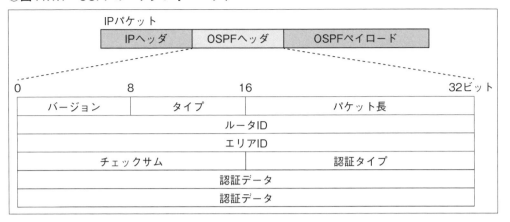

OSPFのヘッダフォーマット

図11.1.1はOSPFのヘッダフォーマットで、各フィールドは次のとおりです。

- バージョン（8ビット）
  OSPFパケットのバージョン情報。IPv4なら「2」、IPv6なら「3」
- タイプ（8ビット）
  OSPFのパケットタイプ。タイプ番号とOSPFパケット名の対応は次のとおり
  ータイプ「1」：Helloパケット
  ータイプ「2」：DBDパケット
  ータイプ「3」：LSRパケット
  ータイプ「4」：LSUパケット
  ータイプ「5」：LSAckパケット
- パケット長（16ビット）
  OSPFヘッダを含むパケット長（バイト単位）
- ルータID（32ビット）
- エリアID（32ビット）
- チェックサム（16ビット）
  パケットのエラーチェックのためのチェックサム計算に使われる
- 認証タイプ（16ビット）
  OSPFの認証タイプ。3種類の認証タイプは次のとおり
  ー認証タイプ「0」：認証なし
  ー認証タイプ「1」：テキストベース認証
  ー認証タイプ「2」：MD5認証
- 認証タイプ（64ビット）
  認証タイプ「1」または「2」のときに使う

Helloパケットのフォーマット

Helloパケットは、OSPFヘッダのタイプフィールドが「1」のOSPFパケットです（図11.1.2）。Helloパケットは、ルータのネイバー検出、アジャセンシーの確立とその後のキープアライブに使われます。Helloパケットの宛先アドレスは、224.0.0.5のマルチアドレスです。

○図11.1.2：Helloパケットのフォーマット

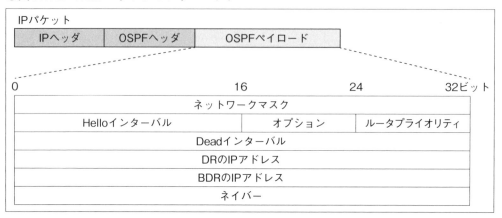

Helloパケットの各フィールドは次のようになっています。

- ネットワークマスク（32ビット）
  Helloパケットを送出するインターフェイスのネットワークマスクの情報
- Helloインターバル（16ビット）
  Helloパケットを送出する秒数間隔。ネイバールータと同じ値である必要がある
- オプション（8ビット）
  OSPFの付加機能を提供する。DBDパケットと各種LSAでも使われている
- ルータプライオリティ（8ビット）
  DRとBDRを選出するための値。値が大きいほどDR/BDRとして選出される優先度が高くなる。「0」のときはDR/BDRに選出されない
- Deadインターバル（32ビット）
  ネイバールータがダウンしたと見なす秒数間隔。デフォルト値はHelloインターバルの4倍
- DRのIPアドレス（32ビット）
  DRがネットワークにないときの値は「0.0.0.0」
- BDRのIPアドレス（32ビット）
  BDRがネットワークにないときの値は「0.0.0.0」
- ネイバー（32ビット X ネイバー数）
  ルータが認識しているネイバーのルータIDの一覧

DBDパケットのフォーマット

　DBDパケットは、OSPFヘッダのタイプフィールドが「2」のOSPFパケットで、アジャセンシーの確立段階でルータ間のLSDBの同期に使われます。DBDパケットの中身は、LSDB内のLSAヘッダ一覧です（図11.1.3）。ルータが、DBDパケットを受信したら自身のLSDB内のLSAと比較し、不足のLSAをLSRパケットで要求します。

○図11.1.3：DBDパケットのフォーマット

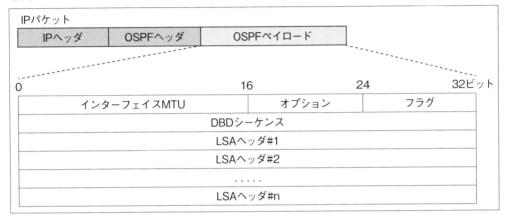

DBDパケットの各フィールドは次のようになっています。

- インターフェイスMTU（16ビット）
  DBDパケットの送信ルータがIPパケットをフラグメントせずに送信できるIPパケットの最大サイズ
- オプション（8ビット）
  OSPFの付加機能を提供する。Helloパケットと各種LSAでも使われている。詳細は後述
- フラグ（8ビット）
  先頭から5ビット目までは未使用で、6〜8ビット目はそれぞれ「Iビット」「Mビット」「MSビット」と呼ばれている（00000IMMS）。3種類のビットの意味は次のとおり
  ーIビット：Initビットの略で、値が「1」なら一連のDBDパケットの最初のDBDパケットを表す
  ーMビット：Moreビットの略で、値が「1」なら後続のDBDパケットがあることを表す
  ーMSビット：Master/Slaveビットの略で、DBDパケットを送信するルータがマスターまたはスレーブを表す。値が「1」ならマスターである
- DBDシーケンス（32ビット）
  DBDパケットの交換順序に使用され、初期値はマスタールータが決める
- LSAヘッダ
  LSDB内にあるLSAエントリの要約が入っている。

LSRパケットのフォーマット

　LSRパケットは、OSPFヘッダのタイプフィールドが「3」のOSPFパケットです。ルータ同士でDBDパケットを交換した後、LSRパケットを使って自身にない情報を相手ルータに要求します。図11.1.4はLSRパケットのフォーマットで、1つのLSRパケットで複数のLSRを格納できます。

○図11.1.4：LSRパケットのフォーマット

```
IPパケット
┌──────┬──────────┬────────────┐
│IPヘッダ│OSPFヘッダ│OSPFペイロード│
└──────┴──────────┴────────────┘
```

0	32ビット
リンクステートタイプ#1	
リンクステートID#1	
アドバタイズ元ルータ#1	
.....	
リンクステートタイプ#n	
リンクステートID#n	
アドバタイズ元ルータ#n	

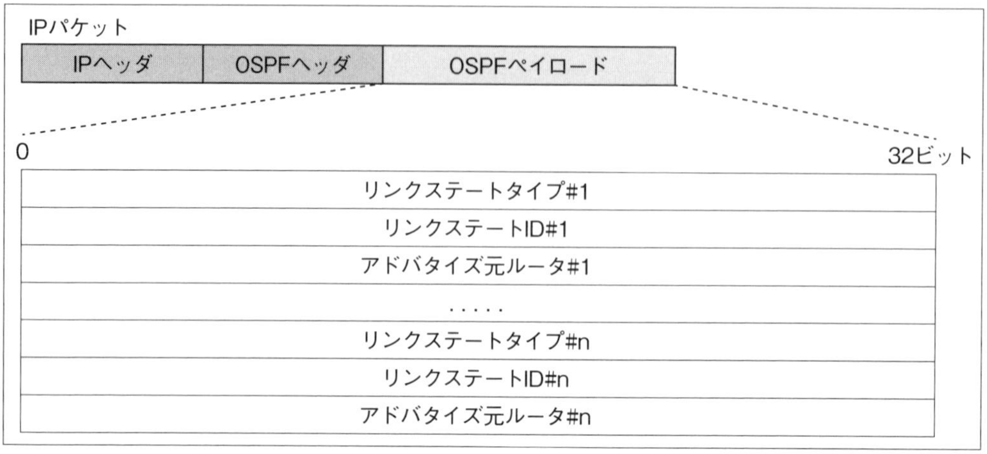

　LSRパケットの各フィールドは次のようになっています。

- リンクステートタイプ（32ビット）
  LSAのタイプを表す番号が入っている（LSAタイプは後述する）
- リンクステートID（32ビット）
  リンクステートIDは、LSAのタイプごとに意味が異なる
- アドバタイズ元ルータID（32ビット）
  要求するLSAの生成元ルータのID

LSUパケットのフォーマット

　LSUパケットは、OSPFヘッダのタイプフィールドが「4」のOSPFパケットです（図11.1.5）。LSUパケットは、LSRに対する返信とネットワークの変更の通知に使われます。LSUパケットの中身は、1つ以上のLSAから構成されています。

　LSUパケットの各フィールドは次のようになっています。

- LSA数（32ビット）
  LSUパケットに含まれているLSAの数を表す
- LSA
  LSAの詳細情報

○図11.1.5：LSUパケットのフォーマット

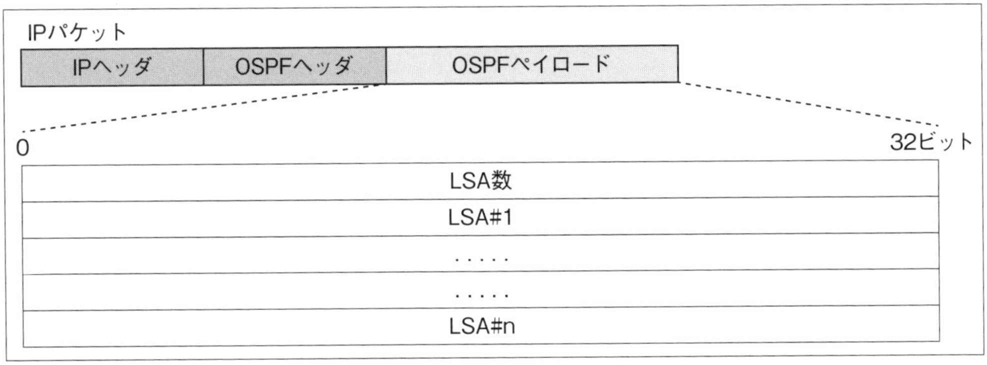

```
IPパケット
┌─────────┬──────────┬──────────────┐
│ IPヘッダ │ OSPFヘッダ │ OSPFペイロード │
└─────────┴──────────┴──────────────┘
```

0	32ビット
LSA数	
LSA#1	
.....	
.....	
LSA#n	

LSAckパケットのフォーマット

　LSAckパケットは、OSPFヘッダのタイプフィールドが「5」のOSPFパケットで、LSAを受信した際の応答メッセージとして使われます（**図11.1.6**）。1つのLSAackパケットで複数のLSA応答メッセージを含むことができます。

○図11.1.6：LSAckパケットのフォーマット

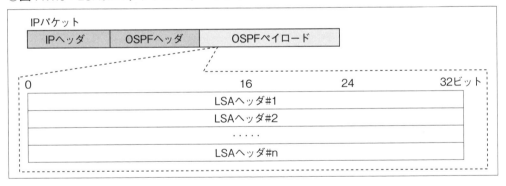

　LSAckパケットのフィールドは次のようになっています。

- LSAヘッダ
  受信したLSAのヘッダ

11-1-3　OSPFの動作仕様

　OSPFは、RIPのように不特定多数の相手にルート情報をブロードキャストせず、あらかじめ決められた相手とルート情報を交換します。したがって、OSPFはルート情報を交換する相手（ネイバー）を見つけ出すことから始めます。次に、ルータ同士でLSAを交換してLSDBを同期します。LSDBの同期後、個々のルータでSPFアルゴリズムを使ってOSPFの

第11章 OSPF

最適ルートを計算します。

ルータ同士がアジャセンシーの確立に達するまで7つのルータ状態があります（表11.1.2）。さらに、図11.1.7はルータ状態の遷移を図示したものです。

○表11.1.2：OSPFのルータ状態

ルータ状態	概要
Down State	OSPFを起動した直後の状態で、まだ近接ルータからHelloパケットを受信していない
Init State	近接ルータからHelloパケットを受信した状態
2Way State	Helloパケットを送信して、さらに返信のHelloパケットを受信した状態、または、Helloパケットを受信して、これに対する返信の返信Helloパケットを受信した状態。このとき、ルータ間はネイバー確立の関係となる
Exstart State	LSAを先に送信するルータを決める段階、送信するほうがマスターで、受信するほうがスレーブである
Exchange State	マスタールータとスレーブルータ間でDBDパケットを交換する段階
Loading State	受信したDBDを自身のLSDBと比較して、不足分のLSAをLSRで要求する段階
Full State	LSDBの同期が完了した状態

○図11.1.7：ルータ状態の遷移図

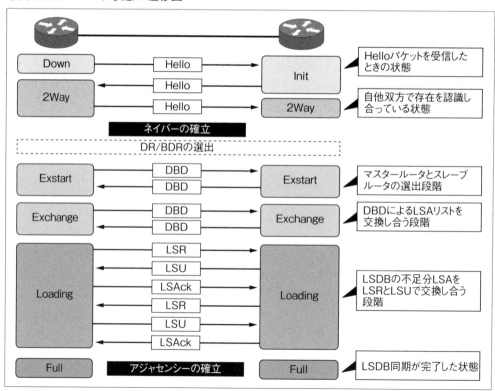

ここからOSPFの動作仕様について、次の6ステップに分けて詳しく説明します。

- ネイバーの確立（Down、Init、2Way）
- DRとBDRの選出
- マスタールータとスレーブルータの選出（Exstart）
- DBDの交換（Exchange）
- 不足LSAの交換（Loading）
- アジャセンシーの確立（Full）
- 最適ルートの計算
- キープアライブ

ネイバーの確立（Down、Init、2Way）

ネイバーの確立とは、同じネットワーク上にあるOSPFルータが互いに存在を認め合う状態です。ネイバーを確立するには、Helloパケットを交換し合います。初期のDown状態のルータがHelloパケットを受信するとInit状態に遷移します。Helloパケットにルータが認識しているネイバーのルータIDのリストが入っていて、そのリストの中に自分のルータIDがあると、相手に対して自分が2Way状態となります。互いに2Way State状態になると、ネイバーの確立となります。

ルータIDとは、OSPFルータを一意に識別するための番号です。ルータIDは、**表11.1.3**にある優先順位に従って決定されます。

○表11.1.3：ルータIDの決め方

優先順位	ルータIDの決め方
1	手動設定のIPアドレス
2	アクティブなループバックインターフェイスのうち最大のIPアドレス
3	アクティブな物理または論理インターフェイスのうち最大のIPアドレス

ネイバーの確立がうまくできない場合、双方のルータで次のパラメータ値が同じであるかを確認してください。

- エリアID
- HelloインターバルとDeadインターバル
- ネットワークマスク
- 認証キー（ルータ認証を使う場合）
- スタブエリアフラグ

DRとBDRの選出

ルータが、同じネットワーク上のルータとネイバーの確立をしたら、一部のルータとアジャ

センシーの確立を行います。ルータ同士がアジャセンシー関係になると、LSDB同期のための通信とルータ処理が発生します。したがって、ネットワーク内のすべてのルータ間でアジャセンシーの確立を行うと、帯域の圧迫とルータリソースの消耗となります。

　L2プロトコルがイーサネットの場合、すべてのルータ間でアジャセンシーの確立を行なうのはどうも具合が悪いようです。そこで、イーサネットでは、DRとBDRを選出して、ほかのルータ（DRother）は、DRとBDRだけとアジャセンシーを確立するようにします。DRは代表ルータとも呼ばれ、通常このルータがLSDBの同期を管理しています。BDRは、DRに問題が発生したときのバックアップルータです。

　L2プロトコルがイーサネット以外の場合はどうなるでしょうか。たとえば、PPPの場合は、最初から1対1の通信なので、DRとBDRを選ぶ必要はありません。このように、OSPFでは、使用するL2プロトコルの種類に応じて異なるネットワークタイプに分類され、ネットワークタイプが違うと動作仕様も変わってきます（**表11.1.4**）。

○表11.1.4：OSPFのネットワークタイプと動作仕様

ネットワークタイプ	Hello送信間隔	ネイバー検出	DR/BDR選出	L2プロトコル
broadcast	10秒	自動	する	イーサネット
point-to-point	10秒	自動	しない	PPP、HDLC
point-to-multipoint	30秒	自動	しない	フレームリレー
non-broadcast	30秒	手動	する	ー

　ネットワーク内のルータからBRとBDRの選出は、ルータのプライオリティとルータIDを使います。ルータのプライオリティが同じの場合、ルータIDでDRとBDRを決めます。この選出基準に従って、優先度の高い順にDRとBDRが決定されます（**表11.1.5**）。

○表11.1.5：DRとBDRの選出基準

基準の優先順位	選出基準の内容
1	プライオリティ値が大きいほど優先される。プライオリティ値の範囲は0〜255（デフォルトは「1」）。ルータ同士のプライオリティが同じなら、ルータIDを使ってDRとBDRを選出する。また、プライオリティを「0」に設定すると、ルータを意図的にDRotherにすることができる
2	ルータIDが大きいほど優先される

　ネットワークに新たなOSPFルータが追加されたとき、たとえこの新参ルータのプライオリティが一番高くてもDRにはなれません。つまり、一度決めたDRとBDRの再選は行なわれません。この仕様をDRの粘着性と言います。DRがダウンしたら、BDRがDRになり、BDRは先ほどの選出基準で新たに選ばれます。

　図11.1.8はDRとBDRの選出とDRの粘着性を示した例です。この例では、Router1とRouter2のプライオリティが100で、Router3のプライオリティが1になっています。プライ

○図11.1.8：DR／BDR選出とDRの粘着性

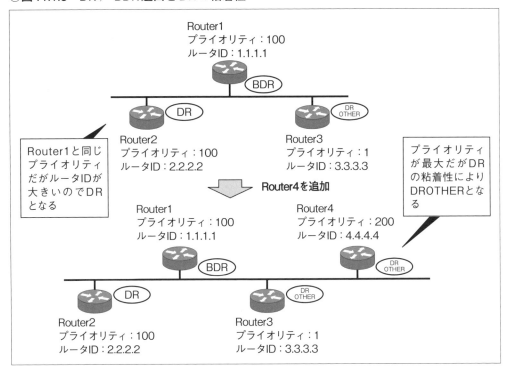

オリティ値が大きいほど優先されるので、Router1とRouter2がDRの候補になります。次に、Router1とRouter2のルータIDを比較して、Router2のルータIDのほうが大きいので、Router2がDRでRouter1がBDRとなります。同ネットワークにプライオリティ200のRouter4が追加されたとき、DRの粘着性の仕様により、DRの再選は行なわれず、Router4はDRotherとなります。

マスタールータとスレーブルータの選出

ネットワーク内でDRとBDRの選出後、ルータは、LSDB構築のためのLSA交換を始めます。LSAの交換は、マスタールータからスレーブルータに向けて開始します。マスタールータとなるのは、隣接関係のルータ間でルータIDがもっとも大きいルータです。マスタールータの選出では、ルータのプライオリティを使わないので、DRであってもスレーブになることもあります。また、このときにマスタールータがDBDのシーケンスの初期値を決めます。

図11.1.9は、マスタールータとスレーブルータの選出方法を図示したものです。この例では、Router3が最大のルータIDであるため、マスタールータとして選ばれ、ほかのルータはスレーブルータになります。このとき、Router1のプライオリティが最大であってもマスタールータの選出に影響を与えません。

○図11.1.9：マスタールータとスレーブルータの選出

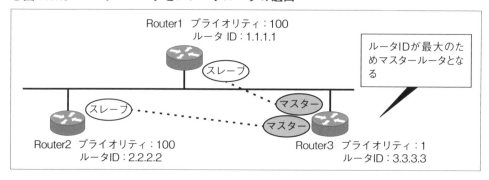

DBDの交換（Exchange）

マスタールータとスレーブルータが選出されると、マスタールータからスレーブルータに向けてDBDパケットを送信します。DBDパケットには、LSDBに格納しているLSAのヘッダ情報が入っています。同様に、スレーブルータからもマスタールータに向けてDBDパケットを送信します。このような一連のやり取りで、自分のLSDBに登録していないLSAを知ることができます。なお、DBDシーケンスは、LSDBのエントリの一個ずつに対応しているので、LSDBのエントリの到達確認に使われています。

不足LSAの交換（Loading）

Exchange状態では、ルータは自分のLSDBにどのようなLSAが不足しているかを判明します。そこで、不足LSAを入手するため、LSRパケットで完全なLSAを要求します。LSRパケットを受信したルータは、LSUパケットに完全なLSAを格納して送り返します。最後に、LSUパケットを受信したことをLSAckパケットで確認応答します。

アジャセンシーの確立（Full）

不足LSAの交換が終われば、マスタールータとスレーブルータ同士で同一のLSDBをもつようになります。このとき、ルータはFull状態となり、相手ルータとアジャセンシーの確立のステータスに至ります。

最適ルートの計算

OSPFは、完全なLSDBが完成したあと、SPF（ダイクストラ）アルゴリズムを使って最短パスツリーを作ります。最短パスツリーは、自分起点から各ルータまでの最小パスコストのルートをつなぎ合わせたツリー図です。パスツリーが完成すると、任意のネットワークまでの最適ルートがわかるようになり、ルーティングテーブルにこれらの最適ルートを記載します。

キープアライブ

　OSPFは、近接ルータとのキープアライブ確認にHelloパケットを使います。キープアライブのHelloパケットは、10秒間隔（Helloインターバル）で送信され、40秒間（Deadインターバル）応答がなければ相手がダウンしたとみなします。相手がダウンしたと判断したら、LSUを使ってDRにネットワークの変更を知らせます。LSUを受信したDRは、全ルータに向けて同変更を示すLSUを224.0.0.5のマルチキャストでフラッディングします。

　図11.1.10は、OSPFのキープアライブの動作を図示したものです。この例では、Router1のあるリンクがダウンして、dead-interval満了をもって、ネットワークの変更を知らせるLSUをDRに送信します。次に、LSUを受け取ったDRは、同ネットワーク内のすべてのルータに対してLSUをフラッディングします。さらに、Router4は別ネットワークにもつながっているので、そのネットワーク内にあるDRに向けてLSU送信することで、エリア内のLSDBの同期を行っています。

○図11.1.10：ネットワーク障害時の動作

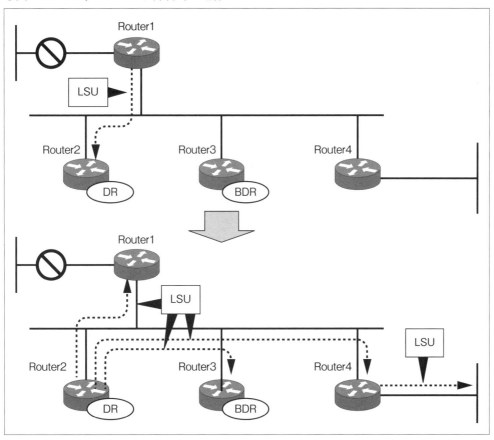

11-1-4 LSA

　LSAは、ルータのインターフェイス情報（コストなど）やインターフェイスが接続しているネットワークの情報です。ルータ同士でLSAを交換することで、ネットワーク全体のトポロジ情報をLSDBという形で保存します。LSAには数種類のタイプがあり、LSAを生成するルータにもそれに応じた種類が用意されています。また、マルチエリアのOSPFネットワークでは、エリアの種類ごとに存在できるLSAも異なります。

　まずルータの種類について図11.1.11のネットワーク図で説明します。図11.1.11では、Router1 〜 Router3までがOSPFの標準エリアにインターフェイスを持ち、そのうちRouter1とRouter2のすべてのインターフェイスが標準エリア内にあるため内部ルータと呼びます。同様にRouter7も内部ルータです。Router3 〜 Router5は、バックボーンエリアにあるので、バックボーンルータと呼ぶことができます。バックボーンエリアとは、OSPFで必ず必要となるエリアのことです。エリアの境界にあるルータRouter3とRouter5はABR（エリア境界ルータ）、非OSPFドメインとの境界にあるRouter4はASBR（AS境界ルータ）と言います。表11.1.6は、ルータの種類をまとめたものです。LSAのタイプは表11.1.7にまとめます。

○図11.1.11：OSPFネットワーク例

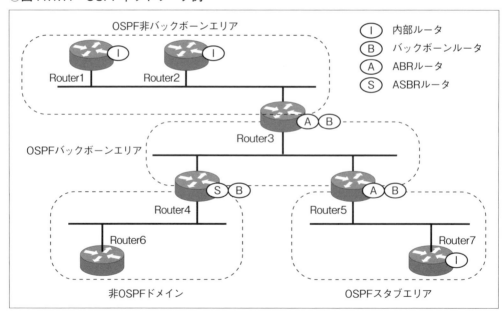

表11.1.6：ルータの種類

ルータの種類	略称	ルータの役割	図11.1.11の該当ルータ
内部ルータ	—	すべてのインターフェイスが同じエリアにあるルータ。LSDBを1つだけ持つ	Router1、Router2、Rotuer7
バックボーンルータ	—	1つ以上のインターフェイスがバックボーンエリアにあるルータ	Router3、Router4、Router5
エリア境界ルータ	ABR[※1]	複数のエリアにインターフェイスを持つルータ。LSDBもエリアの数だけある	Router3、Router5
AS境界ルータ	ASBR[※2]	1つ以上のインターフェイスが非OSPFドメインにあるルータ	Router4

※1 Area Border Router
※2 AS Boundary Router

表11.1.7：LSAのタイプ

タイプ	生成ルータ	伝播範囲	概要
1	全ルータ	エリア内	ルータLSAとも呼ばれる。すべてのルータが生成するLSAで、エリア内に向けてそのエリアにあるインターフェイスのルータID、リンク数、リンクタイプ、コストなどの情報が入っている
2	DR	エリア内	ネットワークLSAとも呼ばれる。DRが生成するLSAで、サブネットマスクやネットワーク上すべてのルータIDなどが入っている
3	ABR	全エリア	ネットワークサマリーLSAとも呼ばれる。ABRが生成するLSAで、エリアのネットワークアドレスなどが入っていて、バックボーンエリアを通過してほかの標準エリアにもフラッディングされる
4	ABR	スタブエリア以外	ASBRサマリーLSAとも呼ばれる。ABRが生成するLSAで、ASBRのルータIDなどが入っていて、ネットワークサマリーLSAと同様バックボーンエリアを通過してほかの標準エリアにフラッディングされる
5	ASBR	スタブエリア以外	AS外部LSAとも呼ばれる。ASBRが生成するLSAで、非OSPFドメインのネットワークなどの情報が入っている
7	NSSA内のASBR	NSSA	スタブエリアのASBRが生成する非OSPFドメインのネットワークなどが入っている

LSAが運ぶ情報はタイプによってさまざまです。各LSAタイプのパケットフォーマットを参照しながら、その中身を詳しく見てみましょう。

LSAヘッダのフォーマット

LSAはLSUパケットに含まれており、各LSAタイプは共通のヘッダを持っています。まず、LSAのヘッダを覗いてみましょう（**図11.1.12**）。

○図11.1.12：LSAヘッダのフォーマット

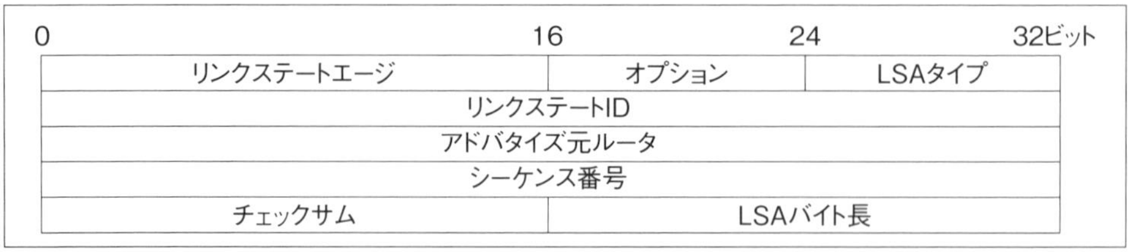

0	16	24	32ビット
リンクステートエージ	オプション	LSAタイプ	
リンクステートID			
アドバタイズ元ルータ			
シーケンス番号			
チェックサム	LSAバイト長		

LSAヘッダの各フィールドは次のようになっています。

- リンクステートエージ（16ビット）
  LSAが作成されてから経過した秒数
- オプション（8ビット）
  ルータがオプション機能をサポートしているかの情報。
- LSAタイプ（8ビット）
  LSAのタイプ番号（先述の表11.1.7）
- リンクステートID（32ビット）
  リンクステートID（表11.1.8）。LSAタイプによって内容が異なる
- アドバタイズ元ルータ（32ビット）
  LSAを生成したルータのルータID
- シーケンス番号（32ビット）
  LSAのリビジョン管理に使われる番号。値が大きいほど新しい
- チェックサム（32ビット）
  リンクステートエージフィールドを除くLSA全体のチェックサム
- LSAバイト長（32ビット）
  LSAヘッダの20バイトを含むLSA全体のバイト長

○表11.1.8：リンクステートID

LSAタイプ	リンクステートIDの中身
1	LSA生成元のルータID
2	DRのインターフェイスのIPアドレス
3	転送先のネットワークアドレス
4	ASBRのルータID
5	転送先のネットワークアドレス

LSAタイプ1（ルータLSA）のフォーマット

ルータLSAは、すべてのルータが生成でき、ルータのインターフェイスに関する情報が入っているLSAです（図11.1.13）。フラッディングの範囲はインターフェイスが属しているエリア内に限定されています。

○図11.1.13：LSAタイプ1（ルータLSA）のフォーマット

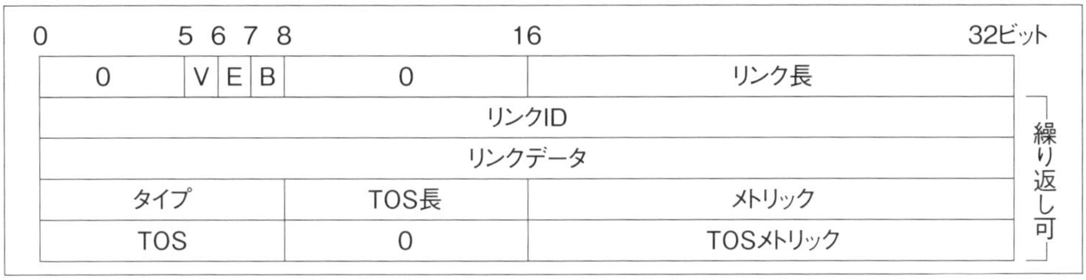

0	5 6 7 8				16	32ビット
0	V	E	B	0	リンク長	
リンクID						
リンクデータ						
タイプ			TOS長		メトリック	
TOS			0		TOSメトリック	

（リンクID以下は繰り返し可）

ルータLSAデータの各フィールドは次のようになっています。

- Vビット（1ビット）
  Vビットが「1」ならルータは仮想リンクの終端を意味する
- Eビット（1ビット）
  Eビットが「1」ならLSAを生成したルータがASBRであることを意味する
- Bビット（1ビット）
  Bビットが「1」ならLSAを生成したルータがABRであることを意味する
- リンク数（16ビット）
  OSPFが有効になっているインターフェイスの数。この数だけ後続のリンクIDからTOSメトリックまでのフィールドが繰り返される
- リンクID（32ビット）
  リンクが何に接続しているか示す。リンクのタイプ（リンクデータの後続フィールド）によって、リンクIDは表11.1.9のように変わる。ルーティングテーブルの計算時に、LSDBからネイバーのLSAを見つけ出すために使用される
- リンクデータ（32ビット）
  リンクデータもリンクのタイプで内容が異なる（表11.1.10）。リンクデータは、ルーティングテーブルにおけるネクストホップの計算に使われる
- タイプ（8ビット）
  リンクのタイプを表す数が入っている（表11.1.11）
- メトリック（16ビット）
  コスト値が入っている

なお、TOS関連のフィールドは現在使用されていないので説明を割愛します。

第11章 OSPF

○表11.1.9：リンクID

タイプ	リンクID
1	ネイバールータのルータID
2	DRのIPアドレス
3	ネットワーク／サブネット
4	ネイバールータのルータID

○表11.1.10：リンクデータ

タイプ	リンクデータ
1	インターフェイスのIPアドレス ※Unnumbered P2Pインターフェイスの場合はMIB Ⅱ ifIndex値
2	インターフェイスのIPアドレス
3	ネットワークアドレス
4	インターフェイスのIPアドレス

○表11.1.11：リンクのタイプ

タイプ	リンクタイプの概要
1	ポイントツーポイントでほかのルータと接続
2	トランジットネットワークと接続
3	スタブネットワークと接続
4	仮想リンク

LSAタイプ2（ネットワークLSA）のフォーマット

　ネットワークLSAはDRのみが生成でき、ネットワークのサブネット情報とルータIDの情報が入っているLSAです（図11.1.14）。フラッディングの範囲は、ルータLSA同様エリア内になっています。ネットワークLSAデータの各フィールドは次のようになっています。

- ネットワークマスク（32ビット）
  サブネットマスクの情報
- 接続ルータ（32ビット）
  DRとアジャセンシー関係にあるネットワーク内のルータのルータID

○図11.1.14：LSAタイプ2（ネットワークLSA）のフォーマット

0	32ビット
ネットワークマスク	
接続ルータ	
接続ルータ	
‥‥‥	
接続ルータ	

LSAタイプ3（ネットワークサマリーLSA）とLSAタイプ4（ASBRサマリーLSA）のフォーマット

ネットワークサマリーLSAとASBRサマリーLSAのフォーマットは同じです（図11.1.15）。この2つのLSAは、ともにABRが生成するLSAで、フラッディング範囲も同じくスタブエリアを除く全エリアです。

◯図11.1.15：LSAタイプ3（ネットワークサマリーLSA）のフォーマット（LSAタイプ4共通）

0	8	32ビット
ネットワークマスク		
0	メトリック	
TOS	TOSメトリック	

繰り返し可

ネットワークサマリーLSAデータの各フィールドは次のようになっています。

- ネットワークマスク（32ビット）
  ネットワークのサブネットマスク。ネットワークサマリーLSAのときのみ有効で、ASBRサマリーLSAのときは「0」
- メトリック（24ビット）
  告知するルートのコスト値

ASBRサマリーLSAが運ぶASBRのルータIDは、LSAヘッダのリンクステートIDのフィールドに入っています。TOS関連のフィールドは使用されていないため、説明を割愛します。

LSAタイプ5（AS外部LSA）とLSAタイプ7のフォーマット

LSAタイプ5と7は同じフォーマットを使います（図11.1.16）。AS外部LSAは、ASBRによって生成され、スタブエリア以外の全エリアに非OSPFドメインのネットワーク情報などをフラッディングします。一方、LSAタイプ7のLSAもASBRから生成されますが、フラッディング範囲はNSSAのみです。

◯図11.1.16：LSAタイプ5（AS外部LSA）とLSAタイプ7のフォーマット

0	1	8	32ビット
ネットワークマスク			
E	0	メトリック	
転送アドレス			
外部ルートタグ			
E	TOS	メトリック	
転送アドレス			

AS外部LSAデータの各フィールドは次のようになっています。

- ネットワークマスク（32ビット）
  告知するルートのサブネットマスク
- Eビット（1ビット）
  外部メトリックタイプを表すビット（表11.1.12）

○表11.1.12：Eビット

E	外部メトリックタイプ	外部メトリックがOSPFドメインを通過時の挙動
0	タイプ2	不変、ASBRで付与したコストを維持したまま
1	タイプ1	加算、ルータを通過するごとにコストを加算する

11-1-5　エリアの種類

OSPFには、エリアという概念があります。エリアによって、OSPFネットワークが細分化されることで、次のようなメリットが生まれます。

- 収束時間の短縮
- 帯域消費の低減
- ルータ負荷の低減
- 運用管理の簡単化

OSPFの仕様では、エリア内のルータはLSAを交換して共通のLSDBを構築します。エリア内のルータが増えると、交換するLSAの量も多くなり、ネットワーク帯域を圧迫するようになります。また、LSAが多いと、LSDBの構築やルーティングテーブルの計算がルータにとって大きな負担になります。ルーティングテーブルの計算時間が長くなると、その分だけ収束時間も長くなります。そこで、肥大化したOSPFのネットワークを複数のエリアに分けると、そのような不具合を回避できます。また、エリアを接続するABRでネットワークの集約ができるので、運用管理もしやすくなります。

OSPFでは、必ず1つのバックボーンエリアが存在しないといけないルールがあります。標準エリアは、基本的にバックボーンエリアと接続しますが、仮想リンクによる標準エリア同士の接続も例外的にあります。OSPFのネットワークを俯瞰すると、バックボーンエリアを中心とした階層的なネットワーク構成になっています。

エリアは、役割に応じてバックボーンエリア、標準エリア、スタブエリア、完全スタブエリア、NSSAエリア、完全NSSAエリアの6種類に分類できます（表11.1.13）。

エリアに存在しうるLSAのタイプは、エリアの種類によって異なります（表11.1.14）。エリアによっては、無駄とされるLSAもあります。無駄とされる理由はエリアごとの説明で詳しく述べます。

表11.1.13：エリアの種類と概要

エリアの種類	概要
バックボーンエリア	マルチエリア構成のときに必ず必要となるエリア
標準エリア	非バックボーンエリアで、標準的な役割をもつエリア
スタブエリア	無駄なLSAを少なくするために考えられたエリア
完全スタブエリア	Cisco独自のエリアで、さらに無駄なLSAを少なくするために考えられたエリア
NSSAエリア	スタブエリアにASBRが存在することができるエリア
完全NSSAエリア	完全スタブエリアにASBRが存在することができるエリア

表11.1.14：エリアの種類と対応LSAタイプ

エリアの種類	LSAタイプ 1	2	3	4	5	7
バックボーンエリア	○	○	○	○	○	×
標準エリア	○	○	○	○	○	×
スタブエリア	○	○	○	×	×	×
完全スタブエリア	○	○	△	×	×	×
NSSAエリア	○	○	○	×	×	○
完全NSSAエリア	○	○	△	×	×	○

△：LSAタイプ3のデフォルトルートのみが流入する

バックボーンエリア

マルチエリアのOSPFネットワークを構築するときに必ず設定しなければならないエリアです。標準エリアは直接バックボーンエリアに接続します。また、バックボーンエリアのエリアIDは「0」（IPアドレス表記では「0.0.0.0」）で予約されています

図11.1.17は、バックボーンエリアのイメージ図です。バックボーンエリア内に存在できるLSAのタイプは1から5までです。

標準エリア

標準エリアはバックボーンエリアと同様で、タイプ1からタイプ5のLSAが存在できるエリアです（図11.1.18）。

スタブエリア

スタブエリアは、無駄なLSAを少なくするために考案されたエリアです。スタブエリアにとって無駄なLSAとは、LSAタイプ4と5のLSAのことです。これら2つのLSAは、必ずバックボーンエリアと非OSPFドメインをつなぐASBRを通って流れてきます。したがって、スタブエリア内において、個別のLSAタイプ5のLSAを流す代わりに、デフォルトルートを1つだけ流すほうが効率的です。スタブエリアでは、LSAタイプ4と5の代わりにLSAタイプ3のデフォルトルート（0.0.0.0）を流します（図11.1.19）。

第11章 OSPF

○図11.1.17：バックボーンエリア

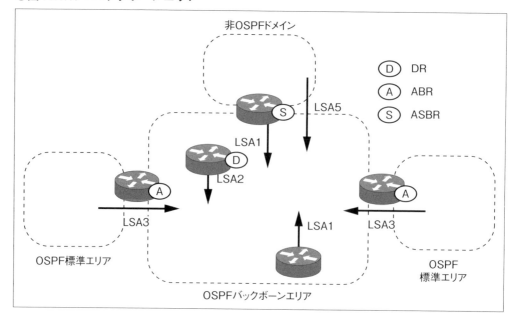

○図11.1.18：標準エリア

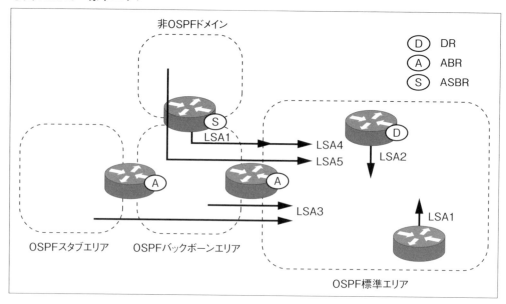

　スタブエリアの設定では、スタブエリア内すべてのルータでスタブエリアに関する設定を行う必要があります。スタブエリアの設定を実施すると、Helloパケットのオプションフィールドの E ビット（スタブエリアフラグ）が「0」になります。ネイバーの確立条件の1つに、スタブエリアフラグの一致があるので、スタブエリア内のすべてのルータでスタブエリアに関する同じ設定をしなければなりません。

○図11.1.19：スタブエリア

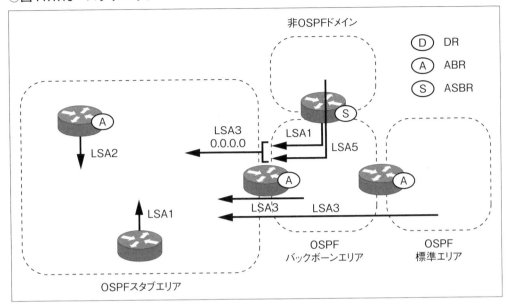

完全スタブエリア

完全スタブエリアはCisco独自のエリアです（図11.1.20）。LSAタイプ4と5のほかにLSAタイプ3のLSAも、LSAタイプ3のデフォルトルートとして扱います。

NSSA

NSSAは、スタブエリアが非OSPFドメインと接続できるエリアです（図11.1.21）。非OSPFドメインとの接続にはASBRを用います。スタブエリア内にLSAタイプ5のLSAは存在することができない決まりなので、NSSAに直接接続する非OSPFドメインから流入するLSAは、LSAタイプ7のLSAとなります。NSSA内のLSAタイプ7のLSAがバックボーンエリアに入ったら、ABRによってLSAタイプ5のLSAに変換されます。

完全NSSA

完全NSSAは、完全スタブエリアが非OSPFドメインと接続できるエリアです（図11.1.22）。完全NSSAに入ってくるLSAタイプ3から5までのLSAは、LSAタイプ3のデフォルトルート（0.0.0.0）として通知されます。

第11章　OSPF

○図11.1.20：完全スタブエリア

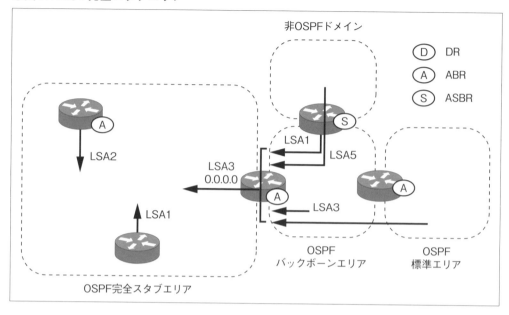

○図11.1.21：NSSA

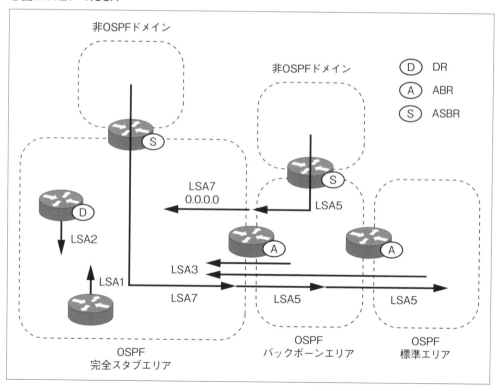

○図11.1.22：完全NSSA

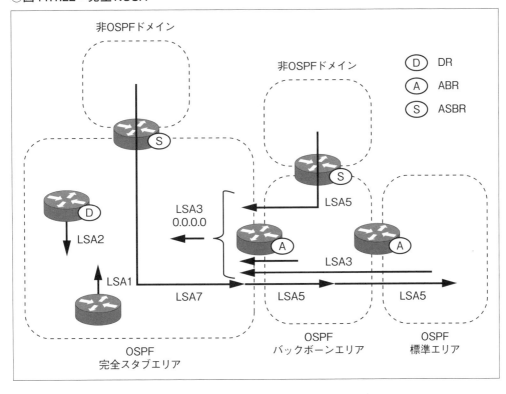

11-1-6 ルート集約

OSPFネットワークをエリアに分けると、エリア内のLSAを抑える効果があります。しかし、バックボーンエリアと接続する標準エリアやスタブエリアの数が多くなると、LSAタイプ3と5のLSAも多くなります。せっかくエリア分けしたのに、エリア分けによるメリットが薄くなってしまいます。そこで、エリア分けと同時に、適切なルート集約を行うことが重要になります。

ルート集約を行うと次のメリットがあります。

- LSAタイプ3と5のLSAが減少する
- LSDBサイズが小さくなり、ルータのメモリ使用量が減る
- ルート計算の頻度が減り、ルータのCPU使用率が下がる

ルート集約によって、エリアに流れるLSAが減るので、LSDBサイズが小さくなります。LSDBが小さくなった分だけルータのメモリ使用量も減ります。さらに、ネットワーク障害によるルートの消失が起きた場合、ほかのエリアには集約ルートを告知しているので、障害によるルートの再計算は発生しません。

11-1-7　仮想リンク

　OSPFのエリアでは、標準エリアは必ずバックボーンエリアに接続する決まりがあります。しかし、物理的な制約によりどうしても直接バックボーンエリアに接続できない場合もあります。そのようなとき、仮想リンクを使って、間接的に標準エリアをバックボーンエリアに接続します。

　仮想リンクが通るエリアのことをトランジットエリアと言い、トランジットエリアとなれるのはバックボーンエリアと標準エリアのみです。仮想リンクを設定できるのは、同一エリア内にある2台のABRで、そのうち少なくとも1台はバックボーンエリアにも接続している必要があります。

　仮想リンクを設定すると、ネットワーク全体の構成が難しくなるので、暫定的に利用する場合以外の使用はお勧めしません。

11-2　演習ラボ

　ここでは、GNS3上で次のような設定を行ってみましょう。

- OSPFの基本設定
- DRとBDRの選出
- マルチエリア
- マルチエリア（NSSA）
- 優先ルートの選択
- ルートの集約と制御

11-2-1　演習Lab　OSPFの基本設定

　図11.2.1のネットワークにある2台のルータに対してOSPFを有効化します（GNS3プロジェクト名は「11-2-1_OSPF_Basic」）。最終的に2台の仮想端末間でping疎通ができるようにしましょう。

設定

　各ルータでの設定は、OSPFで公布したいネットワークをエリア番号と一緒に設定します（リスト11.2.1a～10.2.1b）。このときバックボーンエリアしか存在しないので、エリア番号はすべて0になります。

○図11.2.1：ネットワーク構成

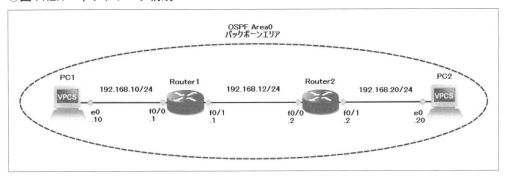

○リスト11.2.1a：Router1の設定

```
Router1#configure terminal    ※特権モードから設定モードに移行
Router1(config)#interface FastEthernet 0/0    ※インターフェイスの設定
Router1(config-if)#ip address 192.168.10.1 255.255.255.0    ※IPアドレスの設定
Router1(config-if)#no shutdown    ※インターフェイスの有効化
Router1(config-if)#exit    ※直前の設定モードに戻る
Router1(config)#interface FastEthernet 0/1
Router1(config-if)#ip address 192.168.12.1 255.255.255.0
Router1(config-if)#no shutdown
Router1(config-if)#exit
Router1(config)#router ospf 1    ※OSPFの設定
Router1(config-router)#network 192.168.10.0 0.0.0.255 area 0    ※ネットワークの公布
Router1(config-router)#network 192.168.12.0 0.0.0.255 area 0
Router1(config-router)#end    ※特権モードに移行
```

○リスト11.2.1b：Router2の設定

```
Router2#configure terminal
Router2(config)#interface FastEthernet 0/0
Router2(config-if)#ip address 192.168.12.2 255.255.255.0
Router2(config-if)#no shutdown
Router2(config-if)#exit
Router2(config)#interface FastEthernet 0/1
Router2(config-if)#ip address 192.168.20.2 255.255.255.0
Router2(config-if)#no shutdown
Router2(config-if)#exit
Router2(config)#router ospf 1
Router2(config-router)#network 192.168.12.0 0.0.0.255 area 0
Router2(config-router)#network 192.168.20.0 0.0.0.255 area 0
Router2(config-router)#end
```

確認

OSPFの設定が終わったら、まずOPSFのネイバーが確立しているかどうかを確認します。次に、対向のルータよりOSPFルートを受信していることを確認します（リスト11.2.1c～10.2.1d）。

○リスト11.2.1c：Router1の確認

```
Router1#show ip ospf neighbor    ※OSPFネイバーの確認
Neighbor ID     Pri   State          Dead Time   Address         Interface
192.168.20.2      1   FULL/DR        00:00:34    192.168.12.2    FastEthernet0/1
Router1#
Router1#show ip route ospf    ※OSPFのみのルーティングテーブルの確認
O    192.168.20.0/24 [110/20] via 192.168.12.2, 00:01:20, FastEthernet0/1
```

○リスト11.2.1d：Router2の確認

```
Router2#show ip ospf neighbors
Neighbor ID     Pri   State          Dead Time   Address         Interface
192.168.12.1      1   FULL/BDR       00:00:37    192.168.12.1    FastEthernet0/0
Router2#
Router2#show ip route ospf
O    192.168.10.0/24 [110/20] via 192.168.12.1, 00:06:26, FastEthernet0/0
```

11-2-2 演習Lab DRとBDRの選出

　プライオリティとルータIDの設定コマンドを使って、DRとBDRの選出方法とDRの粘着性について確認します（GNS3プロジェクト名は「11-2-2_DR_BDR」）。使用するネットワーク構成は図11.2.2のようになっていて、4つのルータは同一エリアに存在しています。また、DRとBDRの選出の確認方法は表11.2.1のシナリオに沿って確認します。

○表11.2.1：DRとBDR選出の設定シナリオ

		プライオリティ（上段）			
		ルータID（中段）			
	シナリオ	ルータの種類（下段）			
段階	概要	Router1	Router2	Router3	Router4
1	デフォルトの状態、すべてのルータのプライオリティは「1」で、ルータIDはLANインターフェイスのIPアドレス。最大ルータIDのRouter4が「DR」に選出され、その次に大きいルータIDを持つRouter3が「BDR」になる	1 10.0.0.1 DRother	1 10.0.0.2 DRother	1 10.0.0.3 BDR	1 10.0.0.4 DR
2	Router1のプライオリティとRouter2のルータIDを手動で変更し、「DR」をRouter1に、「BDR」をRouter2に変更する	100 10.0.0.1 DR	1 100.2.2.2 BDR	1 10.0.0.3 DRother	1 10.0.0.4 DRother
3	Router1を停止して、Router2を「DR」に、Route3を「BDR」に昇格させる	－	1 100.2.2.2 DR	1 10.0.0.3 DRother	1 10.0.0.4 BDR
4	Router1を復旧しても「DR」と「BDR」は変わらないこと（DRの粘着性）を確認する	100 10.0.0.1 DRother	1 100.2.2.2 DR	1 10.0.0.3 DRother	1 10.0.0.4 BDR

○図11.2.2：ネットワーク構成

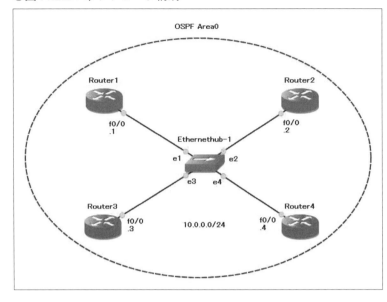

設定

まず、すべてのルータに対してネットワーク図のとおりのOSPF設定を入れます（リスト11.2.2a 〜 11.2.2d）。すべてのルータに同時にDRとBDRの選出をさせるため、ルータの一斉再起動を実施します。一斉再起動は、GNS3ツールバーにある［全ノードの停止］と［全ノードの起動］ボタンからが便利です。

○リスト11.2.2a：Router1の設定（初期）

```
Router1#configure terminal    ※特権モードから設定モードに移行
Router1(config)#interface FastEthernet 0/0    ※インターフェイスの設定
Router1(config-if)#ip address 10.0.0.1 255.255.255.0    ※IPアドレスの設定
Router1(config-if)#no shutdown    ※インターフェイスの有効化
Router1(config-if)#exit    ※直前の設定モードに戻る
Router1(config)#router ospf 1    ※OSPFの設定
Router1(config-router)#network 10.0.0.0 0.0.0.255 area 0    ※ネットワークの公布
Router1(config-router)#end    ※特権モードに移行
```

○リスト11.2.2b：Router2の設定（初期）

```
Router2#configure terminal
Router2(config)#interface FastEthernet 0/0
Router2(config-if)#ip address 10.0.0.2 255.255.255.0
Router2(config-if)#no shutdown
Router2(config-if)#exit
Router2(config)#router ospf 1
Router2(config-router)#network 10.0.0.0 0.0.0.255 area 0
```

第 11 章　OSPF

○リスト 11.2.2c：Router3 の設定（初期）

```
Router3#configure terminal
Router3(config)#interface FastEthernet 0/0
Router3(config-if)#ip address 10.0.0.3 255.255.255.0
Router3(config-if)#no shutdown
Router3(config-if)#exit
Router3(config)#router ospf 1
Router3(config-router)#network 10.0.0.0 0.0.0.255 area 0
```

○リスト 11.2.2d：Router4 の設定（初期）

```
Router4#configure terminal
Router4(config)#interface FastEthernet 0/0
Router4(config-if)#ip address 10.0.0.4 255.255.255.0
Router4(config-if)#no shutdown
Router4(config-if)#exit
Router4(config)#router ospf 1
Router4(config-router)#network 10.0.0.0 0.0.0.255 area 0
```

ルータを一斉再起動して確認

　ルータを一斉再起動したあとに Router1 で OSPF のネイバー状態を確認します。このとき、リスト 11.2.2e のように、Router4 が DR となり、Router3 が BDR となります。なぜなら、すべてのルータのプライオリティが同じであるため、もっとも大きいルータ ID のルータが DR となり、その次に大きいルータ ID のルータが BDR となります。

○リスト 11.2.2e：DR と BDR の確認（初期）

```
Router1#show ip ospf neighbor    ※OSPFネイバーの確認
Neighbor ID     Pri   State           Dead Time   Address         Interface
10.0.0.2          1   2WAY/DROTHER    00:00:36    10.0.0.2        FastEthernet0/0
10.0.0.3          1   FULL/BDR        00:00:36    10.0.0.3        FastEthernet0/0
10.0.0.4          1   FULL/DR         00:00:33    10.0.0.4        FastEthernet0/0
```

Router1 のプライオリティ ID を変更

　次に、Router1 のプライオリティ ID を 100 に変更して、他のルータよりも大きくなるようにします（リスト 11.2.2f）。さらに、Router2 のルータ ID を 100.2.2.2 に変更して、他のルータよりも大きいルータ ID となるようにします（リスト 11.2.2g）。

○リスト 11.2.2f：Router1 の設定（プライオリティの変更）

```
Router1#configure terminal
Router1(config)#interface FastEthernet 0/0
Router1(config-if)#ip ospf priority 100    ※OSPFプライオリティの設定
```

○リスト11.2.2g：Router2の設定（ルータIDの設定）

```
Router2#configure terminal
Router2(config)#router ospf 1
Router2(config-router)#router-id 100.2.2.2    ※ルータIDの設定
```

ルータを一斉再起動して確認

プライオリティとルータIDの設定が終わったらルータを一斉再起動します。再起動が完了したら、Router3でOSPFのネイバー状態を確認します（**リスト11.2.2h**）。すると、今度はRouter1がDRになり、Router2がBDRとなりました。Router1がDRになった理由は、Router1がもっとも大きいプライオリティを持っているからです。Router2がBDRになったのは、同じプライオリティ値1のRouter2、Router3およびRouter4の中でもっとも大きいルータIDであるためです。

○リスト11.2.2h：DRとBDRの確認（プライオリティとルータID設定後）

```
Router3#show ip ospf neighbor
Neighbor ID     Pri   State           Dead Time   Address         Interface
10.0.0.1        100   FULL/DR         00:00:38    10.0.0.1        FastEthernet0/0
10.0.0.4        1     2WAY/DROTHER    00:00:32    10.0.0.4        FastEthernet0/0
100.2.2.2       1     FULL/BDR        00:00:31    10.0.0.2        FastEthernet0/0
```

Router1だけを停止

ここで、DRのRouter1だけを停止してらどうなるかを見てみましょう（**リスト11.2.2i**）。DRが消失すると、BDRがDRに昇格します。そして、残りのルータからBDRを選出します。このときRouter2がDRになり、Router4がBDRになります。Router4がBDRに選出されたのは、Router3のルータIDよりも大きいからです。

○リスト11.2.2i：DRとBDRの確認（Router1停止後）

```
Router3#show ip ospf neighbor
Neighbor ID     Pri   State           Dead Time   Address         Interface
10.0.0.4        1     FULL/BDR        00:00:36    10.0.0.4        FastEthernet0/0
100.2.2.2       1     FULL/DR         00:00:36    10.0.0.2        FastEthernet0/0
```

Router1を復帰

最後に、DRの粘着性を確認するために停止していたRouter1を復帰させます。このとき、Router1のプライオリティが一番大きいにもかかわらず、DRは変わらずRouter2のままです（**リスト11.2.2.j**）。この現象はDRの粘着性と呼ばれ、ネットワークの安定性を保つため、安易にDRの入れ替わりを防ぐ仕様となっています。

第11章 OSPF

○リスト11.2.2j：DRとBDRの確認（Router1復帰後）

```
Router3#show ip ospf neighbor
Neighbor ID     Pri   State          Dead Time   Address      Interface
10.0.0.1        100   2WAY/DROTHER   00:00:33    10.0.0.1     FastEthernet0/0
10.0.0.4        1     FULL/BDR       00:00:36    10.0.0.4     FastEthernet0/0
100.2.2.2       1     FULL/DR        00:00:37    10.0.0.2     FastEthernet0/0
```

11-2-3 演習Lab マルチエリア

　エリア内に流れるLSAのタイプは、エリアの種類によって異なります。この様子を、マルチエリアのOSPFネットワークを使って検証します（GNS3プロジェクト名は「11-2-3_MultiArea」）。ここで登場するマルチエリアのネットワークは、バックボーンエリアに標準エリアとスタブエリア（または完全スタブエリア）をあわせたネットワークです。

　図11.2.3のようなマルチエリアのネットワークを構成したとき、各エリアのLSDBの内容が表11.2.2のようになっていることを確認します。ここでいうLSDBの内容とは、OSPFヘッダのリンクステートIDのことです。表11.1.8（P.324）で示したように、リンクステートIDの中身はリンクタイプで異なります。標準エリアのLSAタイプ4が空欄になっているのは、ABRであるRouter2が他エリアにLSAタイプ4をフラッディングしているためで、この構成での標準エリアにはLSAタイプ4が流れないからです。スタブエリアまたは完全スタブエリアには、LSAタイプ4と5のLSAは流れないので、LSAタイプ4と5の2ヵ所が空欄です。

○図11.2.3：ネットワーク構成

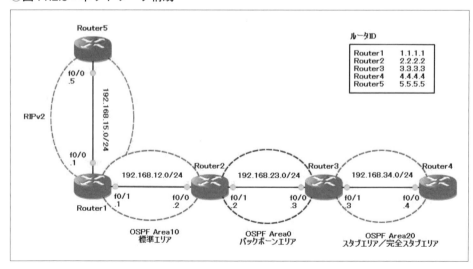

○表11.2.2：図11.2.2のネットワークにおける各エリアのLSDBの内容

LSAタイプ	リンクステートID			
	Area10 （標準エリア）	Area0 （バックボーンエリア）	Area20 （スタブエリア）	Area20 （完全スタブエリア）
1	1.1.1.1 2.2.2.2	2.2.2.2 3.3.3.3	3.3.3.3 4.4.4.4	3.3.3.3 4.4.4.4
2	192.168.12.2	192.168.23.3	192.168.34.4	192.168.34.4
3	192.168.23.0 192.168.34.0	192.168.12.0 192.168.34.0	0.0.0.0 192.168.12.0 192.168.23.0	0.0.0.0
4	―	1.1.1.1	―	―
5	192.168.15.0	192.168.15.0	―	―

設定

最初にすべてのルータに対して、ルーティングプロトコルの設定をします（リスト11.2.3a～11.2.3e）。標準エリアとスタブエリアの違いを検証するため、この段階ではRouter3とRouter4にスタブエリアの設定はしません。

○リスト11.2.3a：Router1の設定

```
Router1#configure terminal   ※特権モードから設定モードに移行
Router1(config)#interface FastEthernet 0/0   ※インターフェイスの設定
Router1(config-if)#ip address 192.168.15.1 255.255.255.0   ※IPアドレスの設定
Router1(config-if)#no shutdown   ※インターフェイスの有効化
Router1(config-if)#exit   ※直前の設定モードに戻る
Router1(config)#interface FastEthernet 0/1
Router1(config-if)#ip address 192.168.12.1 255.255.255.0
Router1(config-if)#no shutdown
Router1(config-if)#exit
Router1(config)#router ospf 1   ※OSPFの設定
Router1(config-router)#router-id 1.1.1.1   ※ルータIDの設定
Router1(config-router)#network 192.168.12.0 0.0.0.255 area 10   ※ネットワークの公布
Router1(config-router)#redistribute rip   ※RIPルートを再配布
Router1(config-router)#exit
Router1(config)#router rip   ※RIPの設定
Router1(config-router)#version 2   ※RIPv2の設定
Router1(config-router)#no auto-summary   ※ルートの自動集約の無効化
Router1(config-router)#network 192.168.15.0
Router1(config-router)#end   ※特権モードに移行
```

○リスト11.2.3b：Router2の設定

```
Router2#configure terminal
Router2(config)#interface FastEthernet 0/0
Router2(config-if)#ip address 192.168.12.2 255.255.255.0
Router2(config-if)#no shutdown
Router2(config-if)#exit
Router2(config)#interface FastEthernet 0/1
```

```
Router2(config-if)#ip address 192.168.23.2 255.255.255.0
Router2(config-if)#no shutdown
Router2(config-if)#exit
Router2(config)#router ospf 1
Router2(config-router)#router-id 2.2.2.2
Router2(config-router)#network 192.168.12.0 0.0.0.255 area 10
Router2(config-router)#network 192.168.23.0 0.0.0.255 area 0
Router2(config-router)#end
```

○リスト11.2.3c:Router3の設定(スタブエリア設定前)

```
Router3#configure terminal
Router3(config)#interface FastEthernet 0/0
Router3(config-if)#ip address 192.168.23.3 255.255.255.0
Router3(config-if)#no shutdown
Router3(config-if)#exit
Router3(config)#interface FastEthernet 0/1
Router3(config-if)#ip address 192.168.34.3 255.255.255.0
Router3(config-if)#no shutdown
Router3(config)#router ospf 1
Router3(config-router)#network 192.168.23.0 0.0.0.255 area 0
Router3(config-router)#network 192.168.34.0 0.0.0.255 area 20
Router3(config-router)#end
```

○リスト11.2.3d:Router4の設定(スタブエリア設定前)

```
Router4#configure terminal
Router4(config)#interface FastEthernet 0/0
Router4(config-if)#ip address 192.168.34.4 255.255.255.0
Router4(config-if)#no shutdown
Router4(config-if)#exit
Router4(config)#router ospf 1
Router4(config-router)#router-id 4.4.4.4
Router4(config-router)#network 192.168.34.0 0.0.0.255 area 20
Router4(config-router)#end
```

○リスト11.2.3e:Router5の設定

```
Router5#configure terminal
Router5(config)#interface FastEthernet 0/0
Router5(config-if)#ip address 192.168.15.5 255.255.255.0
Router5(config-if)#no shutdown
Router5(config-if)#exit
Router5(config)#router rip
Router5(config-router)#version 2
Router5(config-router)#no auto-summary
Router5(config-router)#network 192.168.15.0
Router5(config-router)#end
```

確認

設定が一通り終わったらOSPFのネイバーが確立しているかどうかを確認します(リスト11.2.3f〜11.2.3g)。

○リスト11.2.3f：Router2のOSPFネイバーの確認

```
Router2#show ip ospf neighbor   ※OSPFネイバーの確認
Neighbor ID     Pri   State       Dead Time   Address        Interface
3.3.3.3          1    FULL/DR     00:00:39    192.168.23.3   FastEthernet0/1
1.1.1.1          1    FULL/BDR    00:00:39    192.168.12.1   FastEthernet0/0
```

○リスト11.2.3g：Router3のOSPFネイバーの確認

```
Router3#show ip ospf neighbor
Neighbor ID     Pri   State       Dead Time   Address        Interface
2.2.2.2          1    FULL/BDR    00:00:34    192.168.23.2   FastEthernet0/0
4.4.4.4          1    FULL/DR     00:00:36    192.168.34.4   FastEthernet0/1
```

スタブエリアを設定する前では、エリア20は標準エリアであるため、Router4のルーティングテーブル上にはタイプ3のデフォルトルートはまだありません（リスト11.2.3h）。

○リスト11.2.3h：Router4のルーティングテーブル（スタブエリア設定前）

```
Router4#show ip route ospf   ※OSPFのみのルーティングテーブルの確認
O IA 192.168.12.0/24 [110/30] via 192.168.34.3, 00:04:15, FastEthernet0/0
O E2 192.168.15.0/24 [110/20] via 192.168.34.3, 00:04:15, FastEthernet0/0
O IA 192.168.23.0/24 [110/20] via 192.168.34.3, 00:04:15, FastEthernet0/0
```

エリア20をスタブエリアに設定

エリア20をスタブエリアに設定します（リスト11.2.3i～11.2.3j）。

○リスト11.2.3i：スタブエリアの設定（Router3）

```
Router3#configure terminal
Router3(config)#router ospf 1
Router3(config-router)#area 20 stub   ※スタブエリアの設定
```

○リスト11.2.3j：スタブエリアの設定（Router4）

```
Router4#configure terminal
Router4(config)#router ospf 1
Router4(config-router)#area 20 stub
Router4(config-router)#end
```

エリア20がスタブエリアになると、Router4のルーティングテーブル上に外部ルートが消えた代わりにエリア間のデフォルトルートが現れました。さらに、LSDBの表示内容が表11.2.2と一致していることを確認します（リスト11.2.3k）。

○リスト11.2.3k：Router4のルーティングテーブルとLSDB（スタブエリア設定後）

```
Router4#show ip route ospf
O IA 192.168.12.0/24 [110/30] via 192.168.34.3, 00:01:38, FastEthernet0/0
O IA 192.168.23.0/24 [110/20] via 192.168.34.3, 00:01:38, FastEthernet0/0
O*IA 0.0.0.0/0 [110/11] via 192.168.34.3, 00:01:38, FastEthernet0/0
Router4#
Router4#show ip ospf database    ※LSDBの確認

            OSPF Router with ID (4.4.4.4) (Process ID 1)

                Router Link States (Area 20)

Link ID         ADV Router      Age         Seq#       Checksum Link count
3.3.3.3         3.3.3.3         1669        0x80000003 0x00C230 1
4.4.4.4         4.4.4.4         1668        0x80000003 0x008169 1

                Net Link States (Area 20)

Link ID         ADV Router      Age         Seq#       Checksum
192.168.34.4    4.4.4.4         1668        0x80000001 0x00136D

                Summary Net Link States (Area 20)

Link ID         ADV Router      Age         Seq#       Checksum
0.0.0.0         3.3.3.3         1711        0x80000001 0x0057DA
192.168.12.0    3.3.3.3         44          0x80000001 0x00DFC9
192.168.23.0    3.3.3.3         44          0x80000001 0x0002A6
```

エリア20を完全スタブエリアに変更

続いて、エリア20をスタブエリアから完全スタブエリアに変更します（リスト11.2.3l～11.2.3m）。完全スタブエリアはエリア間ルートもなくなり、エリア間のデフォルトルートのみが残ります。

○リスト11.2.3l：完全スタブエリアの設定（Router3）

```
Router3(config-router)#area 20 stub no-summary   ※完全スタブエリアの設定
```

○リスト11.2.3m：完全スタブエリアの設定（Router4）

```
Router4#configure terminal
Router4(config)#router ospf 1
Router4(config-router)#area 20 stub no-summary
Router4(config-router)#end
```

エリア20が完全スタブエリアになったら、再度Router4のルーティングテーブルを見てみると、エリア間のデフォルトルートしか残っていないことがわかります。また、LSDBの表示内容が表11.2.2と同じであることも確認します（リスト11.2.3n）。

○リスト11.2.3n：Router4のルーティングテーブルとLSDB（スタブエリア設定後）

```
Router4#show ip route ospf
O*IA 0.0.0.0/0 [110/11] via 192.168.34.3, 00:00:34, FastEthernet0/0
Router4#
Router4#show ip ospf database

            OSPF Router with ID (4.4.4.4) (Process ID 1)

                Router Link States (Area 20)

Link ID         ADV Router      Age         Seq#        Checksum Link count
3.3.3.3         3.3.3.3         651         0x80000001  0x00C62E 1
4.4.4.4         4.4.4.4         610         0x80000004  0x007F6A 1

                Net Link States (Area 20)

Link ID         ADV Router      Age         Seq#        Checksum
192.168.34.4    4.4.4.4         610         0x80000001  0x00136D

                Summary Net Link States (Area 20)

Link ID         ADV Router      Age         Seq#        Checksum
0.0.0.0         3.3.3.3         651         0x80000001  0x0057DA
```

Router1 ～ Router3 の LSDB を確認

最後に Router1 ～ Router3 の LSDB を表 11.2.2 と照らし合わせて同じであることを確認します（リスト 11.2.3o ～ 11.2.3q）。

○リスト11.2.3o：LSDBの確認（Router1）

```
Router1#show ip ospf database

            OSPF Router with ID (1.1.1.1) (Process ID 1)

                Router Link States (Area 10)

Link ID         ADV Router      Age         Seq#        Checksum Link count
1.1.1.1         1.1.1.1         512         0x80000006  0x002409 1
2.2.2.2         2.2.2.2         578         0x80000006  0x00E242 1

                Net Link States (Area 10)

Link ID         ADV Router      Age         Seq#        Checksum
192.168.12.2    2.2.2.2         578         0x80000004  0x008922

                Summary Net Link States (Area 10)

Link ID         ADV Router      Age         Seq#        Checksum
192.168.23.0    2.2.2.2         578         0x80000005  0x00F9AC
192.168.34.0    2.2.2.2         578         0x80000004  0x00E6AB

                Type-5 AS External Link States

Link ID         ADV Router      Age         Seq#        Checksum Tag
192.168.15.0    1.1.1.1         512         0x80000004  0x006CB4 0
```

第11章　OSPF

○リスト11.2.3p：LSDBの確認（Router2）

```
Router2#show ip ospf database

            OSPF Router with ID (2.2.2.2) (Process ID 1)

                Router Link States (Area 0)

Link ID         ADV Router      Age         Seq#        Checksum Link count
2.2.2.2         2.2.2.2         621         0x80000006  0x00DF2E 1
3.3.3.3         3.3.3.3         536         0x80000006  0x00A163 1

                Net Link States (Area 0)

Link ID         ADV Router      Age         Seq#        Checksum
192.168.23.3    3.3.3.3         536         0x80000004  0x003C57

                Summary Net Link States (Area 0)

Link ID         ADV Router      Age         Seq#        Checksum
192.168.12.0    2.2.2.2         621         0x80000005  0x00733E
192.168.34.0    3.3.3.3         536         0x80000005  0x006235

                Summary ASB Link States (Area 0)

Link ID         ADV Router      Age         Seq#        Checksum
1.1.1.1         2.2.2.2         621         0x80000004  0x006FB3

                Router Link States (Area 10)

Link ID         ADV Router      Age         Seq#        Checksum Link count
1.1.1.1         1.1.1.1         558         0x80000006  0x002409 1
2.2.2.2         2.2.2.2         622         0x80000006  0x00E242 1

                Net Link States (Area 10)

Link ID         ADV Router      Age         Seq#        Checksum
192.168.12.2    2.2.2.2         622         0x80000004  0x008922

                Summary Net Link States (Area 10)

Link ID         ADV Router      Age         Seq#        Checksum
192.168.23.0    2.2.2.2         622         0x80000005  0x00F9AC
192.168.34.0    2.2.2.2         622         0x80000004  0x00E6AB

                Type-5 AS External Link States

Link ID         ADV Router      Age         Seq#        Checksum Tag
192.168.15.0    1.1.1.1         558         0x80000004  0x006CB4 0
```

○リスト11.2.3q：LSDBの確認（Router3）

```
Router3#show ip ospf database

            OSPF Router with ID (3.3.3.3) (Process ID 1)

                Router Link States (Area 0)

Link ID         ADV Router      Age         Seq#        Checksum Link count
2.2.2.2         2.2.2.2         807         0x80000004  0x00E32C 1
3.3.3.3         3.3.3.3         815         0x80000002  0x00A95F 1
```

```
                    Net Link States (Area 0)

Link ID          ADV Router       Age         Seq#        Checksum
192.168.23.3     3.3.3.3          815         0x80000001  0x004254

                    Summary Net Link States (Area 0)

Link ID          ADV Router       Age         Seq#        Checksum
192.168.12.0     2.2.2.2          812         0x80000001  0x007B3A
192.168.34.0     3.3.3.3          781         0x80000001  0x006A31

                    Summary ASB Link States (Area 0)

Link ID          ADV Router       Age         Seq#        Checksum
1.1.1.1          2.2.2.2          812         0x80000001  0x0075B0

                    Router Link States (Area 20)

Link ID          ADV Router       Age         Seq#        Checksum  Link count
3.3.3.3          3.3.3.3          828         0x80000001  0x00C62E  1
4.4.4.4          4.4.4.4          789         0x80000004  0x007F6A  1

                    Net Link States (Area 20)

Link ID          ADV Router       Age         Seq#        Checksum
192.168.34.4     4.4.4.4          789         0x80000001  0x00136D

                    Summary Net Link States (Area 20)

Link ID          ADV Router       Age         Seq#        Checksum
0.0.0.0          3.3.3.3          828         0x80000001  0x0057DA

                    Type-5 AS External Link States

Link ID          ADV Router       Age         Seq#        Checksum  Tag
192.168.15.0     1.1.1.1          1270        0x80000001  0x0072B1  0
```

11-2-4 演習Lab マルチエリア（NSSAと完全NSSA）

　スタブエリアには外部ルートを再配布することはできませんが、Cisco独自のNSSAなら可能です。この演習ラボでは、NSSAに外部ルートが再配布できることと、デフォルトルートの生成を確認します（GNS3プロジェクト名は「11-2-4_NSSA」）。

　ネットワーク構成は図11.2.4のようになっており、エリア30がNSSAまたは完全NSSAで、EIGRPのルートをこのエリアに再配布します。エリア30がNSSAの場合、RIPの再配布ルートはNSSAの中でデフォルトルートになります。さらに、エリア30が完全NSSAなら、エリア間のルートもデフォルトルートになります。

　表11.2.3は、このラボ演習におけるNSSA、完全NSSAおよびバックボーンエリアで観測されるべきLSDBの内容です。LSDBの確認コマンドの出力結果と一致していることを確認します。

第11章　OSPF

○図11.2.4：ネットワーク構成

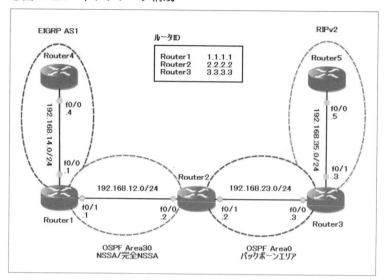

○表11.2.3：図11.2.4のネットワークにおける各エリアのLSDBの内容

LSAタイプ	リンクステートID		
	Area30 （NSSA）	Area30 （完全NSSA）	Area0 （バックボーンエリア）
1	1.1.1.1 2.2.2.2	1.1.1.1 2.2.2.2	2.2.2.2 3.3.3.3
2	192.168.12.2	192.168.12.2	192.168.23.3
3	192.168.23.0	0.0.0.0	192.168.12.0
4	―	―	―
5	―	―	192.168.14.0 192.168.35.0
7	0.0.0.0 192.168.14.0	192.168.14.0	―

設定

まず、すべてのルータにルーティングプロトコルなどの設定を入れます（リスト11.2.4a〜11.2.4e）。このとき、NSSAとスタブエリアの違いについて考察するため、エリア30に対してNSSAの設定の代わりにスタブエリアの設定を投入します。

○リスト11.2.4a：Router1の設定（スタブエリア設定時）

```
Router1#configure terminal          ※特権モードから設定モードに移行
Router1(config)#interface FastEthernet 0/0    ※インターフェイスの設定
```

```
Router1(config-if)#ip address 192.168.14.1 255.255.255.0   ※IPアドレスの設定
Router1(config-if)#no shutdown   ※インターフェイスの有効化
Router1(config-if)#exit   ※直前の設定モードに戻る
Router1(config)#interface FastEthernet 0/1
Router1(config-if)#ip address 192.168.12.1 255.255.255.0
Router1(config-if)#no shutdown
Router1(config-if)#exit
Router1(config)#router ospf 1   ※OSPFの設定
Router1(config-router)#router-id 1.1.1.1   ※ルータIDの設定
Router1(config-router)#network 192.168.12.0 0.0.0.255 area 30   ※ネットワークの公布
Router1(config-router)#area 30 stub   ※スタブエリアの設定
Router1(config-router)#redistribute eigrp 1   ※EIGRPルートを再配布
Router1(config-router)#exit
Router1(config)#router eigrp 1   ※EIGRPの設定
Router1(config-router)#no auto-summary   ※ルートの自動集約の無効化
Router1(config-router)#network 192.168.14.0
Router1(config-router)#end   ※特権モードに移行
```

○リスト11.2.4b：Router2の設定（スタブエリア設定時）

```
Router2#configure terminal
Router2(config)#interface FastEthernet 0/0
Router2(config-if)#ip address 192.168.12.2 255.255.255.0
Router2(config-if)#no shutdown
Router2(config-if)#exit
Router2(config)#interface FastEthernet 0/1
Router2(config-if)#ip address 192.168.23.2 255.255.255.0
Router2(config-if)#no shutdown
Router2(config-if)#exit
Router2(config)#router ospf 1
Router2(config-router)#router-id 2.2.2.2
Router2(config-router)#network 192.168.12.0 0.0.0.255 area 30
Router2(config-router)#network 192.168.23.0 0.0.0.255 area 0
Router2(config-router)#area 30 stub
Router2(config-router)#end
```

○リスト11.2.4c：Router3の設定

```
Router3#configure terminal
Router3(config)#interface FastEthernet 0/0
Router3(config-if)#ip address 192.168.23.3 255.255.255.0
Router3(config-if)#no shutdown
Router3(config-if)#exit
Router3(config)#interface FastEthernet 0/1
Router3(config-if)#ip address 192.168.35.3 255.255.255.0
Router3(config-if)#no shutdown
Router3(config-if)#exit
Router3(config)#router ospf 1
Router3(config-router)#router-id 3.3.3.3
Router3(config-router)#network 192.168.23.0 0.0.0.255 area 0
Router3(config-router)#redistribute rip
Router3(config-router)#exit
Router3(config)#router rip
Router3(config-router)#version 2
Router3(config-router)#no auto-summary
Router3(config-router)#network 192.168.35.0
Router3(config-router)#end
```

第11章　OSPF

○リスト11.2.4d：Router4の設定

```
Router4#configure terminal
Router4(config)#interface FastEthernet 0/0
Router4(config-if)#ip address 192.168.14.4 255.255.255.0
Router4(config-if)#no shutdown
Router4(config-if)#exit
Router4(config)#router eigrp 1
Router4(config-router)#no auto-summary
Router4(config-router)#network 192.168.14.0
Router4(config-router)#end
```

○リスト11.2.4e：Router5の設定

```
Router5#configure terminal
Router5(config)#interface FastEthernet 0/0
Router5(config-if)#ip address 192.168.35.5 255.255.255.0
Router5(config-if)#no shutdown
Router5(config-if)#exit
Router5(config)#router rip
Router5(config-router)#version 2
Router5(config-router)#no auto-summary
Router5(config-router)#network 192.168.35.0
Router5(config-router)#end
```

確認

　LSDBとルーティングテーブルを確認する前にOSPFネイバーとEIGRPネイバーの確立状況を確認します（リスト11.2.4f～11.2.4g）。

○リスト11.2.4f：OSPFネイバー確立の確認

```
Router2#show ip ospf neighbor    ※OSPFネイバーの確認

Neighbor ID     Pri   State           Dead Time   Address          Interface
3.3.3.3           1   FULL/DR         00:00:34    192.168.23.3     FastEthernet0/1
1.1.1.1           1   FULL/BDR        00:00:38    192.168.12.1     FastEthernet0/0
```

○リスト11.2.4g：EIGRPネイバー確立の確認

```
Router4#show ip eigrp neighbors    ※EIGRPネイバーの確認
IP-EIGRP neighbors for process 1
H   Address                 Interface       Hold Uptime   SRTT   RTO   Q    Seq
                                            (sec)         (ms)         Cnt  Num
0   192.168.14.1            Fa0/0           9    00:00:30 77     693   0    3
```

　エリア30がスタブエリアであるため、Router1のルーティングテーブル上では、外部ルートはエリア間のデフォルトルートとして観測されます。また、このときEIGRPの再配布ルートはスタブエリアに存在できないことを確認します（リスト11.2.4h）。

○リスト11.2.4h：Router1のルーティングテーブル（スタブエリア設定時）

```
Router1#show ip route ospf    ※OSPFのみのルーティングテーブルの確認
O IA   192.168.23.0/24 [110/20] via 192.168.12.2, 00:01:39, FastEthernet0/1
O*IA   0.0.0.0/0 [110/11] via 192.168.12.2, 00:01:39, FastEthernet0/1
```

　Router2とRouter3のルーティングテーブルの状況は、それぞれリスト11.2.4i～11.2.4jのようになっています。エリア30がスタブエリアとなっているので、当然EIGRPの再配布ルートはこれらのルータのルーティングテーブルに存在しません。

○リスト11.2.4i：Router2のルーティングテーブル（スタブエリア設定時）

```
Router2#show ip route ospf
O E2   192.168.35.0/24 [110/20] via 192.168.23.3, 00:03:44, FastEthernet0/1
```

○リスト11.2.4j：Router3のルーティングテーブルとLSDB（スタブエリア設定時）

```
Router3#show ip route ospf
O IA   192.168.12.0/24 [110/20] via 192.168.23.2, 00:03:59, FastEthernet0/0
```

エリア30をNSSAに変更

　エリア30がスタブエリアの場合を確認したのでNSSAに変更します。NSSAを設定するとき、ABR（Router2）ルータにNSSAの設定と合わせてデフォルトルートを手動で設定します（リスト11.2.4k～11.2.4l）。NSSAに限ってデフォルトルートの自動生成がないため忘れず行いましょう。

○リスト11.2.4k：NSSAの設定（Router1）

```
Router1#configure terminal
Router1(config)#router ospf 1
Router1(config-router)#no area 30 stub    ※スタブエリアの設定削除
Router1(config-router)#area 30 nssa    ※NSSAの設定
Router1(config-router)#end
```

○リスト11.2.4l：NSSAの設定（Router2）

```
Router2#configure terminal
Router2(config)#router ospf 1
Router2(config-router)#no area 30 stub
Router2(config-router)#area 30 nssa default-information-originate
                                            ※NSSAの設定とデフォルトルートの配布
Router2(config-router)#end
```

　エリア30がNSSAになると、Router1のルーティングテーブル上のデフォルトルートはNSSAの外部ルートとして観測されるようになります（リスト11.2.4m）。

第11章 OSPF

○リスト11.2.4m：Router1のルーティングテーブル（NSSA設定後）

```
Router1#show ip route ospf
O IA  192.168.23.0/24 [110/20] via 192.168.12.2, 00:06:45, FastEthernet0/1
O*N2  0.0.0.0/0 [110/1] via 192.168.12.2, 00:00:50, FastEthernet0/1
```

　Router2のルーティングテーブル上では、スタブエリアのときになかったEIGRPの再配布ルートがNSSAの外部ルートとして登録されています。また、このときのLSDBの内容が表11.2.3と一致していることを確認します（リスト11.2.4n）。

○リスト11.2.4n：Router2のルーティングテーブルとLSDB（NSSA設定後）

```
Router2#show ip route ospf
O N2  192.168.14.0/24 [110/20] via 192.168.12.1, 00:02:56, FastEthernet0/0
O E2  192.168.35.0/24 [110/20] via 192.168.23.3, 00:02:56, FastEthernet0/1
Router2#
Router2#show ip ospf database

            OSPF Router with ID (2.2.2.2) (Process ID 1)

                Router Link States (Area 0)

Link ID         ADV Router      Age         Seq#        Checksum Link count
2.2.2.2         2.2.2.2         723         0x80000004  0x00E924 1
3.3.3.3         3.3.3.3         1109        0x80000003  0x00AA5C 1

                Net Link States (Area 0)

Link ID         ADV Router      Age         Seq#        Checksum
192.168.23.3    3.3.3.3         1109        0x80000001  0x004254

                Summary Net Link States (Area 0)

Link ID         ADV Router      Age         Seq#        Checksum
192.168.12.0    2.2.2.2         1141        0x80000002  0x00793B

                Router Link States (Area 30)

Link ID         ADV Router      Age         Seq#        Checksum Link count
1.1.1.1         1.1.1.1         524         0x80000007  0x00C75E 1
2.2.2.2         2.2.2.2         718         0x80000006  0x008E8E 1

                Net Link States (Area 30)

Link ID         ADV Router      Age         Seq#        Checksum
192.168.12.2    2.2.2.2         709         0x80000003  0x003175

                Summary Net Link States (Area 30)

Link ID         ADV Router      Age         Seq#        Checksum
192.168.23.0    2.2.2.2         724         0x80000004  0x00A1FF

                Type-7 AS External Link States (Area 30)

Link ID         ADV Router      Age         Seq#        Checksum Tag
0.0.0.0         2.2.2.2         349         0x80000001  0x00D0D8 0
192.168.14.0    1.1.1.1         800         0x80000001  0x00C3E0 0
```

```
                 Type-5 AS External Link States
Link ID          ADV Router      Age         Seq#        Checksum Tag
192.168.14.0     2.2.2.2         694         0x80000001  0x003A70 0
192.168.35.0     3.3.3.3         1150        0x80000001  0x0059AE 0
```

Router3のルーティングテーブル上では、EIGRPの再配布ルートは外部ルートとして登録されています（リスト11.2.4o）。

○リスト11.2.4o：Router3のルーティングテーブル（NSSA設定後）

```
Router3#show ip route ospf
O IA 192.168.12.0/24 [110/20] via 192.168.23.2, 00:16:52, FastEthernet0/0
O E2 192.168.14.0/24 [110/20] via 192.168.23.2, 00:10:02, FastEthernet0/0
```

完全NSSAの設定

最後に完全NSSAの設定と確認を行います。Router2でNSSAの設定を削除して、完全NSSAの設定を投入します（リスト11.2.4p）。

○リスト11.2.4p：完全NSSAの設定（Router2）

```
Router2#configure terminal
Router2(config)#router ospf 1
Router2(config-router)#no area 30 stub
Router2(config-router)#no area 30 nssa default-information-originate    ※NSSAの設定とデフォルトルートの配布の削除
Router2(config-router)#area 30 nssa no-summary                          ※完全NSSAの設定
Router2(config-router)#end
```

エリア30が完全NSSAになったときのRouter1のルーティングテーブルを見てみましょう。エリア間ルートと外部ルートはすべてエリア間のデフォルトルートに集約されていることがわかります（リスト11.2.4q）。

○リスト11.2.4q：Router1のルーティングテーブル（完全NSSA設定後）

```
Router1#show ip route ospf
O*IA 0.0.0.0/0 [110/11] via 192.168.12.2, 00:02:13, FastEthernet0/1
```

Router2とRouter3のルーティングテーブルに変化はありません。また、エリア30が完全NSSAになったときのLSDBの内容を**表11.2.3**と見比べて違いがないことを確認します（リスト11.2.4r〜11.2.4s）。

第11章　OSPF

○リスト11.2.4r：Router2のルーティングテーブル（完全NSSA設定後）

```
Router2#show ip route ospf
O N2 192.168.14.0/24 [110/20] via 192.168.12.1, 00:02:45, FastEthernet0/0
O E2 192.168.35.0/24 [110/20] via 192.168.23.3, 00:02:45, FastEthernet0/1
Router2#
Router2#show ip ospf database

            OSPF Router with ID (2.2.2.2) (Process ID 1)

                Router Link States (Area 0)

Link ID         ADV Router      Age         Seq#       Checksum Link count
2.2.2.2         2.2.2.2         213         0x80000003 0x00EB23 1
3.3.3.3         3.3.3.3         215         0x80000003 0x00AA5C 1

                Net Link States (Area 0)

Link ID         ADV Router      Age         Seq#       Checksum
192.168.23.3    3.3.3.3         214         0x80000001 0x004254

                Summary Net Link States (Area 0)

Link ID         ADV Router      Age         Seq#       Checksum
192.168.12.0    2.2.2.2         243         0x80000002 0x00793B

                Router Link States (Area 30)

Link ID         ADV Router      Age         Seq#       Checksum Link count
1.1.1.1         1.1.1.1         204         0x80000003 0x00CF5A 1
2.2.2.2         2.2.2.2         203         0x80000003 0x00948B 1

                Net Link States (Area 30)

Link ID         ADV Router      Age         Seq#       Checksum
192.168.12.2    2.2.2.2         205         0x80000001 0x003573

                Summary Net Link States (Area 30)

Link ID         ADV Router      Age         Seq#       Checksum
0.0.0.0         2.2.2.2         189         0x80000001 0x00FC31

                Type-7 AS External Link States (Area 30)

Link ID         ADV Router      Age         Seq#       Checksum Tag
192.168.14.0    1.1.1.1         249         0x80000001 0x00C3E0 0

                Type-5 AS External Link States

Link ID         ADV Router      Age         Seq#       Checksum Tag
192.168.14.0    2.2.2.2         199         0x80000001 0x003A70 0
192.168.35.0    3.3.3.3         256         0x80000001 0x0059AE 0
```

○リスト11.2.4s：Router3のルーティングテーブル（完全NSSA設定後）

```
Router3#show ip route ospf
O IA 192.168.12.0/24 [110/20] via 192.168.23.2, 00:04:52, FastEthernet0/0
O E2 192.168.14.0/24 [110/20] via 192.168.23.2, 00:04:41, FastEthernet0/0
```

11-2-5 演習Lab 優先ルートの選択

ここでは、インターフェイスのコスト値をコマンドで変更して任意のルートを優先ルートに変更する方法を紹介します（GNS3プロジェクト名は「11-2-5_Preference_Route」）。

図11.2.5がネットワーク構成で、すべてのリンクが同じ速度なのでRouter1からRouter4のLoopback0インターフェイスへのルートは、Router2とRouter3経由のロードバランスになります。このとき、Router1のF0/0インターフェイスのコストを増やして、Router3経由のルートを優先ルートに設定します。

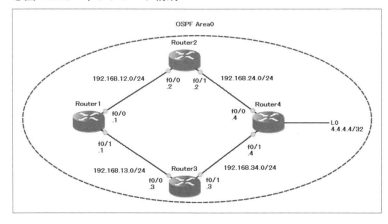

○図11.2.5：ネットワーク構成

設定

初期の設定では、まだインターフェイスのコスト値の変更をしていません。Router1〜Router4の設定はそれぞれ**リスト11.2.5a〜11.2.5d**のようになります。

○リスト11.2.5a：Router1の設定（初期）

```
Router1#configure terminal　※特権モードから設定モードに移行
Router1(config)#interface FastEthernet 0/0　※インターフェイスの設定
Router1(config-if)#ip address 192.168.12.1 255.255.255.0　※IPアドレスの設定
Router1(config-if)#no shutdown　※インターフェイスの有効化
Router1(config-if)#exit　※直前の設定モードに戻る
Router1(config)#interface FastEthernet 0/1
Router1(config-if)#ip address 192.168.13.1 255.255.255.0
Router1(config-if)#no shutdown
Router1(config-if)#exit
Router1(config)#router ospf 1　※OSPFの設定
Router1(config-router)#network 192.168.12.0 0.0.0.255 area 0　※ネットワークの公布
Router1(config-router)#network 192.168.13.0 0.0.0.255 area 0
Router1(config-router)#end　※特権モードに移行
```

第11章 OSPF

○リスト11.2.5b：Router2の設定（初期）

```
Router2#configure terminal
Router2(config)#interface FastEthernet 0/0
Router2(config-if)#ip address 192.168.12.2 255.255.255.0
Router2(config-if)#no shutdown
Router2(config-if)#exit
Router2(config)#interface FastEthernet 0/1
Router2(config-if)#ip address 192.168.24.2 255.255.255.0
Router2(config-if)#no shutdown
Router2(config-if)#exit
Router2(config)#router ospf 1
Router2(config-router)#network 192.168.12.0 0.0.0.255 area 0
Router2(config-router)#network 192.168.24.0 0.0.0.255 area 0
Router2(config-router)#end
```

○リスト11.2.5c：Router3の設定（初期）

```
Router3#configure terminal
Router3(config)#interface FastEthernet 0/0
Router3(config-if)#ip address 192.168.13.3 255.255.255.0
Router3(config-if)#no shutdown
Router3(config-if)#exit
Router3(config)#interface FastEthernet 0/1
Router3(config-if)#ip address 192.168.34.3 255.255.255.0
Router3(config-if)#no shutdown
Router3(config-if)#exit
Router3(config)#router ospf 1
Router3(config-router)#network 1
Router3(config-router)#network 192.168.13.0 0.0.0.255 area 0
Router3(config-router)#network 192.168.34.0 0.0.0.255 area 0
Router3(config-router)#end
```

○リスト11.2.5d：Router4の設定（初期）

```
Router4#configure terminal
Router4(config)#interface loopback 0
Router4(config-if)#ip address 4.4.4.4 255.255.255.255
Router4(config-if)#exit
Router4(config)#interface FastEthernet 0/0
Router4(config-if)#ip address 192.168.24.4 255.255.255.0
Router4(config-if)#no shutdown
Router4(config-if)#exit
Router4(config)#interface FastEthernet 0/1
Router4(config-if)#ip address 192.168.34.4 255.255.255.0
Router4(config-if)#no shutdown
Router4(config-if)#exit
Router4(config)#router ospf 1
Router4(config-router)#network 192.168.24.0 0.0.0.255 area 0
Router4(config-router)#network 192.168.34.0 0.0.0.255 area 0
Router4(config-router)#network 4.4.4.4 0.0.0.0 area 0
Router4(config-router)#end
```

確認

　すべてのルータに対してOSPFの設定をしたらOSPFのネイバーが確立していることを確認します（リスト11.2.5e）。

○リスト11.2.5e：OSPFネイバーの確認（Router4）

```
Router4#show ip ospf neighbor   ※OSPFネイバーの確認

Neighbor ID     Pri   State       Dead Time   Address        Interface
192.168.34.3     1    FULL/BDR    00:00:39    192.168.34.3   FastEthernet0/1
192.168.24.2     1    FULL/BDR    00:00:32    192.168.24.2   FastEthernet0/0
```

このとき、Router1のルーティングテーブルを見ると、Router4のLoopback0インターフェイスへのルートはRouter2とRouter3の2ルート経由となっています（リスト11.2.5f）。

○リスト11.2.5f：OSPFネイバーとルーティングテーブルの確認（Router1）

```
Router1#show ip ospf neighbor

Neighbor ID     Pri   State       Dead Time   Address        Interface
192.168.34.3     1    FULL/DR     00:00:33    192.168.13.3   FastEthernet0/1
192.168.24.2     1    FULL/DR     00:00:30    192.168.12.2   FastEthernet0/0
Router1#
Router1#show ip route ospf    ※OSPFのみのルーティングテーブルの確認
     4.0.0.0/32 is subnetted, 1 subnets
O       4.4.4.4 [110/3] via 192.168.13.3, 00:00:37, FastEthernet0/1
                [110/3] via 192.168.12.2, 00:00:37, FastEthernet0/0
O    192.168.24.0/24 [110/2] via 192.168.12.2, 00:02:31, FastEthernet0/0
O    192.168.34.0/24 [110/2] via 192.168.13.3, 00:02:31, FastEthernet0/1
```

Router1のF0/0インターフェイスのコストを増やす

ここで、Router1のF0/0インターフェイスのコストを増やし、Router3経由のルートを優先させるようにします（リスト11.2.5g）。

○リスト11.2.5g：インターフェイスコストの変更

```
Router1#configure terminal
Router1(config)#interface FastEthernet 0/0
Router1(config-if)#ip ospf cost 100   ※インターフェイスのコスト値の設定
Router1(config-if)#end
```

再度Router1のルーティングテーブルを確認すると、Router4のLoopback0インターフェイスへのルートがRouter3経由となったことがわかります。

○リスト11.2.5h：Router1のルーティングテーブル

```
Router1#show ip route ospf
     4.0.0.0/32 is subnetted, 1 subnets
O       4.4.4.4 [110/3] via 192.168.13.3, 00:00:48, FastEthernet0/1
O    192.168.24.0/24 [110/3] via 192.168.13.3, 00:00:48, FastEthernet0/1
O    192.168.34.0/24 [110/2] via 192.168.13.3, 00:00:58, FastEthernet0/1
```

11-2-6 演習Lab ルートの集約と制御

ここでは図11.2.6のネットワークを使ってルート集約とルート制御の設定方法について紹介します（GNS3プロジェクト名は「11-2-6_Route_Agg_Ctlr」）。最終的にRouter1で観測できるOSPFルートを次のルートのみとなるように設定します。

- 10.0.0.0/24
- 20.0.0.0/24
- 192.168.23.0/24
- 192.168.34.0/24

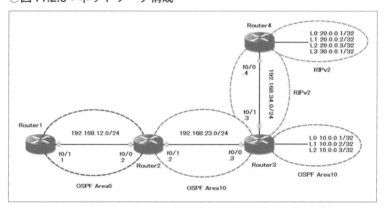

○図11.2.6：ネットワーク構成

設定

まず、すべてのルータに対してルーティングプロトコルなどの初期設定を投入します（リスト11.2.6a〜11.2.6d）。このときまだルート集約とルート制御の設定はありません。

○リスト11.2.6a：Router1の設定（初期）

```
Router1#configure terminal            ※特権モードから設定モードに移行
Router1(config)#interface FastEthernet 0/1    ※インターフェイスの設定
Router1(config-if)#ip address 192.168.12.1 255.255.255.0   ※IPアドレスの設定
Router1(config-if)#no shutdown        ※インターフェイスの有効化
Router1(config-if)#exit               ※直前の設定モードに戻る
Router1(config)#router ospf 1         ※OSPFの設定
Router1(config-router)#network 192.168.12.0 0.0.0.255 area 0   ※ネットワークの公布
Router1(config-router)#end            ※特権モードに移行
```

○リスト11.2.6b：Router2の設定（初期）

```
Router2#configure terminal
Router2(config)#interface FastEthernet 0/0
Router2(config-if)#ip address 192.168.12.2 255.255.255.0
Router2(config-if)#no shutdown
Router2(config-if)#exit
Router2(config)#interface FastEthernet 0/1
Router2(config-if)#ip address 192.168.23.2 255.255.255.0
Router2(config-if)#no shutdown
Router2(config-if)#exit
Router2(config)#router ospf 1
Router2(config-router)#network 192.168.12.0 0.0.0.255 area 0
Router2(config-router)#network 192.168.23.0 0.0.0.255 area 10
Router2(config-router)#end
```

○リスト11.2.6c：Router3の設定（初期）

```
Router3#configure terminal
Router3(config)#interface loopback 0
Router3(config-if)#ip address 10.0.0.1 255.255.255.255
Router3(config-if)#exit
Router3(config)#interface loopback 1
Router3(config-if)#ip address 10.0.0.2 255.255.255.255
Router3(config-if)#exit
Router3(config)#interface loopback 2
Router3(config-if)#ip address 10.0.0.3 255.255.255.255
Router3(config-if)#exit
Router3(config)#interface FastEthernet 0/0
Router3(config-if)#ip address 192.168.23.3 255.255.255.0
Router3(config-if)#no shutdown
Router3(config-if)#exit
Router3(config)#interface FastEthernet 0/1
Router3(config-if)#ip address 192.168.34.3 255.255.255.0
Router3(config-if)#no shutdown
Router3(config-if)#exit
Router3(config)#router ospf 1
Router3(config-router)#network 192.168.23.0 0.0.0.255 area 10
Router3(config-router)#network 10.0.0.1 0.0.0.0 area 10
Router3(config-router)#network 10.0.0.2 0.0.0.0 area 10
Router3(config-router)#network 10.0.0.3 0.0.0.0 area 10
Router3(config-router)#redistribute rip metric 1 subnets    ※RIPルートの再配布
Router3(config-router)#exit
Router3(config)#router rip    ※RIPの設定
Router3(config-router)#version 2    ※RIPv2の設定
Router3(config-router)#no auto-summary    ※ルートの自動集約の無効化
Router3(config-router)#network 192.168.34.0
Router3(config-router)#end
```

○リスト11.2.6d：Router4の設定（初期）

```
Router4#configure terminal
Router4(config)#interface loopback 0
Router4(config-if)#ip address 20.0.0.1 255.255.255.255
Router4(config-if)#exit
Router4(config)#interface loopback 1
Router4(config-if)#ip address 20.0.0.2 255.255.255.255
Router4(config-if)#exit
Router4(config)#interface loopback 2
```

第11章 OSPF

```
Router4(config-if)#ip address 20.0.0.3 255.255.255.255
Router4(config-if)#exit
Router4(config)#interface loopback 3
Router4(config-if)#ip address 30.0.0.1 255.255.255.255
Router4(config-if)#exit
Router4(config)#interface FastEthernet 0/0
Router4(config-if)#ip address 192.168.34.4 255.255.255.0
Router4(config-if)#no shutdown
Router4(config-if)#exit
Router4(config)#router rip
Router4(config-router)#version 2
Router4(config-router)#no auto-summary
Router4(config-router)#network 20.0.0.0
Router4(config-router)#network 30.0.0.0
Router4(config-router)#network 192.168.34.0
```

確認

初期設定後、OSPFネイバーが確立していることを確認します（**リスト11.2.6e**）。

○リスト11.2.6e：OSPFネイバーの確認

```
router2#show ip ospf neighbor    ※OSPFネイバーの確認

Neighbor ID     Pri   State           Dead Time   Address         Interface
192.168.12.1      1   FULL/BDR        00:00:38    192.168.12.1    FastEthernet0/0
10.0.0.3          1   FULL/BDR        00:00:34    192.168.23.3    FastEthernet0/1
```

初期設定後のRouter1のルーティングテーブルは**リスト11.2.6f**のようになっています。

○リスト11.2.6f：Router1のルーティングテーブル（初期）

```
Router1#show ip route ospf    ※OSPFのみのルーティングテーブルの確認
     20.0.0.0/32 is subnetted, 3 subnets
O E2    20.0.0.1 [110/1] via 192.168.12.2, 00:04:06, FastEthernet0/1
O E2    20.0.0.2 [110/1] via 192.168.12.2, 00:04:06, FastEthernet0/1
O E2    20.0.0.3 [110/1] via 192.168.12.2, 00:04:06, FastEthernet0/1
     10.0.0.0/32 is subnetted, 3 subnets
O IA    10.0.0.2 [110/21] via 192.168.12.2, 00:04:11, FastEthernet0/1
O IA    10.0.0.3 [110/21] via 192.168.12.2, 00:04:11, FastEthernet0/1
O IA    10.0.0.1 [110/21] via 192.168.12.2, 00:04:11, FastEthernet0/1
O IA 192.168.23.0/24 [110/20] via 192.168.12.2, 00:04:21, FastEthernet0/1
O E2 192.168.34.0/24 [110/1] via 192.168.12.2, 00:04:06, FastEthernet0/1
     30.0.0.0/32 is subnetted, 1 subnets
O E2    30.0.0.1 [110/1] via 192.168.12.2, 00:04:06, FastEthernet0/1
```

OSPFのルート集約設定

OSPFのルート集約設定は、エリア間ルートの集約と外部ルートの集約に応じて異なるコマンドが用意されています。まず、ABRルータのRouter2でエリア間ルートの集約を行います（**リスト11.2.6g**）。

○リスト11.2.6g：エリア間ルートの集約

```
Router2#configure terminal
Router2(config)#router ospf 1
Router2(config-router)#area 10 range 10.0.0.0 255.255.255.0   ※エリア間ルートの集約
Router2(config-router)#exit
```

次に、ASBRルータのRouter3で外部ルートの集約を行います（リスト11.2.6h）。

○リスト11.2.6h：外部ルートの集約

```
Router3#configure terminal
Router3(config)#router ospf 1
Router3(config-router)#summary-address 20.0.0.0 255.255.255.0   ※外部ルートの集約
```

ルート集約後のRouter1のルーティングテーブルはリスト11.2.6iのようになります。

○リスト11.2.6i：Router1のルーティングテーブル（ルート集約後）

```
Router1#show ip route ospf
     20.0.0.0/24 is subnetted, 1 subnets
O E2    20.0.0.0 [110/1] via 192.168.12.2, 00:05:50, FastEthernet0/1
     10.0.0.0/24 is subnetted, 1 subnets
O IA    10.0.0.0 [110/21] via 192.168.12.2, 00:03:12, FastEthernet0/1
O IA 192.168.23.0/24 [110/20] via 192.168.12.2, 00:15:24, FastEthernet0/1
O E2 192.168.34.0/24 [110/1] via 192.168.12.2, 00:15:09, FastEthernet0/1
     30.0.0.0/32 is subnetted, 1 subnets
O E2    30.0.0.1 [110/1] via 192.168.12.2, 00:15:09, FastEthernet0/1
```

Router1でディストリビュートリストを設定

Router1は30.0.0.1/32のOSPFルートは不要なので、Router1でディストリビュートリストを設定してこのルートを抑制します（リスト11.2.6j）。

○リスト11.2.6j：ディストリビュートリストの設定（Router1）

```
Router1#configure terminal
Router1(config)#access-list 1 deny 30.0.0.1   ※アクセスリストの設定
Router1(config)#access-list 1 permit any
Router1(config)#router ospf 1
Router1(config-router)#distribute-list 1 in FastEthernet 0/1
                                              ※ディストリビュートリストの設定
Router1(config-router)#end
```

実は、インターフェイスに適用したディストリビュートリストは、ルーティングテーブルから該当ルートを非表示にするだけで、LSAの伝搬を抑制したわけではありません。リスト11.2.6kの確認結果からわかるように、30.0.0.1/32のルートはRouter1のルーティングテーブルから消えましたが、LSDBにはタイプ5のLSAとして残っています。

○リスト11.2.6k：Router1のルーティングテーブルとLSDB

```
Router1#show ip route ospf
     20.0.0.0/24 is subnetted, 1 subnets
O E2    20.0.0.0 [110/1] via 192.168.12.2, 00:00:45, FastEthernet0/1
     10.0.0.0/24 is subnetted, 1 subnets
O IA    10.0.0.0 [110/21] via 192.168.12.2, 00:00:45, FastEthernet0/1
O IA 192.168.23.0/24 [110/20] via 192.168.12.2, 00:00:45, FastEthernet0/1
O E2 192.168.34.0/24 [110/1] via 192.168.12.2, 00:00:45, FastEthernet0/1
Router1#
Router1#show ip ospf database | begin External     ※LSDBの確認
             Type-5 AS External Link States

Link ID         ADV Router      Age         Seq#        Checksum Tag
20.0.0.0        10.0.0.3        552         0x80000003  0x00B3DC 0
30.0.0.1        10.0.0.3        1064        0x80000003  0x00275E 0
192.168.34.0    10.0.0.3        1064        0x80000003  0x008F89 0
```

タイプ5のLSAを抑制するための別設定を行うので、先ほどのディストリビュートリストの設定を消します（リスト11.2.6l）。

○リスト11.2.6l：ディストリビュートリストの削除（Router1）

```
Router1#configure terminal
Router1(config)#no access-list 1     ※アクセスリストの削除
Router1(config)#router ospf 1
Router1(config-router)#no distribute-list 1 in FastEthernet 0/1
                                      ※ディストリビュートリストの削除
Router1(config-router)#end
```

Router3でディストリビュートリストを設定

タイプ5のLSAを抑制するには、ASBRルータのRouter3でルート再配布と併せてディストリビュートリストを設定する必要があります。ここではリスト11.2.6mのように、RIPドメインから再配布されたルートの中で30.0.0.1/32のみを除外しています。

○リスト11.2.6m：ディストリビュートリストの設定（Router3）

```
Router3#configure terminal
Router3(config)#access-list 1 deny 30.0.0.1
Router3(config)#access-list 1 permit any
Router3(config)#router ospf 1
Router3(config-router)#distribute-list 1 out rip
```

最後にRouter1のルーティングテーブルとLSDBを見て、意図のルートがルーティングテーブル上にあることと、該当のタイプ5のLSAが抑制されていることを確認します。ちなみに、タイプ3のLSAを抑制するには、「area filter-list」というコマンドを使用します。

○リスト11.2.6n：Router1のルーティングテーブルとLSDB

```
Router1#show ip route ospf
     20.0.0.0/24 is subnetted, 1 subnets
O E2    20.0.0.0 [110/1] via 192.168.12.2, 00:07:11, FastEthernet0/1
     10.0.0.0/24 is subnetted, 1 subnets
O IA    10.0.0.0 [110/21] via 192.168.12.2, 00:07:11, FastEthernet0/1
O IA 192.168.23.0/24 [110/20] via 192.168.12.2, 00:07:11, FastEthernet0/1
O E2 192.168.34.0/24 [110/1] via 192.168.12.2, 00:07:11, FastEthernet0/1
Router1#
Router1#show ip ospf database | begin External
                Type-5 AS External Link States

Link ID         ADV Router      Age         Seq#       Checksum Tag
20.0.0.0        10.0.0.3        1145        0x80000003 0x00B3DC 0
192.168.34.0    10.0.0.3        1657        0x80000003 0x008F89 0
```

11-3 章のまとめ

　OSPFは、リンクステート型ルーティングプロトコルであり、インターフェイスの状態をもとに最適なルートを決めます。OSPFの最適ルートは、各OSPFルータのLSAからLSDBを構築したあと、SPFアルゴリズムを使って算出します。エリア内のOSPFルータは、同一のLSDBを保持し、ネットワークの変化で生じた差分のみをアップデートするので、ディスタンスベクタ型のルーティングプロトコルよりも収束が速いです。また、適切なエリア設計を行うことも収束時間の短縮につながります。収束時間が短くなると、ルーティングループの発生頻度も少なくなります。

　OSPFの動作はRIPよりも複雑で、アジャセンシーの確立まで数種類のパケットを交換し合って、いくつかのルータ状態を経る必要があります。パケットの種類には、Helloパケット、DBDパケット、LSUパケット、LSRパケットおよびLSAckパケットがあり、さらにLSUの中身次第で数種類のLSAパケットにも分類すできます。OSPFの動作を理解するには、各LSAに何の情報が格納されているかを確認しておくべきです。

　LSAに数種類が存在する理由は、OSPFのエリアタイプで取り扱うLSAの種類が決まっているからです。このような決まりがあるのは、各エリア内で余分なLSAを抑えるためです。エリアの種類は、バックボーンエリア、標準エリア、スタブエリア、完全スタブエリア、NSSAおよび完全NSSAの6種類です。マルチエリアのネットワークでは、必ずバックボーンエリアを1つ設定して、そのほかのエリアはバックボーンエリアに直接接続します。物理制約で直接バックボーンエリアに接続できない場合、仮想リンクを使って論理的に接続することもできます。

第12章
IS-IS

IS-IS（Intermediate System to Intermediate System）はOSPFと同じリンクステート型ルーティングプロトコルです。IS-ISはもともとTCP/IPではなくOSIプロトコルスイートのルーティングプロトコルであるため、一般的な認知度はあまり高くありません。本省を通して、IS-ISの動作概要と基本的な設定方法について確認します。

12-1 IS-ISの概要

OSPFはIS-ISをもとに設計されたルーティングプロトコルであるため、両者の間に多くの共通点があります。しかし、IS-ISはもともとOSIプロトコルスイートのためのルーティングプロトコルなので、OSPFとは異なった特徴もあります。これらの相違点に注目してみましょう。

12-1-1 IS-ISと拡張IS-IS

IS-ISはIGPルーティングプロトコルの一種で、OSIプロトコルスイートのネットワーク層にあるCLNP[注1]のためのルーティングプロトコルです。CLNPはTCP/IPのIPに相当するプロトコルで、CLNS[注2]が上位層に対してコネクションレスサービスを提供する際に使われます。

OSPFの設計はIS-ISを参考にしたので、次のような共通点があります。

- リンクステート型ルーティングプロトコル
- クラスレスプロトコル
- SPFアルゴリズムによる最短パスの計算
- エリアの概念
- Helloパケットによる隣接ルータとのキープアライブ
- 指名ルータ（IS-ISではDIS[注3]と呼ぶ）
- 認証機能
- エリア間のルート集約

注1 Connection Less Network Protocol
注2 Connection Less Network Service
注3 Designated Intermediate System

IS-ISはもともとCLNS環境のみに対応していましたが、IPネットワークでも使用できるように設計されたものが拡張IS-ISです。以降、拡張IS-ISを単にIS-ISと表示します。

ここでIS-ISでよく登場する用語について確認しておきましょう（表12.1.1）。

○表12.1.1：IS-IS用語

用語	説明
IS	ルーティング機能を有するシステム、ルータのこと
ES[※1]	ルーティング機能を有しないシステム、端末のこと
エリア	OSPFのエリアに相当する
バックボーンリンク	OSPFのバックボーンエリアに相当する
L1ルータ	エリア内のルーティングを行うルータ
L2ルータ	エリア間のルーティングを行うルータ
L1/L2ルータ	エリア内とエリア間のルーティングを担う
PDU[※2]	OSIプロトコルで使用するパケット
LSP[※3]	OSPFのLSAに相当するデータユニット
DIS	OSPFのDRに相当する指名ルータ

※1　End System
※2　Protocol Data Unit
※3　Link State PDU

12-1-2　IS-ISのエリア

IS-ISにもOSPFと同様にエリアという概念があります。OSPFでは、ルータがエリアの境界であるに対して、IS-ISではすべてのルータはエリア内に存在します。したがって、IS-ISのルータはエリアIDと一意な関係であると言えます。

また、IS-ISとOSPFの異なる点として、IS-ISにはOSPFのバックボーンエリアはなく、バックボーンエリア相当のバックボーンリンクが代わりにあります（図12.1.1）。

12-1-3　IS-ISのルーティング

IS-ISのルーティングはエリア内とエリア間で分れています。エリア内のルーティングはL1（レベル1）ルータ、エリア間のルーティングはL2ルータでそれぞれ役割分担をしています。このままですと、異なるエリアのルータ同士で通信ができないので、両者の橋渡しをするL1/L2ルータがあります。

IS-ISのルーティングの概要を図示したのが図12.1.2です。L1ルータはエリア内のルーティングとエリア外へのデフォルトルートを保持します。このデフォルトルートはL1/L2ルータから配布されたものです。L2ルータはエリア間のルーティングを担当します。L1/L2ルータはエリア内とエリア間の両方にルーティングを行い、L1ルータとL2ルータの橋渡し役を担っています。

○図12.1.1：IS-ISのエリアとバックボーンリンク

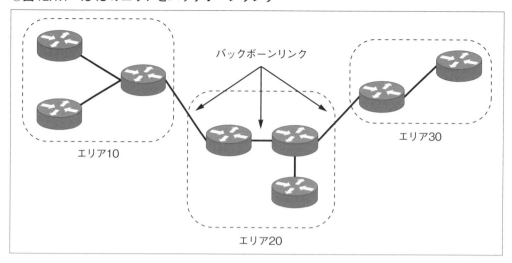

○図12.1.2：IS-ISのルーティングンク

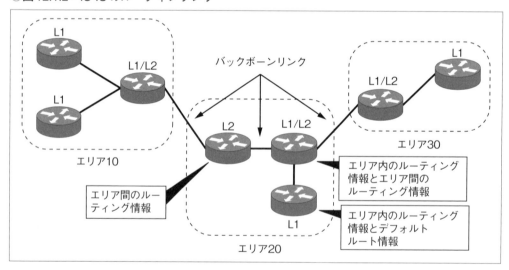

12-1-4 DIS

　IS-ISでOSPFのDRに相当するルータはDISです。DISはセグメント内のすべてルータと隣接関係を確立する仕様になっているので、BDR相当のルータはなく、DISダウンしたときに他のルータから新たなDISを選出します。なお、DISの選出ルールは**表12.1.2**のようになっています。

12-1 IS-ISの概要

○表12.1.2：DISの選出ルール

ルールの優先順位	ルール内容
1	プライオリティ値が大きいほど優先される。プライオリティ値の範囲は0～127（Ciscoルータのデフォルトは「64」）
2	MACアドレスが大きいほど優先される

OSPFでは、DRの粘着性という特徴がありました。これは、新たにOSPFネットワークにルータが参加したときにDRとBDRを再選出しないというものです。OSPFと違ってIS-ISは新しいルータが加わった際に再度DISを選出します。

図12.1.3はDISの再選出の様子です。3台のルータが同一セグメント上にあるとき、プライオリティ一番高いRouter2がDISになります。このとき、同セグメントにRouter2よりも高いプライオリティを持つRouter4を接続すると、DISの再選出のプロセスが始まり、4台のルータの中でもっとも高いプライオリティのRouter4がDISになります。

○図12.1.3：DISの再選出

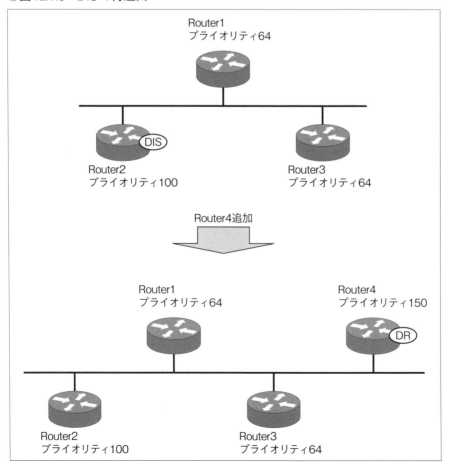

12-1-5　NSAPとNET

NSAP[注4]はOSIプロトコルスイートのネットワークでシステムを一意に識別するためのアドレスです。IS-ISがたとえIPネットワーク環境で使用する場合もNSAPアドレスを持つことが必要です。

NETはNSAPの一種で、デバイスのアドレスです。Ciscoルータに実際設定するのがNETアドレスとなります（図12.1.4）。

○図12.1.4：NETのアドレッシングフォーマット

NETのアドレッシングフォーマットの各フィールドは次のとおりです。

- エリアID（可変長）
可変長であるため、どの部分がエリアIDを特定するにはNETアドレスの後ろから前に数える必要がある。システムが同一のエリアの場合、同じエリアIDを使い、逆にエリアが異なる場合は違うエリアIDとなる

- システムID（6バイト）
個別システムを識別するための情報で、IPアドレスかMACアドレスをもとに作られる。IPアドレスを使う場合、次のようにIPアドレスからシステムIDに変換する

```
・Step0：システムIDの元となるIPアドレス (例)
  192.168.10.1
・Step1：各オクテットを3桁表示に直す
  192.168.010.001
・Step2：2バイト単位となるように全体を3つに分けてシステムIDとなる
  1921.6801.0001
```

システムIDを設定するとき、同一エリアに重複するシステムIDを設定することはできない。また、バックボーン上のL2ルータは異なるシステムIDを使う必要がある

- NSEL（1バイト）
NSELはIPのポート番号に相当するもので、システム上のプロセスを特定するためのもの。このプロセスはネットワーク層よりも上位にあるもので、ネットワーク層で処理するルータとは関係のないため、ルータのNSEL値は常に「00」

注4　Link State PDU

図12.1.5がNETアドレスの表示例です。

○図12.1.5：NETアドレスの例

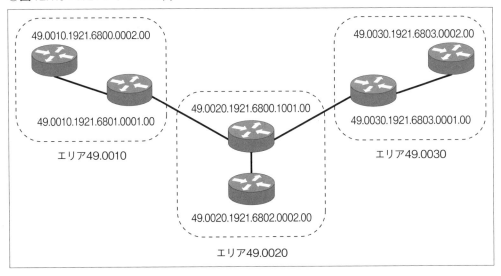

12-1-6　IS-ISのメトリック

IS-ISルートのメトリックは、OSPFのコストと同じようにインターフェイスごとのメトリックを加算します。IS-ISのメトリックには、ナローメトリックとワイドメトリックの2種類があり、それぞれの違いは表12.1.3のようになります。

ナローメトリックとワイドメトリックの混在はできないので、設定するときはどちらか一方を選択します。

○表12.1.3：ナローメトリックとワイドメトリック

	ナローメトリック	ワイドメトリック
デフォルト値	10	10
値の設定可能範囲	1〜63	1〜16777214
合計最大値	1023	2^{32}（約43億）

12-2　演習ラボ

ここでは、GNS3上で次のような設定を行ってみましょう。

- IS-ISの基本設定
- マルチエリア
- ルートの集約と選択

12-2-1 演習Lab IS-ISの基本設定

IS-ISの基本設定は、シングルエリア内にある2つのルータに対してIS-ISの機能を有効化します（GNS3プロジェクト名は「12-2-1_ISIS_Basic」）。インターフェイスにIPアドレスを設定する以外に、各ルータに対してNETアドレスを設定する必要があります。このラボを通してIS-ISの設定方法を習熟しましょう。ネットワーク構成は図12.2.1です。

○図12.2.1：ネットワーク構成

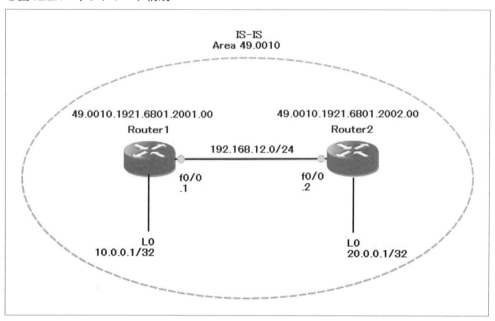

設定

2つのルータでIS-ISを設定します（リスト12.2.1a〜12.2.1b）。TCP/IPプロトコルスイートのルーティングプロトコルと比べ、追加で次のものを設定する必要があります。

- インターフェイス上でIS-ISの有効化
- NETアドレスの設定
- インターフェイス上のレベルの設定

○リスト12.2.1a：Router1の設定

```
Router1#configure terminal      ※特権モードから設定モードに移行
Router1(config)#interface loopback 0      ※インターフェイスの設定
Router1(config-if)#ip address 10.0.0.1 255.255.255.255      ※IPアドレスの設定
Router1(config-if)#ip router isis      ※インターフェイス上でIS-ISの有効化
Router1(config-if)#exit      ※直前の設定モードに戻る
Router1(config)#interface FastEthernet 0/0
Router1(config-if)#ip address 192.168.12.1 255.255.255.0
Router1(config-if)#ip router isis
Router1(config-if)#no shutdown      ※インターフェイスの有効化
Router1(config-if)#exit
Router1(config)#router isis      ※IS-ISの設定
Router1(config-router)#net 49.0010.1921.6801.2001.00      ※NETアドレスの設定
Router1(config-router)#is-type level-1      ※ルータのレベルの設定
```

○リスト12.2.1b：Router2の設定

```
Router2#configure terminal
Router2(config)#interface loopback 0
Router2(config-if)#ip address 20.0.0.1 255.255.255.255
Router2(config-if)#ip router isis
Router2(config-if)#exit
Router2(config)#interface FastEthernet 0/0
Router2(config-if)#ip address 192.168.12.2 255.255.255.0
Router2(config-if)#ip router isis
Router2(config-if)#no shutdown
Router2(config-if)#exit
Router2(config)#router isis
Router2(config-router)#net 49.0010.1921.6801.2002.00
Router2(config-router)#is-type level-1
Router2(config-router)#end
```

確認

　OSPFと同様に、設定後にまずネイバーの確立を確認します。確認するためのコマンドは3種類があり、ネイバーの確立だけならどれを使っても構いませんが、互いに表示する内容が若干異なります（**リスト12.2.1c**）。ネイバールータのプライオリティやSNPA（MACアドレス）を確認したいなら2番目と3番目のコマンドを用います。

○リスト12.2.1c：IS-ISネイバー関係の確認

```
Router1#show isis neighbors      ※IS-ISのネイバー関係の表示
System Id       Type Interface   IP Address       State Holdtime Circuit Id
Router2         L1   Fa0/0       192.168.12.2     UP    9        Router2.02
Router1#show clns is-neighbors      ※IS-ISのネイバー関係の表示
System Id       Interface   State   Type Priority Circuit Id     Format
Router2         Fa0/0       Up      L1   64       Router2.02     Phase V
Router1#show clns neighbors      ※IS-ISのネイバー関係の表示
System Id       Interface   SNPA             State Holdtime Type Protocol
Router2         Fa0/0       c202.0f40.0000   Up    8        L1   IS-IS
```

　IS-ISのプロセス情報を確認すると、自ルータのエリアID、システムIDおよびルータのレベルがわかります（**リスト12.2.1d**）。

第12章　IS-IS

○リスト12.2.1d：IS-ISのプロセス情報

```
Router1#show clns protocol      ※IS-ISのプロセス情報の表示
IS-IS Router: <Null Tag>
  System Id: 1921.6801.2001.00   IS-Type: level-1
  Manual area address(es):
        49.0010
  Routing for area address(es):
        49.0010
  Interfaces supported by IS-IS:
        FastEthernet0/0 - IP
        Loopback0 - IP
  Redistribute:
    static (on by default)
  Distance for L2 CLNS routes: 110
  RRR level: none
  Generate narrow metrics:    level-1-2
  Accept narrow metrics:      level-1-2
  Generate wide metrics:      none
  Accept wide metrics:        none
```

ルーティングテーブルは、それぞれIPアドレスとNETアドレスによる確認コマンドがあります（**リスト12.2.1e**）。1番目のコマンド結果にある「i」はIS-IS、「L1」はレベル1、「115/20」はAD値とメトリックの合計を表します。

○リスト12.2.1e：Router1のルーティングテーブル

```
Router1#show ip route isis      ※IS-ISのみのルーティングテーブルの確認
     20.0.0.0/32 is subnetted, 1 subnets
i L1    20.0.0.1 [115/20] via 192.168.12.2, FastEthernet0/0
Router1#
Router1#show isis topology      ※IS-ISのルーティングテーブルの確認
IS-IS paths to level-1 routers
System Id          Metric   Next-Hop          Interface   SNPA
Router1            --
1921.6801.2002     10       1921.6801.2002    Fa0/0       c202.0f40.0000
```

pingテストは、IPアドレスまたはNETアドレスを使うことができます（**リスト12.2.1f**）。

○リスト12.2.1f：pingテスト

```
Router1#ping 20.0.0.1 source loopback 0      ※pingの実行
Type escape sequence to abort.
Sending 5, 100-byte ICMP Echos to 20.0.0.1, timeout is 2 seconds:
Packet sent with a source address of 10.0.0.1
!!!!!
Success rate is 100 percent (5/5), round-trip min/avg/max = 4/18/32 ms
Router1#
Router1#ping clns 49.0010.1921.6801.2002.00   ※pingの実行(NETアドレス)
Type escape sequence to abort.
Sending 5, 100-byte CLNS Echos with timeout 2 seconds
!!!!!
Success rate is 100 percent (5/5), round-trip min/avg/max = 8/13/20 ms
```

12-2-2 演習Lab マルチエリア

　ここでは、マルチエリアのIS-ISを設定します（GNS3プロジェクト名は「12-2-2_ISIS_MultiArea」）。使用するネットワーク構成は図12.2.2のようになっており、Router1がL1ルータ、Router2がL1/L2ルータ、そしてRouter3とRouter4がL2ルータです。ルータがL1/L2ルータの場合、インターフェイスごとにレベルを設定します。

○図12.2.2：ネットワーク構成

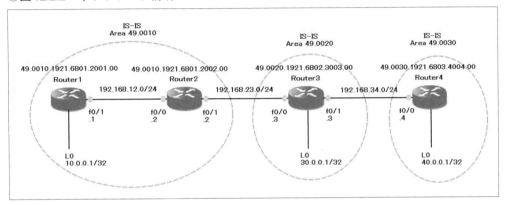

設定

　4台のルータにIS-ISを設定します（リスト12.2.2a ～ 12.2.2d）。Router2以外はL1ルータかL2ルータであるため、これらのルータはルータ全体にレベルを設定するだけで大丈夫です。Router2はL1/L2ルータであるので、ルータ全体ではなくインターフェイスごとにレベルを設定します。

○リスト12.2.2a：Router1の設定

```
Router1#configure terminal        ※特権モードから設定モードに移行
Router1(config)#interface loopback 0        ※インターフェイスの設定
Router1(config-if)#ip address 10.0.0.1 255.255.255.255        ※IPアドレスの設定
Router1(config-if)#ip router isis        ※インターフェイス上でIS-ISの有効化
Router1(config-if)#exit        ※直前の設定モードに戻る
Router1(config)#interface FastEthernet 0/1
Router1(config-if)#ip address 192.168.12.1 255.255.255.0
Router1(config-if)#ip router isis
Router1(config-if)#no shutdown        ※インターフェイスの有効化
Router1(config-if)#exit
Router1(config)#router isis        ※IS-ISの設定
Router1(config-router)#net 49.0010.1921.6801.2001.00        ※NETアドレスの設定
Router1(config-router)#is-type level-1        ※ルータのレベルの設定
Router1(config-router)#end        ※特権モードに移行
```

○リスト 12.2.2b：Router2 の設定

```
Router2#configure terminal
Router2(config)#interface FastEthernet 0/0
Router2(config-if)#ip address 192.168.12.2 255.255.255.0
Router2(config-if)#ip router isis
Router2(config-if)#isis circuit-type level-1     ※インターフェイス上のレベルの設定
Router2(config-if)#no shutdown
Router2(config-if)#exit
Router2(config)#interface FastEthernet 0/1
Router2(config-if)#ip address 192.168.23.2 255.255.255.0
Router2(config-if)#ip router isis
Router2(config-if)#isis circuit-type level-2
Router2(config-if)#no shutdown
Router2(config-if)#exit
Router2(config)#router isis
Router2(config-router)#net 49.0010.1921.6801.2002.00
Router2(config-router)#end
```

○リスト 12.2.2c：Router3 の設定

```
Router3#configure terminal
Router3(config)#interface loopback 0
Router3(config-if)#ip address 30.0.0.1 255.255.255.255
Router3(config-if)#ip router isis
Router3(config-if)#exit
Router3(config)#interface FastEthernet 0/0
Router3(config-if)#ip address 192.168.23.3 255.255.255.0
Router3(config-if)#ip router isis
Router3(config-if)#no shutdown
Router3(config-if)#exit
Router3(config)#interface FastEthernet 0/1
Router3(config-if)#ip address 192.168.34.3 255.255.255.0
Router3(config-if)#ip router isis
Router3(config-if)#no shutdown
Router3(config-if)#exit
Router3(config)#router isis
Router3(config-router)#net 49.0020.1921.6802.3003.00
Router3(config-router)#is-type level-2
Router3(config-router)#end
```

○リスト 12.2.2d：Router4 の設定

```
Router4#configure terminal
Router4(config)#interface loopback 0
Router4(config-if)#ip address 40.0.0.1 255.255.255.255
Router4(config-if)#ip router isis
Router4(config-if)#exit
Router4(config)#interface FastEthernet 0/0
Router4(config-if)#ip address 192.168.34.4 255.255.255.0
Router4(config-if)#ip router isis
Router4(config-if)#no shutdown
Router4(config-if)#exit
Router4(config)#router isis
Router4(config-router)#net 49.0030.1921.6803.4004.00
Router4(config-router)#is-type level-2
Router4(config-router)#end
```

確認

Router2とRouter3でIS-ISネイバーの確立を確認します（リスト12.2.2e～12.2.2f）。

○リスト12.2.2e：IS-ISネイバー関係の確認

```
Router2#show isis neighbors     ※IS-ISのネイバー関係の表示
System Id        Type Interface   IP Address      State Holdtime Circuit Id
Router1          L1   Fa0/0       192.168.12.1    UP    7        Router1.02
Router3          L2   Fa0/1       192.168.23.3    UP    24       Router2.02
```

○リスト12.2.2f：IS-ISネイバー関係の確認

```
Router3#show clns is-neighbors   ※IS-ISのネイバー関係の表示
System Id        Interface   State   Type  Priority  Circuit Id     Format
Router4          Fa0/1       Up      L2    64        Router4.02     Phase V
Router2          Fa0/0       Up      L2    64        Router2.02     Phase V
```

Router1はL1ルータであるため、この場合ルーティングテーブルにはデフォルトルートしかありません（リスト12.2.2g）。

Router2はL1/L2ルータであるため、自エリアのL1ルートとL2ルートを保持しています（リスト12.2.2h）。

Router3とRouter4はL2ルータであるため、すべてのルートはL2レベルになっています（リスト12.2.2i～12.2.2j）。

○リスト12.2.2g：Router1のルーティングテーブル

```
Router1#show ip route isis    ※IS-ISのみのルーティングテーブルの確認
i*L1 0.0.0.0/0 [115/10] via 192.168.12.2, FastEthernet0/1
```

○リスト12.2.2h：Router2のルーティングテーブル

```
Router2#show ip route isis
     40.0.0.0/32 is subnetted, 1 subnets
i L2    40.0.0.1 [115/30] via 192.168.23.3, FastEthernet0/1
     10.0.0.0/32 is subnetted, 1 subnets
i L1    10.0.0.1 [115/20] via 192.168.12.1, FastEthernet0/0
i L2 192.168.34.0/24 [115/20] via 192.168.23.3, FastEthernet0/1
     30.0.0.0/32 is subnetted, 1 subnets
i L2    30.0.0.1 [115/20] via 192.168.23.3, FastEthernet0/1
```

○リスト12.2.2i：Router3のルーティングテーブル

```
Router3#show ip route isis
i L2 192.168.12.0/24 [115/20] via 192.168.23.2, FastEthernet0/0
     40.0.0.0/32 is subnetted, 1 subnets
i L2    40.0.0.1 [115/20] via 192.168.34.4, FastEthernet0/1
     10.0.0.0/32 is subnetted, 1 subnets
i L2    10.0.0.1 [115/30] via 192.168.23.2, FastEthernet0/0
```

第12章 IS-IS

○リスト12.2.2j：Router4のルーティングテーブル

```
Router4#show ip route isis
i L2 192.168.12.0/24 [115/30] via 192.168.34.3, FastEthernet0/0
     10.0.0.0/32 is subnetted, 1 subnets
i L2    10.0.0.1 [115/40] via 192.168.34.3, FastEthernet0/0
i L2 192.168.23.0/24 [115/20] via 192.168.34.3, FastEthernet0/0
     30.0.0.0/32 is subnetted, 1 subnets
i L2    30.0.0.1 [115/20] via 192.168.34.3, FastEthernet0/0
```

12-2-3　演習Lab　ルートの集約と選択

IS-ISはOSPFと同じようにルートの集約と、メトリック調整によるルートの選択ができます。これらの様子を図12.2.3のネットワーク構成を使って確認しましょう（GNS3プロジェクト名は「12-2-3_ISIS_Agg_Metric」）。

このネットワークでは、Router4でRIPルートをIS-ISに再配布します。再配布された該当ルートを10.0.0.0/24で集約を行います。また、デフォルトではRouter1からこれらルートへはRouter2とRouter3の両方を経由します。そこで、メトリックの値を調整してRouter2経由が優先ルートとなるように設定します。

○図12.2.3：ネットワーク構成

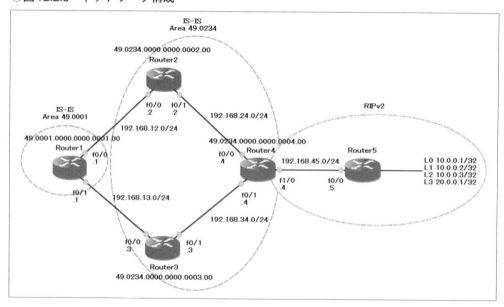

設定

すべてのルータに対して初期の設定を投入します（リスト12.2.3a ～ 10.2.3e）。このとき、まだルート集約とメトリックの調整は行っていません。Router4はL1ルータであるので、Router4でRIPルートの再配布を行うときはL1ルートとして再配布するようにオプション「level-1」を付け加えます。

○リスト12.2.3a：Router1の設定（初期）

```
Router1#configure terminal      ※特権モードから設定モードに移行
Router1(config)#interface FastEthernet 0/0    ※インターフェイスの設定
Router1(config-if)#ip address 192.168.12.1 255.255.255.0   ※IPアドレスの設定
Router1(config-if)#ip router isis   ※インターフェイス上でIS-ISの有効化
Router1(config-if)#no shutdown   ※インターフェイスの有効化
Router1(config-if)#exit   ※直前の設定モードに戻る
Router1(config)#interface FastEthernet 0/1
Router1(config-if)#ip address 192.168.13.1 255.255.255.0
Router1(config-if)#ip router isis
Router1(config-if)#no shutdown
Router1(config-if)#exit
Router1(config)#router isis    ※IS-ISの設定
Router1(config-router)#net 49.0001.0000.0000.0001.00   ※NETアドレスの設定
Router1(config-router)#is-type level-2   ※ルータのレベルの設定
Router1(config-router)#end   ※特権モードに移行
```

○リスト12.2.3b：Router2の設定（初期）

```
Router2#configure terminal
Router2(config)#interface FastEthernet 0/0
Router2(config-if)#ip address 192.168.12.2 255.255.255.0
Router2(config-if)#ip router isis
Router2(config-if)#isis circuit-type level-2   ※インターフェイス上のレベルの設定
Router2(config-if)#no shutdown
Router2(config-if)#exit
Router2(config)#interface FastEthernet 0/1
Router2(config-if)#ip address 192.168.24.2 255.255.255.0
Router2(config-if)#ip router isis
Router2(config-if)#isis circuit-type level-1
Router2(config-if)#no shutdown
Router2(config-if)#exit
Router2(config)#router isis
Router2(config-router)#net 49.0234.0000.0000.0002.00
```

○リスト12.2.3c：Router3の設定（初期）

```
Router3#configure terminal
Router3(config)#interface FastEthernet 0/0
Router3(config-if)#ip address 192.168.13.3 255.255.255.0
Router3(config-if)#ip router isis
Router3(config-if)#isis circuit-type level-2
Router3(config-if)#no shutdown
Router3(config-if)#exit
Router3(config)#interface FastEthernet 0/1
Router3(config-if)#ip address 192.168.34.3 255.255.255.0
Router3(config-if)#ip router isis
Router3(config-if)#isis circuit-type level-1
Router3(config-if)#no shutdown
Router3(config-if)#exit
Router3(config)#router isis
Router3(config-router)#net 49.0234.0000.0000.0003.00
```

リスト12.2.3d：Router4の設定（初期）

```
Router4#configure terminal
Router4(config)#interface FastEthernet 0/0
Router4(config-if)#ip address 192.168.24.4 255.255.255.0
Router4(config-if)#ip router isis
Router4(config-if)#no shutdown
Router4(config-if)#exit
Router4(config)#interface FastEthernet 0/1
Router4(config-if)#ip address 192.168.34.4 255.255.255.0
Router4(config-if)#ip router isis
Router4(config-if)#no shutdown
Router4(config-if)#exit
Router4(config)#interface FastEthernet 1/0
Router4(config-if)#ip address 192.168.45.4 255.255.255.0
Router4(config-if)#no shutdown
Router4(config-if)#exit
Router4(config)#router isis
Router4(config-router)#net 49.0234.0000.0000.0004.00
Router4(config-router)#is-type level-1
Router4(config-router)#redistribute rip level-1   ※RIPルートをL1ルートとして再配布
Router4(config-router)#exit
Router4(config)#router rip   ※RIPの設定
Router4(config-router)#version 2   ※RIPv2の設定
Router4(config-router)#no auto-summary   ※ルートの自動集約の無効化
Router4(config-router)#network 192.168.45.0   ※ネットワークの公布
Router4(config-router)#end
```

リスト12.2.3e：Router5の設定（初期）

```
Router5#configure terminal
Router5(config)#interface loopback 0
Router5(config-if)#ip address 10.0.0.1 255.255.255.255
Router5(config-if)#exit
Router5(config)#interface loopback 1
Router5(config-if)#ip address 10.0.0.2 255.255.255.255
Router5(config-if)#exit
Router5(config)#interface loopback 2
Router5(config-if)#ip address 10.0.0.3 255.255.255.255
Router5(config-if)#exit
Router5(config)#interface loopback 3
Router5(config-if)#ip address 20.0.0.1 255.255.255.255
Router5(config-if)#exit
Router5(config)#interface FastEthernet 0/0
Router5(config-if)#ip address 192.168.45.5 255.255.255.0
Router5(config-if)#no shutdown
Router5(config-if)#exit
Router5(config)#router rip
Router5(config-router)#version 2
Router5(config-router)#no auto-summary
Router5(config-router)#network 10.0.0.0
Router5(config-router)#network 20.0.0.0
Router5(config-router)#network 192.168.45.0
```

確認

すべてのルータの設定が完了したら、ネイバーの確立を確認します（リスト12.2.3f～12.2.3g）。

○リスト12.2.3f：IS-IS ネイバー関係の確認

```
Router1#show isis neighbors   ※IS-ISのネイバー関係の表示

System Id       Type Interface     IP Address       State Holdtime Circuit Id
Router3         L2   Fa0/1         192.168.13.3     UP    5        Router3.01
Router2         L2   Fa0/0         192.168.12.2     UP    5        Router2.01
```

○リスト12.2.3g：IS-IS ネイバー関係の確認

```
Router4#show clns neighbors   ※IS-ISのネイバー関係の表示

System Id       Interface    SNPA              State Holdtime Type Protocol
Router3         Fa0/1        c203.19b4.0001    Up    26       L1   IS-IS
Router2         Fa0/0        c202.179c.0001    Up    21       L1   IS-IS
```

このときのRouter1のルーティングテーブル上には集約されていないルート（「10.0.0.1」「10.0.0.2」「10.0.0.3」）を確認できます（**リスト12.2.3h**）。

○リスト12.2.3h：Rotuer1のルーティングテーブル（初期）

```
Router1#show ip route isis   ※IS-ISのみのルーティングテーブルの確認
i L2 192.168.45.0/24 [115/20] via 192.168.13.3, FastEthernet0/1
                    [115/20] via 192.168.12.2, FastEthernet0/0
i L2 192.168.24.0/24 [115/20] via 192.168.12.2, FastEthernet0/0
     20.0.0.0/32 is subnetted, 1 subnets
i L2    20.0.0.1 [115/20] via 192.168.13.3, FastEthernet0/1
                 [115/20] via 192.168.12.2, FastEthernet0/0
     10.0.0.0/32 is subnetted, 3 subnets
i L2    10.0.0.2 [115/20] via 192.168.13.3, FastEthernet0/1
                 [115/20] via 192.168.12.2, FastEthernet0/0
i L2    10.0.0.3 [115/20] via 192.168.13.3, FastEthernet0/1
                 [115/20] via 192.168.12.2, FastEthernet0/0
i L2    10.0.0.1 [115/20] via 192.168.13.3, FastEthernet0/1
                 [115/20] via 192.168.12.2, FastEthernet0/0
i L2 192.168.34.0/24 [115/20] via 192.168.13.3, FastEthernet0/1
```

Router4でルート集約

Router4でルート集約を行います。集約対象のルートはL1ルートなので、集約コマンドにオプション「level-1」を使用します（**リスト12.2.3i**）。

○リスト12.2.3i：ルート集約

```
Router4#configure terminal
Router4(config)#router isis
Router4(config-router)#summary-address 10.0.0.0 255.255.255.0 level-1
                                                        ※L1ルートのルート集約
```

ルート集約後、再度Router1のルーティングテーブルを確認します。3つのルートが「10.0.0.0/24」に集約されたのがわかります（**リスト12.2.3j**）。

○リスト12.2.3j：Router1のルーティングテーブル（ルート集約後）

```
Router1#show ip route isis
i L2 192.168.45.0/24 [115/20] via 192.168.13.3, FastEthernet0/1
                    [115/20] via 192.168.12.2, FastEthernet0/0
i L2 192.168.24.0/24 [115/20] via 192.168.12.2, FastEthernet0/0
     20.0.0.0/32 is subnetted, 1 subnets
i L2    20.0.0.1 [115/20] via 192.168.13.3, FastEthernet0/1
                 [115/20] via 192.168.12.2, FastEthernet0/0
     10.0.0.0/24 is subnetted, 1 subnets
i L2    10.0.0.0 [115/20] via 192.168.13.3, FastEthernet0/1
                 [115/20] via 192.168.12.2, FastEthernet0/0
i L2 192.168.34.0/24 [115/20] via 192.168.13.3, FastEthernet0/1
```

Router2経由を優先ルートに設定

最後にRouter1のF0/1インターフェイス上のメトリックを大きくして、Router2経由を優先ルートに設定します（リスト12.2.3k）。メトリックのデフォルト値は10なので、10より大きく63以下（ナローメトリックの場合）の値を設定します。

○リスト12.2.3k：メトリックの変更

```
Router1#configure terminal
Router1(config)#interface FastEthernet 0/1
Router1(config-if)#isis metric 50     ※メトリックの設定
Router1(config-if)#end
```

メトリックを変更した後に、再びRouter1のルーティングテーブルを確認すると、再配布されたルートへはRouter2経由に片寄せになったのを確認できます（リスト12.2.3l）。

○リスト12.2.3l：Router1のルーティングテーブル（メトリックの変更後）

```
Router1#show ip route isis
i L2 192.168.45.0/24 [115/20] via 192.168.12.2, FastEthernet0/0
i L2 192.168.24.0/24 [115/20] via 192.168.12.2, FastEthernet0/0
     20.0.0.0/32 is subnetted, 1 subnets
i L2    20.0.0.1 [115/20] via 192.168.12.2, FastEthernet0/0
     10.0.0.0/24 is subnetted, 1 subnets
i L2    10.0.0.0 [115/20] via 192.168.12.2, FastEthernet0/0
i L2 192.168.34.0/24 [115/30] via 192.168.12.2, FastEthernet0/0
```

12-3 章のまとめ

IS-ISはリンクステート型のルーティングプロトコルで、OSPFと同じの特徴を多く持っています。しかし、IS-ISはもともとOSIプロトコルスイートのためのルーティングプロトコルなので、当初はIPを扱えませんでした。拡張IS-ISは、IPにも対応できるようになりましたが、IS-IS自体がOSIプロトコルなのでIPアドレスのほかにNETアドレスも必要です。

第13章 BGP

BGP（Border Gateway Protocol）は、パスベクタ型ルーティングプロトコルで、AS（自律システム）間のルート情報を交換するEGPです。本章では、BGPメッセージや動作仕様などを通じて、BGPがAS間のルーティングに適している理由を説明します。さらに、BGPのパスアトリビュートによるさまざまなルーティングの制御方法も紹介します。

13-1 BGPの概要

BGPは、EGPに分類されるルーティングプロトコルで、AS内でルーティングを行うRIPやOSPFといったIGPとは違った目的で作られています。なぜAS間のルーティングはBGPでなければいけないのでしょうか。この答えは、BGPのAS間のルーティングに特化した機能にあります。

13-1-1 BGPの特徴

ルーティングプロトコルにはIGPとEGPの2種類があります。IGPは、RIPやOSPFが代表的なルーティングプロトコルで、AS内のルーティングを目的としたものです。EGPは、AS間のルーティングを目的としたルーティングプロトコルで、現状BGPが唯一のEGPです。BGPは、RFC1771で定義されていますが、その前身はRFC904のEGP（ルーティングプロトコルの分類のEGPとは別物）です。EGP（RFC904）は、原始的な作りのルーティングプロトコルであったため、ルーティングループが発生しやすく、細かいルーティングポリシーに対応できないなどの難点がありました。これらの難点を克服して開発されたのがBGPです。BGPにもいくつかのバージョンがあり、一般的に使われているのはBGPv4です。

BGPの特徴を紹介する前に、BGPの用語について確認しておきましょう（表13.1.1）。

○表13.1.1：BGPの用語

用語	説明
AS	自律システム、同一のポリシーで管理されているネットワーク
BGPスピーカ	BGPが有効になっているルータ
BGPピア	BGPルートを交換し合うルータ同士の関係
iBGP[※1]	AS内部で使うBGP

第13章 BGP

eBGP[※2]	AS間で使うBGP
RIB[※3]	BGPテーブルとも呼ばれ、BGPで学習したすべてのルート情報が記載されているテーブル
パスアトリビュート	BGPのメトリックとして使われ、パスアトリビュートの組み合わせで多様なルート制御が可能
ベストパス	BGPの最適ルート選定アルゴリズムを使って、RIBのエントリから選ばれた最適パス
ポリシーベースルーティング	パスアトリビュートを使ってベストパスを決めるルーティング方式
ルータID	BGPスピーカを識別するための番号
iBGPスプリットホライズン	ルーティング防止の機能、iBGPで受信したルートをiBGPピアに送信しない仕様
ルートリフレクタ	スケーラビリティ機能の1つ、iBGPで受信したルートをiBGPピアに転送する仕様
コンフェデレーション	スケーラビリティ機能の1つ、ASをサブASに分割する仕様

※1 Internal BGP
※2 External BGP
※3 Routing Information Base

では、ここからBGPの主な特徴について紹介していきます。

パスベクタ型ルーティングプロトコル

　パスベクタ型ルーティングプロトコルは、ディスタンスベクタ型ルーティングプロトコルと似た特徴を持っています。ディスタンスベクタ型ルーティングプロトコルでは、距離と方向をベースに最適ルートを決めます。これに対して、パスベクタ型ルーティングプロトコルは、パス（経由したASのリスト）と方向をベースに最適ルートを計算します。BGPスピーカが告知するルート情報に、今まで経由したASのリストがあるので、過去に通過したASに逆戻りさせないループ防止機能があります。

クラスレス型ルーティングプロトコル

　BGPは、RIPv2とOSPFと同様のクラスレス型ルーティングプロトコルです。可変長サブネットマスクと不連続サブネットをサポートするため、IPアドレスを柔軟に活用できます。また、適切な境界でルートも集約できます。

多様なパスアトリビュート

　BGPのメトリックはパスアトリビュートと呼ばれるもので、CiscoルータはCisco独自のものを含めて11種類あります。

ポリシーベースルーティング

　BGPは、パスアトリビュートを使って最適パスを選択するポリシーベースルーティング

を行います。ポリシーベースルーティングでは、複数のパスアトリビュートの組み合わせを使って、柔軟なパス選択を実現できます。

TCPによる信頼性のある通信

BGPは、TCPポート179番を使用するアプリケーション層のプロトコルです。TCPを使うことで、順序制御や再送制御などをサポートするため、信頼性のある通信を提供します。

差分情報のアップデート

ピアが確立したときは、ルータが持っているすべてのルート情報を交換し合いますが、その後ネットワークの変更で生じた差分のみをアップデートします。すべてのルート情報を定期的にフラッディングする方法と比べると、不要なトラフィックを減らすことができるので、ルータのCPU負荷を抑えられます。

ルータの認証

ピア確立の際にパスワード認証を使い、不正なルートの流入を防ぎます。

13-1-2　AS（自律システム）

ASは、同一の管理ポリシーで管理されているネットワーク群のことです。この管理ポリシーを定めているのは、プロバイダ、政府機関、企業などの組織です。AS同士をつなぎ合わせたネットワークをインターネットと呼びます。AS同士のつながりは、AS管理者双方の間で接続方式などの協議によって実現されます。

インターネット全体をASの単位に分割するのは、IGPがインターネット全体のルーティングを制御するのが難しいからです。RIPは、最大15ホップしかサポートできないので、巨大なインターネットのルーティングを行うには明らかに不適切です。OSPFには最大ホップ数の制限はありませんが、LSAが膨大な量となってしまうので、ルータの処理が追いつきません。LSAを抑制する方法として、OSPFを細かくエリアに分ける方法はありますが、バックボーンエリアに非バックボーンエリアが直接接続するルールがあるため、物理的な制約の壁にぶつかります。

ASごとに一意の番号があり、このAS番号は2バイト長のデータで、1から65535までの値です。インターネットで使用するASは、グローバルASと言い、AS番号はインターネット上で重複することはできません。一方、AS内部で自由に使えるのがプライベートASです。グローバルASの番号は64511以下となっており、IANAなどの組織がAS番号の管理運用を行っています。64512から65525までは、プライベートASに割り当てられている番号です。

13-1-3　BGPメッセージ

BGPピア同士でやり取りするルート情報は、BGPメッセージで運ばれます。BGPはTCPを使うので、BGPメッセージはTCPヘッダにカプセリングされたデータです。BGPメッセー

第13章 BGP

ジには、4種類（OPEN、UPDATE、NOTIFICATION、KEEPALIVE）のメッセージがあり、BGPの動作を理解するうえで各メッセージフォーマットは理解しておくとよいでしょう。

BGPメッセージヘッダのフォーマット

各BGPメッセージには、共通のメッセージヘッダがあります（図13.1.1）。

○図13.1.1：BGPメッセージヘッダのフォーマット

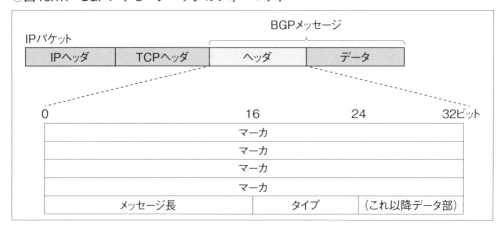

BGPメッセージヘッダの各フィールドは次のとおりです。

- マーカ（128ビット）
  ピアとの同期のために使われる。BGPメッセージがOPENメッセージか認証を使用しないときは、マーカの値はすべて「1」で埋め尽くされる。それ以外の場合、受信側が認証メカニズムで予想した値が入っていて、ピアとの同期のずれを検知する
- メッセージ長（16ビット）
  BGPメッセージヘッダとBGPメッセージデータの合計バイト長
- タイプ（8ビット）
  後続データ部のメッセージタイプ（表13.1.2）

○表13.1.2：タイプフィールド

タイプ	メッセージタイプ
1	OPEN
2	UPDATE
3	NOTIFICATION
4	KEEPALIVE

OPENメッセージのフォーマット

OPENメッセージは、BGPスピーカ同士でTCPのコネクションを確立したあとに、互いに送信する最初のメッセージです（図13.1.2）。BGPスピーカは、OPENメッセージを使って、相手のBGPスピーカとピアを確立します。ピアが確立すると、他のBGPメッセージを送信できるようになります。

13-1 BGPの概要

○図13.1.2：OPENメッセージのフォーマット

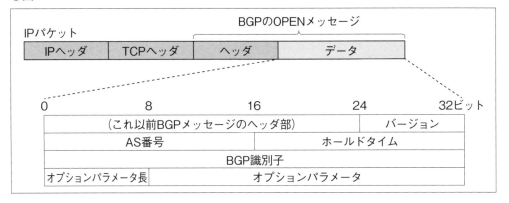

OPENメッセージの各フィールドは次のとおりです。

- バージョン（8ビット）
  BGPのバージョンの値（通常は「4」）
- AS番号（16ビット）
  送信元BGPスピーカのAS番号
- ホールドタイム（16ビット）
  ホールドタイムの秒数。UPDATEメッセージまたはKEEPALIVEメッセージを受け取ったあと、ホールドタイム時間を待っても新しいUPDATEメッセージやKEEPALIVEメッセージが来なければ、BGPピアがダウンしたと判断する。双方のBGPスピーカで設定したホールドタイムが異なれば、より小さい値をホールドタイムとして採用する。デフォルト値は180秒
- BGP識別子（32ビット）
  送信元BGPスピーカのルータID（表13.1.3）。手動によるルータIDの指定も可能
- オプションパラメータ長（8ビット）
  オプションパラメータフィールドのバイト長。値が「0」ならオプションパラメータがないことを意味する
- オプションパラメータ（可変長ビット）
  現在のところ、オプションパラメータは認証のみ

○表13.1.3：CiscoルータでのルータIDの決め方

優先順位	決め方
1	手動設定のIPアドレス
2	アクティブなループバックインターフェイスのうち最大のIPアドレス
3	アクティブな物理または論理インターフェイスのうち最大のIPアドレス

UPDATEメッセージのフォーマット

UPDATEメッセージは、BGPピア間でルート情報の通知と取り消しに使われます（図13.1.3）。BGPピアが確立した直後では、すべてのルート情報を通知しますが、その後は差分のみを通知します。

○図13.1.3：UPDATEメッセージのフォーマット

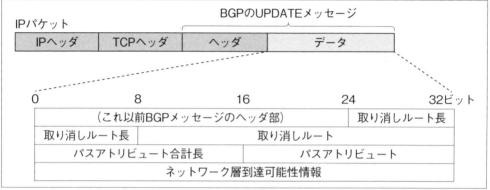

UPDATEメッセージの各フィールドは次のとおりです。

- 取り消しルート長（16ビット）
  取り消しルートフィールドのバイト長。値が「0」なら取り消すルートがないことを意味する
- 取り消しルート（可変長ビット）
  相手のBGPスピーカに取り消してほしいルートのリスト
- パスアトリビュート合計長（16ビット）
  パスアトリビュートフィールドのバイト長
- パスアトリビュート（可変長ビット）
  ネットワーク層到達性情報のパスアトリビュート（パスアトリビュートの種類によって内容が大きく変わる。後述）
- ネットワーク層到達性情報（可変長ビット）
  有効なルート情報のこと。複数のルート情報を同時に1つのUPDATEメッセージで通知できる

NOTIFICATIONメッセージのフォーマット

NOTIFICATIONメッセージは、BGPのピアに何らかの問題が発生したときに送信されるメッセージです（図13.1.4）。TCPコネクションを切断する前に、NOTIFICATIONメッセージを使ってエラーに関する情報を送信します。

図13.1.4：NOTIFICATIONメッセージのフォーマット

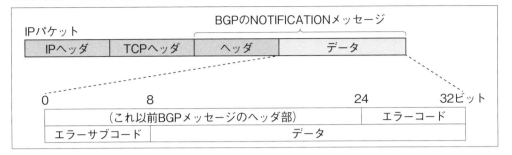

NOTIFICATIONメッセージの各フィールドは次のとおりです。

- エラーコード（8ビット）
  エラーのタイプ（表13.1.4）
- エラーサブコード（8ビット）
  エラーコードの理由を詳細に記述した内容。エラーコードによってサブエラーコードの内容が異なる（表13.1.5〜表13.1.7）

表13.1.4：エラーコード

エラーコード	コード名称	エラーメッセージの発生タイミング
1	メッセージヘッダエラー	BGPメッセージヘッダの処理過程
2	OPENメッセージエラー	OPENメッセージの処理過程
3	UPDATEメッセージエラー	UPDATEメッセージの処理過程
4	ホールドタイマ超過	ホームタイマが満了したとき
5	状態遷移エラー	BGPの状態遷移において、不足なイベントなどが発生したとき
6	中止	その他の理由でBGPピアを切断するとき

表13.1.5：メッセージヘッダエラーのサブエラーコード

エラーサブコード	コード名称	エラーメッセージの発生タイミング
1	接続の非同期	予期しないマーカフィールド値を受信したとき
2	不適切なメッセージ長	メッセージヘッダのメッセージ長フィールド値が規定外のとき
3	不適切なメッセージタイプ	メッセージヘッダのタイプフィールド値が認識できない場合

表13.1.6：OPENヘッダエラーのサブエラーコード

エラーサブコード	コード名称	エラーメッセージの発生タイミング
1	非対応バージョン番号	非対応のBGPバージョン番号がバージョンフィールドにあったとき
2	不適切なピアAS	認識できない／意図しないAS番号がAS番号フィールドにあったとき
3	不適切なBGP識別子	BGP識別子フィールド値が誤った記述形式のとき
4	非対応オプションパラメータ	オプションパラメータの内容が理解できないとき
5	認証失敗	認証が失敗したとき
6	許容外のホールドタイマ	提案されたホールドタイマが許容できない値のとき

表13.1.7：UPDATEヘッダエラーのサブエラーコード

エラーサブコード	コード名称	エラーメッセージの発生タイミング
1	不正なアトリビュートリスト	パスアトリビュートが異常に長いとき
2	認識できない既知アトリビュート	受信した既知必須のアトリビュートを認識できないとき
3	既知アトリビュートの欠如	既知必須のアトリビュートがないとき
4	アトリビュートフラグエラー	アトリビュートフラグの値が不正のとき
5	アトリビュート長エラー	アトリビュートのバイト長が規定外のとき
6	無効なORIGINアトリビュート	ORIGINアトリビュートに定義していない値があったとき
7	ASルーティングループ	ルーティングループが検知されたとき
8	無効なネクストホップアトリビュート	ネクストホップアトリビュートの記述方式が間違っているとき
9	オプションアトリビュートエラー	オプションアトリビュートに不正な値があったとき
10	無効なネットワークフィールド	ネットワーク層到達性情報の記述方法が間違っているとき
11	不正なAS Path	AS Pathの記述方法が間違っているとき

KEEPALIVEメッセージのフォーマット

　TCPにキープアライブ機能がないため、BGPではKEEPALIVEメッセージでキープアライブを行います。KEEPALIVEメッセージが送信される間隔は、ホールドタイムの1/3（デフォルトでは60秒）です。また、KEEPALIVEメッセージはデータ部がないので、BGPのヘッダのみとなっています（図13.1.5）。

図13.1.5：KEEPALIVEメッセージのフォーマット

13-1-4 BGPの動作仕様

BGPの動作には、ピアの確立、UPDATEメッセージによるルート情報の交換、KEEPALIVEメッセージによるピアの維持、NOTIFICATIONメッセージによるピアの終了があります。

ピアを確立する前に、BGPスピーカ同士でTCPコネクションを確立します。BGPは、IGPと比べると膨大なルート情報を交換するので、通信エラーによるルート情報の再送はとても非効率的です。そこで、あらかじめTCPコネクションを確立させ、エラー制御ができるようにしています。また、ピアを確立する相手は、必ずしも物理的に隣接する必要がありません。TCPのコネクションが確立できれば、離れたBGPスピーカ同士のピア確立も可能です。したがって、ピア確立の際、OSPFのようにHelloパケットによる隣接ルータの自動探索はできないので、手動による相手側のBGPスピーカを指定することが必要です。

では、ここからBGPの動作をピアの確立から紹介していきます。

BGPピアの確立

BGPのピアが確立するまで6つの状態を通過します（**図13.1.6**）。初期のIdle状態から始まり、Connect、Active、OpenSent、OpenConfirmを経て、最終的にEstablished状態に至ります。

○図13.1.6：BGPの状態遷移

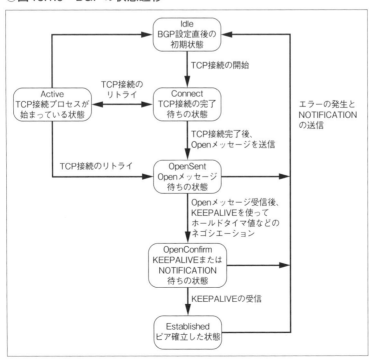

第13章　BGP

各状態は次のようになっています。

- Idle状態
  ルータにBGPの設定をした直後の状態で、ピアを確立する相手とTCP接続のプロセスを開始するとConnect状態に遷移する
- Connect状態
  TCP接続の完了を待っている状態。TCP接続が完了したら、Openメッセージを相手に送信してOpenSent状態に遷移する。もしTCP接続が失敗したらActive状態に遷移する
- Active状態
  TCP接続のプロセスが始まっている状態。この状態でTCP接続が完了すれば、Openメッセージを相手に送信してOpenSent状態に遷移する。TCP接続ができなければConnect状態に戻る。Active状態のままになるのは、TCP接続に問題にがあり、設定ミスが原因となっている場合が多い
- OpenSent状態
  相手からのOpenSentメッセージを待っている状態。相手からOpenSentメッセージを受け取ったら、メッセージにエラーがあるかをチェックする。エラーがないなら、KEEPALIVEメッセージによるホールドタイマのネゴシエーションとAS番号によるiBGPまたはeBGPの決定を行い、OpenConfirm状態に遷移する。エラーがあると、NOTIFICATIONメッセージを送信してIdle状態に戻る
- OpenConfirm状態
  KEEPALIVEメッセージまたはNOTIFICATIONメッセージを待っている状態。KEEPALIVEメッセージを受信すれば、Established状態に遷移する。NOTIFICATIONメッセージを受信すれば、Idle状態に遷移する
- Established状態
  BGPピアが確立した状態。BGPが確立したのち、UPDATEメッセージまたはKEEPALIVEメッセージを受信するたびにホールドタイマをリセットする。ホールドタイマが満了するとNOTIFICATIONメッセージを送信してピアを終了する。また、相手からNOTIFICATIONメッセージを受け取ったときもピアを終了する

UPDATEメッセージによるルート情報の交換

　ピアが無事に確立したら、BGPスピーカ同士は、UPDATEメッセージで互いに持っているすべてのルート情報を交換します。その後、ネットワークの変化に応じて、差分情報のみをUPDATEメッセージで通知します。受信したルート情報をRIBに登録して、最適ルート選択アルゴリズムを使ってベストパスを選んでルーティングテーブルに載せます。

KEEPALIVEメッセージによるピアの維持

　ピアが確立したあと、定期的にKEEPALIVEメッセージを送って、相手の生存確認を行

います。KEEPALIVEを送信する間隔はホールドタイマの1/3です。

NOTIFICATIONメッセージによるピアの終了

エラーが発生すると、NOTIFICATIONメッセージを送信してピアを終了します。

13-1-5 パスアトリビュート

BGPで最適ルートを決めるために用いるメトリックはパスアトリビュートと呼ばれています。パスアトリビュートは、UPDATEメッセージのパスアトリビュートフィールドに格納されています。パスアトリビュートには、数種類があり、単独あるいはその組み合わせで最適ルートを柔軟に選択できます（図13.1.7）。

○図13.1.7：パスアトリビュートのフォーマット

パスアトリビュートの各フィールドは次のとおりです。

- フラグ（8ビット）
  フラグフィールドは最初の4ビット（OTPEビット）のみを使用していて、残りの4ビットはすべて「0」。OTPEビットの内容は表13.1.8。パスアトリビュートの性質は4通りのカテゴリ（表13.1.9）に分けられる
- タイプコード（8ビット）
  パスアトリビュートの種別コード（表13.1.10）
- パスアトリビュート長（8ビットまたは16ビット）
  フィールドの長さは、フラグフィールドのEビットの値（8ビットまたは16ビット）で、パスアトリビュートフィールドのバイト数
- パスアトリビュート値フィールド（可変長ビット）
  パスアトリビュートの内容

○表13.1.8：OTPEビット

OTPEビット	意味	0	1
Oビット	パスアトリビュートの種別	Wellknown（既知）	Optional（オプション）
Tビット	パスアトリビュートの転送	non-transitive（非通過）	transitive（通過）
Pビット	パスアトリビュートの処理	complete（オプションのパスアトリビュートはすべてのBGPスピーカが認識した）	partial（オプションのパスアトリビュートはすべてのBGPスピーカが認識しなかった）
Eビット	パスアトリビュート長	パスアトリビュート長は8ビット	パスアトリビュート長は16ビット

○表13.1.9：パスアトリビュートのカテゴリ

カテゴリ	説明
Well-Known mandatory（既知必須）	すべてのBGPスピーカが認識し、UPDATEメッセージに必ず含まれている
Well-known discretionary（既知任意）	すべてのBGPスピーカが認識するが、UPDATEメッセージに含むかは任意
Optional transitive（オプション通過）	BGPスピーカによる認識は任意で、認識できない場合ほかのBGPスピーカに転送される
Optional non-transitive（オプション非通過）	BGPスピーカによる認識は任意で、認識できない場合削除される

○表13.1.10：パスアトリビュート

タイプコード	パスアトリビュート	性質
1	Origin	既知必須
2	AS Path	既知必須
3	Next Hop	既知必須
4	MED[※]	オプション非通過
5	Local Preference	既知任意
6	Atomic Aggregate	既知任意
7	Aggregator	オプション通過
8	Community	オプション通過
9	Originator	オプション非通過
10	Cluster List	オプション非通過
―	Weight	（Cisco独自）

※　Multi Exit Discriminator

では、各パスアトリビュートの詳細について見ていきましょう。

Origin

Originは、該当ルート情報を生成したBGPスピーカの種類を表します。パスアトリビュートの値、ルートの優先順位およびBGPスピーカの種類を**表13.1.11**に示します。

○表13.1.11：Origin

パスアトリビュート値	ルートの優先順位	BGPスピーカの種類	概要
0	1	IGP	AS内部で生成したルート情報
1	2	EGP	EGP経由で学習したルート情報
2	3	INCOMPLETE	ルートの再配布などほかの方法で学習したルート情報

AS Path

AS Pathは、UPDATEメッセージが通過したASのAS番号をリストアップしたパスアトリビュートです。ASの番号がリストアップされるのは、EBGPのピアを通過したときです。同一の宛先に複数のパスがあったとき、リストアップされたAS番号の数の少ないほうが優先されます。

図13.1.8の例では、AS50のルータは2方向から同じルート情報を学習しますが、AS Pathリストのより短いAS20を通るほうを優先ルートとみなします。

○図13.1.8：AS Pathによる優先ルートの選択

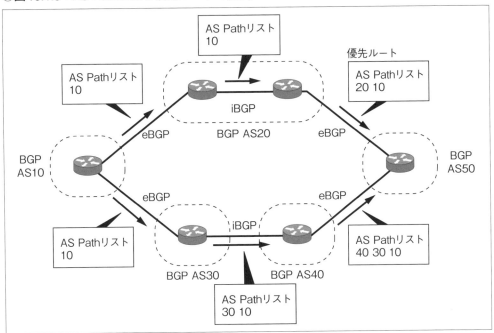

NEXT HOP

NEXT HOPは、宛先となるネットワークへの到達のネクストホップを示します。ルータがeBGPルータとiBGPルータでネクストホップは異なります。eBGPルータの場合、対向のeBGPピアルータのIPアドレスです。iBGPルータの場合、同じAS内のeBGPルータが受け取ったルート情報にあるネクストホップです。なお、NEXT HOPによるルートの優劣の判断はありません。

図13.1.9は、Router1から告知するルート情報のNEXT HOPアトリビュートの例です。Router2とRouter3はともに外部ASのeBGPピアルータからルート情報をもらっているので、NEXT HOPは対向のeBGPピアルータです。Router4は、iBGP経由でこのルートをもらっているので、NEXT HOPはRouter2のF1インターフェイスのIPアドレスです。

○図13.1.9：NEXT HOP

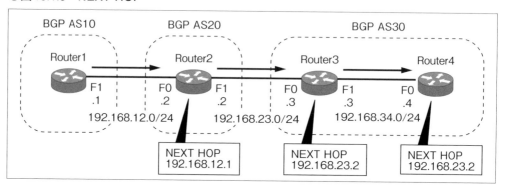

MED

外部ASと複数のeBGPピアで接続しているとき、MEDを使って外部ASに対してどのピアから通信してほしいかを教えます。MED値は小さいほど優先度が高いです。

図13.1.10の例では、Router4はRouter1から同一ルート情報をRouter2とRouter3経由で学習しています。Router2経由で学習したルート情報にはMED値「1」が付与されていて、Router3経由ではMED値「10」が付与されています。MED値が小さいほど優先度が高いので、Router2経由のルートが優先となります。

○図13.1.10：MEDによる優先ルートの選択

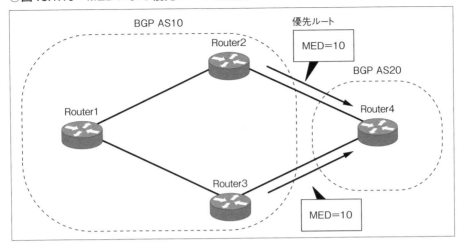

Local Preference

Local Preferenceは、iBGPピア間で交換され、AS内のみで用いる優先度です。MEDの場合、外部のASに要望を出す形でしたが、Local Preferenceは自分都合で優先ルートを決めます。Local Preferenceの値が大きいほど優先度が高いです。

図13.1.11の例では、Router1からRouter2とRouter3に対して同じルート情報を通知しています。このとき、Router2でこのルート情報のLocal Preference値を200、Router3では100に設定してRouter4に通知します。Router4は、より大きいLocal Preference値のRouter2経由のルートを優先ルートとみます。

○図13.1.11：Local Preferenceによる優先ルートの選択

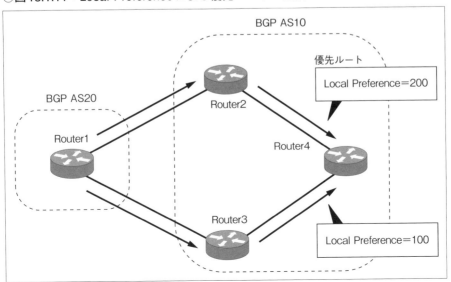

13-1-6　最適ルート選択アルゴリズム

　BGPにおける最適ルートは、パスアトリビュートに基づいて選択されます。ルート情報に数種類のパスアトリビュートがある場合、まずどのパスアトリビュートを使うかを決め、次にパスアトリビュートの値でルートの優劣を決めます。このような最適ルートの選択方法は、最適ルート選択アルゴリズムと呼ばれる手順に従います。表13.1.12は、一般的なBGPの最適ルート選択アルゴリズムの内容です。

○表13.1.12：最適ルート選択アルゴリズム

優先順位	概要	詳細
1	NEXT HOPの到達性の確認	比較の前にネクストホップへの到達性を確認する。到達できないなら比較対象外のルートとみなす
2	Local Preferenceの比較	ネクストホップへの到達性が確認できれば、Local Preference値を比較して、値の大きいほうのルートを優先する
3	AS Pathの比較	Local Preference値が同じなら、AS Path値を比較して、ASパスリストがより短いほうのルートを優先する
4	Originの比較	ASパスリストの長さが同じなら、Origin値を比較して、IGP＞EGP＞Incompleteの順で優先ルートを決める
5	MEDの比較	Origin値が同じなら、MED値を比較して、値がより小さいほうのルートを優先する
6	eBGPとiBGPルートの比較	MED値が同じなら、iBGPのルートよりもeBGPのルートを優先する
7	IGPメトリックの比較	eBGPとiBGPルートの比較でも決着がつかなければ、ネクストホップまでのIGPメトリック値を比較して、メトリック値がより小さいほうのルートを優先する
8	ルータIDの比較	IGPメトリックが同じなら、最終的にルータIDの小さいBGPスピーカからのルートを優先する

13-1-7　BGPスプリットホライズン

　AS Pathパスアトリビュートを使ってルーティングループを防止できることを紹介しました。しかし、AS Pathは、AS内のルーティングループを防ぐことはできません。AS内でのルーティングループを防ぐ手段がないと、図13.1.12のようなルーティングループが発生します。

○図13.1.12：AS内のルーティングループ

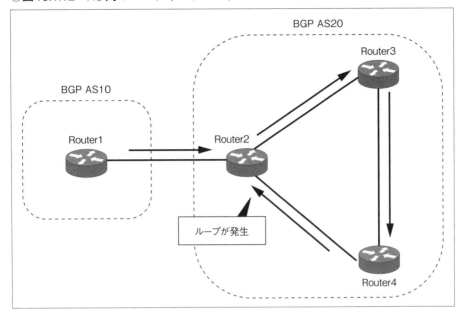

AS内のルーティングループを防止する機能として、BGPスプリットホライズンというものがあります。BGPスプリットホライズンは、iBGPピアからもらったルート情報をほかのiBGPピアに通知しない機能です。RIPにもスプリットホライズンという機能はありますが、RIPでは、隣接ルータからもらったルート情報をそのルータに対して告知しない機能です。

○図13.1.13：BGPスプリットホライズン

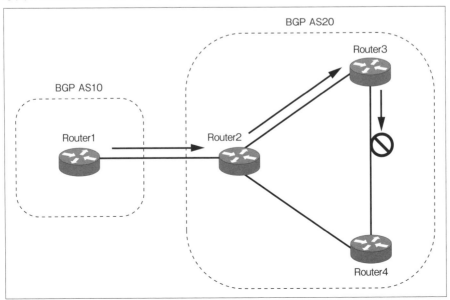

図13.1.13の例では、Router2は、eBGPピアのRoute1からもらったルート情報をiBGPピアのRouter3に通知しています。Router3は、iBGPピアのRouter2からもらったルート情報をiBGPピアのRouter4に通知しません。同様に、Router2からRouter4にもルート情報を通知しているので、AS内でルーティングループが発生することなく、すべてのiBGPルータがAS10からのルート情報を持つようになります。

BGPスプリットホライズンが有効になっていると、AS内のiBGPルータはフルメッシュの接続構成でないと、すべてのiBGPルータにルート情報が行き渡りません。しかし、フルメッシュに接続するとはピア数が増え、ルータの負荷も大きくなります。このようなフルメッシュの問題を解決するには、ルートリフレクタとコンフェデレーションの手法があります。

13-1-8　ルートリフレクタ

ルートリフレクタはAS内のフルメッシュを回避するための手法の1つです。ルートリフレクタが有効になっているBGPスピーカ（ルートリフレクタクライアント）は、受け取ったルート情報をルートリフレクタに一旦転送し、ルートリフレクタは転送元のルートリフレクタクライアント以外のルートリフレクタクライアントとルートリフレクタノンクライアントに再転送します。ルートリフレクタノンクライアントとはルートリフレクタが有効になっていないBGPスピーカのことです。また、ルートリフレクタとルートリフレクタクライアントの集まりをクラスタと呼びます。

図13.1.14は、このときのルートリフレクタクライアントからルートリフレクタにルート情報を転送する様子を表したものです。

○図13.1.14：ルートリフレクタ

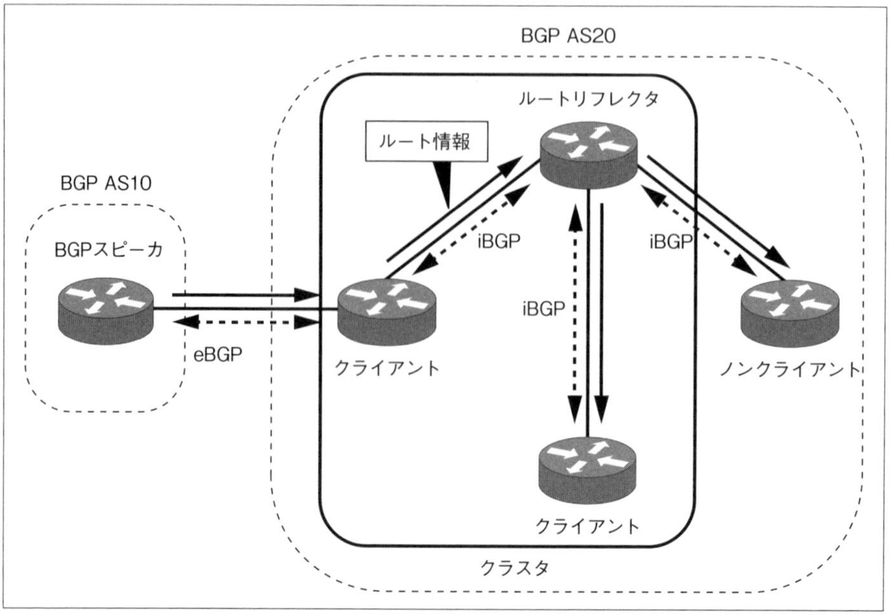

13-1-9 コンフェデレーション

コンフェデレーションもルートリフレクタと同様で、AS内のiBGPピアのフルメッシュを回避する手段の1つです。

コンフェデレーションでは、1つのASを複数のサブASに分割して、それぞれのサブAS内ではiBGPピアのフルメッシュを構成します。これにより、AS内のiBGPのピア数を減らします。サブAS間はeBGPで接続します。また、通常サブASの番号はプライベートASの番号を使用します（図13.1.15）。

コンフェデレーションを使用したとき、Local PreferenceやMEDなどのアトリビュート情報はiBGPピアのときと同じように保持されるため、外部のASからはコンフェデレーションの有無を気にする必要はありません。

○図13.1.15：コンフェデレーション

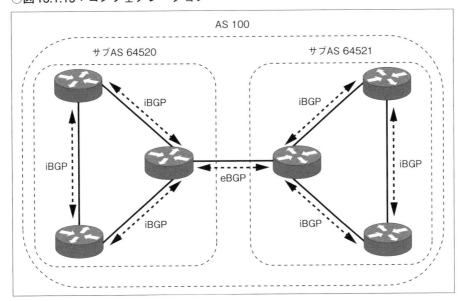

13-2 演習ラボ

ここでは、GNS3上で次のような設定を行ってみましょう。

- BGPの基本設定
- AS Pathによるベストパスの選択
- MEDによるベストパスの選択
- Local Preferenceによるベストパスの選択

第13章 BGP

- 再配布とルート集約
- ルートリフレクタ
- コンフェデレーション

13-2-1 [演習Lab] BGPの基本設定

まず、iBGPとeBGPの設定について確認します（GNS3プロジェクト名は「13-2-1_BGP_Basic」）。ネットワーク構成は図13.2.1のようになっており、最終的にRouter3からRouter1のLoopback0インターフェイスまでのpingができるようにしましょう。

○図13.2.1：ネットワーク構成

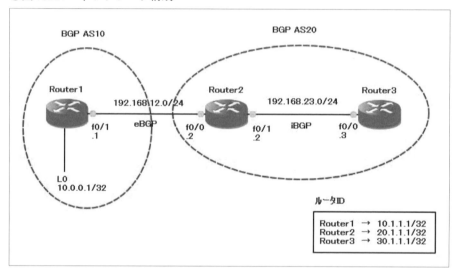

設定

BGPの設定において注意したいのはネクストホップの解決です（**リスト13.2.1a～13.2.1c**）。BGPで受信したルートのネクストホップに到達性なければ、そのルートは無効となりルーティングテーブルに表示されません。Router3から見てRouter1のLoopback0インターフェイスへのネクストホップは192.168.12.1なので、このアドレスへの到達性を確保するためのルーティングが必要となり、ここではRouter3に該当のスタティックルートを追加しています。

○リスト13.2.1a：Router1の設定

```
Router1#configure terminal            ※特権モードから設定モードに移行
Router1(config)#interface loopback 0    ※インターフェイスの設定
Router1(config-if)#ip address 10.0.0.1 255.255.255.255    ※IPアドレスの設定
Router1(config-if)#exit    ※直前の設定モードに戻る
Router1(config)#interface FastEthernet 0/1
```

```
Router1(config-if)#ip address 192.168.12.1 255.255.255.0
Router1(config-if)#no shutdown     ※インターフェイスの有効化
Router1(config-if)#exit
Router1(config)#ip route 0.0.0.0 0.0.0.0 192.168.12.2   ※デフォルトルートの設定
Router1(config)#router bgp 10    ※BGPの設定
Router1(config-router)#no auto-summary     ※ルートの自動集約の無効化
Router1(config-router)#no synchronization   ※同期の無効化
Router1(config-router)#bgp router-id 1.1.1.1   ※BGPルータIDの設定
Router1(config-router)#neighbor 192.168.12.2 remote-as 20   ※BGPネイバーの指定
Router1(config-router)#network 10.0.0.1 mask 255.255.255.255   ※ネットワークの公布
```

○リスト13.2.1b：Router2の設定

```
Router2#configure terminal
Router2(config)#interface FastEthernet 0/0
Router2(config-if)#ip address 192.168.12.2 255.255.255.0
Router2(config-if)#no shutdown
Router2(config-if)#exit
Router2(config)#interface FastEthernet 0/1
Router2(config-if)#ip address 192.168.23.2 255.255.255.0
Router2(config-if)#no shutdown
Router2(config-if)#exit
Router2(config)#router bgp 20
Router2(config-router)#no auto-summary
Router2(config-router)#no synchronization
Router2(config-router)#bgp router-id 2.2.2.2
Router2(config-router)#neighbor 192.168.12.1 remote-as 10
Router2(config-router)#neighbor 192.168.23.3 remote-as 20
Router2(config-router)#end   ※特権モードに移行
```

○リスト13.2.1c：Router3の設定

```
Router3#configure terminal
Router3(config)#interface FastEthernet 0/0
Router3(config-if)#ip address 192.168.23.3 255.255.255.0
Router3(config-if)#no shutdown
Router3(config-if)#exit
Router3(config)#ip route 192.168.12.0 255.255.255.0 192.168.23.2
Router3(config)#router bgp 20
Router3(config-router)#no auto-summary
Router3(config-router)#no synchronization
Router3(config-router)#neighbor 192.168.23.2 remote-as 20
Router3(config-router)#end
```

確認

すべてのルータの設定が完了したら、まずBGPピアの確立を確認します（リスト13.2.1d）。

○リスト13.2.1d：BGPピアの確認

```
Router2#show ip bgp summary    ※BGPピアの確認
  ... 中略 ...
Neighbor        V    AS MsgRcvd MsgSent   TblVer  InQ OutQ Up/Down  State/PfxRcd
192.168.12.1    4    10      12      11        4    0    0 00:06:11        2
192.168.23.3    4    20       8       9        4    0    0 00:03:36        1
```

Router3でBGPテーブルとルーティングテーブルを確認します（**リスト13.2.1e**）。BGPテーブルにおいて、「>」印のあるエントリは最適ルートであることを示していて、最適ルートはルーティンテーブルに転記されます。

○リスト13.2.1e：Router3のBGPテーブルとルーティングテーブル

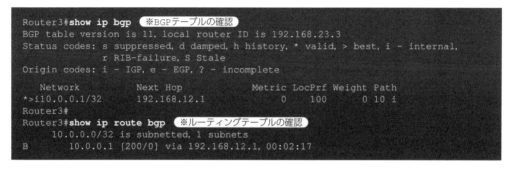

Wiresharkで検証

Router3が受け取るBGPアップデートをWiresharkで見てみましょう（**図13.2.2**）。BGPテーブルと同じパスアトリビュートの値になっていることを確認できます。

○図13.2.2：UPDATEメッセージのパケットキャプチャ

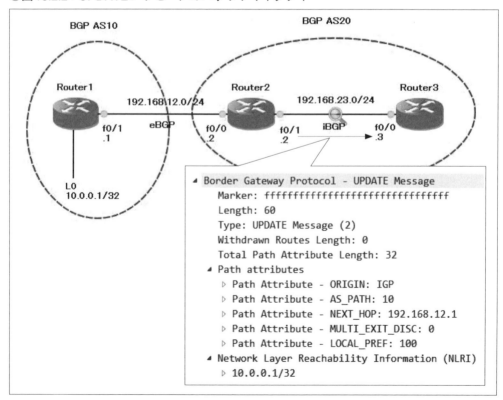

最後にRouter3からRouter1のLoopback0インターフェイスへpingを実行して、疎通性に問題ないことを確認します。

○リスト13.2.1f：pingテスト

```
Router3#ping 10.0.0.1    ※pingの実行
Type escape sequence to abort.
Sending 5, 100-byte ICMP Echos to 10.0.0.1, timeout is 2 seconds:
!!!!!
Success rate is 100 percent (5/5), round-trip min/avg/max = 20/22/28 ms
```

13-2-2 演習Lab AS Pathによるベストパスの選択

ここでは、パスアトリビュートの1つのAS Pathを使ってベストパスの選択に関して確認します（GNS3プロジェクト名は「13-2-2_AS_Path」）。特定のルートに対してAS Pathを意図的に増やすこともできます。

図13.2.3のネットワークでは、Router3からRouter1のLoopback0インターフェイスへのベストパスはRouter1直接のルートです。なぜならRouter2経由のルートのほうがAS Pathが長いためです。そこでRouter1直接ルートに意図的にAS Path長を増やして、Router2をベストパスに変更してみましょう。

○図13.2.3：ネットワーク構成

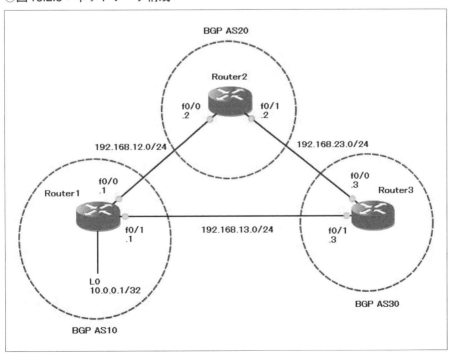

第13章 BGP

設定

まず、すべてのルータに対して初期の設定を投入します（リスト13.2.2a 〜 13.2.2c）。このとき、AS Pathの設定はまだ行っていません。

○リスト13.2.2a：Router1 の設定（初期）

```
Router1#configure terminal          ※特権モードから設定モードに移行
Router1(config)#interface loopback 0    ※インターフェイスの設定
Router1(config-if)#ip address 10.0.0.1 255.255.255.255    ※IPアドレスの設定
Router1(config-if)#exit    ※直前の設定モードに戻る
Router1(config)#interface FastEthernet 0/0
Router1(config-if)#ip address 192.168.12.1 255.255.255.0
Router1(config-if)#no shutdown    ※インターフェイスの有効化
Router1(config-if)#exit
Router1(config)#interface FastEthernet 0/1
Router1(config-if)#ip address 192.168.13.1 255.255.255.0
Router1(config-if)#no shutdown
Router1(config-if)#exit
Router1(config)#router bgp 10    ※BGPの設定
Router1(config-router)#no auto-summary    ※ルートの自動集約の無効化
Router1(config-router)#no synchronization    ※同期の無効化
Router1(config-router)#neighbor 192.168.12.2 remote-as 20    ※BGPネイバーの指定
Router1(config-router)#neighbor 192.168.13.3 remote-as 30
Router1(config-router)#network 10.0.0.1 mask 255.255.255.255    ※ネットワークの公布
```

○リスト13.2.2b：Router2 の設定（初期）

```
Router2#configure terminal
Router2(config)#interface FastEthernet 0/0
Router2(config-if)#ip address 192.168.12.2 255.255.255.0
Router2(config-if)#no shutdown
Router2(config-if)#exit
Router2(config)#interface FastEthernet 0/1
Router2(config-if)#ip address 192.168.23.2 255.255.255.0
Router2(config-if)#no shutdown
Router2(config-if)#exit
Router2(config)#router bgp 20
Router2(config-router)#no auto-summary
Router2(config-router)#no synchronization
Router2(config-router)#neighbor 192.168.12.1 remote-as 10
Router2(config-router)#neighbor 192.168.23.3 remote-as 30
Router2(config-router)#end    ※特権モードに移行
```

○リスト13.2.2c：Router3 の設定（初期）

```
Router3#configure terminal
Router3(config)#interface FastEthernet 0/0
Router3(config-if)#ip address 192.168.23.3 255.255.255.0
Router3(config-if)#no shutdown
Router3(config-if)#exit
Router3(config)#interface FastEthernet 0/1
Router3(config-if)#ip address 192.168.13.3 255.255.255.0
Router3(config-if)#no shutdown
Router3(config-if)#exit
Router3(config)#router bgp 30
Router3(config-router)#no auto-summary
Router3(config-router)#no synchronization
```

```
Router3(config-router)#neighbor 192.168.13.1 remote-as 10
Router3(config-router)#neighbor 192.168.23.2 remote-as 20
Router3(config-router)#end
```

確認

初期設定後、すべてのBGPピアが確立されていることを確認します（リスト13.2.2d～13.2.2e）。

○リスト13.2.2d：BGPピアの確認

```
Router2#show ip bgp summary    ※BGPピアの確認
 ... 中略 ...
Neighbor        V    AS MsgRcvd MsgSent   TblVer  InQ OutQ Up/Down  State/PfxRcd
192.168.12.1    4    10       7       7        2    0    0 00:03:05           1
192.168.23.3    4    30       6       6        2    0    0 00:01:27           1
```

○リスト13.2.2e：BGPピアの確認

```
Router3#show ip bgp summary
 ... 中略 ...
Neighbor        V    AS MsgRcvd MsgSent   TblVer  InQ OutQ Up/Down  State/PfxRcd
192.168.13.1    4    10       5       5        2    0    0 00:00:57           1
192.168.23.2    4    20       5       5        2    0    0 00:00:52           1
```

Router3で10.0.0.1に関するBGPテーブルを確認してみましょう（リスト13.2.2f）。すると、AS Path長がより短いRouter1経由のルートがベストパスとなっていることがわかります。

○リスト13.2.2f：Router3のBGPテーブル（初期）

```
Router3#show ip bgp 10.0.0.1    ※BGPテーブルの確認
BGP routing table entry for 10.0.0.1/32, version 2
Paths: (2 available, best #2, table Default-IP-Routing-Table)
Flag: 0x820
  Advertised to update-groups:
         1
  20 10
    192.168.23.2 from 192.168.23.2 (192.168.23.2)
      Origin IGP, localpref 100, valid, external
  10
    192.168.13.1 from 192.168.13.1 (10.0.0.1)
      Origin IGP, metric 0, localpref 100, valid, external, best
```

Router3でAS Pathプリペンドの設定を追加

ここで、Router3でAS Pathプリペンドの設定を追加して、Router1直接ルートに人工的に「100 100 100」のAS Path長を追加します（リスト13.2.2g）。すると、Router2経由のルートのほうがAS Path長が短くなるので、ベストパスはRouter2経由のルートに変更されます。

BGPピアを維持しながら、アトリビュートの設定変更をすぐにBGPテーブルに反映させるためにはソフトリセットコマンドを使います（リスト13.2.2h）。

第13章　BGP

○リスト13.2.2g：AS Pathプリペンド

```
Router3#configure terminal
Router3(config)#ip prefix-list PREFIX permit 10.0.0.1/32    ※プレフィックスリストの設定
Router3(config)#route-map ASPATH permit 10    ※ルートマップの設定
Router3(config-route-map)#match ip address prefix-list PREFIX    ※ルートマップの条件
Router3(config-route-map)#set as-path prepend 100 100 100    ※ルートマップの処理
Router3(config-route-map)#exit
Router3(config)#route-map ASPATH permit 20
Router3(config-route-map)#exit
Router3(config)#router bgp 30
Router3(config-router)#neighbor 192.168.13.1 route-map ASPATH in
                                                    ※ネイバーに対するルートマップの設定
Router3(config-router)#end
```

○リスト13.2.2h：ソフトリセットとRouter3のBGPテーブル（AS Pathプリペンド設定後）

```
Router3#clear ip bgp * soft in    ※BGPピアのソフトリセット
Router3#show ip bgp 10.0.0.1
BGP routing table entry for 10.0.0.1/32, version 3
Paths: (2 available, best #1, table Default-IP-Routing-Table)
Flag: 0x820
  Advertised to update-groups:
        1
  20 10
    192.168.23.2 from 192.168.23.2 (192.168.23.2)
      Origin IGP, localpref 100, valid, external, best
  100 100 100 10
    192.168.13.1 from 192.168.13.1 (10.0.0.1)
      Origin IGP, metric 0, localpref 100, valid, external
```

　AS Pathプリペンドを設定した後のRouter3のBGPテーブルでは、Router1直接ルートのAS Pathが「100 100 100 10」となり、ベストパスがRouter2経由のルートに移り変わりました。

13-2-3　演習Lab　MEDによるベストパスの選択

　自ASから隣接するASに対してMED値を通知すると、優先的に着信してもらいたいピアを決めることができます。MED値は小さいほど優先度が高く、デフォルトの値は0です。
　ここでは、図13.2.4のようなネットワークを使いMEDによるベストパスの選択を行います（GNS3プロジェクト名は「13-2-3_BGP_MED」）。このとき、Router1からAS20のルータに対してMED値を送り、AS20からRouter1のLoopback0インターフェイスに着信するパケットをRouter3経由のルートにしてみましょう。

設定
　ルータの初期設定ではMEDアトリビュートの設定はまだありません。Router2とRouter3をRouter4のネクストホップとして設定することでネクストホップ解決を行っています（リスト13.2.3a〜13.2.3d）。

○図13.2.4：ネットワーク構成

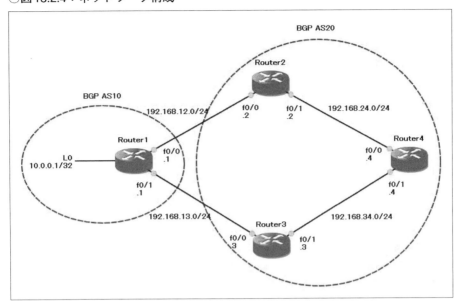

○リスト13.2.3a：Router1の設定（初期）

```
Router1#configure terminal      ※特権モードから設定モードに移行
Router1(config)#interface loopback 0    ※インターフェイスの設定
Router1(config-if)#ip address 10.0.0.1 255.255.255.255    ※IPアドレスの設定
Router1(config-if)#exit     ※直前の設定モードに戻る
Router1(config)#interface FastEthernet 0/0
Router1(config-if)#ip address 192.168.12.1 255.255.255.0
Router1(config-if)#no shutdown      ※インターフェイスの有効化
Router1(config-if)#exit
Router1(config)#interface FastEthernet 0/1
Router1(config-if)#ip address 192.168.13.1 255.255.255.0
Router1(config-if)#no shutdown
Router1(config-if)#exit
Router1(config)#ip route 0.0.0.0 0.0.0.0 192.168.12.2    ※デフォルトルートの設定
Router1(config)#ip route 0.0.0.0 0.0.0.0 192.168.13.3
Router1(config)#router bgp 10    ※BGPの設定
Router1(config-router)#no auto-summary    ※ルートの自動集約の無効化
Router1(config-router)#no synchronization    ※同期の無効化
Router1(config-router)#neighbor 192.168.12.2 remote-as 20    ※BGPネイバーの指定
Router1(config-router)#neighbor 192.168.13.3 remote-as 20
Router1(config-router)#network 10.0.0.1 mask 255.255.255.255    ※ネットワークの公布
Router1(config-router)#end    ※特権モードに移行
```

○リスト13.2.3b：Router2の設定（初期）

```
Router2#configure terminal
Router2(config)#interface FastEthernet 0/0
Router2(config-if)#ip address 192.168.12.2 255.255.255.0
Router2(config-if)#no shutdown
Router2(config-if)#exit
Router2(config)#interface FastEthernet 0/1
Router2(config-if)#ip address 192.168.24.2 255.255.255.0
```

```
Router2(config-if)#no shutdown
Router2(config-if)#exit
Router2(config)#router bgp 20
Router2(config-router)#no auto-summary
Router2(config-router)#no synchronization
Router2(config-router)#neighbor 192.168.12.1 remote-as 10
Router2(config-router)#neighbor 192.168.24.4 remote-as 20
Router2(config-router)#neighbor 192.168.24.4 next-hop-self
```
※自ルータをネクストホップとして設定

○リスト13.2.3c：Router3の設定（初期）

```
Router3#configure terminal
Router3(config)#interface FastEthernet 0/0
Router3(config-if)#ip address 192.168.13.3 255.255.255.0
Router3(config-if)#no shutdown
Router3(config-if)#exit
Router3(config)#interface FastEthernet 0/1
Router3(config-if)#ip address 192.168.34.3 255.255.255.0
Router3(config-if)#no shutdown
Router3(config-if)#exit
Router3(config)#router bgp 20
Router3(config-router)#no auto-summary
Router3(config-router)#no synchronization
Router3(config-router)#neighbor 192.168.13.1 remote-as 10
Router3(config-router)#neighbor 192.168.34.4 remote-as 20
Router3(config-router)#neighbor 192.168.34.4 next-hop-self
```

○リスト13.2.3d：Router4の設定（初期）

```
Router4#configure terminal
Router4(config)#interface FastEthernet 0/0
Router4(config-if)#ip address 192.168.24.4 255.255.255.0
Router4(config-if)#no shutdown
Router4(config-if)#exit
Router4(config)#interface FastEthernet 0/1
Router4(config-if)#ip address 192.168.34.4 255.255.255.0
Router4(config-if)#no shutdown
Router4(config-if)#exit
Router4(config)#router bgp 20
Router4(config-router)#no auto-summary
Router4(config-router)#no synchronization
Router4(config-router)#neighbor 192.168.24.2 remote-as 20
Router4(config-router)#neighbor 192.168.34.3 remote-as 20
Router4(config-router)#end
```

確認

すべてのルータの設定が終わったら、BGPピアが問題なく確立されたことを確認します（リスト13.2.3e～13.2.3f）。

このときのBGPテーブルでは、10.0.0.1へのルートはRouter2経由がベストパスとなっています（リスト13.2.3g）。これは最適ルートの選択アルゴリズムの最後のステップ（最小ルータIDの比較）によって決定されたものです。

○リスト13.2.3e：BGPピアの確認

```
Router1#show ip bgp summary | begin Nei    ※BGPピアの確認
Neighbor        V    AS MsgRcvd MsgSent   TblVer  InQ OutQ Up/Down  State/PfxRcd
192.168.12.2    4    20      15      17        2    0    0 00:12:44            0
192.168.13.3    4    20      15      16        2    0    0 00:12:39            0
```

○リスト13.2.3f：BGPピアの確認

```
Router4#show ip bgp summary | begin Nei
Neighbor        V    AS MsgRcvd MsgSent   TblVer  InQ OutQ Up/Down  State/PfxRcd
192.168.24.2    4    20      18      16        3    0    0 00:13:35            1
192.168.34.3    4    20      17      16        3    0    0 00:13:25            1
```

○リスト13.2.3g：Router4のBGPテーブル（初期）

```
Router4#show ip bgp 10.0.0.1    ※BGPテーブルの確認
BGP routing table entry for 10.0.0.1/32, version 2
Paths: (2 available, best #2, table Default-IP-Routing-Table)
  Not advertised to any peer
  10
    192.168.34.3 from 192.168.34.3 (192.168.34.3)
      Origin IGP, metric 0, localpref 100, valid, internal
  10
    192.168.24.2 from 192.168.24.2 (192.168.24.2)
      Origin IGP, metric 0, localpref 100, valid, internal, best
```

Router1で告知するルートのMED値を変更

ここで、Router1で告知するルートのMED値を変更して、Router3経由を優先ルートに変更します（**リスト13.2.3h**）。MED値のデフォルトは0なので、優先になってほしくないピア（Router2）に対して0より大きい（この場合100）MED値を送信します。

○リスト13.2.3h：MEDの設定

```
Router1#configure terminal
Router1(config)#access-list 1 permit 10.0.0.1 0.0.0.0   ※アクセスリストの設定
Router1(config)#route-map MED permit 10    ※ルートマップの設定
Router1(config-route-map)#match ip address 1    ※ルートマップの条件
Router1(config-route-map)#set metric 100    ※ルートマップの処理
Router1(config-route-map)#exit
Router1(config)#router bgp 10
Router1(config-router)#neighbor 192.168.12.2 route-map MED out
                                            ※ネイバーに対するルートマップの設定
Router1(config-router)#end
Router1#clear ip bgp * soft out    ※BGPピアのソフトリセット
```

MED値を変更したらもう一度Router4のBGPテーブルを見てみましょう（**リスト13.2.3i**）。すると、MED値の比較によりRouter3経由がベストパスになったことを確認できます。

第13章　BGP

○リスト13.2.3i：Router4のBGPテーブル（MED設定後）

```
Router4#show ip bgp 10.0.0.1
BGP routing table entry for 10.0.0.1/32, version 3
Paths: (2 available, best #1, table Default-IP-Routing-Table)
Flag: 0x840
  Not advertised to any peer
  10
    192.168.34.3 from 192.168.34.3 (192.168.34.3)
      Origin IGP, metric 0, localpref 100, valid, internal, best
  10
    192.168.24.2 from 192.168.24.2 (192.168.24.2)
      Origin IGP, metric 100, localpref 100, valid, internal
```

Wiresharkで検証

図13.2.5は、MED値の変更およびBGPピアのソフトリセット直後のパケットキャプチャです。Router2とRouter3からRouter4に告知するBGPアップデートに含まれるMED値がそれぞれ100と0になっています。

○図13.2.5：UPDATEメッセージのパケットキャプチャ

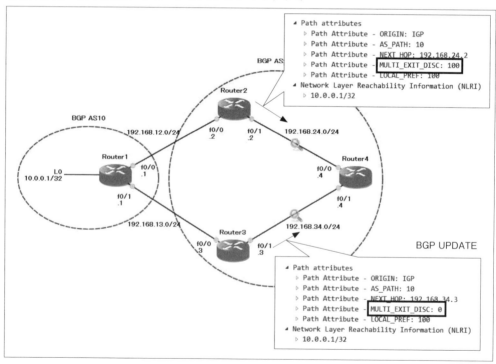

13-2-4　演習Lab　Local Preferenceによるベストパスの選択

本項は直前の演習ラボ（13-2-3_BGP_MED）の続きです（GNS3プロジェクト名は「13-2-4_BGP_LocalPreference」）。AS20内のLocal Preference値をデフォルトから変更して、Router4からRouter1のLoopback0インターフェイスへの優先ルートをRouter2経由のルー

トに直します。最適ルートの選択アルゴリズムでは、MEDよりもLocal Preferenceのほうが優先的になっています。

現状の確認

Local Preferenceを設定する前に、まず現状のRouter4のBGPテーブルを確認します（リスト13.2.4a）。10.0.0.1へのベストパスはRouter3経由のルートで、Local Preferenceのデフォルト値は100です。

○リスト13.2.4a：Router4のBGPテーブル（Local Preference設定前）

```
Router4#show ip bgp 10.0.0.1        ※BGPテーブルの確認
BGP routing table entry for 10.0.0.1/32, version 3
Paths: (2 available, best #1, table Default-IP-Routing-Table)
Flag: 0x840
  Not advertised to any peer
  10
    192.168.34.3 from 192.168.34.3 (192.168.34.3)
      Origin IGP, metric 0, localpref 100, valid, internal, best
  10
    192.168.24.2 from 192.168.24.2 (192.168.24.2)
      Origin IGP, metric 100, localpref 100, valid, internal
```

設定

Router2経由を優先ルートにするので、Router2でRouter4に対してデフォルトよりも高いLocal Preference値を告知します（リスト13.2.4b）。Local Preference値は高いほど優先となります。

○リスト13.2.4b：Router2の設定（Local Preference値の変更）

```
Router2#configure terminal        ※特権モードから設定モードに移行
Router2(config)#access-list 1 permit 10.0.0.1 255.255.255.255
                                                         ※アクセスリストの設定
Router2(config)#route-map LP permit 10        ※ルートマップの設定
Router2(config-route-map)#match ip address 1        ※ルートマップの条件
Router2(config-route-map)#set local-preference 200        ※ルートマップの処理
Router2(config-route-map)#exit        ※直前の設定モードに戻る
Router2(config)#router bgp 20        ※BGPの設定
Router2(config-router)#neighbor 192.168.24.4 route-map LP out
                                                ※ネイバーに対するルートマップの設定
```

確認

Local Preference値を変更した後、Router2経由が優先ルートとなっていることをBGPテーブルで確認します（リスト13.2.4c）。

Wiresharkで検証

BGPアップデートの中身を見てみましょう（図13.2.6）。Router2からRouter4に告知するLocal Preference値がデフォルトの100から200に変更されていることを確認できます。

第13章 BGP

○リスト13.2.4c：Router4のBGPテーブル（Local Preference設定後）

```
Router4#clear ip bgp * soft in    ※BGPピアのソフトリセット
Router4#
Router4#show ip bgp 10.0.0.1
BGP routing table entry for 10.0.0.1/32, version 4
Paths: (2 available, best #2, table Default-IP-Routing-Table)
Flag: 0x4860
  Not advertised to any peer
  10
    192.168.34.3 from 192.168.34.3 (192.168.34.3)
      Origin IGP, metric 0, localpref 100, valid, internal
  10
    192.168.24.2 from 192.168.24.2 (192.168.24.2)
      Origin IGP, metric 100, localpref 200, valid, internal, best
```

○図13.2.6：UPDATEメッセージのパケットキャプチャ

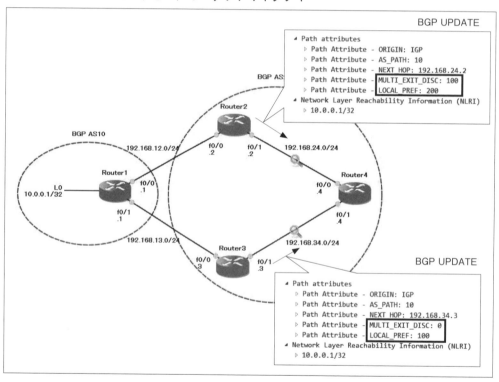

13-2-5 演習Lab 再配布とルート集約

ここでは、OSPFルートをBGPに再配布し、さらに再配布するルートをルート集約してみましょう（GNS3プロジェクト名は「13-2-5_BGP_Redis_Agg」）。図13.2.7はネットワーク構成です。

次の3ルートをOSPFからBGPに再配布するとき10.0.0.0/24にルート集約します。

- 10.0.0.1/32
- 10.0.0.2/32
- 10.0.0.3/32

○図13.2.7：ネットワーク構成

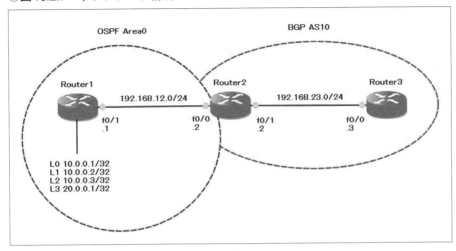

設定

まず、すべてのルータに設定を入れます（リスト13.2.5a ～ 13.2.5c）。このとき、Router2では再配布のみ設定されていて、ルートの集約の設定はまだしていません。

○リスト13.2.5a：Router1の設定

```
Router1#configure terminal    ※特権モードから設定モードに移行
Router1(config)#interface loopback 0    ※インターフェイスの設定
Router1(config-if)#ip address 10.0.0.1 255.255.255.255    ※IPアドレスの設定
Router1(config-if)#exit    ※直前の設定モードに戻る
Router1(config)#interface loopback 1
Router1(config-if)#ip address 10.0.0.2 255.255.255.255
Router1(config-if)#exit
Router1(config)#interface loopback 2
Router1(config-if)#ip address 10.0.0.3 255.255.255.255
Router1(config-if)#exit
Router1(config)#interface loopback 3
Router1(config-if)#ip address 20.0.0.1 255.255.255.255
Router1(config-if)#exit
Router1(config)#interface FastEthernet 0/1
Router1(config-if)#ip address 192.168.12.1 255.255.255.0
Router1(config-if)#no shutdown    ※インターフェイスの有効化
Router1(config-if)#exit
Router1(config)#router ospf 1    ※OSPFの設定
Router1(config-router)#network 192.168.12.0 0.0.0.255 area 0    ※ネットワークの公布
Router1(config-router)#network 10.0.0.1 0.0.0.0 area 0
Router1(config-router)#network 10.0.0.2 0.0.0.0 area 0
Router1(config-router)#network 10.0.0.3 0.0.0.0 area 0
Router1(config-router)#network 20.0.0.1 0.0.0.0 area 0
```

○リスト 13.2.5b：Router2 の設定（ルート集約前）

```
Router2#configure terminal
Router2(config)#interface FastEthernet 0/0
Router2(config-if)#ip address 192.168.12.2 255.255.255.0
Router2(config-if)#no shutdown
Router2(config-if)#exit
Router2(config)#interface FastEthernet 0/1
Router2(config-if)#ip address 192.168.23.2 255.255.255.0
Router2(config-if)#no shutdown
Router2(config-if)#exit
Router2(config)#router ospf 1
Router2(config-router)#network 192.168.12.0 0.0.0.255 area 0
Router2(config-router)#exit
Router2(config)#router bgp 10       ※BGPの設定
Router2(config-router)#no auto-summary   ※ルートの自動集約の無効化
Router2(config-router)#no synchronization   ※同期の無効化
Router2(config-router)#neighbor 192.168.23.3 remote-as 10   ※BGPネイバーの指定
Router2(config-router)#redistribute ospf 1   ※OSPFルートの再配布
Router2(config-router)#end
```

○リスト 13.2.5c：Router3 の設定

```
Router3#configure terminal
Router3(config)#interface FastEthernet 0/0
Router3(config-if)#ip address 192.168.23.3 255.255.255.0
Router3(config-if)#no shutdown
Router3(config-if)#exit
Router3(config)#router bgp 10
Router3(config-router)#no auto-summary
Router3(config-router)#no synchronization
Router3(config-router)#neighbor 192.168.23.2 remote-as 10
Router3(config-router)#end
```

確認

設定が一通り終わったら、OSPFネイバーとBGPピアが確立していることを確認します（リスト13.2.5d）。

○リスト 13.2.5d：OSPF ネイバーと BGP ピアの確認

```
Router2#show ip ospf neighbor   ※OSPFネイバーの確認

Neighbor ID     Pri   State           Dead Time   Address         Interface
20.0.0.1          1   FULL/DR         00:00:34    192.168.12.1    FastEthernet0/0
Router2#
Router2#show ip bgp summary | begin Nei   ※BGPピアの確認
Neighbor        V    AS MsgRcvd MsgSent   TblVer  InQ OutQ Up/Down   State/PfxRcd
192.168.23.3    4    10       3       5        6    0    0 00:00:59           0
```

Router3でルート集約前のBGPテーブルを確認します（**リスト13.2.5e**）。このときBGPテーブル上にOSPFから再配布された詳細ルートがあります。

○リスト13.2.5e：Router3のBGPテーブル（ルート集約前）

```
Router3#show ip bgp      ※BGPテーブルの確認
BGP table version is 6, local router ID is 192.168.23.3
Status codes: s suppressed, d damped, h history, * valid, > best, i - internal,
              r RIB-failure, S Stale
Origin codes: i - IGP, e - EGP, ? - incomplete

   Network          Next Hop            Metric LocPrf Weight Path
*>i10.0.0.1/32     192.168.12.1            11    100      0 ?
*>i10.0.0.2/32     192.168.12.1            11    100      0 ?
*>i10.0.0.3/32     192.168.12.1            11    100      0 ?
*>i20.0.0.1/32     192.168.12.1            11    100      0 ?
*>i192.168.12.0    192.168.23.2             0    100      0 ?
```

Router2でルート集約

Router2でルート集約を行います（リスト13.2.5f）。さらに、詳細ルートを抑制するため「summary-only」オプションを追加します。

ルートを集約したら、再度Router3のBGPテーブルを確認します（リスト13.2.5g）。意図した集約ルートがBGPテーブル上に現れました。

○リスト13.2.5f：ルート集約

```
Router2#configure terminal
Router2(config)#router bgp 10
Router2(config-router)#aggregate-address 10.0.0.0 255.255.255.0 summary-only
                                              ※ルートの集約（詳細ルートは公布しない）
```

○リスト13.2.5g：Router3のBGPテーブル（ルート集約後）

```
Router3#show ip bgp
BGP table version is 10, local router ID is 192.168.23.3
Status codes: s suppressed, d damped, h history, * valid, > best, i - internal,
              r RIB-failure, S Stale
Origin codes: i - IGP, e - EGP, ? - incomplete

   Network          Next Hop            Metric LocPrf Weight Path
*>i10.0.0.0/24     192.168.23.2             0    100      0 i
*>i20.0.0.1/32     192.168.12.1            11    100      0 ?
*>i192.168.12.0    192.168.23.2             0    100      0 ?
```

13-2-6 演習Lab ルートリフレクタ

　AS内では、BGPスプリットホライズンが有効になっているため、iBGPで受け取ったルートをiBGPピアに告知しません。AS内のすべてのBGPスピーカに告知ルートを行き渡らせるためにBGPピアのフルメッシュを構築する手法があります。しかし、BGPスピーカ数が多いと構築するピアの数も増えます。このような状況を回避するための手段の1つにルートリフレクタがあります。

　ここでは、図13.2.8のネットワークにあるRouter1をルートリフレクタとして設定して、ルートリフレクタクライアントのRouter2から告知するルート（20.0.0.1/32）をRouter3にルートリフレクタを介して告知します。このとき、ルートリフレクタの機能により、AS内はフルメッシュでなくてもルートはすべてのBGPスピーカに告知されることを確認します（GNS3プロジェクト名は「13-2-6_Route_Reflector」）。

○図13.2.8：ネットワーク構成

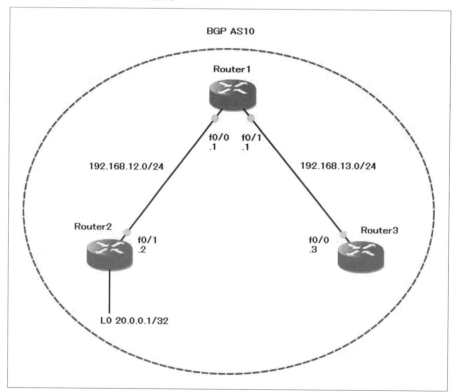

設定

　ルートリフレクタを設定する前と後の比較をするため、まずRouter1にルートリフレクタ以外の設定を入れます（リスト13.2.6a～13.2.6c）。Router2とRouter3はルートリフレクタクライアントで、それぞれRouter1とだけiBGPピアを確立します。

リスト 13.2.6a：Router1 の設定（ルートリフレクタ設定前）

```
Router1#configure terminal          ※特権モードから設定モードに移行
Router1(config)#interface FastEthernet 0/0          ※インターフェイスの設定
Router1(config-if)#ip address 192.168.12.1 255.255.255.0          ※IPアドレスの設定
Router1(config-if)#no shutdown          ※インターフェイスの有効化
Router1(config-if)#exit          ※直前の設定モードに戻る
Router1(config)#interface FastEthernet 0/0
Router1(config-if)#ip address 192.168.13.1 255.255.255.0
Router1(config-if)#no shutdown
Router1(config-if)#exit
Router1(config)#router bgp 10          ※BGPの設定
Router1(config-router)#no auto-summary          ※ルートの自動集約の無効化
Router1(config-router)#no synchronization          ※同期の無効化
Router1(config-router)#neighbor 192.168.12.2 remote-as 10          ※BGPネイバーの指定
Router1(config-router)#neighbor 192.168.13.3 remote-as 10
Router1(config-router)#end          ※特権モードに移行
```

リスト 13.2.6b：Router2 の設定

```
Router2#configure terminal
Router2(config)#interface loopback 0
Router2(config-if)#ip address 20.0.0.1 255.255.255.255
Router2(config-if)#exit
Router2(config)#interface FastEthernet 0/0
Router2(config-if)#ip address 192.168.12.2 255.255.255.0
Router2(config-if)#no shutdown
Router2(config-if)#exit
Router2(config)#router bgp 10
Router2(config-router)#no auto-summary
Router2(config-router)#no synchronization
Router2(config-router)#neighbor 192.168.12.1 remote-as 10
Router2(config-router)#network 20.0.0.1 mask 255.255.255.255          ※ネットワークの公布
```

リスト 13.2.6c：Router3 の設定

```
Router3#configure terminal
Router3(config)#interface FastEthernet 0/0
Router3(config-if)#ip address 192.168.13.3 255.255.255.0
Router3(config-if)#no shutdown
Router3(config-if)#exit
Router3(config)#router bgp 10
Router3(config-router)#no auto-summary
Router3(config-router)#no synchronization
Router3(config-router)#neighbor 192.168.13.1 remote-as 10
```

確認

Router1 が Router2 と Router3 と BGP ピアが確立していることを確認します（リスト13.2.6d）。

リスト 13.2.6d：BGP ピアの確認

```
Router1#show ip bgp summary | begin Nei          ※BGPピアの確認
Neighbor        V    AS MsgRcvd MsgSent   TblVer  InQ OutQ Up/Down  State/PfxRcd
192.168.12.2    4    10       4       4        1    0    0 00:00:50           0
192.168.13.3    4    10       4       4        1    0    0 00:00:29           0
```

第13章 BGP

　Router1をルートリフレクタとして設定していない状態では、BGPスプリットホライズンの機能よりRouter1からRouter3に対してルートを告知しません（**リスト13.2.6e**）。

○リスト13.2.6e：Router1からRouter3への告知ルート（ルートリフレクタ設定前）

```
Router1#show ip bgp neighbors 192.168.13.3 advertised-routes
                                              ※BGPピアに告知するルートの確認
Total number of prefixes 0
```

Router1をルートリフレクタとして設定

　ここでRouter1をルートリフレクタとして設定します（**リスト13.2.6f**）。ルートリフレクタの設定は、ルートリフレクタとなるルータでルートリフレクタクライアントを指定するだけです。

　ルートリフレクタを設定したら、再度Router1からRouter3へ告知するルートを確認します（**リスト13.2.6g**）。このときRouter2からのルート（20.0.0.1/32）がRouter1経由でRouter3に告知されています。

○リスト13.2.6f：ルートリフレクタの設定

```
Router1#configure terminal
Router1(config)#router bgp 10
Router1(config-router)#neighbor 192.168.13.3 route-reflector-client
                                              ※ルートリフレクタクライアントの指定
Router1(config-router)#neighbor 192.168.12.2 route-reflector-client
Router1(config-router)#end
```

○リスト13.2.6g：Router1からRouter3への告知ルート（ルートリフレクタ設定後）

```
Router1#show ip bgp neighbors 192.168.13.3 advertised-routes
BGP table version is 4, local router ID is 192.168.13.1
Status codes: s suppressed, d damped, h history, * valid, > best, i - internal,
              r RIB-failure, S Stale
Origin codes: i - IGP, e - EGP, ? - incomplete

   Network          Next Hop            Metric LocPrf Weight Path
*>i20.0.0.1/32      192.168.12.2             0    100      0 i
```

13-2-7 演習Lab コンフェデレーション

　AS内のピア数を減らすもう1つの方法はコンフェデレーションです。コンフェデレーションは、メインのASを複数のサブASに分割します。サブAS内はフルメッシュとなる必要はあるが、メインAS内のピア数を減らすことができます。

　ここでは**図13.2.9**のネットワークを使い、AS20でコンフェデレーションを構築します。このとき、AS20内に2つのサブAS（AS65001とAS65002）を作り、コンフェデレーションの様子をメインASの内と外でどのように見えるかを確認しましょう（GNS3プロジェクト名は「13-2-7_Confederation」）。

○図13.2.9：ネットワーク構成

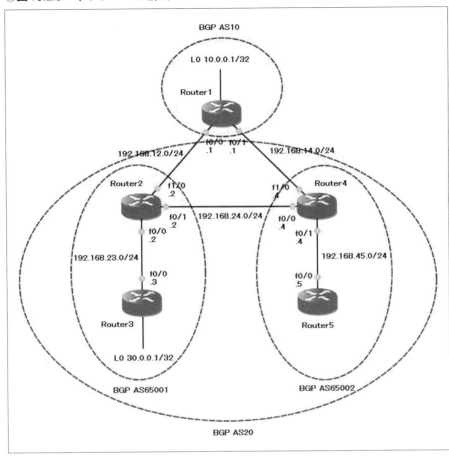

設定

AS20内に2つのサブASからなるコンフェデレーションを構築してみましょう（**リスト13.2.7a ～ 13.2.7e**）。Router2とRouter4がそれぞれ異なるサブASのBGPスピーカで、かつ互いにeBGPでピアリングします。この2つのBGPスピーカに必要なコンフェデレーション設定は次の2つです。

- メインASの指定
- メインAS内でピアとなるBGPスピーカのサブASの指定

第13章 BGP

○リスト 13.2.7a：Router1 の設定

```
Router1#configure terminal      ※特権モードから設定モードに移行
Router1(config)#interface loopback 0     ※インターフェイスの設定
Router1(config-if)#ip address 10.0.0.1 255.255.255.255     ※IPアドレスの設定
Router1(config-if)#exit     ※直前の設定モードに戻る
Router1(config)#interface FastEthernet 0/0
Router1(config-if)#ip address 192.168.12.1 255.255.255.0
Router1(config-if)#no shutdown      ※インターフェイスの有効化
Router1(config-if)#exit
Router1(config)#interface FastEthernet 0/1
Router1(config-if)#ip address 192.168.14.1 255.255.255.0
Router1(config-if)#no shutdown
Router1(config-if)#exit
Router1(config)#router bgp 10     ※BGPの設定
Router1(config-router)#no auto-summary      ※ルートの自動集約の無効化
Router1(config-router)#no synchronization     ※同期の無効化
Router1(config-router)#neighbor 192.168.12.2 remote-as 20     ※BGPネイバーの指定
Router1(config-router)#neighbor 192.168.14.4 remote-as 20
Router1(config-router)#network 10.0.0.1 mask 255.255.255.255     ※ネットワークの公布
Router1(config-router)#end     ※特権モードに移行
```

○リスト 13.2.7b：Router2 の設定

```
Router2#configure terminal
Router2(config)#interface FastEthernet 0/0
Router2(config-if)#ip address 192.168.23.2 255.255.255.0
Router2(config-if)#no shutdown
Router2(config-if)#exit
Router2(config)#interface FastEthernet 0/1
Router2(config-if)#ip address 192.168.24.2 255.255.255.0
Router2(config-if)#no shutdown
Router2(config-if)#exit
Router2(config)#interface FastEthernet 1/0
Router2(config-if)#ip address 192.168.12.2 255.255.255.0
Router2(config-if)#no shutdown
Router2(config-if)#exit
Router2(config)#router bgp 65001
Router2(config-router)#no auto-summary
Router2(config-router)#no synchronization
Router2(config-router)#bgp confederation identifier 20     ※メインASの指定
Router2(config-router)#bgp confederation peers 65002
                                     ※メインAS内でピアとなるBGPスピーカのサブASの指定
Router2(config-router)#neighbor 192.168.12.1 remote-as 10
Router2(config-router)#neighbor 192.168.23.3 remote-as 65001
Router2(config-router)#neighbor 192.168.23.3 next-hop-self
                                     ※自ルータをネクストホップとして設定
Router2(config-router)#neighbor 192.168.24.4 remote-as 65002
Router2(config-router)#neighbor 192.168.24.4 next-hop-self
Router2(config-router)#end
```

○リスト 13.2.7c：Router3 の設定

```
Router3#configure terminal
Router3(config)#interface loopback 0
Router3(config-if)#ip address 30.0.0.1 255.255.255.255
Router3(config-if)#exit
Router3(config)#interface FastEthernet 0/0
Router3(config-if)#ip address 192.168.23.3 255.255.255.0
Router3(config-if)#no shutdown
```

```
Router3(config-if)#exit
Router3(config)#router bgp 65001
Router3(config-router)#no auto-summary
Router3(config-router)#no synchronization
Router3(config-router)#neighbor 192.168.23.2 remote-as 65001
Router3(config-router)#network 30.0.0.1 mask 255.255.255.255
Router3(config-router)#end
```

○リスト13.2.7d：Router4の設定

```
Router4#configure terminal
Router4(config)#interface FastEthernet 0/0
Router4(config-if)#ip address 192.168.24.4 255.255.255.0
Router4(config-if)#no shutdown
Router4(config-if)#exit
Router4(config)#interface FastEthernet 0/1
Router4(config-if)#ip address 192.168.45.4 255.255.255.0
Router4(config-if)#no shutdown
Router4(config-if)#exit
Router4(config)#interface FastEthernet 1/0
Router4(config-if)#ip address 192.168.14.4 255.255.255.0
Router4(config-if)#no shutdown
Router4(config-if)#exit
Router4(config)#router bgp 65002
Router4(config-router)#no auto-summary
Router4(config-router)#no synchronization
Router4(config-router)#bgp confederation identifier 20
Router4(config-router)#bgp confederation peers 65001
Router4(config-router)#neighbor 192.168.14.1 remote-as 10
Router4(config-router)#neighbor 192.168.24.2 remote-as 65001
Router4(config-router)#neighbor 192.168.45.5 remote-as 65002
Router4(config-router)#neighbor 192.168.45.5 next-hop-self
Router4(config-router)#end
```

○リスト13.2.7e：Router5の設定

```
Router5#configure terminal
Router5(config)#interface FastEthernet 0/0
Router5(config-if)#ip address 192.168.45.5 255.255.255.0
Router5(config-if)#no shutdown
Router5(config-if)#exit
Router5(config)#router bgp 65002
Router5(config-router)#no auto-summary
Router5(config-router)#no synchronization
Router5(config-router)#neighbor 192.168.45.4 remote-as 65002
Router5(config-router)#end
```

確認

　まず、Router2とRouter4でBGPピアの確立を確認します（リスト13.2.7f〜13.2.7g）。
　AS20でコンフェデレーションが構成されている状態で、外部ASのRouter1でBGPテーブルを確認すると、AS20内のサブASは見えていません（リスト13.2.7h）。外部ASではコンフェデレーションの存在には気づきません。

○リスト13.2.7f：BGPピアの確認

```
Router2#show ip bgp summary | begin Nei    ※BGPピアの確認
Neighbor        V    AS  MsgRcvd  MsgSent    TblVer  InQ OutQ Up/Down   State/PfxRcd
192.168.12.1    4    10       72       71         3    0    0 01:06:04            1
192.168.23.3    4 65001       66       67         3    0    0 01:01:44            1
192.168.24.4    4 65002       63       64         3    0    0 00:58:09            1
```

○リスト13.2.7g：BGPピアの確認

```
Router4#show ip bgp summary | begin Nei    ※BGPテーブルの確認
Neighbor        V    AS  MsgRcvd  MsgSent    TblVer  InQ OutQ Up/Down   State/PfxRcd
192.168.14.1    4    10       63       61         2    0    0 00:57:45            1
192.168.24.2    4 65001       63       62         2    0    0 00:57:38            2
192.168.45.5    4 65002       57       59         2    0    0 00:53:18            0
```

○リスト13.2.7h：Router1のBGPテーブル

```
Router1#show ip bgp | begin Net
   Network          Next Hop          Metric LocPrf Weight Path
*> 10.0.0.1/32      0.0.0.0                0         32768 i
*> 30.0.0.1/32      192.168.12.2                         0 20 i
```

一方、AS20内ではサブASを観測できます（リスト13.2.7i）。BGPテーブル上では、サブASの番号は中括弧で囲まれて表示されます。

○リスト13.2.7i：Router5のBGPテーブル

```
Router5#show ip bgp | begin Net
    Network         Next Hop          Metric LocPrf Weight Path
*>i10.0.0.1/32      192.168.45.4           0    100      0 10 i
*>i30.0.0.1/32      192.168.45.4           0    100      0 (65001) i
```

Router1からRouter2に対して告知するルートにMED値100を付与

さらにサブAS間では、MEDやNext HopなどのBGPアトリビュートの値は保持されます。これを確認するため、Router1からRouter2に対して告知するルートにMED値100を付与してみます（リスト13.2.7j）。

○リスト13.2.7j：MEDアトリビュートの送信

```
Router1#configure terminal
Router1(config)#route-map MED permit 10           ※ルートマップの設定
Router1(config-route-map)#set metric 100          ※ルートマップの処理
Router1(config-route-map)#exit
Router1(config)#router bgp 10
Router1(config-router)#neighbor 192.168.12.2 route-map MED out
                                                  ※ネイバーに対するルートマップの設定
```

Router2と異なるサブASにあるRouter4でBGPテーブルを見ると、MED値100が付与されたRouter1から告知されたルート（10.0.0.1/32）を確認できます（**リスト13.2.7k**）。

○リスト13.2.7k：Router4のBGPテーブル

```
Router4#show ip bgp | begin Net
   Network          Next Hop         Metric LocPrf Weight Path
*  10.0.0.1/32      192.168.24.2        100    100      0 (65001) 10 i
*>                  192.168.14.1          0              0 10 i
*> 30.0.0.1/32      192.168.24.2          0    100      0 (65001) i
```

13-3　章のまとめ

BGPは、AS間のルーティング情報を交換するルーティングプロトコルです。本章の前半では、次のようなBGPの特徴について紹介しました。

- パスベクタ型ルーティングプロトコル
- クラスレス型ルーティングプロトコル
- 多様なパスアトリビュート
- ポリシーベースルーティング
- TCPによる信頼性のある通信
- 差分情報のアップデート
- ルータの認証

BGPがピアを確立するまで、ルータはいくつかの状態を遷移します。このときの状態遷移は、4種類のBGPメッセージを使って行われます。

ベストパスの決定では、パスアトリビュートと呼ばれるBGPのメトリックを使用します。パスアトリビュートにはさまざまな種類があり、さらにパスアトリビュートを組み合わせて使用することもできるので、細かいルールに基づくベストパスの選出ができます。

AS間のルーティングループは、AS Pathパスアトリビュートで検知します。AS内のルーティングループは、BGPスプリットホライズンで防止します。

BGPスプリットホライズンの機能により、AS内はiBGPピアのフルメッシュで構成する必要はあるが、これを回避するための方法としてルートリフレクタとコンフェデレーションがあります。

第14章
MPLS

MPLS（Multi-Protocol Label Switching）はラベルスイッチングによるパケット転送方式です。現在も大規模ネットワークのバックボーンにMPLSを使用するケースが多くあります。一昔前では、MPLSによる高速ラベルスイッチングが大きなメリットでしたが、ルータの進化によりIPパケット転送との差もほとんどなくなっています。現時点でMPLSを使う目的として、VPN、経路の制御（トラフィックエンジニアリング）、QoSなどです。また、最近ではMPLSを機能拡張したGMPLS（Generalized Multi-Protocol Label Switching）と呼ばれる技術もあります。

14-1　MPLSの概要

MPLSは現在も多くの企業やプロバイダなどの大規模ネットワークのバックボーンとして使われています。ここでは、MPLSのメリットや動作仕様などについて見ていきます。

14-1-1　MPLSとは

ルータによるIPパケット転送は、IPヘッダにある宛先IPアドレスを見て転送先を決定します。一方、MPLSではIPヘッダの代わりにラベルと呼ばれる情報で転送先を判断します。IPヘッダの中身は送信元から宛先までずと保持されますが、ラベルの場合MPLSルータを通過するたびに変わります（図14.1.1）。

一見、IPヘッダによるパケット転送とラベルによるラベルスイッチングに大きな違いがないようですが、ラベルスイッチングによって得られるメリットは次のようなものがあります。

トラフィックエンジニアリングによる任意のルートの選択

IPルーティングによって算出された最短パスにトラフィックが集中しやすいので必ずしも最適なルートではありません。MPLSのトラフィックエンジニアリングを使えば、最短パス以外のルートも同時に使用できるので、ネットワーク全体の利用効率を改善できます。

障害時の瞬時バックアップルートへの切り替え

MPLSのパスが障害となった場合、FRR[注1]と呼ばれる技術によって瞬時（50ミリ秒以下）にバックアップルートに切り替えられます。IPルーティングプロトコルの場合、ルーティングの再計算に数十秒を必要となる場合もあります。

注1　Fast Reroute

図14.1.1：IPパケット転送とMPLSラベルスイッチング

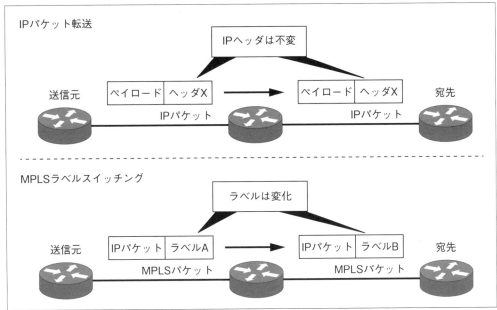

VPNの構築

MPLSとBGPを組み合わせたMPLS VPNによる論理的なクローズドネットワークを簡単に構築できます。また、MPLS VPNの場合、ユーザ側のルータに特別な設定が不要であるため導入のハードルはIPSecなどのIP VPNよりも低いです。

ここで、MPLSの概要を理解するうえで知っておきたい関連用語を紹介します（表14.1.1）。

表14.1.1：MPLS関連の用語

用語	概要
アップストリーム	宛先から送信元に向かう方向
ダウンストリーム	送信元から宛先に向かう方向
FEC[1]	MPLS網内で同じ扱いとなるパケットの集まりのこと。通常、同じ宛先のパケットを同一のFECとしている
LSR[2]	MPLSが有効になっているルータ
LER[3]	MPLS網のエッジ部分に存在するLSR。パケットがMPLS網に入る側のLERはIngress LSR、反対に出る側のLERはEgress LSRと呼ばれている
P[4]ルータ	LER以外のLSR
LDP[5]	LSR同士でラベルを交換しあうためのプロトコルのこと。LDPには「DU[6]」と「DOD[7]」の2種類がある
LSP[8]	ラベルスイッチングによるパケットが通過するパス
Push	Ingress LSRでIPパケットにラベルを付与する行為
Pop	Egress LSRでMPLSパケットからラベルを外す行為
Swap	LSRでラベルを付け替える行為
PHP[9]	Egress LSRの1つ手前のLSRでラベルを外す行為
CEF[10]	ハードウェアで高速にパケットを転送する方式
RIB[11]	IPルーティングテーブルのこと
FIB[12]	CEFテーブルの1つ。RIBを元に作られる
Adjacencyテーブル	CEFテーブルの1つ。ネクストホップのL2（MAC）情報
LIB[13]	LDPネイバーから受領するすべてのFECとリモートラベルのバインド情報を格納しているテーブル
LIFB[14]	LIBの中で最適なバインド情報のテーブルで、実際のラベルスイッチングに使用される

※1 Forwarding Equivalence Class
※2 Label Switching Router
※3 Label Edge Router
※4 Provider
※5 Label Distribution Protocol
※6 Downstream Unsolicited
※7 Downstream-on-Demand
※8 Label Switched Path
※9 Penultimate Hop Popping
※10 Cisco Express Forwarding
※11 Routing Information Base
※12 Forwarding Information Base
※13 Label Information Base
※14 Label Forwarding Instance Base

14-1-2 MPLSのラベルフォーマット

　MPLSラベルはL2ヘッダとL3パケットの間に存在します。また、ラベルが複数個からなるラベルスタックの場合もあります。MPLSのラベル（ラベルスタック）は別名でShim（詰め物という意味）ヘッダとも呼ばれています。ラベルの大きさは32ビットです（図14.1.2）。
　MPLSのラベルフォーマットの各フィールドは次のとおりです。

- ラベル（20ビット）
　ラベル番号が取りうる範囲は0～1,048,575（2^20-1）。ただし、最初の16個（ラベル

14-1 MPLSの概要

◯図14.1.2：MPLSのラベルフォーマット

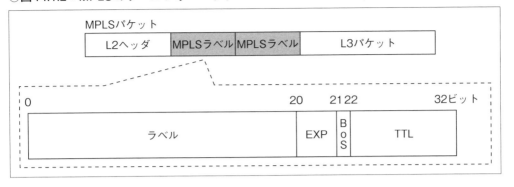

番号0〜15）は特別な意味を持つ予約済みラベル（表14.1.2）
- EXP[注2]（3ビット）
  QoSのためのフィールド
- BoS[注3]（1ビット）
  ラベルがラベルスタックの一番下かどうかを示す。一番下なら「1」、そうでないなら「0」
- TTL[注4]（8ビット）
  IPパケットのTTLと同じ機能。LSRを通過するたびに値が1つ減り、0になるとMPLSパケットは破棄される

◯表14.1.2：主な予約済みMPLSラベル

ラベル番号	ラベル名	用途
0	IPv4 Explicit NULL Label	隣接アップストリームLSRにラベル除去の要請。ラベル除去後はIPv4パケットになる。ラベル除去際のQoSは維持
1	Router Alert Label	保守目的のソフトウェア処理の要請
2	IPv6 Explicit NULL Label	隣接アップストリームLSRにラベル除去の要請。ラベル除去後はIPv6パケットになる。ラベル除去際のQoSは維持
3	Implicit NULL Label	隣接アップストリームLSRにラベル除去の要請。ラベル除去後はL3パケットになる

14-1-3 MPLSのラベル操作

　MPLSパケットがLSRを通過するとき、ラベルはPush、SwapおよびPopのいずれかの動作で処理されます。これらの動きは図14.1.3のようになっており、処理されるラベルは常に一番外側のラベルです。

注2　Experimental
注3　Bottom of Stack
注4　Time To Live

○図14.1.3：ラベル操作

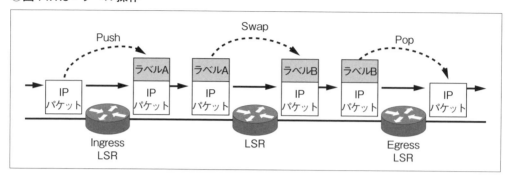

　通常、Egress LSRの先はIP網なので、Egress LSRはMPLSパケットを受け取るよりもIPパケットだけを受け取ったほうが処理も簡単になります。そこでPHP機能を有するEgress LSRは、アップストリーム側の対向LSRに対してラベルを削除するよう要請します。CiscoルータではPHP機能はデフォルトで有効になっています（**図14.1.4**）。

○図14.1.4：PHP

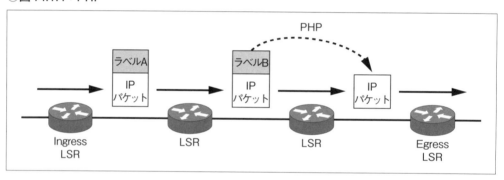

14-1-4　LDP

　ラベルスイッチングを行うには、隣接LSRに対してFECに対応するラベルを教える必要があります。この機能を担っているのがLDPと呼ばれるラベル配布プロトコルです。

　ラベルの配布では、まず各SLRがIPプレフィックス（FEC）とローカルラベルからなるローカルバインドを作ります。このローカルバインド情報を隣接LSRにリモートバインドとして送ります。すると、隣接LSRはどのIPプレフィックス宛のパケットがどのラベルを使うべきかがわかります。しかし、隣接するLSRは1個とは限らないので、時には同一のIPプレフィックスに関連する複数のリモートバインドを受け取ることもあります。

　図14.1.5はIPプレフィックス「10.0.0.1/24」のラベルを配布する例です。Egress LSRは直接10.0.0.1/24に接続しているので、隣接LSRに特別なラベル（ラベル番号3）を送りラベルなしのIPパケットを送ってもらうように要請します。図中の2つのLSRではそれぞれローカルバインドを作り、これをリモートバインドとして隣接LSRに送ります。

図14.1.5のラベル配布後のラベルスイッチングの様子は図14.1.6のようになります。

○図14.1.5：LDPによるラベル配布

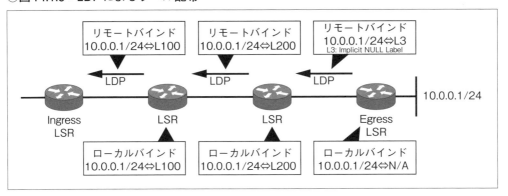

○図14.1.6：ラベルスイッチング

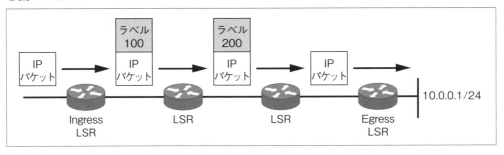

リモートバインドを格納するデータベースはLIBと呼ばれ、LIBの中で最適なものがRIBをもとに選ばれてLIFBに保存されます。実際のラベルスイッチングはLIFBを参照してラベルを操作します。

14-1-5　MPLSの動作モード

MPLSのラベル配布には3種類の動作モードがあり、各動作モード内のオプション内容の違いについて確認します。

ラベル配布モード

MPLSにはDoDとUDと呼ばれるラベル配布モードがあります（**表14.1.3**）。

○表14.1.3：ラベル配布モード

モード名	概要
DoD	必要なリモートバインド情報を必要なときにダウンストリームのLSRに要求する。このときネクストホップに対しての要求であるため、LIBには1つのリモートバインドしかない
UD	各LSRが一方的に隣接LSRにリモートバインド情報を告知する。このときのLIBには同じFECに対する複数のリモートバインドが存在しうる。Ciscoルータのデフォルトモードである（L2がイーサネットの場合）

ラベル保持モード

LSRが受け取ったリモートバインド情報をLIBに保持する方法で、2種類のモードがあります（表14.1.4）。

○表14.1.4：ラベル保持モード

モード名	概要
LLR[※1]	受け取ったリモートバインド情報をすべてLIBに保持する。ネットワーク障害時にバックアップのラベルをすばやく用意できる。Ciscoルータのデフォルトモードである（L2がイーサネットの場合）
CLR[※2]	ネクストホップのLSRからのリモートバインド情報のみをLIBに保持する。ルータのメモリを節約できるメリットがある

※1　Liberal Label Retention
※2　Conservative Label Retention

LSPコントロールモード

FECのローカルバインド情報を作成方法で、2種類のモードがあります（表14.1.5）。

○表14.1.5：LSPコントロールモード

モード名	概要
Independent LSP	ダウンストリームからのリモートバインド情報を待たずにRIBを参照してローカルバインド情報を作る。Ciscoルータのデフォルトモード（L2がイーサネットの場合）
Ordered LSP	ダウンストリームからのリモートバインド情報を受信してからローカルバインド情報を作る

14-1-6　MPLSのテーブル

IPルーティングの場合、パケットの転送ルールはルーティングテーブルのみを参照すればよかったのですが、MPLSではルーティングテーブル（RIB）はもちろん、その他にCEFテーブル（FIBとAdjacencyテーブル）、LIBおよびLFIBも参照しないとMPLSパケットの動きを正しく追うことができません。ここでこれらのテーブルの関連性や意味について説明します。

LIBテーブルにはリモートバインド候補の情報が格納されており、最適なリモートバインドはRIBを使って決定し、これをLFIBテーブルに登録します。MPLSパケットをIP転送するときは、LFIBテーブルからFIBテーブルを参照します。

CEFテーブルは、FIBテーブルとAdjacencyテーブルからなるテーブルです。FIBテーブルはRIBを元に作られる宛先とネクストホップの対応情報です。Adjacencyテーブルは、FIBテーブルのネクストホップのMACアドレス（イーサネットの場合）です。IPパケットをラベルスイッチングするときは、FIBテーブルからLIBテーブルに対してラベルの参照をします。

MPLSによるラベルスイッチングではCEFを有効にしなければいけません（CiscoルータはデフォルトでCEFが有効になっています）。CEFはルータのデータプレーンで高速でパケットを転送する機能です。IPパケットがルータに到着すると、CEFテーブルを参照して転送先が決定されます。ルータがIP転送ルータとIngress LSRでパケットの操作に違いがあります（表14.1.6）。

MPLSパケットがルータに到着したときはLFIBテーブルを参照してパケットを転送します。このときのパケット操作に関して、ルータがPルータとEgress LSRの場合で違いがあります（表14.1.7）。

○表14.1.6：IPパケットの転送仕様

ルータ	CEFによるパケット転送の仕様
IP転送ルータ	IPヘッダにある宛先IPアドレスを元にFIBテーブルを参照してネクストホップを割り出す。L2ヘッダにある宛先MACアドレスは、Adjacencyテーブルによって書き換えられる
Ingress LSR	IPヘッダにある宛先IPアドレスを元にFIBテーブルを参照してPushするラベルを割り出す。このラベル情報はLIBテーブルを参照して得られる。L2ヘッダにある宛先MACアドレスは、Adjacencyテーブルによって書き換えられる

○表14.1.7：MPLSパケットの転送仕様

ルータ	CEFによるパケット転送の仕様
Pルータ	LFIBテーブルを参照してラベルを付け替える。L2ヘッダにある宛先MACアドレスは、Adjacencyテーブルによって書き換えられる
Ingress LSR	LFIBテーブルを参照してラベルを取り外し、FIBを参照して残ったIPパケットをネクストホップに転送する。L2ヘッダにある宛先MACアドレスは、Adjacencyテーブルによって書き換えられる

図14.1.7はMPLSのテーブルとパケット転送の動きをまとめたものです。

○図14.1.7：MPLSのテーブルとパケット転送の動き

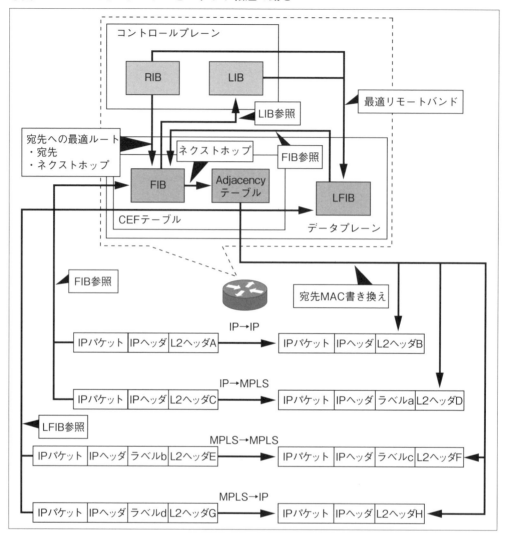

14-1-7　VRF

　VRFはルータ上で複数のルーティングテーブルを作成する技術です。それぞれのルーティングテーブルは独立しているため、1つのルータ上でIPアドレスが重複していても問題ありません。VRFを持つルータの内部にVRFルーティングテーブルと通常のグローバルルーティングテーブルがあります（図14.1.8）。

○図14.1.8：VRFルーティングテーブルとグローバルルーティングテーブル

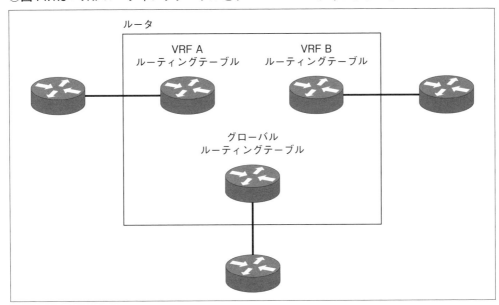

　VRFを作成するときに、RDと呼ばれる識別子をVRFに付与する必要があります。RDによってVRFルートはルータ上でユニークなルートとなり、たとえ同じIPプレフィックスのルートであっても異なるルートとしてMPLS VPN上で扱えます。通常、VRFはMP-BGP[注5]と組み合わせてMPLS VPNサービスを提供します。

　一般的にVRFは、MPLS VPNのようにMPLS上で使用する技術ですが、MPLSネットワークに依存しないVRF-Liteと呼ばれるネットワークの論理分割する方法があります。図14.1.9はVRF-Liteの例で、図中の2つのネットワークで同一のIPプレフィックス情報（10.0.0.0/24）を持ちますが、VRFによってルータ内に完全独立なルーティングテーブルが作られているため、このようなIPアドレス設定も可能です。

注5　Multi Protocol BGP

○図14.1.9：VRF-Lite

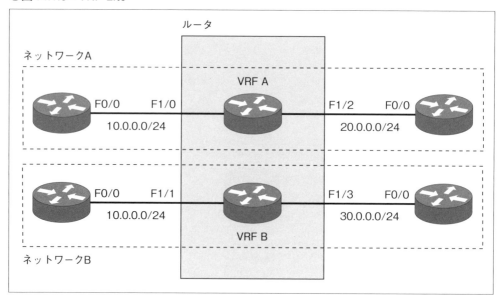

14-1-8　MPLS VPN

　MPLS VPNはキャリアがユーザに提供するもっともポピュラーなIP VPNの一種です。MPLS VPNでは、PE[注6]ルータ（Ingress LSRまたはEgress LSR）でユーザごとにVRFが割り当てられ、VPNルートやVPNラベルを運ぶ方法としてMP-BGPを使います。さらに、キャリア網内の通信はMPLSで実現します。

　図14.1.10では、3ユーザがいてそれぞれがPEルータ上で独自のVRFルーティングテーブルを持っています。PEルータ間のVPN接続はMP-BGPによって実現され、MP-BGPでは各ユーザVPNv4データを運びます。

　VPNv4プレフィックス（96ビット）は、RD（64ビット）とIPv4（32ビット）プレフィックスを合わせたものです。IPv4プレフィックスにVRF固有のRDを付加することで、ユニークなVPNv4プレフィックスを作ることができ、PEルータでユーザごとのルート情報を見分けられます。

　ユーザごとのVPNを区別するために用いるのがRT[注7]です。RTはVPNv4プレフィックスとともに相手PEに届け、相手PEの各VRFでこのRTをもとにVPNv4ルートの受け入れを決定します。

　MPLS VPNにおけるラベル操作の様子は図14.1.11のようになります。Ingress LSRのVRFから出るIPパケットは、VPNラベルとMPLSラベルが付加されます。このVPNラベルはMP-BGPによって学習されたもので、Egress LSRでどのVRFにパケットを振り分けるために使われます。

注6　Provider Edge　　　　注7　Route Target

○図14.1.10：MPLS VPNの概念

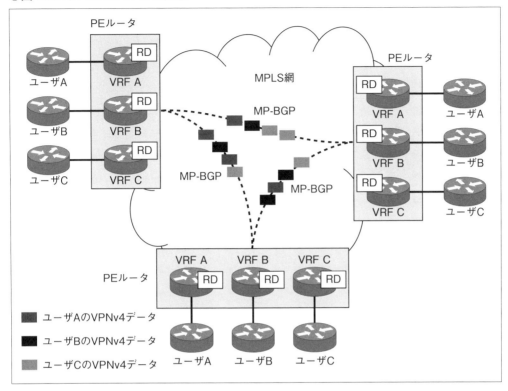

○図14.1.11：MPLS VPNのラベル操作

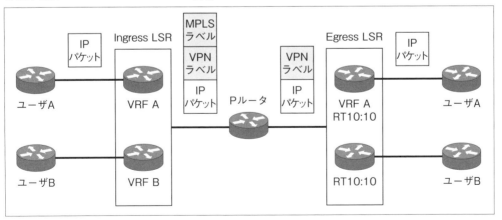

14-2 演習ラボ

ここでは、GNS3上で次のような設定を行ってみましょう。

- MPLSの基本設定
- VRF-Lite
- MPLS VPN

14-2-1 演習Lab MPLSの基本設定

本演習ラボでは、簡単なMPLSネットワーク（図14.2.1）を構築してラベル操作（Push、Swap、Pop）とLFIBテーブルを確認して、MPLSのラベルスイッチングの様子を体感しましょう（GNS3プロジェクト名は「14-2-1_MPLS_Basic」）。

○図14.2.1：ネットワーク構成

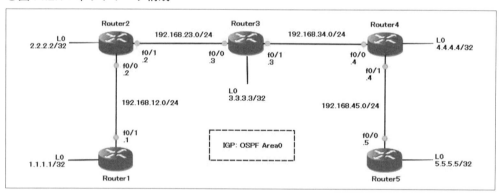

設定

すべてのルータに対して、インターフェイスとIGPといったMPLS以外の設定を各ルータに入れます（リスト14.2.1a 〜 14.2.1e）。MPLSネットワークでIGPを使うのは本来のルーティングではなく、LDPネイバーの確立やラベル配布のためです。

○リスト14.2.1a：Router1の設定（MPLS有効化前）

```
Router1#configure terminal          ※特権モードから設定モードに移行
Router1(config)#interface loopback 0    ※インターフェイスの設定
Router1(config-if)#ip address 1.1.1.1 255.255.255.255    ※IPアドレスの設定
Router1(config-if)#exit    ※直前の設定モードに戻る
Router1(config)#interface FastEthernet 0/1
Router1(config-if)#ip address 192.168.12.1 255.255.255.0
Router1(config-if)#no shutdown    ※インターフェイスの有効化
Router1(config-if)#exit
Router1(config)#router ospf 1    ※OSPFの設定
Router1(config-router)#network 1.1.1.1 0.0.0.0 area 0    ※ネットワークの告知
Router1(config-router)#network 192.168.12.0 0.0.0.255 area 0
Router1(config-router)#exit
```

○リスト14.2.1b：Router2の設定（MPLS有効化前）

```
Router2#configure terminal
Router2(config)#interface loopback 0
Router2(config-if)#ip address 2.2.2.2 255.255.255.255
Router2(config-if)#exit
Router2(config)#interface FastEthernet 0/0
Router2(config-if)#ip address 192.168.12.2 255.255.255.0
Router2(config-if)#no shutdown
Router2(config-if)#exit
Router2(config)#interface FastEthernet 0/1
Router2(config-if)#ip address 192.168.23.2 255.255.255.0
Router2(config-if)#no shutdown
Router2(config-if)#exit
Router2(config)#router ospf 1
Router2(config-router)#network 2.2.2.2 0.0.0.0 area 0
Router2(config-router)#network 192.168.12.0 0.0.0.255 area 0
Router2(config-router)#network 192.168.23.0 0.0.0.255 area 0
Router2(config-router)#exit
```

○リスト14.2.1c：Router3の設定（MPLS有効化前）

```
Router3#configure terminal
Router3(config)#interface loopback 0
Router3(config-if)#ip address 3.3.3.3 255.255.255.255
Router3(config-if)#exit
Router3(config)#interface FastEthernet 0/0
Router3(config-if)#ip address 192.168.23.3 255.255.255.0
Router3(config-if)#no shutdown
Router3(config-if)#exit
Router3(config)#interface FastEthernet 0/1
Router3(config-if)#ip address 192.168.34.3 255.255.255.0
Router3(config-if)#no shutdown
Router3(config-if)#exit
Router3(config)#router ospf 1
Router3(config-router)#network 3.3.3.3 0.0.0.0 area 0
Router3(config-router)#network 192.168.23.0 0.0.0.255 area 0
Router3(config-router)#network 192.168.34.0 0.0.0.255 area 0
Router3(config-router)#exit
```

第 14 章　MPLS

○リスト 14.2.1d：Router4 の設定（MPLS 有効化前）

```
Router4#configure terminal
Router4(config)#interface loopback 0
Router4(config-if)#ip address 4.4.4.4 255.255.255.255
Router4(config-if)#exit
Router4(config)#interface FastEthernet 0/0
Router4(config-if)#ip address 192.168.34.4 255.255.255.0
Router4(config-if)#no shutdown
Router4(config-if)#exit
Router4(config)#interface FastEthernet 0/1
Router4(config-if)#ip address 192.168.45.4 255.255.255.0
Router4(config-if)#no shutdown
Router4(config-if)#exit
Router4(config)#router ospf 1
Router4(config-router)#network 4.4.4.4 0.0.0.0 area 0
Router4(config-router)#network 192.168.34.0 0.0.0.255 area 0
Router4(config-router)#network 192.168.45.0 0.0.0.255 area 0
Router4(config-router)#exit
```

○リスト 14.2.1e：Router5 の設定（MPLS 有効化前）

```
Router5#configure terminal
Router5(config)#interface loopback 0
Router5(config-if)#ip address 5.5.5.5 255.255.255.255
Router5(config-if)#exit
Router5(config)#interface FastEthernet 0/0
Router5(config-if)#ip address 192.168.45.5 255.255.255.0
Router5(config-if)#no shutdown
Router5(config-if)#exit
Router5(config)#router ospf 1
Router5(config-router)#network 5.5.5.5 0.0.0.0 area 0
Router5(config-router)#network 192.168.45.0 0.0.0.255 area 0
Router5(config-router)#exit
```

確認

　MPLSを動かすにはCEFの機能を有効にする必要があります。Ciscoルータはデフォルトで CEF が有効になっていますが、念のため有効になっているかを確認しましょう（**リスト 14.2.1f**）。

○リスト 14.2.1f：CEF 有効化の確認

```
Router1#show running-config | inc cef    ※running-config設定の確認
ip cef
```

MPLSの有効化

　MPLSの有効化をインターフェイスで行う場合、LDPネイバーを確立したいインターフェイスでのみ設定を入れます。

　MPLSのルータIDは必須の設定事項ではありませんが、設定していると各種テーブルを確認するときに便利です。MPLSのルータIDの決め方はOSPFと同じで、手動による設定、ループバックインターフェイスの最大IPアドレス、UPになっているインターフェイスの最大IPアドレスの順です（**リスト 14.2.1g ～ 14.2.1k**）。

○リスト14.2.1g：Router1の設定（MPLS有効化）

```
Router1(config)#mpls ldp router-id loopback 0   ※MPLSルータIDの設定
Router1(config)#interface FastEthernet 0/1
Router1(config-if)#mpls ip   ※インターフェイス上でMPLSの有効化
Router1(config-if)#end   ※特権モードに移行
```

○リスト14.2.1h：Router2の設定（MPLS有効化）

```
Router2(config)#mpls ldp router-id loopback 0
Router2(config)#interface FastEthernet 0/0
Router2(config-if)#mpls ip
Router2(config-if)#exit
Router2(config)#interface FastEthernet 0/1
Router2(config-if)#mpls ip
Router2(config-if)#end
```

○リスト14.2.1i：Router3の設定（MPLS有効化）

```
Router3(config)#mpls ldp router-id loopback 0
Router3(config)#interface FastEthernet 0/0
Router3(config-if)#mpls ip
Router3(config-if)#exit
Router3(config)#interface FastEthernet 0/1
Router3(config-if)#mpls ip
Router3(config-if)#end
```

○リスト14.2.1j：Router4の設定（MPLS有効化）

```
Router4(config)#mpls ldp router-id loopback 0
Router4(config)#interface FastEthernet 0/0
Router4(config-if)#mpls ip
Router4(config-if)#exit
Router4(config)#interface FastEthernet 0/1
Router4(config-if)#mpls ip
Router4(config-if)#end
```

○リスト14.2.1k：Router5の設定（MPLS有効化）

```
Router5(config)#mpls ldp router-id loopback 0
Router5(config)#interface FastEthernet 0/0
Router5(config-if)#mpls ip
```

確認

　MPLSの設定が完了したら、隣接LSRとのLDPネイバーの確立を確認します（リスト14.2.1l～14.2.1m）。もしLDPネイバーに問題があるときは、該当インターフェイス上でMPLSが有効になっているかを確認しましょう。

第14章　MPLS

○リスト14.2.1l：LDPネイバーとMPLS有効化インターフェイスの確認（Router2）

```
Router2#show mpls ldp neighbor       ※LDPネイバーの確認
    Peer LDP Ident: 1.1.1.1:0; Local LDP Ident 2.2.2.2:0
     TCP connection: 1.1.1.1.646 - 2.2.2.2.11771
     State: Oper; Msgs sent/rcvd: 37/38; Downstream
     Up time: 00:22:07
     LDP discovery sources:
       FastEthernet0/0, Src IP addr: 192.168.12.1
     Addresses bound to peer LDP Ident:
       192.168.12.1    1.1.1.1
    Peer LDP Ident: 3.3.3.3:0; Local LDP Ident 2.2.2.2:0
     TCP connection: 3.3.3.3.50158 - 2.2.2.2.646
     State: Oper; Msgs sent/rcvd: 33/34; Downstream
     Up time: 00:19:32
     LDP discovery sources:
       FastEthernet0/1, Src IP addr: 192.168.23.3
     Addresses bound to peer LDP Ident:
       192.168.23.3    192.168.34.3    3.3.3.3
Router2#
Router2#show mpls interfaces    ※MPLS有効になっているインターフェイスの確認
Interface           IP          Tunnel     Operational
FastEthernet0/0     Yes (ldp)   No         Yes
FastEthernet0/1     Yes (ldp)   No         Yes
```

○リスト14.2.1m：LDPネイバーの確認（Router4）

```
Router4#show mpls ldp neighbor
    Peer LDP Ident: 3.3.3.3:0; Local LDP Ident 4.4.4.4:0
     TCP connection: 3.3.3.3.646 - 4.4.4.4.22038
     State: Oper; Msgs sent/rcvd: 32/32; Downstream
     Up time: 00:18:06
     LDP discovery sources:
       FastEthernet0/0, Src IP addr: 192.168.34.3
     Addresses bound to peer LDP Ident:
       192.168.23.3    192.168.34.3    3.3.3.3
    Peer LDP Ident: 5.5.5.5:0; Local LDP Ident 4.4.4.4:0
     TCP connection: 5.5.5.5.16911 - 4.4.4.4.646
     State: Oper; Msgs sent/rcvd: 32/31; Downstream
     Up time: 00:17:39
     LDP discovery sources:
       FastEthernet0/1, Src IP addr: 192.168.45.5
     Addresses bound to peer LDP Ident:
       192.168.45.5    5.5.5.5
```

MPLSのラベル操作の様子

　すべてのLDPネイバーが無事に確立されたことを確認できたら、MPLSのラベル操作の様子をLFIBテーブルで見てみましょう。ここではルート「5.5.5.5/32」にフォーカスして、各ルータのLFIBテーブル上でラベルがどのように変わっていくかを確認していきましょう。

　Router1では、5.5.5.5/32へのパケットはラベル「20」がPushされて192.168.12.2に転送されます（リスト14.2.1n）。

　Route2では、インバウンドのMPLSパケットのラベル「20」はラベル「21」にSwapされてネクストホップの192.168.23.3に転送されます（リスト14.2.1o）。

Route3はRouter2と同じSwapですが、この場合インバウンドのラベル「21」はアウトバウンドのラベル「20」に変わります。ラベル番号はローカルな情報なので、このときのラベル「20」は先ほどのラベル「20」と一切関係はありません（**リスト14.2.1p**）。

Router4では、MPLSパケットはPopされて、IPパケットをRouter5へ渡します。RouterではなくRouter4でラベルを外すのはPHP機能によるものです（**リスト14.2.1q**）。

○リスト14.2.1n：LFIBテーブル（Router1）

```
Router1#show mpls forwarding-table 5.5.5.5    ※LFIBテーブルの確認
Local   Outgoing      Prefix           Bytes tag    Outgoing     Next Hop
tag     tag or VC     or Tunnel Id     switched     interface
20      20            5.5.5.5/32       0            Fa0/1        192.168.12.2
```

○リスト14.2.1o：LFIBテーブル（Router2）

```
Router2#show mpls forwarding-table 5.5.5.5
Local   Outgoing      Prefix           Bytes tag    Outgoing     Next Hop
tag     tag or VC     or Tunnel Id     switched     interface
20      21            5.5.5.5/32       0            Fa0/1        192.168.23.3
```

○リスト14.2.1p：LFIBテーブル（Router3）

```
Router3#show mpls forwarding-table 5.5.5.5
Local   Outgoing      Prefix           Bytes tag    Outgoing     Next Hop
tag     tag or VC     or Tunnel Id     switched     interface
21      20            5.5.5.5/32       0            Fa0/1        192.168.34.4
```

○リスト14.2.1q：LFIBテーブル（Router4）

```
Router4#show mpls forwarding-table 5.5.5.5
Local   Outgoing      Prefix           Bytes tag    Outgoing     Next Hop
tag     tag or VC     or Tunnel Id     switched     interface
20      Pop tag       5.5.5.5/32       0            Fa0/1        192.168.45.5
```

図14.2.2はリスト14.2.1n〜14.2.1qまでのラベル操作をまとめたものです。

○図14.2.2：5.5.5.5/32に関するラベル操作

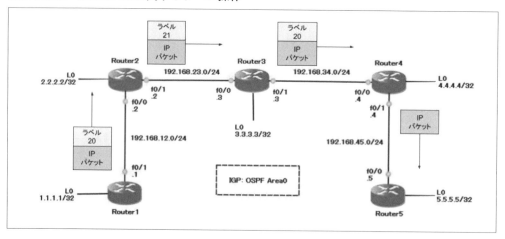

14-2-2 演習Lab VRF-Lite

　同じルータに複数のVRFを設定したとき、各VRFのルーティングテーブルは互いに独立しているため、重複したIPアドレスを同じルータのインターフェイスに設定できます。VRF-LiteはMPLSに依存せず単独でIPルーティングを行えます。

　ここでは、図14.2.3のネットワークで2つのサイト（SITE-AとSITE-B）を作ります（GNS3プロジェクト名は「14-2-2_VRFLite」）。それぞれのサイトは異なるVRFに所属しています。ルータで両方のVRFのIPアドレスが重複していますが、互いのサイトはルーティング的に独立しているため、各サイト内の通信は問題なくできることを確認します。

○図14.2.3：ネットワーク構成

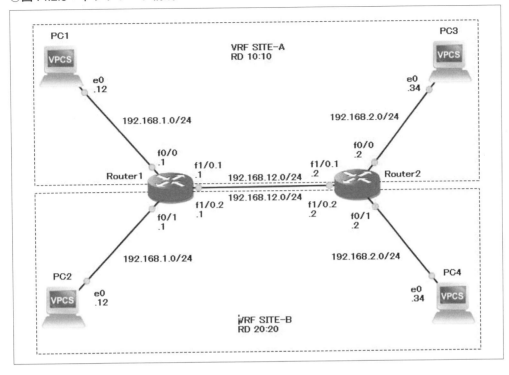

設定

VRF-Liteの設定に必要なVRFの定義は各ルータで行う必要があります（リスト14.2.2a〜14.2.2b）。VRFの定義はVRFの名前とRDを設定します。当然ですが、各VRFの名前とRDは互いに異なるものです。

VRFを定義したら、VRFに参加するインターフェイスを選びます。各サイト内でのルーティングには、VRF名の指定を忘れないでください。これがないと、グローバルルーティングテーブルに設定したことになります。

○リスト14.2.2a：Router1の設定

```
Router1#configure terminal           ※特権モードから設定モードに移行
Router1(config)#ip vrf SITE-A        ※VRFの定義
Router1(config-vrf)#rd 10:10         ※RDの設定
Router1(config-vrf)#exit             ※直前の設定モードに戻る
Router1(config)#ip vrf SITE-B
Router1(config-vrf)#rd 20:20
Router1(config-vrf)#exit
Router1(config)#interface FastEthernet 0/0   ※インターフェイスの設定
Router1(config-if)#ip vrf forwarding SITE-A  ※インターフェイスのVRFへのアサイン
Router1(config-if)#ip address 192.168.1.1 255.255.255.0  ※IPアドレスの設定
Router1(config-if)#no shutdown       ※インターフェイスの有効化
Router1(config-if)#exit
Router1(config)#interface FastEthernet 0/1
Router1(config-if)#ip vrf forwarding SITE-B
```

第14章 MPLS

```
Router1(config-if)#ip address 192.168.1.1 255.255.255.0
Router1(config-if)#no shutdown
Router1(config-if)#exit
Router1(config)#interface FastEthernet 1/0
Router1(config-if)#no shutdown
Router1(config-if)#exit
Router1(config)#interface FastEthernet 1/0.1
Router1(config-subif)#encapsulation dot1Q 1      ※カプセル化方式の設定
Router1(config-subif)#ip vrf forwarding SITE-A
Router1(config-subif)#ip address 192.168.12.1 255.255.255.0
Router1(config-subif)#exit
Router1(config)#interface FastEthernet 1/0.2
Router1(config-subif)#encapsulation dot1Q 2
Router1(config-subif)#ip vrf forwarding SITE-B
Router1(config-subif)#ip address 192.168.12.1 255.255.255.0
Router1(config-subif)#exit
Router1(config)#ip route vrf SITE-A 0.0.0.0 0.0.0.0 192.168.12.2
                                                          ※VRFのスタティックルーティングの設定
Router1(config)#ip route vrf SITE-B 0.0.0.0 0.0.0.0 192.168.12.2
Router1(config)#end      ※特権モードに移行
```

○リスト14.2.2b：Router2の設定

```
Router2#configure terminal
Router2(config)#ip vrf SITE-A
Router2(config-vrf)#rd 10:10
Router2(config-vrf)#exit
Router2(config)#ip vrf SITE-B
Router2(config-vrf)#rd 20:20
Router2(config-vrf)#exit
Router2(config)#interface FastEthernet 0/0
Router2(config-if)#ip vrf forwarding SITE-A
Router2(config-if)#ip address 192.168.2.2 255.255.255.0
Router2(config-if)#no shutdown
Router2(config-if)#exit
Router2(config)#interface FastEthernet 0/1
Router2(config-if)#ip vrf forwarding SITE-B
Router2(config-if)#ip address 192.168.2.2 255.255.255.0
Router2(config-if)#no shutdown
Router2(config-if)#exit
Router2(config)#interface FastEthernet 1/0
Router2(config-if)#no shutdown
Router2(config-if)#exit
Router2(config)#interface FastEthernet 1/0.1
Router2(config-subif)#encapsulation dot1Q 1
Router2(config-subif)#ip vrf forwarding SITE-A
Router2(config-subif)#ip address 192.168.12.2 255.255.255.0
Router2(config-subif)#exit
Router2(config)#interface FastEthernet 1/0.2
Router2(config-subif)#encapsulation dot1Q 2
Router2(config-subif)#ip vrf forwarding SITE-B
Router2(config-subif)#ip address 192.168.12.2 255.255.255.0
Router2(config-subif)#exit
Router2(config)#ip route vrf SITE-A 0.0.0.0 0.0.0.0 192.168.12.1
Router2(config)#ip route vrf SITE-B 0.0.0.0 0.0.0.0 192.168.12.1
Router2(config)#end
```

確認

すべての設定を完了したら、最初に確認するのはVRFの設定で、VRFの定義やインターフェイスのアサインが正しく行われていることを確認します（リスト14.2.2c ～ 14.2.2f）。次に、各VRFのルーティングテーブルに設定したスタティックルートがあることも忘れずに確認しましょう。

◯リスト14.2.2c：VRF設定の確認（Router1）

```
Router1#show ip vrf brief    ※VRF設定の確認
 Name                          Default RD            Interfaces
 SITE-A                        10:10                 Fa0/0
                                                     Fa1/0.1
 SITE-B                        20:20                 Fa0/1
                                                     Fa1/0.2
```

◯リスト14.2.2d：各VRFのルーティングテーブル（Router1）

```
Router1#show ip route vrf SITE-A static    ※VRFのスタティックルーティングの確認
S*   0.0.0.0/0 [1/0] via 192.168.12.2
Router1#
Router1#show ip route vrf SITE-B static
S*   0.0.0.0/0 [1/0] via 192.168.12.2
```

◯リスト14.2.2e：VRF設定の確認（Router2）

```
Router2#show ip vrf brief
 Name                          Default RD            Interfaces
 SITE-A                        10:10                 Fa0/0
                                                     Fa1/0.1
 SITE-B                        20:20                 Fa0/1
                                                     Fa1/0.2
```

◯リスト14.2.2f：各VRFのルーティングテーブル（Router2）

```
Router2#show ip route vrf SITE-A static
S*   0.0.0.0/0 [1/0] via 192.168.12.1
Router2#
Router2#show ip route vrf SITE-B static
S*   0.0.0.0/0 [1/0] via 192.168.12.1
```

最後に各サイト内のpingを実施してみましょう（リスト14.2.2g ～ 14.2.2h）。

◯リスト14.2.2g：「SITE-A」サイト内のpingテスト

```
PC1> ping 192.168.2.34 -c 3
84 bytes from 192.168.2.34 icmp_seq=1 ttl=62 time=31.002 ms
84 bytes from 192.168.2.34 icmp_seq=2 ttl=62 time=40.002 ms
84 bytes from 192.168.2.34 icmp_seq=3 ttl=62 time=33.002 ms
```

第14章 MPLS

○リスト14.2.2h：「SITE-B」サイト内のpingテスト

```
PC2> ping 192.168.2.34 -c 3
84 bytes from 192.168.2.34 icmp_seq=1 ttl=62 time=25.001 ms
84 bytes from 192.168.2.34 icmp_seq=2 ttl=62 time=39.003 ms
84 bytes from 192.168.2.34 icmp_seq=3 ttl=62 time=30.002 ms
```

14-2-3 演習Lab MPLS VPN

MPLS VPNはキャリアが提供するもっとも一般的なVPNサービスの1つです。ここでは最小限の構成（図14.2.4）を使ってVPLS VPNの設定と動作確認を行います（GNS3プロジェクト名は「14-2-3_MPLS_VPN」）。

○図14.2.4：ネットワーク構成

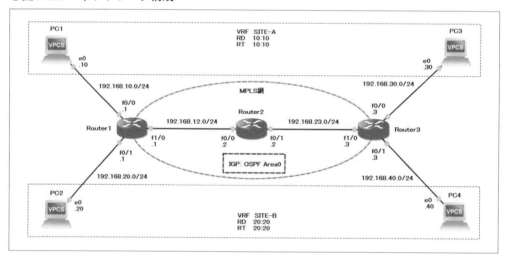

MPLS VPNの設定はやや煩雑であるため、次のように3段階に分けてましょう。

①VRF定義、インターフェイス設定、IGP設定
②MPLSの有効化
③MP-BGPの設定

最終的に各サイト（SITE-AまたはSITE-B）内のPCがMPLS VPNを使って通信できるようにしましょう。また、MPLSラベルやVPNラベルがどのように変化していくかも確認しましょう。

設定①：下準備

まずはMPLSやMPLS VPNのための下準備です（リスト14.2.3a〜14.2.3c）。次のよう

な設定を各ルータに対して投入します。

　VRFの定義（Pルータ除く）は、VRF名、RDおよびRTを設定します。RDとRTは必ずしも一致する必要はありませんが、同じにしておくとわかりやすいメリットがある。RTのコマンドオプションに「both」を用いたのは、当該VRFの発着信ルートが同じRTであることを意味します。着信ルートのRTがここで設定した値と異なる場合、その着信ルートはVRFのルーティングテーブルに載ることはできません。また、RDはルータローカルの値なので、異なるルータで同じRDに設定する必要はありませんが、一般的に同じユーザなら同一RDで設定したほうがわかりやすいです。

　インターフェイスの設定では、インターフェイスのVRFへの割り当てとIPアドレスを設定します。

　IGPはLDPネイバーの確立とラベル配布に用いられます。ここではIGPにOSPFを使用します。図14.2.4にあるインターフェイス以外に次のループバックインターフェイスのIPアドレスもOSPFで告知します。これらのループバックインターフェイスはMPLS VPNのネイバー確立に使われます。

- Router1 Loopback0　　　10.10.10.10/32
- Router3 Loopback0　　　20.20.20.20/32

○リスト14.2.3a：Router1の設定（VRFの定義、インターフェイス設定、IGP設定）

```
Router1#configure terminal     ※特権モードから設定モードに移行
Router1(config)#ip vrf SITE-A     ※VRFの定義
Router1(config-vrf)#rd 10:10     ※RDの設定
Router1(config-vrf)#route-target both 10:10     ※RTの設定
Router1(config-vrf)#exit     ※直前の設定モードに戻る
Router1(config)#ip vrf SITE-B
Router1(config-vrf)#rd 20:20
Router1(config-vrf)#route-target both 20:20
Router1(config-vrf)#exit
Router1(config)#interface loopback 0     ※インターフェイスの設定
Router1(config-if)#ip address 10.10.10.10 255.255.255.255     ※IPアドレスの設定
Router1(config-if)#exit
Router1(config)#interface FastEthernet 1/0
Router1(config-if)#ip address 192.168.12.1 255.255.255.0
Router1(config-if)#no shutdown     ※インターフェイスの有効化
Router1(config-if)#exit
Router1(config)#interface FastEthernet 0/0
Router1(config-if)#ip vrf forwarding SITE-A     ※インターフェイスのVRFへのアサイン
Router1(config-if)#ip address 192.168.10.1 255.255.255.0
Router1(config-if)#no shutdown
Router1(config-if)#exit
Router1(config)#interface FastEthernet 0/1
Router1(config-if)#ip vrf forwarding SITE-B
Router1(config-if)#ip address 192.168.20.1 255.255.255.0
Router1(config-if)#no shutdown
Router1(config-if)#exit
Router1(config)#router ospf 1     ※OSPFの設定
Router1(config-router)#network 10.10.10.10 0.0.0.0 area 0     ※ネットワークの公布
Router1(config-router)#network 192.168.12.0 0.0.0.255 area 0
Router1(config-router)#end     ※特権モードに移行
```

第14章 MPLS

○リスト14.2.3b：Router2の設定（インターフェイス設定、IGP設定）

```
Router2#configure terminal
Router2(config)#interface FastEthernet 0/0
Router2(config-if)#ip address 192.168.12.2 255.255.255.0
Router2(config-if)#no shutdown
Router2(config-if)#exit
Router2(config)#interface FastEthernet 0/1
Router2(config-if)#ip address 192.168.23.2 255.255.255.0
Router2(config-if)#no shutdown
Router2(config-if)#exit
Router2(config)#router ospf 1
Router2(config-router)#network 192.168.12.0 0.0.0.255 area 0
Router2(config-router)#network 192.168.23.0 0.0.0.255 area 0
Router2(config-router)#end
```

○リスト14.2.3c：Router3の設定（インターフェイス設定、IGP設定）

```
Router3#configure terminal
Router3(config)#ip vrf SITE-A
Router3(config-vrf)#rd 10:10
Router3(config-vrf)#route-target both 10:10
Router3(config-vrf)#exit
Router3(config)#ip vrf SITE-B
Router3(config-vrf)#rd 20:20
Router3(config-vrf)#route-target both 20:20
Router3(config-vrf)#exit
Router3(config)#interface loopback 0
Router3(config-if)#ip address 20.20.20.20 255.255.255.255
Router3(config-if)#exit
Router3(config)#interface FastEthernet 1/0
Router3(config-if)#ip address 192.168.23.3 255.255.255.0
Router3(config-if)#no shutdown
Router3(config-if)#exit
Router3(config)#interface FastEthernet 0/0
Router3(config-if)#ip vrf forwarding SITE-A
Router3(config-if)#ip address 192.168.30.3 255.255.255.0
Router3(config-if)#no shutdown
Router3(config-if)#exit
Router3(config)#interface FastEthernet 0/1
Router3(config-if)#ip vrf forwarding SITE-B
Router3(config-if)#ip address 192.168.40.3 255.255.255.0
Router3(config-if)#no shutdown
Router3(config-if)#exit
Router3(config)#router ospf 1
Router3(config-router)#network 20.20.20.20 0.0.0.0 area 0
Router3(config-router)#network 192.168.23.0 0.0.0.255 area 0
Router3(config-router)#end
```

設定①の確認

第1段階の設定が完了したら、まずOSPFネイバーが確立していることを確認します（リスト14.2.3d）。

○リスト14.2.3d：OSPFネイバーの確認

```
Router2#show ip ospf neighbor   ※OSPFネイバーの確認

Neighbor ID     Pri   State         Dead Time   Address         Interface
20.20.20.20       1   FULL/BDR      00:00:37    192.168.23.3    FastEthernet0/1
10.10.10.10       1   FULL/DR       00:00:37    192.168.12.1    FastEthernet0/0
```

次にPEルータ（Router1とRouter3）でグローバルルーティングテーブルとVRF設定を確認します（リスト14.2.3e〜14.2.3f）。PEルータのループバックインターフェイスのIPアドレスがグローバルルーティングテーブル上に存在し、かつVRFの設定が正しいことを確かめます。

○リスト14.2.3e：グローバルルーティングテーブルとVRFの確認（Router1）

```
Router1#show ip route ospf   ※OSPFのみのルーティングテーブルの確認
     20.0.0.0/32 is subnetted, 1 subnets
O       20.20.20.20 [110/12] via 192.168.12.2, 00:00:53, FastEthernet1/0
O    192.168.23.0/24 [110/11] via 192.168.12.2, 00:11:32, FastEthernet1/0
Router1#
Router1#show ip vrf brief   ※VRF設定の確認
  Name                          Default RD           Interfaces
  SITE-A                        10:10                Fa0/0
  SITE-B                        20:20                Fa0/1
```

○リスト14.2.3f：グローバルルーティングテーブルとVRFの確認（Router3）

```
Router3#show ip route ospf
O    192.168.12.0/24 [110/11] via 192.168.23.2, 00:03:27, FastEthernet1/0
     10.0.0.0/32 is subnetted, 1 subnets
O       10.10.10.10 [110/12] via 192.168.23.2, 00:03:27, FastEthernet1/0
Router3#
Router3#show ip vrf brief
  Name                          Default RD           Interfaces
  SITE-A                        10:10                Fa0/0
  SITE-B                        20:20                Fa0/1
```

設定②：MPLSの有効化

第2段階の設定はMPLSの有効化です（リスト14.2.3g〜14.2.3i）。

○リスト14.2.3g：Router1の設定（MPLSの有効化）

```
Router1#configure terminal
Router1(config)#interface FastEthernet 1/0
Router1(config-if)#mpls ip   ※インターフェイス上でMPLSの有効化
Router1(config-if)#end
```

第14章 MPLS

○リスト14.2.3h：Router2の設定（MPLSの有効化）

```
Router2#configure terminal
Router2(config)#interface FastEthernet 0/0
Router2(config-if)#mpls ip
Router2(config-if)#exit
Router2(config)#interface FastEthernet 0/1
Router2(config-if)#mpls ip
Router2(config-if)#end
```

○リスト14.2.3i：Router3の設定（MPLSの有効化）

```
Router3#configure terminal
Router3(config)#interface FastEthernet 1/0
Router3(config-if)#mpls ip
Router3(config-if)#end
```

設定②の確認

各ルータでLDPに参加するインターフェイスに対してMPLSを有効化したら、LDPネイバーがこれらのインターフェイス間で確立していることを確認します（**リスト14.2.3j**）。

○リスト14.2.3j：LDPネイバーの確認

```
Router2#show mpls ldp neighbor    ※LDPネイバーの確認
    Peer LDP Ident: 10.10.10.10:0; Local LDP Ident 192.168.23.2:0
        TCP connection: 10.10.10.10.646 - 192.168.23.2.44599
        State: Oper; Msgs sent/rcvd: 7/7; Downstream
        Up time: 00:00:26
        LDP discovery sources:
            FastEthernet0/0, Src IP addr: 192.168.12.1
        Addresses bound to peer LDP Ident:
            192.168.12.1    10.10.10.10
    Peer LDP Ident: 20.20.20.20:0; Local LDP Ident 192.168.23.2:0
        TCP connection: 20.20.20.20.646 - 192.168.23.2.31551
        State: Oper; Msgs sent/rcvd: 7/7; Downstream
        Up time: 00:00:24
        LDP discovery sources:
            FastEthernet0/1, Src IP addr: 192.168.23.3
        Addresses bound to peer LDP Ident:
            192.168.23.3    20.20.20.20
```

LFIBテーブルでは、宛先がループバックインターフェイスであることを確認します（**リスト14.2.3k～14.2.3l**）。もしなければ、IGPとMPLSの設定を見直します。

○リスト14.2.3k：LFIBテーブルの確認（Router1）

```
Router1#show mpls forwarding-table    ※LFIBテーブルの確認
Local  Outgoing    Prefix            Bytes tag  Outgoing   Next Hop
tag    tag or VC   or Tunnel Id      switched   interface
16     16          20.20.20.20/32    0          Fa1/0      192.168.12.2
17     Pop tag     192.168.23.0/24   0          Fa1/0      192.168.12.2
```

14-2 演習ラボ

○リスト14.2.3l：LFIBテーブルの確認（Router3）

```
Router3#show mpls forwarding-table
Local      Outgoing     Prefix            Bytes tag    Outgoing     Next Hop
tag        tag or VC    or Tunnel Id      switched     interface
16         Pop tag      192.168.12.0/24   0            Fa1/0        192.168.23.2
17         17           10.10.10.10/32    0            Fa1/0        192.168.23.2
```

設定③：MP-BGPの設定

最終段階の設定はMP-BGPの設定です（リスト14.2.3m～14.2.3n）。ここで必要な各設定は次のとおりです。

- IPv4アドレスファミリのBGPネイバーの無効化
  アドレスファミリを指定しない場合に設定するBGPネイバーはIPv4アドレスファミリとなるため、これを明示的に無効化する必要がある
- VPNv4アドレスファミリの設定
  activateオプションのneighborコマンドを実行すると、グローバル設定がここに反映される。RTはBGPの拡張コミュニティを使って告知されるので、bothオプションで標準のコミュニティと拡張コミュニティをネイバーに渡す
- VRFごとのIPv4アドレスファミリの設定
  実際に告知したいVPNルート情報を指定する

○リスト14.2.3m：MP-BGPの設定（Router1）

```
Router1#configure terminal
Router1(config)#router bgp 100      ※BGPの設定
Router1(config-router)#no bgp default ipv4-unicast
                      ※IPv4のBGPネイバーをデフォルトで動作させない設定（VPNv4のBGPネイバーを確立するため）
Router1(config-router)#neighbor 20.20.20.20 remote-as 100
                                             ※BGPネイバーの指定（グローバル設定）
Router1(config-router)#neighbor 20.20.20.20 update-source loopback 0
                                  ※BGPネイバー確立時に使用する送信元の設定（グローバル設定）
Router1(config-router)#address-family vpnv4    ※VPNv4アドレスファミリの設定
Router1(config-router-af)#neighbor 20.20.20.20 activate
                                      ※指定するBGPネイバーに対する グローバル設定の適用
Router1(config-router-af)#neighbor 20.20.20.20 send-community both
                                             ※標準と拡張のBGPコミュニティの送信
Router1(config-router-af)#exit
Router1(config-router)#address-family ipv4 vrf SITE-A    ※VRFのIPv4アドレスファミリの設定
Router1(config-router-af)#redistribute connected    ※自インターフェイスのネットワークの再配布
Router1(config-router-af)#exit
Router1(config-router)#address-family ipv4 vrf SITE-B
Router1(config-router-af)#redistribute connected
Router1(config-router-af)#end
```

第14章 MPLS

○リスト14.2.3n：MP-BGPの設定（Router3）

```
Router3#configure terminal
Router3(config)#router bgp 100
Router3(config-router)#no bgp default ipv4-unicast
Router3(config-router)#neighbor 10.10.10.10 remote-as 100
Router3(config-router)#neighbor 10.10.10.10 update-source loopback 0
Router3(config-router)#address-family vpnv4
Router3(config-router-af)#neighbor 10.10.10.10 activate
Router3(config-router-af)#neighbor 10.10.10.10 send-community both
Router3(config-router-af)#exit
Router3(config-router)#address-family ipv4 vrf SITE-A
Router3(config-router-af)#redistribute connected
Router3(config-router-af)#exit
Router3(config-router)#address-family ipv4 vrf SITE-B
Router3(config-router-af)#redistribute connected
Router3(config-router-af)#end
```

設定③の確認

まずVPNv4アドレスファミリのBGPネイバー確立を確認します（リスト14.2.3o）。このネイバーが確立していないとVPNルート情報やVPNラベルが告知されません。

○リスト14.2.3o：VPNv4のBGPネイバー確認

```
Router1#show ip bgp vpnv4 all summary | begin Nei   ※VPNv4のBGPピアの確認
Neighbor        V    AS MsgRcvd MsgSent   TblVer  InQ OutQ Up/Down  State/PfxRcd
20.20.20.20     4   100      39      34        9    0    0 00:25:39           2
```

VPNv4のBGPネイバーが無事に確立していたら、今度は各VRFのルーティングテーブルで再配布されたルート情報を確認しましょう（リスト14.2.3p〜14.2.3q）。これらのルートがないとき、RTが正しく設定されているかを見てみましょう。

○リスト14.2.3p：各VRFのルーティングテーブル（Router1）

```
Router1#show ip route vrf SITE-A bgp   ※VRFのルーティングテーブルの確認
B    192.168.30.0/24 [200/0] via 20.20.20.20, 00:01:44
Router1#
Router1#show ip route vrf SITE-B bgp
B    192.168.40.0/24 [200/0] via 20.20.20.20, 00:01:18
```

○リスト14.2.3q：各VRFのルーティングテーブル（Router3）

```
Router3#show ip route vrf SITE-A bgp
B    192.168.10.0/24 [200/0] via 10.10.10.10, 00:01:46
Router3#
Router3#show ip route vrf SITE-B bgp
B    192.168.20.0/24 [200/0] via 10.10.10.10, 00:01:50
```

これでMPLS VPNの設定が完了です。採集確認として各サイト内の端末を使ってpingテストを行います（リスト14.2.3r〜14.2.3s）。

○リスト14.2.3r：「SITE-A」サイト内のpingテスト

```
PC1> ping 192.168.30.30 -c 3
84 bytes from 192.168.30.30 icmp_seq=1 ttl=61 time=44.002 ms
84 bytes from 192.168.30.30 icmp_seq=2 ttl=61 time=37.002 ms
84 bytes from 192.168.30.30 icmp_seq=3 ttl=61 time=53.003 ms
```

○リスト14.2.3s：「SITE-B」サイト内のpingテスト

```
PC2> ping 192.168.40.40 -c 3
84 bytes from 192.168.40.40 icmp_seq=1 ttl=61 time=39.003 ms
84 bytes from 192.168.40.40 icmp_seq=2 ttl=61 time=34.002 ms
84 bytes from 192.168.40.40 icmp_seq=3 ttl=61 time=36.002 ms
```

ラベル操作の流れ

MPLS VPNの場合、IPパケットにVPNラベルとMPLSラベルの2つのラベルを付与して通信します。このときのラベル操作の様子をshowコマンドで確認してみましょう。

まずIngress LSR（Router1）でどのようにラベルがPushされるかを見てみましょう。リスト14.2.3tでは宛先ルートへのVPNラベルを確認できます。この例では、Router1のSITE-Aから192.168.30.0/24へVPN通信は、本来のIPパケットにVPNラベル「19」を付与します。さらにLFIBテーブルを見ると、MPLS網内のネクストホップへ行くには、VPNラベルにMPLSラベル「16」を重ねるようにしています。

Pルータ（Router2）では、PHP機能によりMPLSラベルはPopされます（リスト14.2.3u）。パケットはVPNラベルのみが残った状態でEgress LSR（Router3）に引き渡されます。

Egress LSRでは、VPNラベルを取り除いて残ったIPアドレスをFIBテーブルに渡します（リスト14.2.3v）。LFIBテーブル中の「Aggregate」はこの一連の動作を表しています。

○リスト14.2.3t：VPNラベルのアサインとLFIBテーブルの確認（Router1）

```
Router1#show ip bgp vpn vrf SITE-A labels    ※宛先ルートに対するVPNラベル付与の確認
   Network          Next Hop        In label/Out label
Route Distinguisher: 10:10 (SITE-A)
   192.168.10.0     0.0.0.0             18/aggregate(SITE-A)
   192.168.30.0     20.20.20.20         nolabel/19
Router1#
Router1#show mpls forwarding-table 20.20.20.20
Local  Outgoing    Prefix            Bytes tag  Outgoing    Next Hop
tag    tag or VC   or Tunnel Id      switched   interface
16     16          20.20.20.20/32    0          Fa1/0       192.168.12.2
```

第14章 MPLS

○リスト14.2.3u：LFIBテーブルの確認（Router2）

```
Router2#show mpls forwarding-table
Local   Outgoing    Prefix           Bytes tag   Outgoing    Next Hop
tag     tag or VC   or Tunnel Id     switched    interface
16      Pop tag     20.20.20.20/32   13103       Fa0/1       192.168.23.3
17      Pop tag     10.10.10.10/32   9206        Fa0/0       192.168.12.1
```

○リスト14.2.3v：LFIBテーブルの確認（Router3）

```
Router3#show mpls forwarding-table
Local   Outgoing    Prefix              Bytes tag   Outgoing    Next Hop
tag     tag or VC   or Tunnel Id        switched    interface
16      Pop tag     192.168.12.0/24     0           Fa1/0       192.168.23.2
17      17          10.10.10.10/32      0           Fa1/0       192.168.23.2
19      Aggregate   192.168.30.0/24[V]  \
                                        704
20      Aggregate   192.168.40.0/24[V]  \
                                        528
```

リスト14.2.3t～14.2.3vまでのラベル操作の流れをまとめたのが図14.2.5です。

○図14.2.5：192.168.30.0/24に関するラベル操作

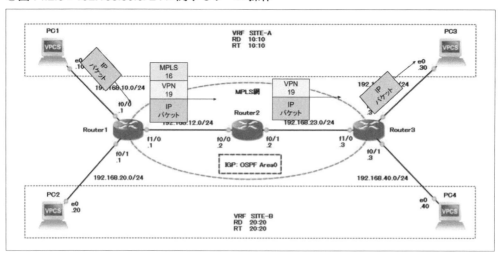

14-3 章のまとめ

　MPLSはラベルスイッチングと呼ばれる方式でパケットを転送します。MPLS機能が有効になっているルータ（LSR）でPush、SwapおよびPopといったラベル操作を使い、MPLSパケットに対して適切にラベルを付与、除去することで宛先までパケットを運びます。以前では高速なパケット転送がMPLSのメリットでしたが、IPルータの処理能力が向上したため、今日MPLSを使用する目的は、MPLS TE、迅速な障害対応および柔軟なVPN構築など

に移り変わりました。

　MPLSの動作を理解するにあたって、次に挙げるテーブルの互いの関係を把握する必要があります。IPルーティングと比べてとっつきにくさがありますが、時間をかけて整理しておくことをお勧めします。

- CEFテーブル
  - FIBテーブル
  - Adjacencyテーブル
- RIBテーブル
- LIBテーブル
- LFIBテーブル

　また、VRF-LiteとMPLS VPNも紹介しました。VRFはMPLS VPNのための技術ですが、VRF-LiteはMPLSに依存しない環境でIPネットワークの論理的に分離できる技術です。MPLS VPNはキャリアが提供するVPNサービスの一種です。

第15章
IPマルチキャスト

IPマルチキャストは、パケットを複数の宛先に対して1回で送信する転送方式です。IPマルチキャストを利用することで音声や動画などを効率的に配信できます。本章では、IGMP（Internet Group Management Protocol）やPIM（Protocol Independent Multicast）といったIPマルチキャストで使われる重要なプロトコルを中心に、IPマルチキャストの技術を説明します。

15-1　IPマルチキャストの概要

ここでIPマルチキャストは動作概要について次のトピックに沿って説明します。

- IPマルチキャストの意義
- IPマルチキャストのIPアドレスとMACアドレス
- ディストリビューションツリーの構築
- IPマルチキャストルーティングとRPF[注1]チェックの仕組み
- IGMPとIGMPスヌーピングの動作仕様
- PIM-DM[注2]の動作仕様
- PIM-SM[注3]の動作仕様とランデブーポイント

15-1-1　IPマルチキャストとは

　IPマルチキャストは動画配信サービスで一般的に使われるデータ通信方式です。送信側から見たメリットとして、個々の宛先に対して同一パケットを送る必要がない点です。一方、受診側のメリットは、自分が必要とするデータのみを受信することです。また、IPマルチキャストはOSPFなどのルーティングプロトコルにも使われている技術です。

　IPマルチキャストの技術の関連用語を**表15.1.1**にまとめます。

注1　Reverse Path Forwarding
注2　PIM Dense Mode
注3　PIM Sparse Mode

○表15.1.1：IPマルチキャスト関連用語

用語	概要
アップストリーム	受信側から送信側への方向
ダウンストリーム	送信側から受信側への方向
ファーストホップルータ	マルチキャストソースと同じネットワークにあるルータでマルチキャストを転送する最初のルータ
ラストホップルータ	受信者と同じネットワークにあるルータでマルチキャストを転送する最後のルータ
ディストリビューションツリー	マルチキャストが通るルータの経路
RPFチェック	ディストリビューションツリーを構築するときに、適切なルート選択するためのアルゴリズム
IGMP	ホストとルータ間のマルチキャストプロトコル
IGMPスヌーピング	スイッチで実現する不要なマルチキャスト通信を削減するためのプロトコル
PIM-DM	ルータやL3スイッチのためのマルチキャストプロトコル。主に受信者が密集しているネットワークで使用
PIM-SM	ルータやL3スイッチのためのマルチキャストプロトコル。主に受信者が疎らなネットワークで使用

15-1-2　IPマルチキャストのIPアドレスとMACアドレス

　IPマルチキャストのIPアドレスはクラスDのIPアドレスで、すなわち32ビットの最初の4ビットが「1110」で始まるアドレスです。IPマルチキャストアドレスの範囲は「224.0.0.0～239.255.255.255」ですが、使用用途に応じて3種類に分類されます（**表15.1.2**）。

○表15.1.2：IPマルチキャストアドレスの種類

アドレスの種類	アドレス範囲	概要
リンクローカル	224.0.0.0～224.0.0.255	同一ネットワーク上で使用するアドレスで、主にルーティングプロトコルなどの制御用として使われる（表15.1.3）。TTL値が「1」であるためルータを跨ぐことはできない
グローバルスコープ	224.0.1.0～238.255.255.255	インターネット上で使用するアドレス
プライベートスコープ	239.0.0.0～239.255.255.255	各組織内で使用するアドレス

第15章　IPマルチキャスト

○表15.1.3：代表的なリンクローカルマルチキャストアドレス

アドレス	アドレスの対象
224.0.0.1	同一ネットワーク上の全マルチキャスト対応のホスト
224.0.0.2	同一ネットワーク上の全マルチキャスト対応のルータ
224.0.0.5	全OSPFルータ
224.0.0.6	全OSPF DRとBDR
224.0.0.9	全RIPv2ルータ
224.0.0.10	全EIGRPルータ
224.0.0.13	全PIMルータ

　IPマルチキャストのMACアドレスは、次に挙げる変換ルールに従ってIPマルチキャストアドレスから変換されます。

- MACアドレスの最初の25ビットを「0000000100000000010111100」とする
- MACアドレスの最後の23ビットをIPアドレスの最後の23ビットからマッピングする

　図15.1.1はMACアドレス変換の一例で、このときマルチキャストのIPアドレス「240.0.0.10」は先ほどの変換ルールでMACアドレス「01-00-5E-00-00-10」に変換されます。

○図15.1.1：マルチキャストMACアドレスの変換例

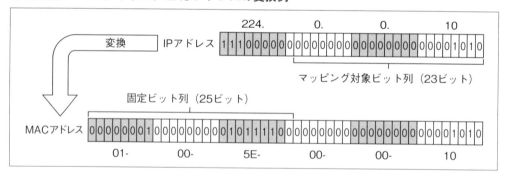

15-1-3　ディストリビューションツリー

　スイッチがマルチキャストパケットを受信したとき、基本的に受信インターフェイス以外の全インターフェイスにフラッディングします。一方、ルータはディストリビューションツリーに従ってマルチキャストパケットを転送します。

　ディストリビューションツリーはマルチキャストパケットが通る道（パス）のようなものです。ユニキャストのルーティングテーブルとは違い、マルチキャストの場合では送信者と受信者は都度変わっていくので、ディストリビューションツリーもそれに応じて変化します。このディストリビューションツリーを絶えず最新のものにアップデートするのがIGMPや

PIMといったプロトコルです。

　ディストリビューションツリーには送信元ツリーと共有ツリーの2種類があります。送信元ツリーは、マルチキャストの送信者ごとに異なったツリーを作ります。共有ツリーは、ランデブーポイントと呼ばれるルータを中心に複数の送信者が同一のツリーを共有する形です。

15-1-4　RPFチェック

　マルチキャストルーティングが正しく設定されていないとき、重複したマルチキャストパケットがルータに着信したり、ループが発生することがあります。このようなパケットを破棄するためルータでRPFチェックを行います。

　RPFチェックとは、IPユニキャストのルーティングテーブルを参照して、着信するマルチキャストパケットの送信元IPアドレスまでの最短経路をマルチキャストパケットの受信経路と決定します。図15.1.2がRPFチェックの例で、送信サーバからのマルチキャストはRouter2とRouter3を経由する2経路となっています。Router4でRPFチェックを行い、送信サーバへのルートはF0インターフェイスが最短であることをユニキャストのルーティングテーブルからわかります。そこでF1インターフェイスからの着信マルチキャストパケットを破棄するようにします。

○図15.1.2：RPFチェック

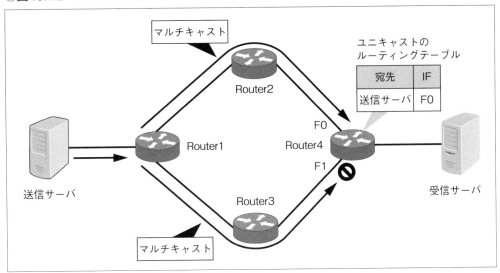

15-1-5　IGMP

　IGMPは、マルチキャスト受信端末がラストホップルータに対して、マルチキャストへの参加、維持および離脱を宣言するためのプロトコルです。IGMPには3つのバージョンがあります。

IGMPv1

　IGMPv1では、マルチキャスト受信端末はIGMP Joinメッセージをラストホップルータに送ることで、マルチキャストグループへの参加を宣言します。このメッセージを受けたルータは、自身のIGMPテーブルやマルチキャストルーティングテーブルに登録します。

　マルチキャストグループを維持するため、ルータは60秒ごとにIGMPメンバーシップクエリーを端末のいるネットワークに対して224.0.0.1宛にフラッディングします。このクエリに対して最低1つの端末から応答があればマルチキャストグループは維持されます。

　端末のマルチキャストグループから離脱する際に必要な通知はありません。ルータがIGMPメンバーシップクエリーを3回送り返事がなければ、該当情報は自動的にIGMPテーブルから削除されます。

IGMPv2

　IGMPv2のマルチキャストグループへの参加動作はIGMPv1と同じです。マルチキャストグループを維持する動作は、IGMPv1の動作に加えて次に挙げる2つの新しい機能が追加されました。

- クエリを受信した端末は10秒（デフォルト値）内に応答する必要がある
- クエリを送信するルータ（クエリア）を選択できる

　マルチキャストグループからの離脱は、IGMPリーブグループメッセージを使って明示的に離脱することが可能です。

IGMPv3

　IGMPv3では、端末がIGMP Joinメッセージを送るときに送信元を指定できます。これにより、不正な送信元からのマルチキャストを防げます。

　IGMP関連技術でIGMPスヌーピングがあります。IGMPスヌーピングはスイッチの機能で、スイッチがIGMP Joinメッセージを見て、効率的にパケットを転送します。スイッチはIGMPスヌーピングが無効の場合、マルチキャストパケットを受信したら、受信インターフェイス以外のすべてのインターフェイスにフラッディングします。IGMPスヌーピングが有効の場合、スイッチはIGMP Joinメッセージを受信したインターフェイスのみにパケットを転送します。

15-1-6　PIM-DM

　PIM-DMは受信者が比較的集まっている環境に向いたマルチキャストプロトコルです。PIM-DMのツリー形成の方法はFlood & Pruneと呼ばれ、送信元ツリーを使います。ツリーを形成するフローは次のようになります。

①マルチキャストソースからダウンストリームに向けてマルチキャストをフラッディングする（Flood）
②ダウンストリーム側で隣接するPIMネイバーがなく、かつマルチキャストグループに参加する端末がなければ、アップストリーム側の隣接PIMネイバーにPruneメッセージを送る
③Pruneメッセージを受信したルータは、Pruneメッセージを受け取ったインターフェイスに対して180秒間マルチキャストを送らない
④180秒間後に再びFloodして上記のサイクルを繰り返す

Pruneメッセージを受け取ったルータは、該当インターフェイスから180秒間マルチキャストを送信しませんが、IGMP Joinメッセージを受信したルータはアップストリーム側にPIM Graftメッセージを送って即座にインターフェイスのPrune状態を解除できます。

15-1-7　PIM-SM

PIM-SMは受信者が比較的まばらな環境向けのマルチキャストプロトコルです。PIM-SMのツリー形成の方法はExplicit Joinと呼ばれ、送信元ツリーと共有ツリーを組み合わせて使います。このときのツリーの形成フローは次のようになります。

①空のツリーとランデブーポイント（以降RP）を用意する
②IGMP Joinメッセージを受信したルータはRPにこの情報を登録する（共有ツリーを形成する）
③マルチキャストソースからPRに向けて送信元ツリーを形成する

PIM-SMのとき、マルチキャストソースからレシーバまでのマルチキャストパケットの転送はRPを経由するはずですが、Ciscoルータはスイッチオーバー機能がデフォルトで有効となっているため、より効率の良いルート（RPを経由しないルート）を選択します。

15-2　演習ラボ

ここではPIMのDenseモードとSparseモードの基本設定を行います。IPマルチキャストの設定自体はとても簡単ですが、どのようにツリーが形成され、マルチパケットがどのように転送されているかをきちんと理解しましょう。

15-2-1　演習Lab　PIM-DM

図15.2.1のようなネットワークを使ってPIM-DMのマルチキャストネットワークを構築します（GNS3プロジェクト名は「15-2-1_PIM-DM」）。このネットワークに2つのマルチキャストグループ（239.1.1.1と239.1.1.2）を作り、送信元ツリーの形成とマルチキャストルーティ

第15章 IPマルチキャスト

ングの様子を確認します。なお、マルチキャストソース（Sender）とレシーバ（Receiver1とReceiver2）はルータを「Change symbol」でアイコンを変更していますが、中身はCisco3750です。なぜなら、VPCSではマルチキャストの送受信テストができないためです。

○図15.2.1：ネットワーク構成

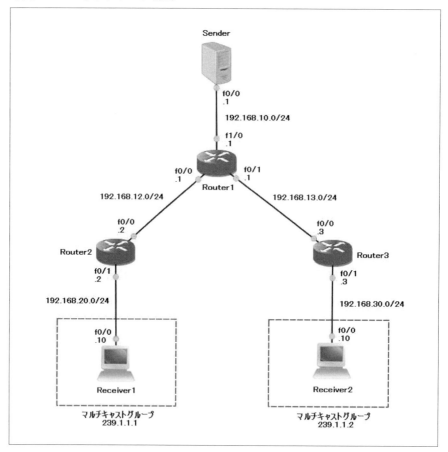

設定

ルータでのPIM-DMの設定はとても簡単です。まずルータ全体でIPマルチキャストルーティングを有効化して、次に該当インターフェイスに対してIPマルチキャストのDenseモードを設定するだけです（**リスト15.2.1a 〜 15.2.1f**）。Router2とRouter3でスタティックルートを設定したのは、pingの応答をマルチキャストソース（Sender）に戻すためです。

ここでのマルチキャスト受信端末（Receiver1とReceiver2）の中身はルータです。ルータをマルチキャストレシーバとして動作させるため「ip igmp join-group」コマンドを使います。このコマンドをルータのインターフェイスに設定すると、ルータはマルチキャストを受信するだけでなく、IGMP Joinメッセージをラストホップルータに送ったり、マルチキャストのICMPリプライを送信できるようになります。

○リスト 15.2.1a：Sender の設定

```
Sender#configure terminal   ※特権モードから設定モードに移行
Sender(config)#interface FastEthernet 0/0   ※インターフェイスの設定
Sender(config-if)#ip add 192.168.10.10 255.255.255.0   ※IPアドレスの設定
Sender(config-if)#no shutdown   ※インターフェイスの有効化
Sender(config-if)#exit   ※直前の設定モードに戻る
Sender(config)#ip route 0.0.0.0 0.0.0.0 192.168.10.1   ※デフォルトゲートウェイの設定
Sender(config)#end   ※特権モードに移行
```

○リスト 15.2.1b：Router1 の設定

```
Router1#configure terminal
Router1(config)#ip multicast-routing   ※IPマルチキャストの有効化
Router1(config)#interface FastEthernet 1/0
Router1(config-if)#ip address 192.168.10.1 255.255.255.0
Router1(config-if)#ip pim dense-mode   ※PIM-DMの設定
Router1(config-if)#no shutdown
Router1(config-if)#exit
Router1(config)#interface FastEthernet 0/0
Router1(config-if)#ip address 192.168.12.1 255.255.255.0
Router1(config-if)#ip pim dense-mode
Router1(config-if)#no shutdown
Router1(config-if)#exit
Router1(config)#interface FastEthernet 0/1
Router1(config-if)#ip address 192.168.13.1 255.255.255.0
Router1(config-if)#ip pim dense-mode
Router1(config-if)#no shutdown
Router1(config-if)#end
```

○リスト 15.2.1c：Router2 の設定

```
Router2#configure terminal
Router2(config)#ip multicast-routing
Router2(config)#ip route 192.168.10.0 255.255.255.0 192.168.12.1
Router2(config)#interface FastEthernet 0/0
Router2(config-if)#ip address 192.168.12.2 255.255.255.0
Router2(config-if)#ip pim dense-mode
Router2(config-if)#no shutdown
Router2(config-if)#exit
Router2(config)#interface FastEthernet 0/1
Router2(config-if)#ip address 192.168.20.2 255.255.255.0
Router2(config-if)#ip pim dense-mode
Router2(config-if)#no shutdown
Router2(config-if)#end
```

○リスト 15.2.1d：Router3 の設定

```
Router3#configure terminal
Router3(config)#ip multicast-routing
Router3(config)#ip route 192.168.10.0 255.255.255.0 192.168.13.1
Router3(config)#interface FastEthernet 0/0
Router3(config-if)#ip address 192.168.13.3 255.255.255.0
Router3(config-if)#ip pim dense-mode
Router3(config-if)#no shutdown
Router3(config-if)#exit
Router3(config)#interface FastEthernet 0/1
Router3(config-if)#ip address 192.168.30.3 255.255.255.0
Router3(config-if)#ip pim dense-mode
Router3(config-if)#no shutdown
```

第15章 IPマルチキャスト

◯リスト15.2.1e：Receiver1の設定

```
Receiver1#configure terminal
Receiver1(config)#ip route 0.0.0.0 0.0.0.0 192.168.20.2
Receiver1(config)#interface FastEthernet 0/0
Receiver1(config-if)#ip address 192.168.20.10 255.255.255.0
Receiver1(config-if)#ip igmp join-group 239.1.1.1   ※マルチキャストグループへの参加
Receiver1(config-if)#no shutdown
```

◯リスト15.2.1f：Receiver2の設定

```
Receiver2#configure terminal
Receiver2(config)#ip route 0.0.0.0 0.0.0.0 192.168.30.3
Receiver2(config)#interface FastEthernet 0/0
Receiver2(config-if)#ip address 192.168.30.10 255.255.255.0
Receiver2(config-if)#ip igmp join-group 239.1.1.2
Receiver2(config-if)#no shutdown
```

確認

すべての設定が完了したら、各ルータでPIMネイバーとPIMインターフェイスの状況を確認しましょう（**リスト15.2.1g**）。PIMネイバーの数が足りないときは、インターフェイスにPIMの設定をし忘れたりしていないかを見直しましょう。

◯リスト15.2.1g：PIMネイバーとPIMインターフェイスの確認

```
Router1#show ip pim neighbor   ※PIMネイバーの確認
PIM Neighbor Table
Mode: B - Bidir Capable, DR - Designated Router, N - Default DR Priority,
      S - State Refresh Capable
Neighbor          Interface               Uptime/Expires      Ver    DR
Address                                                              Prio/Mode
192.168.12.2      FastEthernet0/0         00:25:01/00:01:20 v2       1 / DR S
192.168.13.3      FastEthernet0/1         00:25:00/00:01:22 v2       1 / DR S
Router1#
Router1#show ip pim interface   ※PIM有効化インターフェイスの確認

Address           Interface               Ver/   Nbr    Query  DR     DR
                                          Mode   Count  Intvl  Prior
192.168.12.1      FastEthernet0/0         v2/D   1      30     1
192.168.12.2
192.168.13.1      FastEthernet0/1         v2/D   1      30     1
192.168.13.3
192.168.10.1      FastEthernet1/0         v2/D   0      30     1
192.168.10.1
```

ここでSenderからマルチキャストアドレス「239.1.1.1」のpingテストを行います（**リスト15.2.1h**）。応答は239.1.1.1のマルチキャストグループにあるレシーバ（192.168.20.10）から帰ってきます。レシーバ（192.168.30.10）は異なるマルチキャストグループなので、当然この端末からの応答はありません。

○リスト 15.2.1h：ping テスト

```
Sender#ping 239.1.1.1     ※pingテストの実行

Type escape sequence to abort.
Sending 1, 100-byte ICMP Echos to 239.1.1.1, timeout is 2 seconds:

Reply to request 0 from 192.168.20.10, 144 ms
```

IGMPとツリー形成の様子

ここからIGMPとツリー形成の様子を各ルータでそれらの様子を眺めてみましょう。

Router2のラストホップルータでIGMP Joinメッセージをもらっています。このメッセージにより、Router2は自分のF0/1インターフェイスの先に239.1.1.1のマルチキャストグループに所属するIPアドレス192.168.20.10のレシーバが存在することを知れます（**リスト15.2.1i**）。

○リスト 15.2.1i：IGMP グループの確認

```
Router2#show ip igmp groups    ※IGMPグループの確認
IGMP Connected Group Membership
Group Address    Interface              Uptime    Expires   Last Reporter
Group Accounted
239.1.1.1        FastEthernet0/1        00:16:42  00:02:19  192.168.20.10
224.0.1.40       FastEthernet0/0        00:16:47  00:02:18  192.168.12.1
```

Denseモードのときに形成するディストリビューションツリーは送信元ツリーです。このツリーの様子をshowコマンドで確認します（**リスト15.2.1j**）。

○リスト 15.2.1j：マルチキャストルーティングの確認（Router2）

```
Router2#show ip mroute dense   ※マルチキャストルーティング（Denseモード）の確認
(*, 239.1.1.1), 00:21:10/stopped, RP 0.0.0.0, flags: DC
  Incoming interface: Null, RPF nbr 0.0.0.0
  Outgoing interface list:
    FastEthernet0/1, Forward/Dense, 00:21:10/00:00:00
    FastEthernet0/0, Forward/Dense, 00:21:10/00:00:00

(192.168.10.10, 239.1.1.1), 00:00:04/00:02:55, flags: T
  Incoming interface: FastEthernet0/0, RPF nbr 192.168.12.1
  Outgoing interface list:
    FastEthernet0/1, Forward/Dense, 00:00:04/00:00:00

(*, 224.0.1.40), 00:21:15/00:02:54, RP 0.0.0.0, flags: DCL
  Incoming interface: Null, RPF nbr 0.0.0.0
  Outgoing interface list:
    FastEthernet0/0, Forward/Dense, 00:21:15/00:00:00
```

アスタリスクのない2番目のエントリが送信元ツリーの実態です。このエントリで注目すべき箇所は次のとおりです。

- (192.168.10.10, 239.1.1.1)
  (S,G)エントリ、マルチキャストソースが192.168.10.10でマルチキャストグループが239.1.1.1の送信元ツリーであることを示す
- flags: T
  エントリの状態を表すフラグ、リスト15.2.1jにあるフラグの意味は表15.2.1のとおり。フラグが複数のときはAND条件で複数の状態にあることを意味する
- Incoming interface:
  マルチキャストパケットの着信インターフェイス
- RPF nbr 192.168.12.1
  RPFチェックの結果。マルチキャストソースへの最短経路のネクストホップは192.168.12.1
- Outgoing interface list:
  マルチキャストパケットの送出インターフェイス

○表15.2.1：Denseモードのエントリフラグ

フラグ	意味
C	直接接続のレシーバが存在する
D	(S,G)エントリのテンプレート。マルチキャストの通信に使われない
T	(S,G)エントリに従ってマルチキャストパケットを転送した実績がある
L	インターフェイスがレシーバである

　同じようにRouter1でマルチキャストルーティングを確認します（リスト15.2.1k）。「RPF nbr」が「0.0.0.0」となっているのは、Router1が直接マルチキャストソースに接続していることを意味します。また、(S,G)エントリの送出インターフェイスのF0/1に「Prune」表示があるのは、F0/1インターフェイスの先にマルチキャストグループ「239.1.1.1」が存在しないためです。

○リスト15.2.1k：マルチキャストルーティングの確認（Router1）

```
Router1#show ip mroute dense
(*, 239.1.1.1), 00:00:39/stopped, RP 0.0.0.0, flags: D
  Incoming interface: Null, RPF nbr 0.0.0.0
  Outgoing interface list:
    FastEthernet0/1, Forward/Dense, 00:00:39/00:00:00
    FastEthernet0/0, Forward/Dense, 00:00:39/00:00:00

(192.168.10.10, 239.1.1.1), 00:00:39/00:02:28, flags: T
  Incoming interface: FastEthernet1/0, RPF nbr 0.0.0.0
  Outgoing interface list:
    FastEthernet0/0, Forward/Dense, 00:00:39/00:00:00
    FastEthernet0/1, Prune/Dense, 00:00:39/00:02:21

(*, 224.0.1.40), 00:21:42/00:02:20, RP 0.0.0.0, flags: DCL
  Incoming interface: Null, RPF nbr 0.0.0.0
  Outgoing interface list:
    FastEthernet0/1, Forward/Dense, 00:21:40/00:00:00
    FastEthernet0/0, Forward/Dense, 00:21:42/00:00:00
```

リスト15.2.1j～15.2.1kで確認した内容をまとめたのが図15.2.2です。

○図15.2.2：(192.168.10.10, 239.1.1.1)エントリのツリー構成

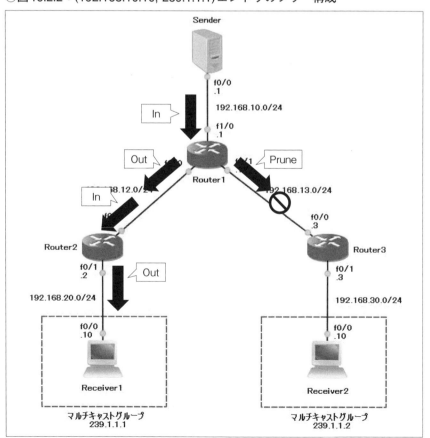

15-2-2 演習Lab PIM-SM

図15.2.3のようなネットワークを使って簡単なPIM-SMネットワークを構築します（GNS3プロジェクト名は「15-2-2_PIM-SM」）。Sparseモードでは、マルチキャストグループとランデブーポイント（RP）のマッピングが必要で、ここでは手動によるマッピングの設定例を紹介します。自動マッピングの方法としてAuto-RPとBSR[注4]があります。

○図15.2.3：ネットワーク構成

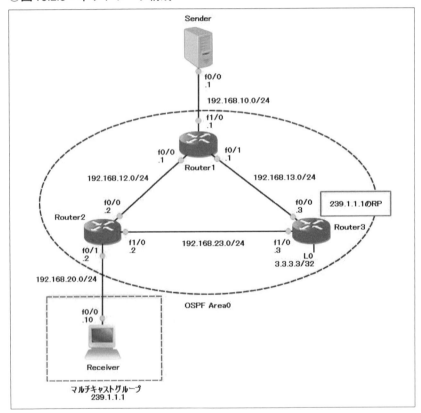

Ciscoルータではデフォルトでスイッチオーバーの機能が有効になっているため、マルチキャストパケットの転送ルートはRPを経由しないより効率的なルートを通過します。

ここでのRouter3がマルチキャストグループ「239.1.1.1」のRPです。通常なら、マルチキャストソースからレシーバまでのマルチキャストパケットの転送はRPを経由するルートとなりますが、スイッチオーバーがデフォルトで有効になっているので、実際RPを経由しない転送ルートになります。手動でスイッチオーバーを無効化すると、効率的なルートではないRP経由のルートに切り替わります。ラボを通じてこれら一連の動きを確認します。

注4　Boot Strap Router

設定

　Sparseモードの設定はRPを指定する必要があります。今回はコマンド「ip pim rp-address」を使いRPを定義します（**リスト15.2.2a ～ 15.2.2e**）。このコマンドにアクセスリストのオプションを付与しない場合、すべてのマルチキャストグループが対象となります。また、IPリーチャビリティを確保するためバックグラウンドでOSPFを動かしています。

○リスト15.2.2a：Senderの設定

```
Sender#configure terminal     ※特権モードから設定モードに移行
Sender(config)#interface FastEthernet 0/0     ※インターフェイスの設定
Sender(config-if)#ip add 192.168.10.10 255.255.255.0     ※IPアドレスの設定
Sender(config-if)#no shutdown     ※インターフェイスの有効化
Sender(config-if)#exit     ※直前の設定モードに戻る
Sender(config)#ip route 0.0.0.0 0.0.0.0 192.168.10.1     ※デフォルトゲートウェイの設定
Sender(config)#end     ※特権モードに移行
```

○リスト15.2.2b：Router1の設定

```
Router1#configure terminal
Router1(config)#ip multicast-routing     ※IPマルチキャストの有効化
Router1(config)#interface FastEthernet 1/0
Router1(config-if)#ip address 192.168.10.1 255.255.255.0
Router1(config-if)#ip pim sparse-mode     ※PIM-SMの設定
Router1(config-if)#no shutdown
Router1(config-if)#exit
Router1(config)#interface FastEthernet 0/0
Router1(config-if)#ip address 192.168.12.1 255.255.255.0
Router1(config-if)#ip pim sparse-mode
Router1(config-if)#no shutdown
Router1(config-if)#exit
Router1(config)#interface FastEthernet 0/1
Router1(config-if)#ip address 192.168.13.1 255.255.255.0
Router1(config-if)#ip pim sparse-mode
Router1(config-if)#no shut
Router1(config-if)#no shutdown
Router1(config-if)#exit
Router1(config)#router ospf 1     ※OSPFの設定
Router1(config-router)#network 192.168.10.0 0.0.0.255 area 0     ※ネットワークの告知
Router1(config-router)#network 192.168.12.0 0.0.0.255 area 0
Router1(config-router)#network 192.168.13.0 0.0.0.255 area 0
Router1(config-router)#exit
Router1(config)#ip pim rp-address 3.3.3.3 1     ※スタティックRPの設定
Router1(config)#access-list 1 permit 239.1.1.1     ※アクセスリストの設定
Router1(config)#end
```

○リスト15.2.2c：Router2の設定

```
Router2#configure terminal
Router2(config)#ip multicast-routing
Router2(config)#interface FastEthernet 0/0
Router2(config-if)#ip address 192.168.12.2 255.255.255.0
Router2(config-if)#ip pim sparse-mode
Router2(config-if)#no shutdown
Router2(config-if)#exit
Router2(config)#interface FastEthernet 0/1
Router2(config-if)#ip address 192.168.20.2 255.255.255.0
```

```
Router2(config-if)#ip pim sparse-mode
Router2(config-if)#no shutdown
Router2(config-if)#exit
Router2(config)#interface FastEthernet 1/0
Router2(config-if)#ip address 192.168.23.2 255.255.255.0
Router2(config-if)#ip pim sparse-mode
Router2(config-if)#no shutdown
Router2(config-if)#exit
Router2(config)#router ospf 1
Router2(config-router)#network 192.168.12.0 0.0.0.255 area 0
Router2(config-router)#network 192.168.23.0 0.0.0.255 area 0
Router2(config-router)#network 192.168.20.0 0.0.0.255 area 0
Router2(config-router)#exit
Router2(config)#ip pim rp-address 3.3.3.3 1
Router2(config)#access-list 1 permit 239.1.1.1
Router2(config)#end
```

○リスト 15.2.2d：Router3 の設定

```
Router3#configure terminal
Router3(config)#ip multicast-routing
Router3(config)#interface loopback 0
Router3(config-if)#ip address 3.3.3.3 255.255.255.255
Router3(config-if)#exit
Router3(config)#interface FastEthernet 0/0
Router3(config-if)#ip address 192.168.13.3 255.255.255.0
Router3(config-if)#ip pim sparse-mode
Router3(config-if)#no shutdown
Router3(config-if)#exit
Router3(config)#interface FastEthernet 1/0
Router3(config-if)#ip address 192.168.23.3 255.255.255.0
Router3(config-if)#ip pim sparse-mode
Router3(config-if)#no shutdown
Router3(config-if)#exit
Router3(config)#router ospf 1
Router3(config-router)#network 3.3.3.3 0.0.0.0 area 0
Router3(config-router)#network 192.168.13.0 0.0.0.255 area 0
Router3(config-router)#network 192.168.23.0 0.0.0.255 area 0
Router3(config-router)#exit
Router3(config)#ip pim rp-address 3.3.3.3 1
Router3(config)#access-list 1 permit 239.1.1.1
Router3(config)#end
```

○リスト 15.2.2e：Receiver の設定

```
Receiver1#configure terminal
Receiver1(config)#ip route 0.0.0.0 0.0.0.0 192.168.20.2
Receiver1(config)#interface FastEthernet 0/0
Receiver1(config-if)#ip address 192.168.20.10 255.255.255.0
Receiver1(config-if)#ip igmp join-group 239.1.1.1    ※マルチキャストグループへの参加
Receiver1(config-if)#no shutdown
```

確認

すべてのデバイスの設定が完了したらOSPFネイバーの確立、PIMネイバーの確立および PIMインターフェイスの状態を確認します（**リスト 15.2.2f ～ 15.2.2h**）。

15-2 演習ラボ

○リスト15.2.2f：設定後の状態確認（Router1）

```
Router1#show ip ospf neighbor          ※OSPFネイバーの確認

Neighbor ID     Pri   State         Dead Time   Address         Interface
3.3.3.3           1   FULL/BDR      00:00:33    192.168.13.3    FastEthernet0/1
192.168.23.2      1   FULL/BDR      00:00:39    192.168.12.2    FastEthernet0/0
Router1#
Router1#show ip pim neighbor           ※PIMネイバーの確認
PIM Neighbor Table
Mode: B - Bidir Capable, DR - Designated Router, N - Default DR Priority,
      S - State Refresh Capable
Neighbor          Interface                Uptime/Expires     Ver    DR
Address                                                              Prio/Mode
192.168.12.2      FastEthernet0/0          00:09:49/00:01:16 v2    1 / DR S
192.168.13.3      FastEthernet0/1          00:05:13/00:01:25 v2    1 / DR S
Router1#
Router1#show ip pim interface          ※PIM有効化インターフェイスの確認

Address          Interface          Ver/    Nbr     Query   DR      DR
                                    Mode    Count   Intvl   Prior
192.168.10.1     FastEthernet1/0    v2/S    0       30      1       192.168.10.1
192.168.12.1     FastEthernet0/0    v2/S    1       30      1       192.168.12.2
192.168.13.1     FastEthernet0/1    v2/S    1       30      1       192.168.13.3
```

○リスト15.2.2g：設定後の状態確認（Router2）

```
Router2#show ip ospf neighbor

Neighbor ID     Pri   State         Dead Time   Address         Interface
3.3.3.3           1   FULL/BDR      00:00:32    192.168.23.3    FastEthernet1/0
192.168.13.1      1   FULL/DR       00:00:31    192.168.12.1    FastEthernet0/0
Router2#
Router2#show ip pim neighbor
PIM Neighbor Table
Mode: B - Bidir Capable, DR - Designated Router, N - Default DR Priority,
      S - State Refresh Capable
Neighbor          Interface                Uptime/Expires     Ver    DR
Address                                                              Prio/Mode
192.168.12.1      FastEthernet0/0          00:11:30/00:01:36 v2    1 / S
192.168.23.3      FastEthernet1/0          00:06:35/00:01:32 v2    1 / DR S
Router2#
Router2#show ip pim interface

Address          Interface          Ver/    Nbr     Query   DR      DR
                                    Mode    Count   Intvl   Prior
192.168.12.2     FastEthernet0/0    v2/S    1       30      1       192.168.12.2
192.168.20.2     FastEthernet0/1    v2/S    0       30      1       192.168.20.2
192.168.23.2     FastEthernet1/0    v2/S    1       30      1       192.168.23.3
```

○リスト15.2.2h：設定後の状態確認（Router3）

```
Router3#show ip pim interface

Address          Interface          Ver/    Nbr     Query   DR      DR
                                    Mode    Count   Intvl   Prior
192.168.13.3     FastEthernet0/0    v2/S    1       30      1       192.168.13.3
192.168.23.3     FastEthernet1/0    v2/S    1       30      1       192.168.23.3
```

第15章 IPマルチキャスト

ルーティングとPIMの設定に特に問題がなければ、マルチキャストソースからレシーバへpingを実行して、ツリーの形成と疎通確認を行います（**リスト15.2.2i**）。

○リスト15.2.2i：pingテスト

```
Sender#ping 239.1.1.1    ※pingテストの実行
Type escape sequence to abort.
Sending 1, 100-byte ICMP Echos to 239.1.1.1, timeout is 2 seconds:

Reply to request 0 from 192.168.20.10, 140 ms
```

pingの応答が無事に帰ってきたら、ツリー全体がどのようになっているかを確認します（**リスト15.2.2j**）。まずラストホップルータのRouter2でIGMPグループを確認します。マルチキャストグループのIPアドレス、レシーバが存在する先のインターフェイスおよびレシーバのIPアドレスが正しく表示されていることを確認しましょう。

○リスト15.2.2j：IGMPグループの確認

```
Router2#show ip igmp groups    ※IGMPグループの確認
IGMP Connected Group Membership
Group Address    Interface        Uptime    Expires   Last Reporter   Group
Accounted
239.1.1.1        FastEthernet0/1  00:26:29  00:02:59  192.168.20.10
224.0.1.40       FastEthernet0/0  00:26:55  00:02:56  192.168.12.2
```

続いてRouter2でツリーがどうなっているかを見てみましょう。**リスト15.2.2k**の最初の(*,G)エントリは共有ツリーでRPFネイバーがRouter3（RP）となっています。しかし、実際のマルチキャストの転送は2番目の(S,G)エントリに従います。この(S,G)エントリは送信元ツリーでRPFネイバーはRouter1です。すなわち、マルチキャストパケットはRPを経由せずにRouter1から直接Router2へ転送されます。これはスイッチオーバー機能が有効になっているがためです。ここ登場するSparseモードのエントリフラグは**表15.2.2**のようになっています。

○リスト15.2.2k：マルチキャストルーティングの確認（Router2）

```
Router2#show ip mroute sparse    ※マルチキャストルーティング（Sparseモード）の確認
(*, 239.1.1.1), 00:33:03/stopped, RP 3.3.3.3, flags: SJC
  Incoming interface: FastEthernet1/0, RPF nbr 192.168.23.3
  Outgoing interface list:
    FastEthernet0/1, Forward/Sparse, 00:33:03/00:02:38

(192.168.10.10, 239.1.1.1), 00:01:33/00:01:39, flags: JT
  Incoming interface: FastEthernet0/0, RPF nbr 192.168.12.1
  Outgoing interface list:
    FastEthernet0/1, Forward/Sparse, 00:01:33/00:02:38
```

○表15.2.2：Sparseモードのエントリフラグ

フラグ	意味
S	共有ツリーである
J	スイッチオーバーの状態となっている
C	直接接続のレシーバが存在する
T	(S,G)エントリに従ってマルチキャストパケットを転送した実績がある
P	Outgoing Interface Listにあるすべてのインターフェイスが Prune 状態である
F	マルチキャストソースに直接接続しているファーストホップルータである

Router1はマルチキャストソースに直接接続しています（**リスト15.2.2l**）。

○リスト15.2.2l：マルチキャストルーティングの確認（Router1）

```
Router1#show ip mroute sparse
(*, 239.1.1.1), 00:02:32/stopped, RP 3.3.3.3, flags: SPF
  Incoming interface: FastEthernet0/1, RPF nbr 192.168.13.3
  Outgoing interface list: Null

(192.168.10.10, 239.1.1.1), 00:02:32/00:01:06, flags: FT
  Incoming interface: FastEthernet1/0, RPF nbr 0.0.0.0
  Outgoing interface list:
    FastEthernet0/0, Forward/Sparse, 00:02:32/00:02:55
```

スイッチオーバー機能を無効化

では、ここでスイッチオーバー機能を無効化したらツリーがどうなるかを確認しましょう（**リスト15.2.2m**）。スイッチオーバー機能を無効化するには、「ip pim spt-threshold」コマンドに「infinity」オプションを指定します。スイッチオーバーの設定はラストホップルータで行います。このコマンドのデフォルトオプションは「0」です。すなわち、デフォルト状態では0kbs以上の通信レートのときにスイッチオーバーします。つまり、少しでもマルチキャストが生じたらすぐにスイッチオーバーするようになっています。

このときのRouter2は共有ツリーに従ってマルチキャストパケットを転送します（**リスト15.2.2n**）。Router3のRPFネイバーはRouter3（RP）です。

Router3はRPなので、**リスト15.2.2o**の2番目のエントリのように、アップストリーム方向は送信元ツリーを形成します。マルチキャストパケットの転送もこの送信元ツリーを使います。

Router1はマルチキャストソースに直接接続しているファーストホップルータで、送信元ツリーを使用してマルチキャストパケットをRouter3（RP）に転送します（**リスト15.2.2p**）。

第15章 IPマルチキャスト

○リスト15.2.2m：スイッチオーバーの無効化

```
Router2#configure terminal
Router2(config)#ip pim spt-threshold infinity    ※スイッチオーバーの無効化
Router2(config)#end
```

○リスト15.2.2n：マルチキャストルーティングの確認（Router2）

```
Router2#show ip mroute sparse
(*, 239.1.1.1), 00:09:01/00:02:57, RP 3.3.3.3, flags: SC
  Incoming interface: FastEthernet1/0, RPF nbr 192.168.23.3
  Outgoing interface list:
    FastEthernet0/1, Forward/Sparse, 00:09:01/00:02:54
```

○リスト15.2.2o：マルチキャストルーティングの確認（Router3）

```
Router3#show ip mroute sparse
(*, 239.1.1.1), 00:09:15/00:02:33, RP 3.3.3.3, flags: S
  Incoming interface: Null, RPF nbr 0.0.0.0
  Outgoing interface list:
    FastEthernet1/0, Forward/Sparse, 00:09:15/00:02:33

(192.168.10.10, 239.1.1.1), 00:02:57/00:02:44, flags: T
  Incoming interface: FastEthernet0/0, RPF nbr 192.168.13.1
  Outgoing interface list:
    FastEthernet1/0, Forward/Sparse, 00:00:56/00:02:33
```

○リスト15.2.2p：マルチキャストルーティングの確認（Router1）

```
Router1#show ip mroute sparse
(*, 239.1.1.1), 00:04:10/stopped, RP 3.3.3.3, flags: SPF
  Incoming interface: FastEthernet0/1, RPF nbr 192.168.13.3
  Outgoing interface list: Null

(192.168.10.10, 239.1.1.1), 00:04:10/00:01:27, flags: FT
  Incoming interface: FastEthernet1/0, RPF nbr 0.0.0.0
  Outgoing interface list:
    FastEthernet0/1, Forward/Sparse, 00:02:08/00:03:20
```

15-3 章のまとめ

　本章では、IPマルチキャストの技術概要についてまとめました。マルチキャストルーティングを支えるIGMPとPIMの2つのプロトコルの動作仕様を理解しておきましょう。また、後半では、PIM-DMとPIM-SMに関する演習ラボを紹介しました。PIMの設定自体はとても簡単ですが、ツリーがどのように形成され、マルチキャストパケットがどこを通るかについて、showコマンドを駆使してしっかりと把握しておきましょう。

第 16 章
VPN

VPN（Virtual Private Network）は、仮想的な専用線で、インターネット上でやり取りする情報を他人に盗聴されないための技術です。また、VPNによる拠点間のネットワーク接続は、企業ビジネスを支える重要な役割を果たしています。本章では、IPsec[注1]、L2TPv3[注2]、GRE[注3]といったVPNの概要と設定例を紹介します。

16-1 代表的なVPN技術

16-1-1 IPsec

　IPsecは、もっとも使われているインターネットVPNです。IPsecは、AH[注4]、ESP[注5]、IKE[注6]などのプロトコルで構成され、IPパケットの完全性と機密性を保障します。IPパケットが保護されるので、トランスポート層以上のレイヤでは、IPsecのことを気にしなくてもデータを安全にやり取りできます。ここでは、IPsecの仕組みとIPsecによる拠点間接続の設定を解説します。

　IPsecを構成するプロトコルをもう少し詳しく見てみましょう。

AH

　AH（IPプロトコル番号は51）は、IPパケットを認証するためのプロトコルで、送信元の認証、改ざん検出およびリプレイアタックの防止といった機能を提供します。AHではデータを暗号化しません。リプレイアタックとは、攻撃者がセッション情報を偽ることで正常ユーザになりすます行為です。

ESP

　ESP（IPプロトコル番号は50）は、以前はデータの暗号化機能のみを提供していたが、現在は認証機能も備えています。そのため、AHを使わずにESPのみを使用する場合が多いです。

注1　Security Architecture for Internet Protocol
注2　Layer 2 Tunneling Protocol version 3
注3　Generic Routing Encapsulation
注4　Authentication Header
注5　Encapsulated Security Payload
注6　Internet Key Exchange

IKE

IKE（UDPの500番ポート）は、インターネットのようなセキュアでないネットワークで秘密鍵を交換するプロトコルです。

IPsecで実際のデータをやり取りするために、IPsec SA[注7]と呼ばれるコネクションを事前に確立します。IPsec SAは、片方向の通信のみに使用されるので、送受信では2つが必要です。IPsec SAを確立するには、IKEを使ってSAの確立に必要な情報を交換します。IKEを安全に行うために、IKEをフェーズ1とフェーズ2の2ステップに分けています。では、2つのフェーズで具体的に何が行われているのでしょうか。

16-1-2 IKEフェーズ以降のIPsecの通信

フェーズ1

IKEのフェーズ1では、ISAKMP[注8] SAを確立します。ISAKMP SAは、接続相手を認証し、IPsec SAごとの共通秘密鍵を安全に共有するためのSAです。ISAKMPは、Diffie-Hellman方式を使って、通信の暗号化されていない環境で秘密鍵を安全に共有するための鍵交換方式です。

フェーズ1で接続相手を認証する際、認証に使われるID情報の暗号化の有無で2つのモードがあります。暗号化のあるほうがメインモードで、暗号化のないほうがアグレッシブモードです（**表16.1.1**）。

ISAKMP SAの確立に必要なパラメータは**表16.1.2**のとおりです。

○表16.1.1：メインモードとアグレッシブモード

	メインモード	アグレッシブモード
概要	ID情報を暗号化するので、アグレッシブモードよりもセキュアである。一般的に、固定IPのある拠点間で使用される	ID情報を暗号化しない。一般的に変動IPのリモートユーザが固定IPの拠点へのアクセスに使用される
ID情報	IPアドレス	任意に定義した情報（メールアドレスなど）
ID情報の暗号化	あり	なし
接続形態	拠点間接続が一般的、リモートアクセスも可能	リモートアクセスのみ

[注7] Security Association　　[注8] Internet Security Association and Key Management Protocol

表16.1.2：フェーズ1でやり取りする情報

やり取りする情報	内容
暗号アルゴリズム	ISAKMP SAでやり取りするデータを暗号化するためのアルゴリズム
ハッシュアルゴリズム	ISAKMP SAでやり取りするデータのための認証と鍵計算に使われるハッシュアルゴリズム
ISAKMP SAの寿命	ISAKMP SAの寿命
認証方式	接続相手の認証方式
DHグループ	鍵計算のためのDH方式のパラメータ

フェーズ2

フェーズ2は、IPsec SAを確立するための情報を交換します。交換する情報はフェーズ1で確立したISAKMP SA上で行われるので、IKEのやり取りは暗号化されます。フェーズ2で具体的にやり取りする情報は**表16.1.3**のとおりです。

表16.1.3：フェーズ2でやり取りする情報

やり取りする情報	内容
暗号アルゴリズム	IPsec SAでやり取りするデータを暗号化するためのアルゴリズム
ハッシュアルゴリズム	IPsec SAでやり取りするデータのための認証と鍵計算に使われるハッシュアルゴリズム
IPsec SAの寿命	IPsec SAの寿命
DHグループ	鍵計算のためのDH方式のパラメータ
ID	ESPまたはAH通信を識別するためのID情報
PFS※	IPsec SAで使用する共通秘密鍵をより安全に生成するための情報

※ Perfect Forward Secrecy

IKEのフェーズ2が終わるとIPsec SAが確立され、IPsecの通信が開始します。IPsecの通信では、データの暗号対象の違いでトンネルモードとトランスポートモードの2つのモードがあります。

トンネルモード

トンネルモードは、元のIPパケット全体を新たなIPヘッダでカプセリングする方式です。新たに追加したIPヘッダは転送用として使われます。データの暗号化と認証の範囲はAHとESPで異なります（図16.1.1）。

○図16.1.1：トンネルモード

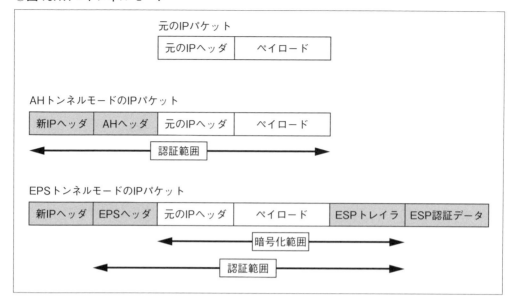

トランスポートモード

トランスポートモードは、元のIPパケットを使って転送します。データの暗号化と認証の範囲を**図16.1.2**に示します。

○図16.1.2：トランスポートモード

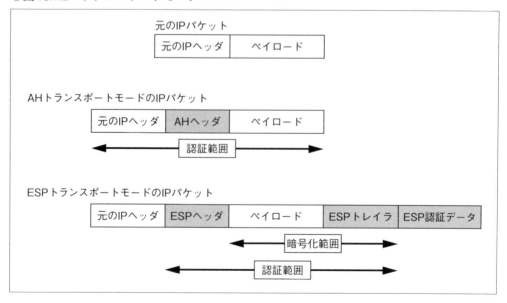

注意点

IPsecを設定するとき、特に注意したいのはNAT（IPマスカレード）との共存です。一般に、IPsecとNATの相性が悪いと言われています。その理由をAH、ESPおよびIKEごとに説明します。

AHはパケット全体を認証するので、アドレスが変換されると受信側で認証エラーになってしまいます。ESPの場合、トランスポート層より上の層が暗号化されてしまうので、IPマスカレードによるポート番号の変換ができません。IKEでは、送受信ともにUDPの500番ポートを使うので、このときもやはりIPマスカレードが通信途中にあると不具合です。

NATおよびIPマスカレードとIPsecの各プロトコルの対応可否は表16.1.4のとおりです。

○表16.1.4：NAT／IPマスカレードとIPsecの各プロトコルの対応可否

プロトコル	NAT	IPマスカレード
AH	不可	不可
ESP	可	不可

アドレス変換とIPsecの共存問題の一部を解決できるのが、NATトラバーサルです。NATトラバーサルは、ESPヘッダの前に新たなUDPヘッダを付加することで、ポート番号の変換ができるようにします。当然、この新しいUDPヘッダは暗号化の対象外となっています。NATトラバーサルによるカプセリングの様子は図16.1.3のようになります。

○図16.1.3：NATトラバーサル

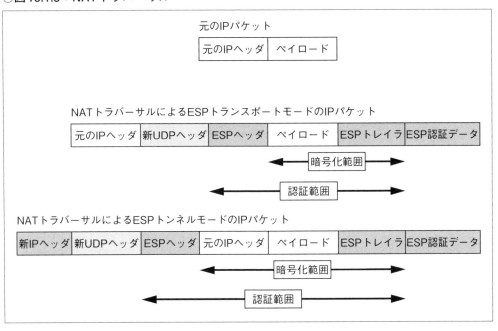

第 16 章 VPN

以上のようにESPとアドレス変換の問題は、NATトラバーサルを使えば解決できます。しかし、AHの場合の問題は依然として未解決となっています。したがって、アドレス変換の環境ではAHの使用は避けるべきと言えます。

16-1-3　L2TPv3

L2TPv3の前身はL2TPv2です。L2TPv2は、Cisco が開発したL2Fというトンネルプロトコルを IETF が標準化したトンネルプロトコルです。

L2TPv2は、PPPパケットをIPネットワーク上で転送するために開発され、主にISPユーザのPPPパケットをISPへの送信に使われてきました。ISP接続のほかにインターネット上のVPNとしても利用されています。しかし、L2TPv2自体に認証や暗号の機能が備っていないため、しばしばIPsecと併用されます。

L2TPv2のカプセリング対象はPPPのみでしたが、L2TPv3では、PPPのほかにイーサネット、VLAN、HDCL、フレームリレー、ATMもカプセリングの対象となっています。

16-1-4　GRE

GRE（Generic Routing Encapsulation）は、任意のプロトコルを IP パケットでカプセリングする L3 のトンネルプロトコルです。GREのプロトコル自体が非常にシンプルなもので、IPsecのようなパケット暗号化機能もありません。一般的に、セキュアな通信を行うにはIPsecと組み合わせて使用します。

GREを使うもっとも大きなメリットは、遠隔地同士でダイナミックルーティングができることです。なぜなら、GREはマルチキャストもサポートしているため、OSPFのようにネイバー確立に必要なマルチキャストパケットを遠隔地同士で送受信することができます。

16-2　演習ラボ

GNS3を使って次に挙げる演習を行います。IPsecの設定内容が特に多いので、技術概要と照らし合わせながらそれぞれのコマンドラインが何を目的に投入しているかを把握しておきましょう。

- IPsec
- L2TPv3
- GRE

16-2-1　演習Lab IPsec

ここでは、図16.2.1のネットワーク構成を使って、IPsecによる拠点間接続の設定例を示します（GNS3プロジェクト名は「16-2-1_IPsec」）。この例では、Router1とRouter2間でESPトンネルモードのIPsecを設定します。必要最小限のパラメータを用いたもっともシン

プルな設定例です。設定後、PC間の通信が暗号化されていることを確認します。また、このときに使用するIPsecのパラメータは**表16.2.1**のようになります。

○図16.2.1：ネットワーク構成

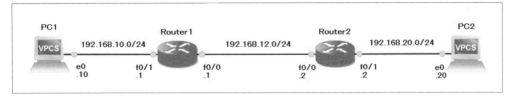

○表16.2.1：IPsecパラメータ

IKEフェーズ	パラメータ	パラメータ値	
		Rotuer1	Router2
1	事前共有鍵	cisco	cisco
2	暗号アルゴリズム	esp-aes	esp-aes
	ハッシュアルゴリズム	esp-sha-hmac	esp-sha-hmac

設定

Router1とRouter2の設定は**リスト16.2.1a～16.2.1b**のようになります。IPsecの設定すべき項目が多いので、設定をステップごとに分けて説明します。

- IKEフェーズ1のポリシー定義
  最初にISAKMP SAを確立するためのパラメータを設定します。「crypto isakmp policy」コマンドで個々のポリシーを定義し、ポリシー番号が小さいほど適用優先度が高くなります。ここでは、認証方式以外のすべてパラメータはデフォルト設定を使います。
- 事前共有鍵の設定
  IKEフェーズ1の認証方式が事前共有鍵（pre-share）なので、「crypto isakmp key」コマンドで認証相手と認証パスワードを設定します。
- IPsecトランスフォームセットの定義
  IPsec SAを確立するためのパラメータをIPsecトランスフォームセットに定義します。
- IPsecの対象トラフィックの定義
  アクセスリストを使って、IPsecの対象となるトラフィックを指定します。
- 暗号マップの定義
  IPsec設定の主要部分で、IPsec対象トラフィック、IPsecピアのIPアドレスおよび使用するIPsecトランスフォームセットの組み合わせを定義します。このときの暗号マップの番号は小さいほど優先度が高いです。
- IPsec適用インターフェイスの指定
  最後にどのインターフェイスに上記のIPsec設定を適用するかを指定します。

第 16 章　VPN

○リスト 16.2.1a：Router1 の設定

```
Router1#configure terminal    ※特権モードから設定モードに移行
Router1(config)#crypto isakmp policy 1    ※ISAKMPポリシーの定義
Router1(config-isakmp)#authentication pre-share    ※認証方式の設定
Router1(config-isakmp)#exit    ※直前の設定モードに戻る
Router1(config)#crypto isakmp key 0 cisco address 192.168.12.2    ※事前共有鍵の設定
Router1(config)#crypto ipsec transform-set IPSEC esp-aes esp-sha-hmac
                                        ※IPsecトランスフォーマットセットの定義
Router1(cfg-crypto-trans)#exit
Router1(config)#access-list 100 permit ip 192.168.10.0 0.0.0.255 192.168.20.0 0.0.0.255
                                        ※アクセスリストの設定
Router1(config)#crypto map CMAP 1 ipsec-isakmp    ※暗号マップの定義
Router1(config-crypto-map)#match address 100    ※対象トラフィックの指定
Router1(config-crypto-map)#set peer 192.168.12.2    ※IPsecピアの設定
Router1(config-crypto-map)#set transform-set IPSEC
                                        ※使用するIPsecトランスフォーマットセットの指定
Router1(config-crypto-map)#exit
Router1(config)#ip route 0.0.0.0 0.0.0.0 192.168.12.2    ※デフォルトゲートウェイの設定
Router1(config)#interface FastEthernet 0/1    ※インターフェイスの設定
Router1(config-if)#ip address 192.168.10.1 255.255.255.0    ※IPアドレスの設定
Router1(config-if)#no shutdown    ※インターフェイスの有効化
Router1(config-if)#exit
Router1(config)#interface FastEthernet 0/0
Router1(config-if)#ip address 192.168.12.1 255.255.255.0
Router1(config-if)#crypto map CMAP    ※暗号マップのインターフェイスへの適用
Router1(config-if)#no shutdown
Router1(config-if)#end    ※特権モードに移行
```

○リスト 16.2.1b：Router2 の設定

```
Router2#configure terminal
Router2(config)#crypto isakmp policy 1
Router2(config-isakmp)#authentication pre-share
Router2(config-isakmp)#exit
Router2(config)#crypto isakmp key 0 cisco address 192.168.12.1
Router2(config)#crypto ipsec transform-set IPSEC esp-aes esp-sha-hmac
Router2(cfg-crypto-trans)#exit
Router2(config)#access-list 100 permit ip 192.168.20.0 0.0.0.255 192.168.10.0 0.0.0.255
Router2(config)#crypto map CMAP 1 ipsec-isakmp
Router2(config-crypto-map)#match address 100
Router2(config-crypto-map)#set peer 192.168.12.1
Router2(config-crypto-map)#set transform-set IPSEC
Router2(config-crypto-map)#exit
Router2(config)#ip route 0.0.0.0 0.0.0.0 192.168.12.1
Router2(config)#interface FastEthernet 0/1
Router2(config-if)#ip address 192.168.20.2 255.255.255.0
Router2(config-if)#no shutdown
Router2(config-if)#exit
Router2(config)#interface FastEthernet 0/0
Router2(config-if)#ip address 192.168.12.2 255.255.255.0
Router2(config-if)#crypto map CMAP
Router2(config-if)#no shutdown
```

確認

IPsecの設定が多いことから、確認コマンドもたくさんあります。まずISAKMPポリシーを確認して、定義したポリシーが正しく設定に反映されていることを確認します（**リスト16.2.1c**）。

次に「show crypto isakmp sa」コマンドでISAKMP SAが確立していることを確認します（**リスト16.2.1d**）。ISAKMP SAに特に問題がなければ、IPsecトランスフォームセットの設定内容を確認します（**リスト16.2.1e**）。IPsecトランスフォームセットと併せて暗号マップも正しく設定されていることを確認します（**リスト16.2.1f**）。

最後にIPsec SAが無事に確立していることを確認します（**リスト16.2.1g**）。

○リスト16.2.1c：ISAKMPポリシーの確認

```
Router1#show crypto isakmp policy    ※ISAKMPポリシーの確認

Global IKE policy
Protection suite of priority 1
        encryption algorithm:    DES - Data Encryption Standard (56 bit keys).
        hash algorithm:          Secure Hash Standard
        authentication method:   Pre-Shared Key
        Diffie-Hellman group:    #1 (768 bit)
        lifetime:                86400 seconds, no volume limit
Default protection suite
        encryption algorithm:    DES - Data Encryption Standard (56 bit keys).
        hash algorithm:          Secure Hash Standard
        authentication method:   Rivest-Shamir-Adleman Signature
        Diffie-Hellman group:    #1 (768 bit)
        lifetime:                86400 seconds, no volume limit
```

○リスト16.2.1d：ISAKMP SA確立の確認

```
Router1#show crypto isakmp sa    ※ISAKMP SA確立の確認
IPv4 Crypto ISAKMP SA
dst             src             state           conn-id slot status
192.168.12.2    192.168.12.1    QM_IDLE            1001    0 ACTIVE
```

○リスト16.2.1e：IPsecトランスフォームセットの確認

```
Router1#show crypto ipsec transform-set   ※IPsecトランスフォームセットの確認
Transform set IPSEC: { esp-aes esp-sha-hmac }
   will negotiate = { Tunnel, },
```

第16章　VPN

○リスト16.2.1f：暗号マップの確認

```
Router1#show crypto map    ※暗号マップの確認
Crypto Map "CMAP" 1 ipsec-isakmp
        Peer = 192.168.12.2
        Extended IP access list 100
            access-list 100 permit ip 192.168.10.0 0.0.0.255 192.168.20.0 0.0.0.255
        Current peer: 192.168.12.2
        Security association lifetime: 4608000 kilobytes/3600 seconds
        PFS (Y/N): N
        Transform sets={
                IPSEC,
        }
        Interfaces using crypto map CMAP:
                FastEthernet0/0
```

○リスト16.2.1g：IPsec SA確立の確認

```
Router1#show crypto session    ※IPsec SA確立の確認
Crypto session current status

Interface: FastEthernet0/0
Session status: UP-ACTIVE
Peer: 192.168.12.2 port 500
  IKE SA: local 192.168.12.1/500 remote 192.168.12.2/500 Active
  IPSEC FLOW: permit ip 192.168.10.0/255.255.255.0 192.168.20.0/255.255.255.0
        Active SAs: 2, origin: crypto map
```

すべての確認を終えたらPC1からPC2にping疎通テストを行います。

```
PC1> ping 192.168.20.20 -c 3
84 bytes from 192.168.20.20 icmp_seq=1 ttl=62 time=25.001 ms
84 bytes from 192.168.20.20 icmp_seq=2 ttl=62 time=29.001 ms
84 bytes from 192.168.20.20 icmp_seq=3 ttl=62 time=29.001 ms
```

Wiresharkで検証

このときのIPsecの通信内容をWiresharkでパケットキャプチャしてみましょう。図16.2.2のようにペイロードが暗号化されているのを確認できます。

○図16.2.2：IPsecによる通信内容の確認

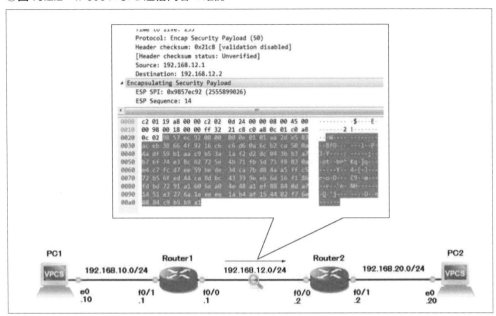

16-2-2 演習Lab L2TPv3

図16.2.3のネットワークで、Router1とRouter2の間でL2TPv3トンネルを作ります（GNS3プロジェクト名は「16-2-2_L2TPv3」）。L2TPv3トンネルを使い、同一ネットワーク内の端末（PC1とPC2）でありながらネットワーク的に分断された状態で通信できるようにします。

○図16.2.3：ネットワーク構成

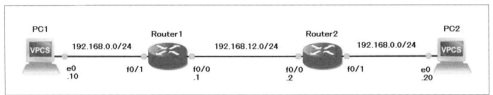

設定

L2TPv3トンネルの設定はリスト16.2.2a～16.2.2bのとおりです。

第16章　VPN

○リスト 16.2.2a：Router1 の設定

```
Router1#configure terminal    ※特権モードから設定モードに移行
Router1(config)#pseudowire-class L2TPv3    ※トンネルの定義
Router1(config-pw-class)#encapsulation l2tpv3    ※L2TPv3によるカプセリング
Router1(config-pw-class)#ip local interface FastEthernet 0/0    ※トンネルの送信元の設定
Router1(config-pw-class)#exit    ※直前の設定モードに戻る
Router1(config)#interface FastEthernet 0/0    ※インターフェイスの設定
Router1(config-if)#ip address 192.168.12.1 255.255.255.0    ※IPアドレスの設定
Router1(config-if)#no shutdown    ※インターフェイスの有効化
Router1(config-if)#exit
Router1(config)#interface FastEthernet 0/1
Router1(config-if)#no shutdown
Router1(config-if)#xconnect 192.168.12.2 1 pw-class L2TPv3    ※トンネルの設定
Router1(config-if-xconn)#end    ※特権モードに移行
```

○リスト 16.2.2b：Router2 の設定

```
Router2#configure terminal
Router2(config)#pseudowire-class L2TPv3
Router2(config-pw-class)#encapsulation l2tpv3
Router2(config-pw-class)#ip local interface FastEthernet 0/0
Router2(config-pw-class)#exit
Router2(config)#interface FastEthernet 0/0
Router2(config-if)#ip address 192.168.12.2 255.255.255.0
Router2(config-if)#no shutdown
Router2(config-if)#exit
Router2(config)#interface FastEthernet 0/1
Router2(config-if)#no shutdown
Router2(config-if)#xconnect 192.168.12.1 1 pw-class L2TPv3
```

確認

L2TPv3トンネルが確立されたことを確認します（リスト 16.2.2c）。

○リスト 16.2.2c：L2TPv3 トンネル確立の確認

```
Router1#show l2tp session    ※L2TPトンネル状態の確認
L2TP Session Information Total tunnels 1 sessions 1
LocID      RemID      TunID      Username, Intf/       State   Last Chg Uniq ID
                                 Vcid, Circuit
64715      4252       40091      1, Fa0/1              est     00:00:56 1
```

PC1からPC2へのpingテストを行い、疎通ができることを確認します。

```
PC1> ping 192.168.0.20 -c 3
84 bytes from 192.168.0.20 icmp_seq=1 ttl=64 time=24.002 ms
84 bytes from 192.168.0.20 icmp_seq=2 ttl=64 time=29.001 ms
84 bytes from 192.168.0.20 icmp_seq=3 ttl=64 time=23.001 ms
```

PC1はPC2と同じネットワークであるため、当然ARPテーブルに相手のMACアドレス情報を持っています。

```
PC1> arp
00:50:79:66:68:01  192.168.0.20 expires in 11 seconds
```

16-2-3 演習Lab GRE

ここでは図16.2.4のようにRouter1とRouter3の間でGREトンネルを作ります（GNS3プロジェクト名は「16-2-3_GRE」）。さらに、GREのTunnelインターフェイスを使って、Router1とRouter3をOSPFネイバー同士として設定します。

○図16.2.4：ネットワーク構成

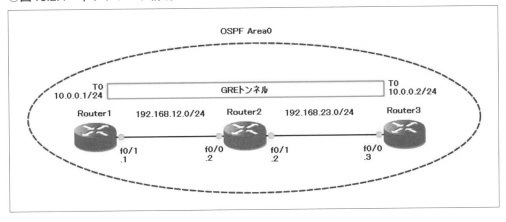

設定

GREトンネルの設定は「Tunnel」コマンドで送信元と宛先のみを指定するだけでとても簡単です（リスト16.2.3a～16.2.3c）。

○リスト16.2.3a：Router1の設定

```
Router1#configure terminal  ※特権モードから設定モードに移行
Router1(config)#interface FastEthernet 0/1  ※インターフェイスの設定
Router1(config-if)#ip address 192.168.12.1 255.255.255.0  ※IPアドレスの設定
Router1(config-if)#no shutdown  ※インターフェイスの有効化
Router1(config-if)#exit  ※直前の設定モードに戻る
Router1(config)#interface tunnel 0
Router1(config-if)#ip address 10.0.0.1 255.255.255.0
Router1(config-if)#tunnel source 192.168.12.1  ※GREトンネルの送信元の設定
Router1(config-if)#tunnel destination 192.168.23.3  ※GREトンネルの宛先の設定
Router1(config-if)#exit
Router1(config)#ip route 0.0.0.0 0.0.0.0 192.168.12.2  ※デフォルトゲートウェイの設定
Router1(config)#router ospf 1  ※OSPFの設定
Router1(config-router)#network 10.0.0.0 0.0.0.255 area 0  ※ネットワークの告知
Router1(config)#end  ※特権モードに移行
```

リスト 16.2.3b：Router2 の設定

```
Router2#configure terminal
Router2(config)#interface FastEthernet 0/0
Router2(config-if)#ip address 192.168.12.2 255.255.255.0
Router2(config-if)#no shutdown
Router2(config-if)#exit
Router2(config)#interface FastEthernet 0/1
Router2(config-if)#ip address 192.168.23.2 255.255.255.0
Router2(config-if)#no shutdown
```

リスト 16.2.3c：Router3 の設定

```
Router3#configure terminal
Router3(config)#interface FastEthernet 0/0
Router3(config-if)#ip address 192.168.23.3 255.255.255.0
Router3(config-if)#no shutdown
Router3(config-if)#exit
Router3(config)#interface tunnel 0
Router3(config-if)#ip address 10.0.0.2 255.255.255.0
Router3(config-if)#tunnel source 192.168.23.3
Router3(config-if)#tunnel destination 192.168.12.1
Router3(config-if)#exit
Router3(config)#ip route 0.0.0.0 0.0.0.0 192.168.23.2
Router3(config)#router ospf 1
Router3(config-router)#network 10.0.0.0 0.0.0.255 area 0
```

確認

showコマンドを使いGREトンネルが確立されたことを確認します（リスト16.2.3d）。また、このときGREトンネルを介してRouter1とRouter3がOSPFネイバーになっていることを確認します（リスト16.2.3e）。

リスト 16.2.3d：GRE トンネル確立の確認

```
Router1#show interfaces tunnel 0 | inc up    ※GREトンネル状態の確認
Tunnel0 is up, line protocol is up
```

リスト 16.2.3e：OSPF ネイバー確立の確認

```
Router1#show ip ospf neighbor    ※OSPFネイバー確立の確認
Neighbor ID     Pri   State         Dead Time   Address     Interface
192.168.23.3      0   FULL/  -      00:00:31    10.0.0.2    Tunnel0
```

16-3　章のまとめ

　VPNは、仮想的なトンネルを作成することで、インターネットといった公開網上に仮想的なプライベートネットワークを構築することができます。本章では「IPsec」「L2TPv3」「GRE」のVPNを紹介しました。

今日、多くの企業でIPsecを使い、インターネット上でVPNを構築しています。IPsecは、データの完全性と機密性を保障する信頼度の高いプロトコルスイートです。しかし、IPsecの仕組みが難しく、設定項目が多いといったデメリットもあります。

L2TPv3は、L2TPv2を機能拡張したL2トンネリングプロトコルです。L2TPv2では、PPPのみがカプセリングの対象でしたが、L2TPv3の場合、PPPのほかにイーサネット、VLANなど多くのL2プロトコルが対象となっています。L2TPv3がよく利用されるシーンとして、同一セグメントが物理的に分断されたネットワークにおいて、仮想的にLANを構築するなどです。

GREは任意のプロトコルをIPパケットでカプセリングするL3のトンネルプロトコルです。マルチキャストもカプセリングの対象となっているので、ネットワーク的に離れたルータ同士でもダイナミックルーティングを動かすことができます。

参考文献

- RedNectar Chris Welsh（2013）、『GNS3 Network Simulation Guide』（Packt Publishing）
- Jason C. Neumann（2015）、『The Book of GNS3』（No Starch Press）
- みやた ひろし（2017）、『パケットキャプチャの教科書』（SBクリエイティブ）
- 竹下 恵（2017）、『パケットキャプチャ実践技術 第2版 ― Wiresharkによるパケット解析 応用編』（リックテレコム）
- 竹下 隆史／村山 公保／荒井 透／苅田 幸雄（2007）、『マスタリングTCP/IP 入門編 第4版』（オーム社）
- アスキー（2003）、『ゼロからはじめるTCP/IP―ゼロからはじめるネットワーク』（アスキー）
- みやた ひろし（2013）、『インフラ／ネットワークエンジニアのためのネットワーク技術＆設計入門』（SBクリエイティブ）
- Kennedy Clark, Kevin Hamilton（1999）、『Cisco LAN Switching』（Cisco Press）
- Jeff Doyle, Jennifer DeHaven Carroll（2005）、『Routing TCP/IP, Volume 1』（Cisco Press）
- Jeff Doyle（2016）、『Routing TCP/IP, Volume II: CCIE Professional Development 』（Cisco Press）
- Randy Zhang, Micah Bartell（2016）、『BGP Design and Implementation』（Cisco Press）
- Luc De Ghein（2006）、『MPLS Fundamentals』（Cisco Press）
- Umesh Lakshman, Lancy Lobo（2005）、『MPLS Configuration on Cisco IOS Software』（Cisco Press）
- Wendell Odom, Michael J. Cavanaugh（2004）、『Cisco QOS Exam Certification Guide』（Cisco Press）
- Sean Convery（2004）、『Network Security Architectures』（Cisco Press）
- シスコシステムズ（2003）、『実践 Cisco IPsecVPN教科書』（SBクリエイティブ）
- 相戸 浩志（2010）、『図解入門よくわかる最新情報セキュリティの基本と仕組み［第3版］』（秀和システム）
- Gene（2014）、『詳解IPマルチキャスト 概念からCisco製品での設定例まで』（SBクリエイティブ）
- 兵頭 竜男／漆谷 智行／米山 明（2011）、『Junos設定＆管理 完全Bible』（技術評論社）
- 関部 然（2016）、『ネットワークエンジニアのためのヤマハルーター実践ガイド』（技術評論社）

索引

数字
3ウェイハンドシェイク ……………… 121

A
ABR ……………………………………… 322
AD（*Administrative Distance*）値 …………… 134, 148
AD（*Advertised Distance*） ………………… 279
Adjacencyテーブル ……………………… 426
AH ………………………………… 112, 475
ARP ……………… 65, 114, 133, 157, 486
ARPANET ………………………………… 97
ARPリクエスト ……………………… 115, 162
AS Path ………………… 388, 393, 396, 403
AS（*Autonomous System*） …………… 141, 383
ASBR ……………………………………… 322
ASBRサマリーLSA ………………… 323, 327
AS外部LSA …………………………… 323, 327
AS境界ルータ …………………………… 322
ATM ………………………… 66, 217, 230, 480
ATMアーキテクチャ ……………………… 220
ATMスイッチ ………………… 66, 217, 222
ATMスイッチング ………………………… 218
ATMセル ………………………………… 219

B
BDR（*Backup Designated Router*） ……… 309, 317, 336
BECN（*Backward Explicit Congestion Notification*）
………………………………………… 198
BGP ………………… 109, 134, 249, 381
BGPスピーカ ……………………… 381, 398
BGPスプリットホライズン ………………… 396
BGPテーブル ……………………………… 382
BGPピア …………………………… 381, 389

C
CEF（*Cisco Express Forwarding*） ………… 426
CHAP …………………………………… 231

CIR（*Committed Information Rate*） ……… 198
CST（*Common Spanning Tree*） …………… 183

D
DBD（*Database Description*） ……… 309, 313, 320
DCE（*Data Circuit terminating Equipment*） ……… 198
DHCP …………………………………… 132
DIS（*Designated Intermediate System*） …… 365, 366
DLCI（*Data Link Connection Identifier*） … 68, 198, 217
DNS ………………………………… 109, 132
DOD（*Downstream-on-Demand*） …………… 426
DR（*Designated Router*） ……… 309, 317, 336, 366
DRの粘着性 ……………………… 318, 336
DTE（*Data Terminal Equipment*） ………… 198
DU（*Downstream Unsolicited*） …………… 426
Dynamips ………………………………… 18, 72

E
eBGP（*External BGP*） …………… 382, 396, 400
EGP ……………………………… 141, 381, 393
Egress LSR ……………………… 426, 431, 453
EIGRP ……………………… 141, 278, 347
ES（*End System*） ……………………… 365
ESP ………………………………… 112, 475
EtherChannel ……………………………… 191
Explicit Join ……………………………… 461

F
FD（*Feasible Distance*） ………………… 279
FEC（*Forwarding Equivalence Class*） ……… 426
FECN（*Forward Explicit Congestion Notification*） … 198
FIB（*Forwarding Information Base*） ……… 426
Flood & Prune …………………………… 460
FRR（*Fast Reroute*） …………………… 424
FTP …………………………… 72, 109, 131

G

GMPLS（*Generalized Multi-Protocol Label Switching*）
　··· 424
GNS3 ·· 18
GRE ·· 475, 480, 487

H

HTTP ··· 98, 109, 127

I

iBGP（*Internal BGP*） ····················· 381, 396, 400
iBGPスプリットホライズン ························· 382
ICMP ···························· 61, 93, 112, 116, 294
Idle PC値 ··································· 46, 79, 86
IGMP ··· 457, 459
IGMPスヌーピング ································· 457
IGP ·· 141, 248, 393
IKE ··· 109, 475, 476
Ingress LSR ································· 426, 431
Inverse ARP ···················· 198, 201, 206, 227
IOSイメージ ································· 69, 223
IPsec ·· 109, 475, 480
IPsec SA ·· 476
IPアドレス ······················· 58, 101, 114, 145
IPアドレスクラス ···································· 103
IPネットワーク ······································· 96
IPパケット ·· 109, 431
IPペイロード ·· 109
IPヘッダ ······························ 109, 118, 424, 477
IPマルチキャスト ····································· 456
IS-IS ·· 141, 364

K

K値 ··· 283

L

L2TPv3 ·································· 475, 480, 485
LCP ··· 229
LDP（*Label Distribution Protocol*） ········· 426, 428
LER（*Label Edge Router*） ························· 426

LIB（*Label Information Base*） ··················· 426
LIFB（*Label Forwarding Instance Base*） ········· 426
Linux ··· 38
LMI（*Local Management Interface*） ············ 198
Local Preference ··················· 392, 395, 410
LSA（*Link State Advertisement*） ········· 143, 309, 322
LSDB（*Link State DataBase*） ····· 143, 309, 345, 348
LSP（*Label Switched Path*） ················· 426, 430
LSP（*Link State PDU*） ·························· 365
LSR（*Label Switching Router*） ··················· 426
LSR（*Link-State Request*） ···············309, 314
LSU（*Link-State Update*） ·················· 309, 314

M

macOS ·· 38
MED ································· 150, 392, 394, 409
MPLS ··· 424
MPLS VPN ································· 434, 446
MTU（*Maximum Transmission Unit*） ··········· 61, 112

N

NCP ··· 229
NET ·· 368
NEXT HOP ································· 394, 396
NM-16ESWモジュール ····················· 84, 154
NSAP ··· 368
NSSAエリア ······································· 329

O

Origin ··· 393
OSI参照モデル ·· 98
OSPF ·············· 112, 134, 308, 364, 456, 480

P

P2Pサブインターフェイス ···················· 210
PA-A1 ·· 223
PAP ·· 231
PDU（*Protocol Data Unit*） ························· 365
PHP（*Penultimate Hop Popping*） ········ 426, 441, 453
PIM-DM ································· 457, 460, 461

PIM-SM	457, 461, 468
ping コマンド	61, 116
POP	109, 129
Pop	426, 436
PortFast	183, 190
PPP	100, 229, 318, 480
PPPoE	229, 232
PPPフレームフォーマット	230
PPPヘッダ	230
Push	426, 436
PVC (*Permanent Virtual Circuit*)	198, 224
PVST+	155, 183
P (*Provider*) ルータ	426

R

RD	433
RFC	97, 229, 247, 381
RIB (*Routing Information Base*)	382, 426
RIP	109, 134, 145, 247, 279, 309
RIPv1	247
RIPv2	247, 258, 300, 382
RIPアップデート	266
RIPの有効化	255
RPFチェック	457, 459, 466

S

Shimヘッダ	426
SMTP	98, 109, 128
SNMP	109, 131
SSH	109, 132
STP	155, 178, 180, 183
SVC (*Switched Virtual Circuit*)	198
Swap	426, 436

T

TCP	109, 112, 119
TCP/IPアーキテクチャ	99
TCP/IPプロトコル	96, 370
TCPストリーム	55
TCPヘッダ	63, 119

Telnet	65, 109, 132

U

UDP	109, 112, 119, 126, 248

V

VC (*Virtual Circuit*)	198
VPCS	20, 58, 81
VPN	475
VRF	432
VRF-Lite	433, 442
VTP	155, 172
VTPアドバタイズメント	173
VTPモード	173, 176

W

Windows	22, 101, 114
WinPcap	21, 27
Wireshark	21, 27, 48

ア行

アクセスポート	161
アジャセンシー	309, 320
アップストリーム	426, 457
アプライアンス	19, 37
イーサスイッチ	67, 84, 154
イーサスイッチルータ	84
イーサハブ	67
ウィンドウサイズ	120, 123
ウィンドウ制御	123
ウェルノウンポート番号	108
エキスパート情報（パケット分析）	56
エフェメラルポート	109
エミュレーション	18, 70
エリア	309, 328, 365
エリア境界ルータ	322

カ行

拡張IS-IS	364
拡張ディスタンスベクタ型	144

仮想リンク ……………………………… 334
完全NSSAエリア ……………………… 329
完全スタブエリア ………………… 329, 331
キープアライブ …………………… 321, 364
クラスタ ………………………………… 398
クラスフル ………………………… 105, 141
クラスフルルーティングプロトコル …… 145
クラスレス …………………… 105, 141, 249
クラスレス型ルーティングプロトコル
 ………………………………… 309, 382
クラスレスルーティングプロトコル ……… 145
グローバルAS ………………………… 383
高信頼転送 ……………………………… 121
高速コンバージェンス …………………… 279
コスト ………………… 150, 309, 310, 357
コネクション …………………………… 119
コネクションレス ……………………… 119
コンフェデレーション ……… 382, 399, 418

サ行

再送制御 …………………………… 122, 383
最適ルート選択アルゴリズム …………… 396
サクセサ ……………………………… 279, 294
サブネット ………………………… 104, 249
サブネットマスク ……… 105, 137, 145, 249
サブミッションポート …………………… 128
差分アップデート ………………… 278, 280
収束時間 ………… 142, 145, 183, 248, 278, 310
終端（パケット分析） …………………… 56
順序制御 …………………………… 121, 383
自律システム ……………………… 141, 383
スイッチオーバー機能 …………………… 473
スイッチング …………………………… 154
スタブエリア …………………………… 329
スナップショット ………………… 40, 83
スプリットホライズン ……… 210, 254, 382, 396
セグメント ……………………………… 99
セルリレー ……………………………… 217

タ行

代表ルータ …………………………… 309, 318
対話（パケット分析） …………………… 56
ダウンストリーム ………………… 426, 457
タグVLAN ……………………………… 165
タグフィールド ………………………… 166
チャレンジコード ……………………… 231
通信プロトコル ………………………… 96
ディスタンスベクタ型 ……… 142, 278, 308
ディストリビューションツリー ……… 457, 458
ディストリビュートリスト ……… 306, 361
データのカプセル化 …………………… 100
等コストロードバランシング …………… 295
動的ポート番号 ………………………… 109
登録済みポート番号 …………………… 109
トポロジサマリー ……………………… 39, 45
トポロジテーブル ………… 279, 287, 291
トラフィックエンジニアリング ………… 424
トラブルシューティング ……………… 92, 134
トランキングプロトコル ……………… 166
トランクポート ………………… 159, 165
トランクリンク ……………… 165, 168, 195
トランジットエリア ……………………… 334
トリガードアップデート ……………… 254

ナ行

ナチュラルマスク ……………………… 145
入出力グラフ（パケット分析） ……… 57, 305
ネイティブVLAN ……………………… 167, 172
ネイバー ………… 274, 279, 290, 309, 480
ネイバーテーブル ………… 143, 279, 309
ネットワークLSA ……………………… 323, 326
ネットワークアーキテクチャ …………… 97
ネットワークサマリーLSA ……… 323, 327
ノードドック …………………………… 39, 43

ハ行

パーシャルメッシュトポロジ …………… 201
ハイブリッド型 …………………… 144, 279
ハイブリッド型ルーティングプロトコル … 279

パケット ……………………… 52, 55, 56, 99
パケットフィルタ ……………………… 52
パケット分析 ……………………… 56
パスMTU探索 ……………………… 112
パスMTU探索ブラックホール ……………… 114
パスアトリビュート ……………… 150, 382, 391
パスコスト ……………………… 181, 190, 310
パスベクタ型ルーティングプロトコル …… 382
バックボーンエリア …………… 322, 329, 365
バックボーンリンク ……………………… 365
パッシブインターフェイス ………… 270, 304
ハブ＆スポーク ………………… 199, 206, 224
非同期転送モード ……………………… 217
標準エリア ……………………… 322, 329
ファーストホップルータ ………… 457, 473
フィージブルサクセサ ……… 279, 288, 294
複合メトリック ……………………… 280
輻輳制御 ……………………… 125
不等コストロードバランシング ……… 280, 295
フラグメント ……………………… 62, 112
フルメッシュトポロジ ……………………… 199
フレーム ……………………… 99
フレームリレー …………… 68, 197, 318, 480
フレームリレースイッチ ………… 68, 197, 202
フレームリレーマップ ……………………… 198
フロー制御 ……………………… 124
プロジェクトの管理 ……………………… 82
プロトコル階層（パケット分析）………… 56
ベストパス ……………… 382, 403, 406, 410
ポイズンリバース ……………………… 254
ポートVLAN ……………………… 157
ポート番号 ……………… 64, 107, 108, 132
ホールドダウンタイム ……………………… 282
ホップ数の上限 ……………………… 255, 309
ポリシーベースルーティング ……………… 382

マ行

マルチエリア ……………… 340, 347, 373
マルチポイントサブインターフェイス …… 213
メイントレイン ……………………… 70

メッセージ ……………………… 99
メトリック ……………… 148, 283, 303, 369, 396

ヤ行

優先ルート ……………………… 355

ラ行

ラストホップルータ ……………………… 457
ラベルスイッチング …………… 424, 428, 436
ランデブーポイント ……………………… 459
リンクアグリゲーション ……………………… 191
リンクステート型 ……………… 143, 278, 309
ルータID ……………… 309, 317, 382, 385, 396
ルータLSA ……………………… 323, 324
ルータの認証 ……………………… 310, 383
ルータホップ数 ……………… 142, 251, 309
ルーティングアルゴリズム ……………………… 142
ルーティングテーブル ……………………… 134
ルーティングプロトコル
　　………………… 139, 247, 278, 308, 364, 381
ルーティングループ ………… 139, 254, 310, 388
ルート再配布 ……………………… 138, 300
ルート集約 ………… 137, 280, 333, 358, 376, 412
ルートスイッチ ……………………… 180, 188
ルート制御 ……………………… 300, 358, 382
ルートポイズニング ……………………… 254
ルートリフレクタ ……………… 382, 398, 416
ローカルアクセスレート ……………………… 198
ロンゲストマッチ ……………………… 135, 148

ワ行

ワークスペース ……………………… 39, 43

■著者プロフィール
関部 然（せきべ ぜん）
ネットワークエンジニア
2006年、東北大学大学院修士課程修了。同年、NTT東日本に入社し、NGN（次世代ネットワーク）のNNI（network-network interface）関連の検討と検証業務を経て、2013年よりサイバーセキュリティ担当としてセキュリティ施策の検討、セキュリティ関連製品の社内導入の検討および公開サーバへの不正アクセスの対策などに従事。2018年からNTTコミュニケーションズにて国際海底ケーブルの構築と運用に関するエンジニアリング業務に従事している。著書に、『Splunkではじめるビッグデータ分析』（2015、秀和システム）や『ネットワークエンジニアのためのヤマハルーター実践ガイド』（2016、技術評論社）がある。

- 装丁　　　　　　　　　小島トシノブ（NONdesign）
- 本文デザイン・DTP　　朝日メディアインターナショナル㈱
- 編集　　　　　　　　　取口敏憲

■お問い合わせについて
　本書に関するご質問は、本書に記載されている内容に関するもののみとさせていただきます。本書の内容と関係のないご質問につきましては、いっさいお答えできませんので、あらかじめご了承ください。また、電話でのご質問は受け付けておりませんので、本書サポートページ経由かFAX・書面にてお送りください。

<問い合わせ先>
- 本書サポートページ
  https://gihyo.jp/book/2019/978-4-297-10442-9
  本書記載の情報の修正・訂正・補足などは当該Webページで行います。

- FAX・書面でのお送り先
  〒162-0846　東京都新宿区市谷左内町 21-13
  株式会社技術評論社　第5編集部
  「GNS3によるネットワーク演習ガイド」係
  FAX：03-3513-6173

なお、ご質問の際には、書名と該当ページ、返信先を明記してくださいますよう、お願いいたします。
お送りいただいたご質問には、できる限り迅速にお答えできるよう努力いたしておりますが、場合によってはお答えするまでに時間がかかることがあります。また、回答の期日をご指定なさっても、ご希望にお応えできるとは限りません。あらかじめご了承くださいますよう、お願いいたします。

GNS3によるネットワーク演習ガイド
―― CCENT/CCNA/CCNPに役立つラボの構築と実践

2019年3月8日　初版　第1刷発行
2025年5月7日　初版　第2刷発行

著　者　　関部 然（せきべ ぜん）

発行者　　片岡 巌

発行所　　株式会社技術評論社
　　　　　東京都新宿区市谷左内町 21-13
　　　　　TEL：03-3513-6150（販売促進部）
　　　　　TEL：03-3513-6177（第5編集部）

印刷／製本　昭和情報プロセス株式会社

定価はカバーに表示してあります。

本書の一部あるいは全部を著作権法の定める範囲を超え、無断で複写、複製、転載あるいはファイルを落とすことを禁じます。

©2019　関部 然

造本には細心の注意を払っておりますが、万一、乱丁（ページの乱れ）や落丁（ページの抜け）がございましたら、小社販売促進部までお送りください。送料小社負担にてお取り替えいたします。

ISBN978-4-297-10442-9　C3055

Printed in Japan